化工医药
环境影响评价
案例讲评

主　编　张　瑜　姜　敏　杨丽娟
副主编　周　涛　王志伟　陈　洁　陈　磊
　　　　樊　健　石　娟
编　委　李珅亮　马乐星　朱亚东

南京师范大学出版社

图书在版编目(CIP)数据

化工医药环境影响评价案例讲评 / 张瑜，姜敏，杨丽娟主编. — 南京 ：南京师范大学出版社，2024. 3
ISBN 978 - 7 - 5651 - 5990 - 9

Ⅰ. ①化… Ⅱ. ①张… ②姜… ③杨… Ⅲ. ①化学工业—环境影响—评价—案例—中国②制药工业—环境影响—评价—案例—中国 Ⅳ. ①X78②X820. 3

中国国家版本馆 CIP 数据核字(2024)第 003213 号

书　　名	化工医药环境影响评价案例讲评
主　　编	张　瑜　姜　敏　杨丽娟
策划编辑	翟姗姗
责任编辑	翟姗姗
出版发行	南京师范大学出版社
地　　址	江苏省南京市玄武区后宰门西村 9 号(邮编:210016)
电　　话	(025)83598919(总编办)　83598412(营销部)　83373872(邮购部)
网　　址	http://press. njnu. edu. cn
电子信箱	nspzbb@njnu. edu. cn
照　　排	南京凯建文化发展有限公司
印　　刷	江苏凤凰数码印务有限公司
开　　本	889 毫米×1194 毫米　1/16
印　　张	19. 75
字　　数	612 千
版　　次	2024 年 3 月第 1 版
印　　次	2024 年 3 月第 1 次印刷
书　　号	ISBN 978 - 7 - 5651 - 5990 - 9
定　　价	88. 00 元
出 版 人	张　鹏

前 言

习近平总书记和其他中央领导同志多次作出重要指示批示，指出环境影响评价是约束项目和园区准入的法制保障，是在发展中守住绿水青山的第一道防线。在全面深化“放管服”改革的新形势下，新《环境影响评价法》在取消了环评机构资质许可的同时也强化了环境影响报告书(表)编制的监督管理，对环评文件的编制质量提出了更高的要求。为适应社会经济和科技发展的变化，生态环境部及时对《建设项目环境影响评价分类管理名录》进行更新，对大部分项目进行了简化，但化工医药行业因其生产工艺复杂、污染治理难度大、潜在环境风险高等原因，除单纯物理过程外，多数建设项目仍需编制环境影响报告书，且编制的技术难度较大。

为总结化工医药类建设项目环境影响评价的实践经验，推动环评工作高质量发展，编者精心遴选了5个典型案例，编辑出版本书。这些案例行业覆盖面广，包含了基础化学原料、农药、染料、生物医药等类型。本书对每个案例均进行了有针对性、有重点的评讲，解读了案例的主要特点、技术方法、优点与不足等，并给出了建议与感受，以便管理人员和技术人员更好地了解和掌握不同类型建设项目环评的基本特点、技术方法与工作要求等方面的内容。本书中，部分研究数据因其特殊性，精确度无法完全统一，故不做修改，特此说明。

本书的编制得到了有关单位及专家的大力支持，在此一并感谢。书中不当之处，敬请读者批评指正。

编者

2023 年 9 月于南京

目　　录

有机化学
原料制造篇

☞ 烷烃、烯烃、炔烃等有机化学原料制造业是我国重要的基础工业，以石油为基础的有机化学原料制造在国际上已经有上百年的发展历史，其特点为生产规模大、生产工艺及污染防治和风险防范措施成熟。生产规模大同时也带来了该类项目涉及的易燃易爆危险物质存在量大、污染物排放量大的高风险、高污染的特点，环评中风险、大气环境影响和污染防治措施为相关评价重点。鉴于生产工艺成熟的特点，该类项目在环境影响评价时可通过类比同类项目实际运行情况来分析污染源强合理性和污染防治措施的可行性。本篇采用的案例为丙烷脱氢制丙烯项目，世界上建成投产的第一套丙烷脱氢制丙烯装置采用卡托芬(Catofin)工艺，至今已有30年，国内最早建成运行的Catofin工艺装置至今也已7年，生产运行经验成熟，因此，在环境影响评价过程中充分借鉴了国内已建装置的实际运行数据和采取的污染防治、风险防范措施经验。

案例一　某化学有限公司轻烃深加工项目环境影响评价

一、概　述

1.1　项目背景

丙烯是仅次于乙烯的重要石化基础原料，江苏某化工园区已建多个丙烯下游生产项目，对丙烯的需求量总计 68 万 t/年，对氢气的需求量总计 30 000 Nm^3/h(21 360 t/a)和 10 000 Nm^3/h(7 120 t/a)，园区内目前的丙烯产量尚无法满足现有企业的需求。为此，某化学有限公司拟投资建设轻烃深加工项目，项目建成后，丙烯产量为 60 万 t/年，并可副产氢气 2.4 万 t/年和碳四重组分 3.24 万 t/年，丙烯和部分氢气配套园区相关下游生产企业，丙烯输送管线由建设单位负责建设，氢气管线由园区统一建设。

本项目属于新建项目，目前项目已获得当地发展和改革委员会出具的备案通知，备案的项目分两期建设，一期为本次评价项目，二期年产 60 万 t 丙烯、30 万 t 聚丙烯项目暂缓建设，本次评价亦针对一期项目。

本项目环评开展时间段为 2019 年 8 月至 2020 年 5 月，评价采用的导则、标准、技术规范等均为该时间段内施行的版本。

1.2　项目特点

(1) 本项目属于新建项目，选址于化工园区，园区 500 m 隔离带内的居民已拆迁完毕且基础设施完善，项目周边现状为耕地，规划为工业用地。

(2) 目前，全球主要的丙烷脱氢制丙烯工艺有两种：美国环球油品(Universal Oil Products Company, UOP)公司的 C_3 轻烃催化脱氢(Oleflex)工艺和美国鲁姆斯(CB & I Lummus)公司的丙烷脱氢(Catofin)工艺。本项目采用后者的工艺技术，国内天津渤化、宁波海越、河北海伟、山东神驰、东莞巨正源科技等公司都已建成运行，徐州海鼎化工、青岛金能科技等在建，工艺成熟。

(3) 根据《国民经济行业分类》(GB/T 4754—2017，2019 年修改)，本项目属于 C2614“有机化学原料制造”行业，根据江苏省的文件要求，生产过程污染物排放执行《石油化学工业污染物排放标准》(GB 31571—2015)大气污染物特别排放限值。

1.3　分析判定相关情况

产业政策相符性方面：本项目为丙烷脱氢制丙烯生产项目，经查，不属于国家和地方产业政策中限制类、禁止类、淘汰类项目。

规划相符性方面：本项目选址于化工园区南部片区(化工新材料产业区)，根据园区规划环评及其审查意见，南部片区为新拓展区域，以煤化工新材料、高分子合成新材料为主导，产业体系涵盖化工新材料制造业和物流服务产业。根据项目备案和投资计划，项目分两期建设：一期先行建设丙烯生产项目，为园区内企业配套,目前已签订意向性协议;二期将延伸产业链,建设聚丙烯生产项目。本项目的建设可填补园区烯烃原料缺口,为园区下游高分子合成新材料产业的发展提供基础,有利于园区新材料产业的发展壮大。目前,园区出具了《关于某化学有限公司轻烃深加工项目产业政策符合性的情况说明》。

根据园区土地利用规划,本项目选址于三类工业用地,因此符合园区用地规划。

环保政策相符性方面:项目位于沿江化工园区,属于石化建设项目,本次评价对照分析了《长江经济带发展负面清单指南(试行)》《〈长江经济带发展负面清单指南〉江苏省实施细则(试行)》以及国家和地方对于化工项目环保管理要求的文件,均相符。

1.4 “三线一单”相符性

1.4.1 生态保护红线

建设项目不在规划的国家级生态红线和生态空间管控区域之内,符合《江苏省国家级生态保护红线规划》《江苏省生态空间管控区域规划》的要求。

1.4.2 环境质量底线

根据区域大气自动监测站基本污染物 2018 年连续 1 年的监测数据,本项目所在区域不达标因子为 $PM_{2.5}$。根据补充监测结果,评价范围内各点位各监测因子的小时浓度数值均未出现超标,能够达到《环境影响评价技术导则 大气环境》(HJ 2.2—2018)附表 D.1 标准等相关标准。根据预测,新增污染源的污染物短期浓度贡献值的最大浓度占标率均≤100%,新增污染源的污染物年均浓度贡献值的最大浓度占标率均≤30%,本项目建成后区域 $PM_{2.5}$ 浓度变化率均≤−20%,区域环境质量整体改善。

根据地表水监测结果,除园区污水处理厂排口下游 1 500 m COD 存在超标外,长江和项目所在地西侧河段可满足《地表水水质标准》(GB 3838—2002)Ⅱ类和Ⅳ类标准。该超标仅在 2019 年 11 月 8 日第一次采样时发生,其余采样期间水质均达标,且园区污水处理厂排口下游 500 m 水质达标,推测排口下游 1 500 m COD 超标可能是由于采样前船舶等其他污染源对水质造成影响,而采样期间由于污水处理厂废水排放造成水质超标的可能性不大,建议地方管理部门进一步加强对船舶等污染源的管控。

根据声环境质量监测结果,厂界各监测点昼、夜声环境均可达到《声环境质量标准》(GB 3096—2008)中的 3 类区标准限值要求,区域声环境质量现状较好。

根据地下水环境质量监测结果,项目所在地地下水中 pH、亚硝酸盐、氟化物、镉、铁、铬(六价)、锰、锌、苯、甲苯、二甲苯达到Ⅰ类标准要求,耗氧量、硫化物指标达到Ⅱ类标准要求,氨氮、铝、总硬度、溶解性总固体指标达到Ⅲ类标准要求,硝酸盐、总大肠菌群指标达到Ⅳ类标准要求,铅、细菌总数指标达到Ⅴ类标准要求。

根据土壤环境质量监测结果,监测点位各监测指标均能满足《土壤环境质量 建设用地土壤污染风险管控标准(试行)》(GB 36600—2018)第二类用地筛选值要求和《土壤环境质量 农用地土壤污染风险管控标准(试行)》(GB 15618—2018)农用地土壤污染风险用地筛选值要求。

综上,本项目建设可满足环境质量底线要求。

1.4.3 资源利用上线

建设项目给水、供电、低压蒸汽由园区统一供给,中压蒸汽由厂区废热锅炉供给,压缩空气、氮气等均自行生产,所占用地为工业用地,符合园区土地利用规划,因此,项目建设不会突破当地自然资源利用上线。

1.4.4 环境准入负面清单

根据园区规划环评要求,园区限制、禁止的项目如下。

(1) 精细化工:农药及其中间体、染料及染料中间体等项目。

(2) 化工新材料:溶剂型氯丁橡胶类、丁苯热塑性橡胶类、聚氨酯类和聚丙烯酸酯类通用型胶黏剂等项目。

(3) 医药:古龙酸、维生素C原粉(包括药用、食品用和饲料用、化妆品用)生产装置,药品、食品、饲料、化妆品等用途的维生素 B_1、维生素 B_2、维生素 B_{12}(综合利用除外)、维生素E原料生产装置,青霉素工业盐,等。

(4) 其他不符合国家相关产业政策,不符合园区产业定位和国家、省、市相关政策的企业;不满足清洁生产水平二级以上标准的项目;列入《环境保护综合名录》"高污染、高环境风险"产品名录中的产品项目。

根据园区规划环评及其审查意见,南部片区为新拓展区域,以煤化工新材料、高分子合成新材料为主导,产业体系涵盖化工新材料制造业和物流服务产业。根据项目备案和投资计划,项目分两期建设:一期先行建设丙烯生产项目,为园区内企业配套,目前已签订意向性协议;二期将延伸产业链,建设聚丙烯生产项目。本项目的建设可填补园区烯烃原料缺口,为园区下游高分子合成新材料产业的发展提供基础,有利于园区新材料产业的发展壮大。目前,园区出具了《关于某化学有限公司轻烃深加工项目产业政策符合性的情况说明》。因此,从园区企业配套的角度来看,项目符合园区规划和规划环评要求。

综上所述,本项目的建设符合"三线一单"要求。

1.5　关注的主要环境问题

本次环境影响评价工作的重点是工程分析、污染防治措施评述和风险评价。针对建设项目的工程特点和项目周围的环境特点,建设项目关注的主要环境问题是:

(1) 营运期排放的工业废气(主要污染物为 SO_2、NO_x、烟尘、非甲烷总烃等)对周围环境及居民的影响。

(2) 建设项目产生的废水经污水处理站处理后接管至拟建的开发区工业污水处理厂的可行性。

(3) 建设项目厂区环境风险潜势为Ⅳ+,主要风险物质为苯乙烯、戊烷、二甲苯等,须重点关注厂区的风险防范措施;同时,本项目拟建设将丙烯产品送至下游用户的输送管线,须关注管线工程运营过程中的风险防范措施。

【点评】

该案例全面分析了项目与产业政策、规划、环保政策、"三线一单"等的相符性,项目与政策、法规、规划的相符性是开展环评工作的前提。

二、总　论

2.1　环境影响因素识别与评价因子筛选

2.1.1　环境影响因素识别

根据《建设项目环境影响评价技术导则　总纲》(HJ 2.1—2016),本项目涉及的环境影响因素见表1.1。

表 1.1 环境影响因素识别表

影响因素		自然环境				生态环境				
		环境空气	地表水环境	地下水环境	土壤环境	声环境	陆域环境*	水生生物*	渔业资源*	主要生态保护区域*
施工期	施工废水		−1SRDNC							
	施工扬尘	−1SRDNC								
	施工噪声					−2SRDNC				
	施工废渣		−1SRDNC		−1SRDNC					
运行期	废水排放		−1LRDC				−1LRDC	−1LRDC	−1LRDC	−1LRDC
	废气排放	−1LRDC		−1LRIDC	−1LRDC		−1LRDC			−1LRDC
	噪声排放					−1LRDNC				
	固体废物			−1LIRIDC	−1LIRIDC		−1LRDC			
	事故风险	−3SRDC	−3SRDC	−3SIRDC	−3SIRDC			−3SIRDC		−1SRDNC

注:"+""−"分别表示有利、不利影响,数值"0""1""2""3"分别表示无影响、轻微影响、中等影响和重大影响,"L""S"分别表示长期、短期影响,"R""IR"分别表示可逆、不可逆影响,"D""ID"分别表示直接与间接影响,"C""NC"分别表示累积与非累积影响,"*"表示影响因素的影响受体为生态环境。

2.1.2 评价因子筛选

本项目现状评价因子、影响评价因子和总量控制因子见表 1.2。

表 1.2 本项目评价因子一览表

环境类别	现状评价因子	影响评价因子	总量控制因子
大气*	SO_2、NO_2、PM_{10}、$PM_{2.5}$、CO、O_3、酚类、甲醇、非甲烷总烃、苯、甲苯、二甲苯、NH_3、H_2S、HCl、臭气浓度、硫酸雾	SO_2、NO_x、PM_{10}、$PM_{2.5}$、CO、苯、乙苯、二甲苯、甲苯、非甲烷总烃、NH_3、H_2S、HCl、甲醇、硫酸雾	控制因子:SO_2、NO_x、颗粒物、VOCs; 考核因子:CO、苯、乙苯、二甲苯、甲苯、非甲烷总烃、NH_3、H_2S、HCl、甲醇、硫酸雾
地表水	水温、pH、COD、BOD_5、SS、氨氮、总氮、总磷、石油类、硫化物、挥发酚、苯、甲苯、二甲苯	—	控制因子:COD、氨氮、总氮、总磷; 考核因子:SS、硫化物、苯、乙苯、二甲苯、丙苯、甲苯、石油类
声环境	连续等效 A 声级	连续等效 A 声级	—
固体废物	—	—	固废排放量
地下水	K^+、Na^+、Ca^{2+}、Mg^{2+}、CO_3^{2-}、HCO_3^-、Cl^-、SO_4^{2-}、pH、氨氮、硝酸盐、亚硝酸盐、挥发性酚类、铬(六价)、总硬度、铅、氟、镉、铁、锰、溶解性总固体、高锰酸盐指数、总大肠菌群、细菌总数、石油类、锌、铝、苯、甲苯、二甲苯、硫化物	高锰酸盐指数、苯、甲苯	—

续　表

环境类别	现状评价因子	影响评价因子	总量控制因子
土壤	pH、铬、铬(六价)、四氯化碳、氯仿、氯甲烷、1,1-二氯乙烷、1,2-二氯乙烷、1,1-二氯乙烯、顺-1,2-二氯乙烯、反-1,2-二氯乙烯、二氯甲烷、1,2-二氯丙烷、1,1,1,2-四氯乙烷、1,1,2,2-四氯乙烷、四氯乙烯、1,1,1-三氯乙烷、1,1,2-三氯乙烷、三氯乙烯、1,2,3-三氯丙烷、氯乙烯、苯、氯苯、1,2-二氯苯、1,4-二氯苯、乙苯、苯乙烯、甲苯、间二甲苯、对二甲苯、邻二甲苯、硝基苯、苯胺、2-氯酚、苯并[a]蒽、苯并[a]芘、苯并[b]荧蒽、苯并[k]荧蒽、䓛、二苯并[a,h]蒽、茚并[1,2,3-cd]芘、萘、石油烃(C10—C40)、钒	苯、甲苯、二甲苯	—
生态	—	陆生、水生动植物	—

* 注:本项目排放的 SO_2 和 NO_x<500 t/a,故无须开展二次 $PM_{2.5}$ 评价。

2.2　评价等级、评价范围和重点保护目标

2.2.1　评价等级

1. 大气环境影响评价等级

采用《环境影响评价技术导则 大气环境》(HJ 2.2—2018)推荐的估算模型分别计算项目污染源的最大环境影响,本项目最大地面浓度占标率最大为 35.92%,D10%最远距离为 25 m。根据上述技术导则对评价等级的判定要求,及"5.3.3.2 对电力、钢铁、水泥、石化、化工、平板玻璃、有色等高耗能行业的多源项目或以使用高污染燃料为主的多源项目,编制环境影响报告书的项目评价等级提高一级",本项目大气环境影响评价等级需划定为一级,以建设项目厂址为中心区域,自厂界外延 5 km 的矩形区域为评价范围。

2. 地表水环境影响评价等级

项目废水经厂区污水处理站处理达接管标准后接入园区污水处理厂处理,尾水达标排放进入长江。本项目为水污染影响型建设项目,废水采用间接排放方式,判定建设项目地表水环境影响评价工作等级为三级 B。

3. 地下水评价等级

根据《环境影响评价技术导则　地下水环境》(HJ 610—2016)中地下水环境影响评价工作等级划分原则,本项目属于Ⅰ类建设项目且不涉及地下水环境敏感区。根据导则的评价工作等级分级表,确定本项目的地下水评价等级为二级。

4. 声环境影响评价等级

本项目选址于工业区,声环境功能要求为 3 类,且评价范围内无声环境敏感目标。根据《环境影响评价技术导则　声环境》(HJ 2.4—2009)的规定,判定建设项目声环境影响评价等级为三级。

5. 环境风险评价等级

本项目建设内容包含厂区内生产和厂外丙烯输送管线,按照《建设项目环境风险评价技术导则》(HJ 169—2018)分别计算厂区内和厂外丙烯输送管线危险物质总量与其临界量的比值 Q。经计算,厂区内和厂外丙烯输送管线 Q 值分别为 5 102.091 和 79.1。

根据项目工程建设内容，按照 HJ 169—2018 附录 C 判定本项目厂区 M=20，以 M2 表示，厂外丙烯输送管线 M=10，以 M3 表示。

综合 Q 值和 M 值判定结果，本项目厂区危险物质及工艺系统危险性等级判定为 P1，厂外管线危险物质及工艺系统危险性等级判定为 P3。

根据项目周边环境特点，按照 HJ 169—2018 附录 D 的要求分析大气、地表水和地下水环境敏感程度。

(1) 本次评价厂区内各要素环境风险潜势和评价等级判定如下：

(a) 大气环境敏感程度为 E2，环境风险潜势为Ⅳ，评价等级为一级。

(b) 地表水环境敏感程度为 E1，环境风险潜势为Ⅳ+，评价等级为一级。

(c) 地下水环境敏感程度为 E2，环境风险潜势为Ⅳ，评价等级为一级。

因此本项目厂区环境风险潜势综合等级为Ⅳ+，评价等级为一级。

(2) 本次评价厂外管线各要素环境风险潜势和评价等级判定如下：

(a) 大气环境敏感程度为 E2，环境风险潜势为Ⅲ，评价等级为二级。

(b) 地表水环境敏感程度为 E1，环境风险潜势为Ⅲ，评价等级为二级。

(c) 地下水环境敏感程度为 E2，环境风险潜势为Ⅲ，评价等级为二级。

因此本项目厂外管线环境风险潜势综合等级为Ⅲ，评价等级为二级。

6. 生态评价等级

根据《环境影响评价技术导则 生态影响》(HJ 19—2011)，本项目选址周边不涉及各类自然保护区、水产种质资源保护区及风景名胜区等生态敏感区，为一般区域。项目占地面积 33.3 hm^2，厂外丙烯管线长度 6 km，因此，确定本项目生态环境影响评价工作等级为三级。

7. 土壤环境影响评价等级

根据《环境影响评价技术导则　土壤环境》(HJ 964—2018)中土壤环境影响评价工作等级划分原则，本项目为污染影响型项目，属于Ⅰ类建设项目；本项目占地面积 33.3 hm^2，属中型规模(5～50 hm^2)；周边现状存在耕地、居民等，土壤环境敏感程度为敏感。根据 HJ 964—2018 的评价工作等级分级表，确定本项目的土壤评价等级为一级，参照《农用地土壤污染状况详查点位布设技术规定》，确定评价范围为项目所在地及周边 600 m(其中主导风向的下风向即西北侧为 1 100 m)范围。

表 1.3　化学原料和化学制品制造业大气沉降影响范围

<table>
<tr><td colspan="2">基本范围</td><td colspan="2">1.0 km</td></tr>
<tr><td colspan="2">影响因素</td><td colspan="2">范围调整/km</td></tr>
<tr><td rowspan="3">年限</td><td><10 a</td><td colspan="2">0</td></tr>
<tr><td>10～20 a</td><td colspan="2">+0.2</td></tr>
<tr><td>>20 a</td><td colspan="2">+0.4</td></tr>
<tr><td rowspan="3">占地</td><td><10 hm^2</td><td colspan="2">−0.2</td></tr>
<tr><td>10～100 hm^2</td><td colspan="2">0</td></tr>
<tr><td>>100 hm^2</td><td colspan="2">+0.2</td></tr>
<tr><td rowspan="2">行业</td><td>有机化工</td><td colspan="2">−0.2</td></tr>
<tr><td>无机化工</td><td colspan="2">0</td></tr>
<tr><td rowspan="3">多年平均风速</td><td><2 m/s</td><td>+0.2</td><td rowspan="3">主导风向明显的地区，主导风向的下风向影响范围+0.5 km</td></tr>
<tr><td>2～4 m/s</td><td>0</td></tr>
<tr><td>>4 m/s</td><td>−0.2</td></tr>
</table>

续　表

影响因素		范围调整/km
地形	平原/简单地形	0
	抬升地形	抬升侧延伸至 1.4 倍排气筒高度等高线位置
年平均降雨量	＜400 mm	＋0.2
	400～800 mm	0
	＞800 mm	－0.2

2.2.2　评价范围

根据建设项目污染物排放特点及当地气象条件、自然环境状况，确定各环境要素评价范围见表 1.4。

表 1.4　评价范围表

评价内容	评价范围
环境空气	以建设项目厂址为中心区域，自厂界外延 5 km 的矩形区域
地表水	园区污水处理厂排污口上游 1.5 km 到下游 3 km
地下水	北部以 A 河为界，南部以 B 河为界，西部以长江为界，东部以 C 河为界。评价区地下水流向为由东南流向西北，整个调查评价范围面积约 13.5 km^2
土壤	项目所在地及周边 0.6 km(其中主导风向的下风向即西北侧为 1 100 m)范围
环境噪声	厂界外 0.2 km 范围内无敏感目标，进行厂界达标性分析
环境风险	厂区大气风险评价范围为建设项目周边 5 km 范围内，地表水风险评价范围同地表水评价范围，地下水风险评价范围同地下水评价范围。 厂外管线大气风险评价范围为管道中心线两侧 0.2 km 范围内，地表水风险评价范围同地表水评价范围，地下水风险评价范围同地下水评价范围。
生态	厂区占地范围及周边 0.5 km 范围，厂外管线两侧 0.2 km 范围。

2.2.3　环境保护目标

本项目距离最近的大气环境敏感目标 270 m，500 m 范围内存在三处敏感目标(拟拆除)，500 m 范围外与项目最近的敏感目标距离为 690 m；地表水评价范围内无敏感目标，西侧紧邻一条小河，规划为项目雨水受纳水体；项目厂界 200 m 范围内无声环境敏感目标；生态评价范围内无生态敏感点；地下水评价范围内无地下水敏感目标；土壤评价范围内存在耕地、居民等敏感目标。

2.3　评价采用的标准

2.3.1　环境质量标准

1. 环境空气质量标准

SO_2、NO_2、NO_x、O_3、PM_{10}、$PM_{2.5}$、CO 执行《环境空气质量标准》(GB 3095—2012)中的二级标准，甲醇、苯、甲苯、二甲苯、NH_3、H_2S、HCl、硫酸雾执行《环境影响评价技术导则 大气环境》(HJ 2.2—2018)附表 D.1 的标准，非甲烷总烃参照执行《大气污染物综合排放标准详解》中所述的标准值。

2. 地表水环境质量标准

根据《江苏省地表水(环境)功能区划》，项目所在区域长江段执行《地表水环境质量标准》(GB 3838—

2002)Ⅱ类水质标准要求，周边无名小河执行《地表水环境质量标准》(GB 3838—2002)Ⅳ类水质标准要求。

3. 地下水环境质量标准

项目所在区域地下水环境质量执行《地下水质量标准》(GB/T 14848—2017)。

4. 声环境质量标准

项目所在区域声环境质量执行《声环境质量标准》(GB 3096—2008)中的3类标准。

5. 土壤环境质量标准

项目所在区域土壤环境执行《土壤环境质量 建设用地土壤污染风险管控标准(试行)》(GB 36600—2018)，项目周边农用地执行《土壤环境质量 农用地土壤污染风险管控标准(试行)》(GB 15618—2018)。

2.3.2 污染物排放标准

1. 大气污染物排放标准

本项目进料加热炉和废热锅炉有组织排放的SO_2、颗粒物、苯、甲苯、二甲苯、乙苯执行《石油化学工业污染物排放标准》(GB 31571—2015)表5特别排放限值要求和表6标准，非甲烷总烃执行《化学工业挥发性有机物排放标准》(DB 32/3151—2016)表1标准，CO参照执行河北省《固定污染源一氧化碳排放标准》(DB 13/487—2002)表2标准，厂区颗粒物、苯、二甲苯、甲苯、HCl无组织排放执行《石油化学工业污染物排放标准》(GB 31571—2015)表7企业边界大气污染物浓度限值要求，甲醇、非甲烷总烃无组织排放执行《化学工业挥发性有机物排放标准》(DB 32/3151—2016)表2标准，乙苯无组织排放参照执行甲苯排放限值要求，氨、硫化氢排放执行《恶臭污染物排放标准》(GB 14554—93)表1新扩改建二级标准和表2标准，硫酸雾无组织排放执行《大气污染物综合排放标准》(GB 16297—1996)表2无组织排放监控浓度限值要求。厂区内VOCs无组织排放控制执行《挥发性有机物无组织排放控制标准》(GB 37822—2019)表A.1特别排放限值。根据《长三角地区2019—2020年秋冬季大气污染综合治理攻坚行动方案》(环大气〔2019〕97号)中“加快推进燃气锅炉低氮改造。未出台地方排放标准的，原则上按照氮氧化物排放浓度不高于50毫克/立方米进行改造”，本项目进料加热炉尾气和废热锅炉废气中氮氧化物排放参照该规定执行。

此外，根据《石油化学工业污染物排放标准》(GB 31571—2015)表5要求，其他有机废气中的非甲烷总烃去除效率须≥97%。

表1.5 废气污染物排放标准

污染物名称	排气筒高度/m	最高允许排放速率/(kg/h)	最高允许排放浓度/(mg/m³)	无组织排放监控浓度限值		标准来源
				监控点	浓度/[mg/(Nm³)]	
SO_2	50	—	50	厂界	—	《石油化学工业污染物排放标准》(GB 31571—2015)表5特别排放限值要求、表6标准和表7企业边界大气污染物浓度限值要求，乙苯无组织排放参照执行甲苯无组织排放限值要求
颗粒物		—	20		1.0	
苯		—	4		0.4	
二甲苯		—	20		0.8	
甲苯		—	15		0.8	
HCl		—	—		0.2	
乙苯		—	100		0.8	
非甲烷总烃		108	80		4.0	《化学工业挥发性有机物排放标准》(DB 32/3151—2016)表1标准、表2标准
甲醇		—	—		1.0	
NO_x		—	50		—	《长三角地区2019—2020年秋冬季大气污染综合治理攻坚行动方案》(环大气〔2019〕97号)

续　表

<table>
<tr><td rowspan="2">污染物名称</td><td rowspan="2">排气筒高度/m</td><td rowspan="2">最高允许排放速率/(kg/h)</td><td rowspan="2">最高允许排放浓度/(mg/m³)</td><td colspan="2">无组织排放监控浓度限值</td><td rowspan="2">标准来源</td></tr>
<tr><td>监控点</td><td>浓度/[mg/(Nm³)]</td></tr>
<tr><td>CO</td><td></td><td>224</td><td>2 000</td><td rowspan="4">厂界</td><td>—</td><td>《固定污染源一氧化碳排放标准》(DB 13/487—2002)表 2 标准</td></tr>
<tr><td>氨</td><td rowspan="2">15</td><td>4.9</td><td>—</td><td>1.5</td><td rowspan="2">《恶臭污染物排放标准》(GB 14554—93)表 1 新扩改建二级标准和表 2 标准</td></tr>
<tr><td>硫化氢</td><td>0.33</td><td>—</td><td>0.06</td></tr>
<tr><td>硫酸雾</td><td>—</td><td>—</td><td>—</td><td>1.2</td><td>《大气污染物综合排放标准》(GB 16297—1996)表 2 无组织排放监控浓度限值要求</td></tr>
</table>

表 1.6　非甲烷总烃无组织排放标准

<table>
<tr><td>污染物</td><td>特别排放限值</td><td>限值含义</td><td>无组织排放监控位置</td></tr>
<tr><td rowspan="2">非甲烷总烃</td><td>6</td><td>监控点处 1 h 平均浓度值</td><td rowspan="2">厂房外</td></tr>
<tr><td>20</td><td>监控点处任意一次浓度值</td></tr>
</table>

根据《石油化学工业污染物排放标准》(GB 31571—2015)5.1.5，非焚烧类有机废气以排放口实测浓度判定排放是否达标。焚烧类有机废气排放口、工艺加热炉的实测大气污染物排放浓度，须换算成基准含氧量为 3%的大气污染物基准排放浓度，并与排放限值比较，判定排放是否达标。大气污染物基准排放浓度按下述公式进行计算。

$$\rho_{基}=\frac{21-O_{基}}{21-O_{实}}\times\rho_{实} \tag{1.1}$$

式中：$\rho_{基}$——大气污染物基准排放浓度，mg/m^3；

$O_{基}$——干烟气基准含氧量，%；

$O_{实}$——实测的干烟气含氧量，%；

$\rho_{实}$——实测大气污染物排放浓度，mg/m^3。

根据上述要求，本项目进料加热炉和废热锅炉废气排气筒(1～2＃)实测大气污染物排放浓度须换算成基准含氧量为 3%的大气污染物基准排放浓度，并与排放限值比较，判定排放是否达标，其余排气筒以实测浓度判定排放是否达标。

2. 污水排放标准

本项目废水经过厂内污水处理站预处理达接管标准后送拟建的开发区工业污水处理厂集中处理，出水水质执行工业污水处理厂接管标准，其中苯胺类、硝基苯类执行《污水综合排放标准》(GB 8978—1996)表 4 三级标准，石油类、硫化物执行《石油化学工业污染物排放标准》(GB 31571—2015)表 1 要求，苯、甲苯、二甲苯、乙苯、丙苯执行《化学工业水污染物排放标准》(DB 32/939—2020)表 4 要求。开发区工业污水处理厂尾水执行《城镇污水处理厂污染物排放标准》(GB 18918—2002)表 1 一级 A 标准和表 3 标准。本项目废水接管要求及开发区工业污水处理厂排放标准见表 1.7 和表 1.8。

表 1.7　污水接管标准

<table>
<tr><td>序号</td><td>污染物指标</td><td>接管标准/(mg/L)</td><td>执行标准</td></tr>
<tr><td>1</td><td>pH(无量纲)</td><td>6～9</td><td rowspan="3">开发区工业污水处理厂接管标准</td></tr>
<tr><td>2</td><td>COD</td><td>500</td></tr>
<tr><td>3</td><td>SS</td><td>100</td></tr>
</table>

续 表

序号	污染物指标	接管标准/(mg/L)	执行标准
4	NH_3-N	30	开发区工业污水处理厂接管标准
5	TN	50	
6	TP	3	
7	TDS	10 000	
8	苯胺类	5	《污水综合排放标准》(GB 8978—1996)表4三级标准
9	硝基苯类	5	
10	硫化物	1.0	《石油化学工业污染物排放标准》(GB 31571—2015)表1要求
11	石油类	15	
12	苯	0.1	《化学工业水污染物排放标准》(DB 32/939—2020)表4要求
13	乙苯	0.4	
14	二甲苯	0.4	
15	丙苯	2	
16	甲苯	0.1	

表1.8 污水处理厂出水水质标准

序号	污染物指标	排放标准/(mg/L)	执行标准
1	pH(无量纲)	6～9	《城镇污水处理厂污染物排放标准》(GB 18918—2002)表1一级A标准
2	COD	50	
3	SS	10	
4	NH_3-N	5(8)①	
5	TN	15	
6	TP	0.5	
7	石油类	1	
8	苯	0.1	《城镇污水处理厂污染物排放标准》(GB 18918—2002)表3标准
9	乙苯	0.4	
10	二甲苯	0.4	
11	甲苯	0.1	
12	硫化物	1.0	

注:①括号外数值为水温>12℃时的控制指标,括号内数值为水温≤12℃时的控制指标。

本项目雨水排口排放水质执行雨水受纳水体环境质量标准要求,即COD≤30 mg/L,SS≤60 mg/L。

3. 噪声排放标准

本项目营运期噪声排放执行《工业企业厂界环境噪声排放标准》(GB 12348—2008)3类标准。详见表1.9。

表 1.9　工业企业厂界环境噪声排放标准(GB 12348—2008)　　单位:dB(A)

标准	昼间	夜间	标准来源
3 类	65	55	GB 12348—2008

施工期噪声排放执行《建筑施工场界环境噪声排放标准》(GB 12523—2011),详见表 1.10。

表 1.10　建筑施工场界环境噪声排放标准　　单位:dB(A)

昼间	夜间	标准来源
70	55	GB 12523—2011

4. 固废

危险废物暂存场所执行《危险废物贮存污染控制标准》(GB 18597—2001)及其修改单的相关要求。

一般固废的暂存执行《一般工业固体废物贮存、处置场污染控制标准》(GB 18599—2001)及其修改单的相关要求。

2.4　园区规划和基础设施情况

园区面积 25.72 km^2,北部片区发展定位为氯碱化工新材料产业集群,重点发展农药产业、氯碱产业、化工新材料及特种合成材料产业;中片区发展定位为高端精细化学品新材料产业集群,重点发展精细化工、环氧乙烷产业、医药产业和油脂化工;南部片区为新拓展区域,以煤化工新材料、高分子合成新材料为主导,产业体系涵盖化工新材料制造业和物流服务产业。2016 年,园区规划环评获得审查意见。

项目依托园区的供水、供热、供电、燃气供应等基础设施。目前区内各企业污水经预处理达标后送至 A 污水处理厂集中处理,现状处理规模 11 万 m^3/d,其中生产废水 4.5 万 m^3/d、生活污水 6.5 万 m^3/d,分两期建设。一期工程于 2001 年 6 月投入运行,处理能力为 3 万 m^3/d(工业废水 2 万 m^3/d、生活污水 1 万 m^3/d)。2009 年开始进行二期扩建工程,二期扩建工程 8 万 m^3/d(生产废水 2.5 万 m^3/d、生活污水 5.5 万 m^3/d),分二阶段建设,其中二期工程一阶段 4 万 m^3/d,二期工程二阶段 4 万 m^3/d。目前一期工程与二期一阶段工程进水量已饱和,园区新增废水接管至二期二阶段工程处理。为实现区域生活污水和工业废水的分开处理,园区拟建设集中式工业污水处理厂,处理能力 5 万 t/天,服务范围为园区的工业企业,接纳工业废水进行集中式处理,待其投入运行后,现有的园区污水处理厂将作为市政污水处理厂,不再接纳工业企业排放的废水。本项目污水将经过预处理达到纳管标准后接入该工业污水处理厂,工业污水处理厂尾水达到《城镇污水处理厂污染物排放标准》(GB 18918—2002)一级 A 标准后经工业排口进入某河流,最终排入长江。

【点评】

该案例厂内工程为污染影响类,厂外丙烯管线为生态影响类,但不涉及生态敏感区,项目整体主要为污染影响类。评价时区分了厂内工程和厂外丙烯管线的环境影响因素并分别开展了评价等级的判定,确定了评价范围。在标准执行方面,除了依照国家和地方排放标准,还充分考虑了地方环境保护政策《长三角地区 2019—2020 年秋冬季大气污染综合治理攻坚行动方案》(环大气〔2019〕97 号)中的要求。

三、建设项目工程分析

3.1 建设内容和工程组成

3.1.1 建设内容

厂区内建设一套年产 60 万 t 丙烷脱氢制丙烯的生产装置，并配套建设公辅工程和环保工程。厂区外建设丙烯管线，管线走向为从厂区至园区某码头，将丙烯产品输送至下游用户，包含液相丙烯输送管线和气相丙烯返回管线，长度均为 6 000 m。

表 1.11 本项目丙烯管线情况

序号	管道名称	长度	管径及规格	输送条件			材质	管道数量	起止地点	敷设方式
				输送介质名称	温度/℃	压力/MPa				
1	液相丙烯输送线	6 000 m	DN300	液相丙烯	−45	2.1	低温碳钢	1	装置罐区至下游用户及码头	管廊
2	气相丙烯返回线	6 000 m	DN200	气相丙烯	−10	2.1	低温碳钢	1	码头至装置罐区	管廊

液相丙烯主管至下游用户的支管情况见表 1.12。

表 1.12 液相丙烯主管至下游用户的支管情况

序号	支管名称	支管长度/m	管径	压力/Mpa		温度/℃	
				操作	设计	操作	设计
1	至 A 企业支管	20	DN300	1.6	3.26	16	−45/65
2	至 B 企业支管	150	DN150	1.6	3.26	16	−45/65
3	至 C 企业支管	50	DN150	1.6	3.26	16	−45/65

本项目液相丙烯管道主线设置截断阀，到各用户的支线各设置截断阀。

3.1.2 主体工程及产品方案

本项目产品方案见表 1.13。

表 1.13 本项目产品方案

主体工程名称	产品名称	产品产量/(万 t/a)	备注
丙烷脱氢制丙烯装置	氢气	2.4	外售园区 A 企业(14 240 t/a)、B 企业(7 120 t/a)，剩余作为燃料
	丙烯	60	外售园区企业
	碳四重组分	3.24	外售江西某公司

3.1.3 公辅工程

本项目公辅工程汇总情况见表 1.14。

表 1.14　本项目公辅工程情况表

<table>
<tr><th>工程类别</th><th colspan="2">建设名称</th><th>设计能力</th><th>备注</th></tr>
<tr><td rowspan="10">公用工程</td><td colspan="2">给水</td><td>—</td><td>来自市政自来水管网</td></tr>
<tr><td colspan="2">排水</td><td>—</td><td>污水处理站排水接管至园区污水管网</td></tr>
<tr><td rowspan="2">蒸汽</td><td>低压蒸汽</td><td>—</td><td>来自园区热电厂</td></tr>
<tr><td>高压蒸汽</td><td>70 t/h</td><td>由项目废热锅炉供应</td></tr>
<tr><td colspan="2">空压系统</td><td>10 000 Nm^3/h</td><td rowspan="2">设置 2 套空分空压系统</td></tr>
<tr><td colspan="2">制氮系统</td><td>5 000 Nm^3/h</td></tr>
<tr><td colspan="2">天然气</td><td>—</td><td>来自区域天然气管网</td></tr>
<tr><td colspan="2">循环冷却水</td><td>18 000 m^3/h</td><td>配置 4 台单塔冷却塔</td></tr>
<tr><td colspan="2">脱盐水制备</td><td>960 000 t/a(120 t/h)</td><td>配置 1 套脱盐水制备装置,制备能力 960 000 t/a(120 t/h)</td></tr>
<tr><td colspan="2">供电</td><td>—</td><td>设置一座 220 kV 总降变,两座 35 kV 中心变电所,一座 10 kV 区域变电所</td></tr>
<tr><td rowspan="3">贮运工程</td><td colspan="2">化学品库</td><td>建筑面积 228 m^2</td><td>磷酸盐、润滑油等储存</td></tr>
<tr><td colspan="2">危险品库</td><td>建筑面积 58 m^2</td><td>TBPS454 二叔丁基多硫化物储存</td></tr>
<tr><td colspan="2">压力罐区</td><td>占地面积 11 324.7 m^2</td><td>丙烯、碳四重组分储存</td></tr>
<tr><td rowspan="6">环保工程</td><td colspan="2">废水处理</td><td>50 t/h</td><td>脱盐水站排污量为 116 601 m^3/a,中和处理后接管至园区污水处理厂;循环冷却系统排污量为 398 400 m^3/a,达标接管至园区污水处理厂;工艺废水、地面拖洗废水、废气处理废水、初期雨水、生活污水产生总量为 194 662.197 m^3/a(584.571 m^3/d),经厂区预处理站“调节罐/事故罐+油水分离器+序进式气浮+水解酸化+厌氧好氧工艺(AO)+膜生物反应器(MBR)+曝气生物滤池(BAF)”处理,达接管标准后排入园区污水管网</td></tr>
<tr><td colspan="2">废气处理</td><td>—</td><td>进料加热炉废气直接达标排放,废热锅炉废气经选择性催化还原(SCR)+催化氧化处理后达标排放,污水站废气经一级碱洗+生物滤池处理后达标排放,危废仓库废气经一级碱洗+活性炭吸附处理后达标排放</td></tr>
<tr><td colspan="2">固废堆场</td><td>450 m^2</td><td>固废暂存</td></tr>
<tr><td colspan="2">噪声处理</td><td>—</td><td>各种隔声降噪措施</td></tr>
<tr><td colspan="2">初期雨水池</td><td>930 m^3</td><td>初期雨水暂存</td></tr>
<tr><td colspan="2">事故池</td><td>16 350 m^3</td><td>事故废水暂存</td></tr>
</table>

本项目水平衡见图 1.1。

本项目脱盐水制备工艺流程和产污环节见图 1.2。

本项目储罐设置情况见表 1.15。

表 1.15　建设项目储罐设置情况

序号	储罐名称	罐型	体积/m^3	数量	材质	所在位置
1	丙烯球罐	球罐	3 000	10	低温钢	压力罐区
2	C_4 重组分球罐	球罐	1 000	2	低温钢	压力罐区
3	原水箱	圆柱拱顶	600	1	304	脱盐水站
4	脱盐水箱	圆柱拱顶	600	2	304	脱盐水站
5	液氨储罐	立式	45	2	碳钢	丙烷脱氢装置区
6	甲醇储罐	立式	3	1	碳钢	丙烷脱氢装置区

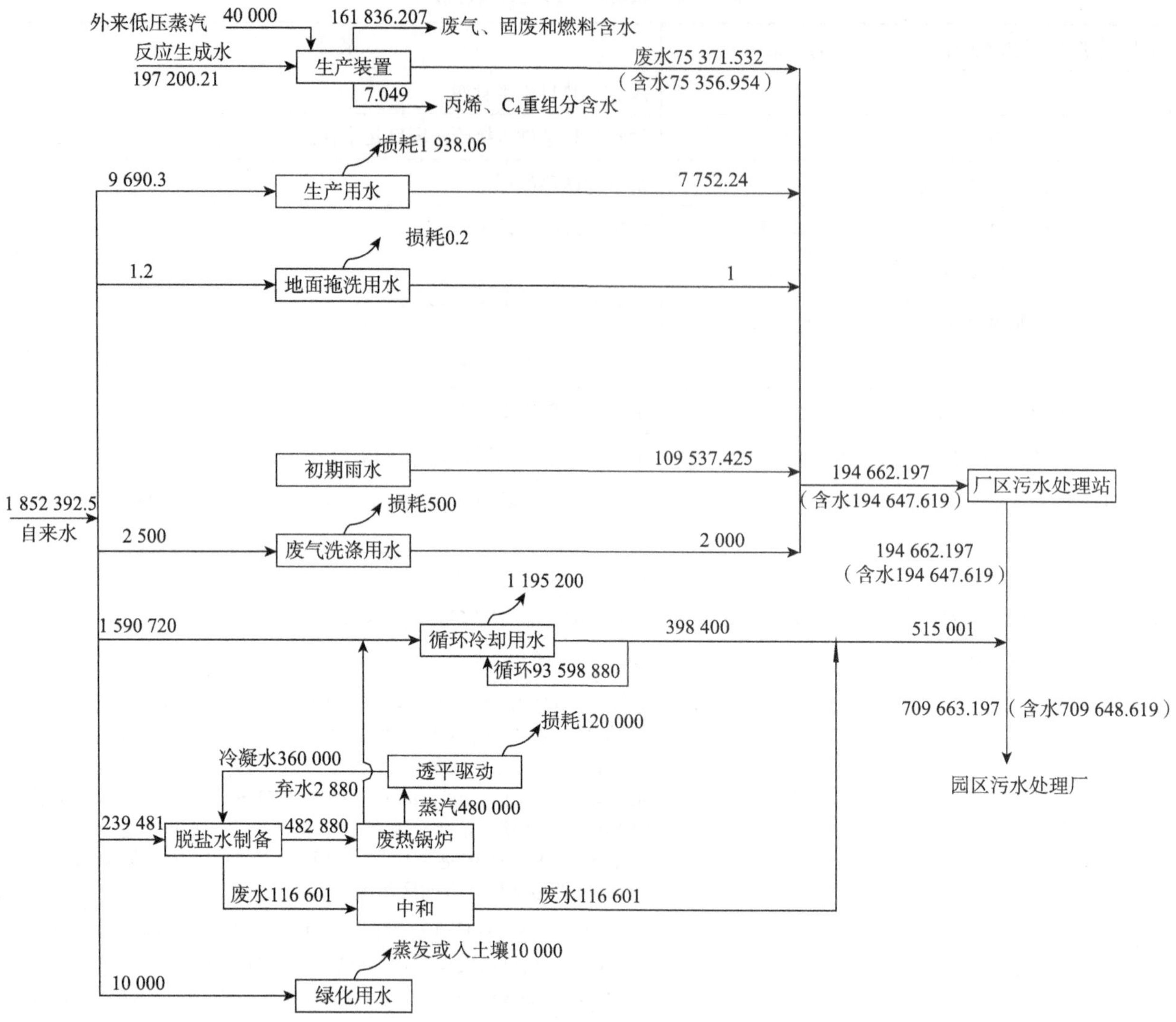

图 1.1　建设项目水平衡图(单位:t/a)

火炬系统:为降低本项目开停车、设备检修、工艺设备运转异常等非正常工况下的污染物排放对周边环境的影响,本项目设置了火炬系统。

本项目火炬系统采用封闭式地面火炬,火炬气总管依次经分液罐、水封罐,突破水封后通过集气总管共分成若干支管,为适应火炬气流量变化的要求,火炬气采用分级燃烧,进入封闭式地面火炬内进行处理。

火炬系统燃烧能力 350 t/h,采用立式圆筒型的带有陶瓷纤维防火棉的全封闭式地面火炬,地面火炬共设置三座火炬筒体。地面火炬筒以底部配风为主,筒体下端侧面开孔,增设侧面进风口。地面火炬筒体基础外侧铺设纤维毯,筒体地面设置鹅卵石,增加地面抗辐射能力,同时降低噪音。

为适应不同工况和排放气流量变化的要求,封闭式地面火炬采用分级燃烧、自动分级控制。即根据排放量大小、事故排放等不同情况,通过火炬气总管上的压力分级控制将地面燃烧器分成若干组而形成多级燃烧系统。每级燃烧系统通过排放气的压力来控制,从而达到分级燃烧的目的。除第一级燃烧处于常开状态外,其他各级燃烧系统在正常状态下处于关闭状态。当有火炬气排放时,先通过第一级燃烧系统燃烧处理。当火炬气的排放量增大时,后续各级燃烧系统将根据集气总管上的压力信号依次开启。当火炬气的排放量减小时,各级燃烧系统反向相继关闭。

燃烧器:火炬上的燃烧器设计为多个燃烧器组,将大量的排放气分成若干小股,增加排放气与空气的接触面积,达到完全燃烧的目的,同时降低火焰高度。

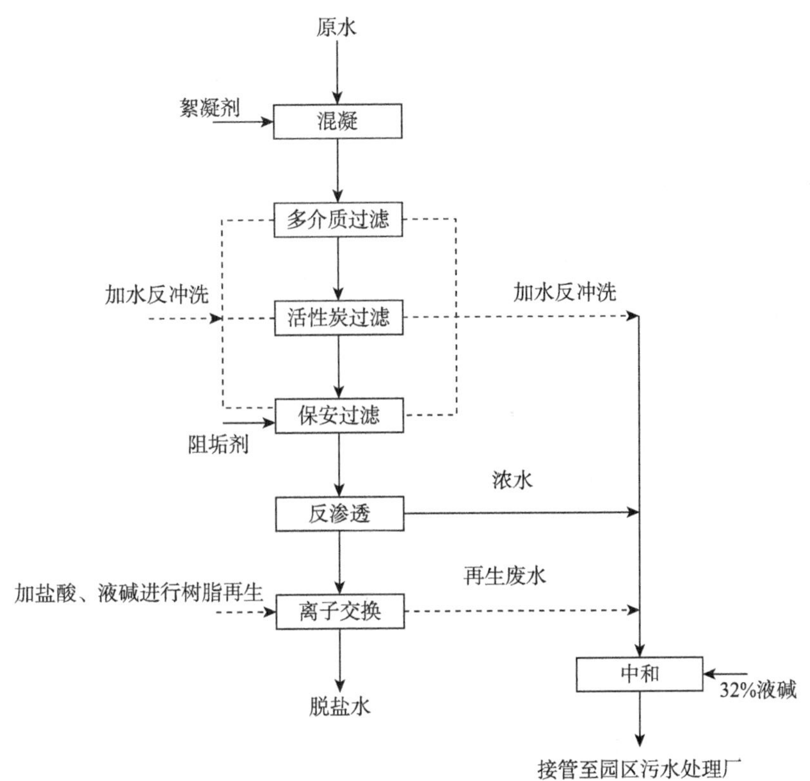

图 1.2　脱盐水制备工艺流程和产污环节图

长明灯及点火系统：地面火炬炉膛内设有长明灯，长明灯保持常燃，以便任何时刻有气体排放都能及时点燃，以确保系统的绝对安全。长明灯采用引射技术，为高效节能长明灯，不仅天然气耗费量低而且可靠性高，能够在恶劣天气下保持燃烧。为保持长明灯常燃，采用紫外火焰检测器和摄像头监控，保证可以在中控室观察到全部长明灯以及火焰。另外在防风墙上还设有观火孔，操作人员可以在现场更加直观地了解到长明灯的燃烧情况。也就是说，操作人员有三种途径可以了解到长明灯的燃烧情况，保证地面火炬运行维护的可靠、方便。同时长明灯还设置了电点火装置，电点火可实现自动操作、现场手动操作和中控室遥操。自动点火系统利用紫外线信号对长明灯燃烧状态进行判断，当长明灯熄灭时，控制系统自动启动电点火装置，重新点燃长明灯。

消烟系统：采用低压蒸汽为火炬气消烟助燃，对于分级燃烧系统中的每一级蒸汽消烟系统，均对应设置独立的蒸汽管线，而且每一级消烟蒸汽管线上均设自动调节阀。

本项目火炬系统仅能处置非正常工况和事故工况产生的废气。

3.2　生产工艺流程及产排污节点

目前，全球已工业化的丙烷脱氢制丙烯工艺技术主要有美国 UOP 公司的 Oleflex 工艺、美国 CB&I Lummus 公司的 Catofin 工艺、德国 Krupp Uhde 公司的 Star 工艺。本项目丙烷脱氢装置采用 CB&I Lummus 公司的 Catofin 工艺，为国外专利技术，国内已有五套装置成功运行，分别位于天津渤化、宁波海越、河北海伟、山东神驰、东莞巨正源科技等公司，其中运行时间最长的位于天津渤化，已运行 6 年。同工艺下还有三套装置在建，分别位于大连恒力、青岛金能科技、徐州海鼎，技术成熟。

该技术使用铬系催化剂，在固定床反应器上将丙烷脱氢转化为丙烯。丙烷脱氢装置包括反应单元、产品压缩单元、低温回收单元、产品精制单元、丙烯制冷单元、乙烯制冷单元、废水汽提单元、催化剂再生单元、脱硫剂再生单元、变压吸附单元等。工艺流程和产污环节见图 1.3。

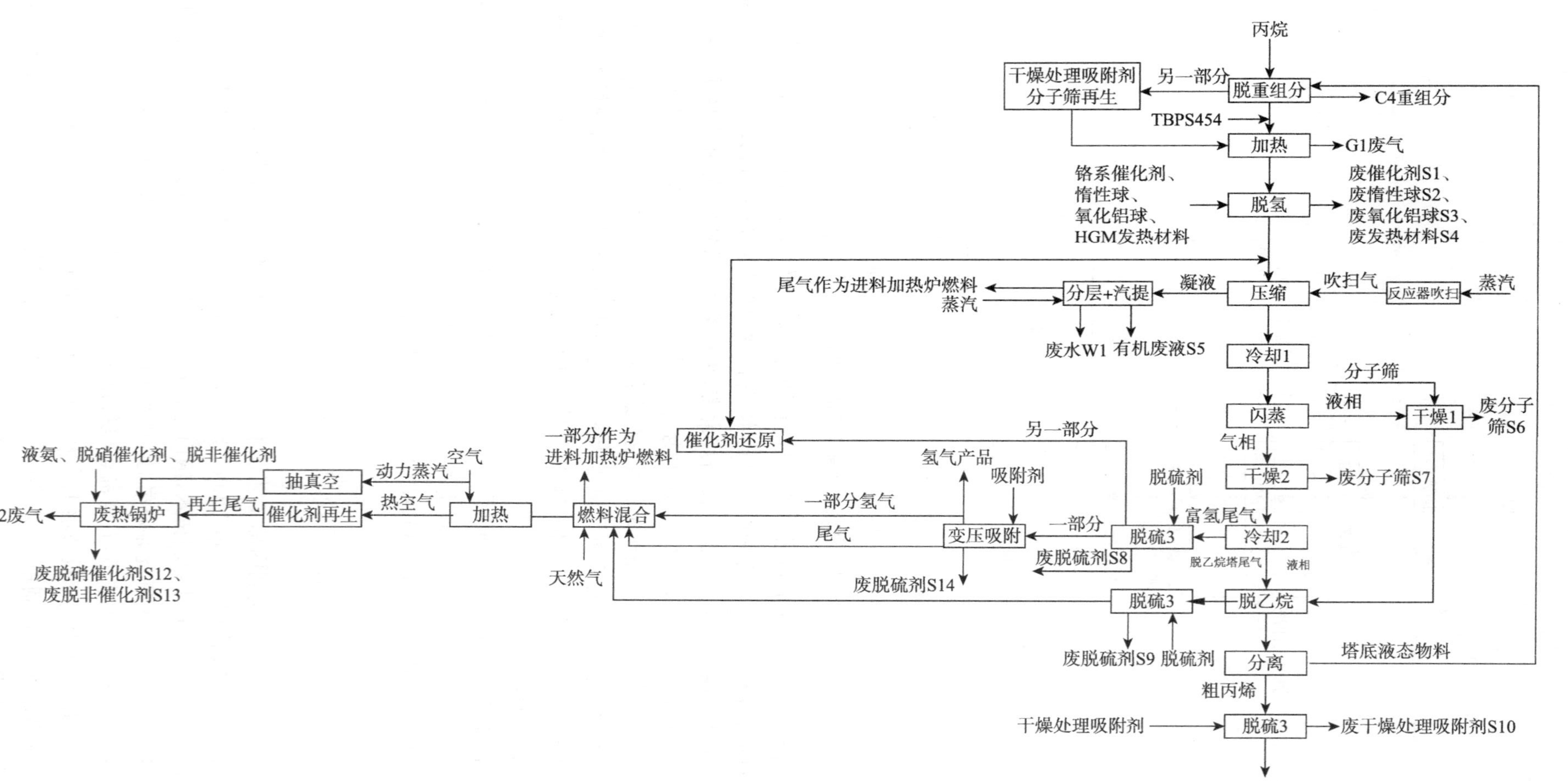

图 1.3 生产工艺流程和产污节点图

1. 反应单元

管网输送进厂区的丙烷（-35℃、1.4 MPa）进入冷箱回收冷量（回收冷量后丙烷状态为 13℃、1.12 MPa），后与从产品分离塔塔底循环回来的原料混合进入脱重组分塔（脱油塔），在压力 0.8 MPa、温度 10℃下脱除 C_4 重组分（丁烷、丁烯、丁二烯、苯系物等），C_4 重组分送罐区暂存外售。

从脱油塔出来的气相丙烷经过一系列换热，在进出料换热器前注入硫化剂（二叔丁基多硫化物）后，进入加热炉（炉温约 1 100℃）间接加热至 560℃后进入反应器，在微负压条件发生以下反应：

主反应（转化率 45.4%，收率 41.4%，以丙烷为基准）：

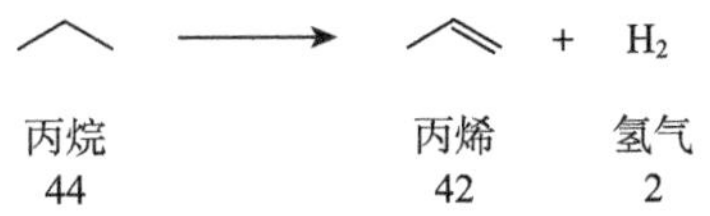
H2
丙烷
44
丙烯
42
氢气
2

副反应：

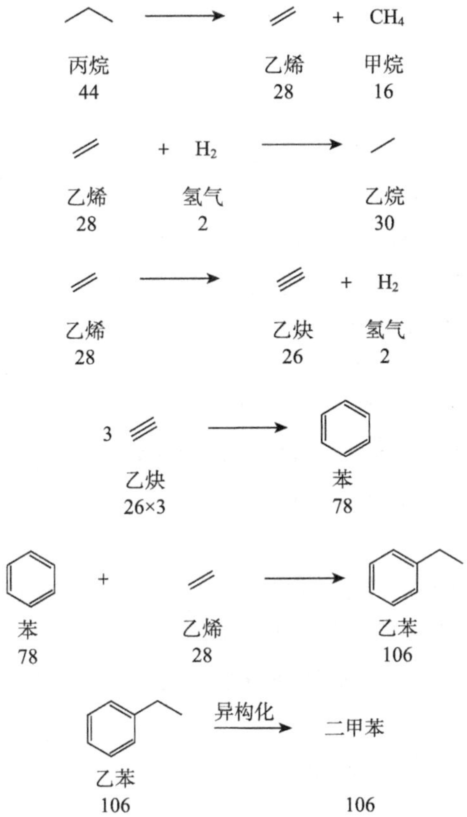
CH4
丙烷
44
乙烯
28
甲烷
16
H2
乙烯
28
氢气
2
乙烷
30
H2
乙烯
28
乙炔
26
氢气
2
3
乙炔
26×3
苯
78
苯
78
乙烯
28
乙苯
106
异构化
二甲苯
乙苯
106
106

丁烷⟶丁烯＋氢气

丁烷⟶丁二烯＋2 氢气

苯＋丁烯⟶丁苯

丁苯＋苯⟶丙苯＋甲苯

（注：由于丁烷、丁烯、丁苯、丙苯等均有多个同分异构体，方程式中不给出具体结构式。）

$$C_nH_m \longrightarrow nC + 1/2\ mH_2$$

实际反应复杂，副反应较多，以上列出主要副反应，过程中部分化合物还会发生聚合生成长碳链或环状高沸物。

此外，二叔丁基多硫化物发生以下反应：

$$\underset{\substack{\text{二叔丁基多硫化物} \\ 242}}{C_8H_{18}S_4} + \underset{\substack{\text{氢气} \\ 2\times5}}{5H_2} \longrightarrow \underset{\substack{\text{丁烷} \\ 58\times2}}{2C_4H_{10}} + \underset{\substack{\text{硫化氢} \\ 34\times4}}{4H_2S}$$

从反应器出来的热物料(约 600℃)在反应器流出物的蒸汽发生器中通过产生蒸汽而被冷却至 300℃，进一步与反应器进出料热交换冷却至 130℃，然后送往产品压缩单元。

加热过程产生废气 G1，催化剂、惰性球、氧化铝球、发热材料定期更换，产生废催化剂 S1、废惰性球 S2、废氧化铝球 S3、废发热材料 S4。

2. 产品压缩单元

反应器出口物流经冷却后，被压缩、冷却(循环冷却水间接冷却)到与回收工序相适宜的压力、温度水平(1.1 MPa、18℃)，压缩级间冷凝下来的液体在级间分离罐中分离下来，在送往界区外之前，用蒸汽汽提其中的烃。压缩机出口气相进行间接冷却(丙烯制冷压缩机供冷)，所得气液相混合物在低温回收闪蒸槽中分离出来(闪蒸压力为 1.13 MPa)，液相(主要是丙烷、丙烯等)经分子筛干燥后送往脱乙烷塔，气相(主要是甲烷、氢气、乙烷、乙烯、丙烷、丙烯等)经分子筛干燥后进入低温回收单元。

该过程产生废分子筛 S6、S7。

3. 低温回收单元

闪蒸工段得到的气相经分子筛干燥后进入低温回收单元，通过乙烯冷剂、丙烯冷剂逐级冷却，将回收下来的 C_2、C_3 作为脱乙烷塔进料，其中脱除的惰性气、氢气和轻烃组分脱硫后一部分送至变压吸附(Pressure Swing Adsorption，PSA)装置生产氢气，另一部分用于反应器催化剂还原。

闪蒸得到的液相和低温回收下来的 C_2、C_3 进入脱乙烷塔，在塔底 15℃、塔顶−60℃、压力 0.6 MPa 下除去轻烃组分(氢气、甲烷、乙烷、乙烯和惰性气)，脱硫后作为加热炉燃料，塔底的丙烷、丙烯送至产品分离塔。

PSA 的富氢尾气和脱乙烷塔尾气分别送去脱硫塔，在温度 40℃，压力分别为 0.8 MPa、0.4 MPa 下脱硫，该脱硫过程为化学脱硫，脱硫剂主要成分为 ZnO，尾气中的 H_2S 通过与 ZnO 发生化学反应生成 ZnS 从而达到脱硫目的。该过程产生废脱硫剂 S8 和 S9。

4. 产品精制单元

脱乙烷塔塔底液相通过泵送至产品分离塔，通过蒸汽间接加热，在塔顶 30℃、塔底 45℃，压力 1.3 MPa 下分离出丙烯，塔底液体料循环至脱重组分工段。

丙烯进入脱硫塔，在温度 40℃、压力 2.0 MPa 脱硫后得到丙烯成品，经压缩后储存。该过程产生废干燥处理吸附剂 S10。

产品压缩机定期采用洗油清洗，产生废洗油 S11。

5. 丙烯制冷单元

丙烯制冷系统为一个封闭循环系统。它是一个由蒸汽透平驱动的五级丙烯制冷压缩机。它可提供四个等级冷量——13℃、−1℃、−23℃和−35℃，用于主体生产需要用冷工段。

6. 乙烯制冷系统

乙烯制冷系统为一个封闭的循环系统。乙烯压缩机是一个电机驱动的三级乙烯制冷压缩机，可以供三个等级冷量。−101℃乙烯冷剂用于产品气 7＃冷却器的冷侧，−82℃乙烯冷剂用于脱乙烷塔顶部冷凝器冷侧，−63℃乙烯冷剂用于产品气 5＃冷却器冷侧。

7. 废水汽提单元

压缩工段产生的凝液在被送污水站处理之前在废水汽提塔中处理以减少水中烃类的含量。凝液首先分层去除有机相，减轻汽提压力，随后进入废水汽提塔集液罐，通过液位串级控制流量来控制至汽提塔的进料，集液罐中长期累积产生重烃类 S5。在温度 120℃、压力 0.1 MPa 下连续汽提，汽提后的气体通过循环冷却水间接冷却，尾气作为加热炉燃料，冷凝液送回汽提塔集液罐。汽提后的废水 W1 经循环水冷却后通过汽提塔塔釜液位控制器泵送出。

8. 催化剂再生单元

一次完整的反应循环周期大约为 22～27 min。对于单台反应器，当脱氢反应结束后，通入蒸汽(4.0 MPa 饱和蒸汽)吹扫置换(蒸汽吹扫物和反应器出料一并进入压缩工段)，蒸汽吹扫完毕后，反应器通入热空气再热(新鲜空气和废热锅炉尾气热交换预热，再经空气加热炉直接加热至约 700℃)，通过高温烧焦以除去催化剂上的积炭，烧焦完毕后反应器通蒸汽，抽真空，抽出来的气送入废热锅炉回收余热后进一步处理(SCR)后通过 50 m 排气筒达标排放。

上述操作完毕后，进行催化剂还原。低温工段产生的富氢气一部分去 PSA，另一部分进入反应器在 600℃下进行催化剂还原(将催化剂中的六价铬还原为三价铬)，还原后的气体进入压缩工段。

废热锅炉热能回收工段产生废脱硝催化剂 S12 和废脱非甲烷总烃催化剂 S13。

9. 干燥处理吸附剂和分子筛再生单元

脱硫塔内填充干燥处理吸附剂(脱硫剂)，可以选择性吸附来自碳氢化合物气体中的硫化氢等含硫物质，属于物理吸附，干燥处理吸附剂可再生。干燥 1 和干燥 2 工段的分子筛也可再生。

具体再生过程为：冷、热再生气(原料丙烷)分别按流程步骤进入脱硫塔，采用脱重组分后的丙烷在压力 0.5 Mpa、温度 300℃(蒸汽间接加热)下吹扫，吹扫后的气体和脱重组分后的丙烷混合进入生产。

10. 变压吸附单元(PSA)

富氢尾气脱硫后进入 PSA 进行氢提纯，制得的氢气一部分外售，另一部分作为加热炉燃料，与 PSA 尾气一并进入加热炉燃烧。

PSA 采用 10 塔工艺流程，即装置的 10 个吸附塔的吸附和再生工艺过程由吸附、连续多次均压降压、顺放、逆放、冲洗、连续多次均压升压和产品气升压等步骤组成。

(1) 吸附过程

压力 0.8 MPaG、温度 40℃的丙烷脱氢富氢尾气加压至 2.15 MPa 后，自塔底进入正处于吸附状态的吸附塔内。在多种吸附剂的依次选择吸附下，其中的各种杂质组分被吸附下来，未被吸附的氢气从塔顶流出，经压力调节系统稳压后通过管道输送到界外。

当被吸附了杂质的传质区前沿到达床层出口预留段时，关掉吸附塔的原料气进料阀和产品气出口阀，停止吸附，吸附床开始转入再生过程。

(2) 均压降压过程

在吸附过程结束后，顺着吸附方向将塔内较高压力的氢气放入其他已完成再生的较低压力的吸附塔，该过程不仅是降压过程，更是回收床层死空间内的氢气的过程，本流程共包括了多次连续的均压降压过程，因而可保证氢气的充分回收。

(3) 顺放过程

在均压降压结束后，首先顺着吸附方向将吸附塔顶部的产品氢气快速回收进顺放罐，这部分氢气将用作吸附剂的再生气源。

(4) 逆放过程

在顺放过程结束后，吸附前沿已达到床层出口。这时，逆着吸附方向将吸附塔压力降低，此时被吸附的杂质开始从吸附剂中大量解吸出来，逆放解吸气进解吸罐(解吸气升压至 0.46 MPa)，解吸气进入空气加热炉作为燃料。

(5) 冲洗过程

在逆放过程全部结束后，为使吸附剂得到彻底的再生，用顺放气缓冲罐中的氢气逆着吸附方向对吸附床层进行冲洗，进一步降低杂质组分的分压，使吸附剂得以彻底再生，该过程应尽量缓慢匀速以保证再生的效果。

(6) 均压升压过程

在冲洗再生过程完成后,用来自其他吸附塔的较高压力的氢气依次对该吸附塔进行升压,这一过程与均压降压过程相对应,不仅是升压过程,而且是回收其他塔的床层死空间内的氢气的过程,本流程共包括了连续多次均压升压过程。

(7) 产品气升压过程

在多次均压升压过程完成后,为了使吸附塔可以平稳地切换至下一次吸附并保证产品纯度在这一过程中不发生波动,需要通过升压调节阀缓慢而平稳地用产品氢气将吸附塔压力升至吸附压力(2.15 MPa)。

经这一过程后吸附塔便完成了一个完整的"吸附—再生"循环,又为下一次吸附做好了准备。吸附塔交替进行以上的吸附、再生操作即可实现气体的连续分离与提纯。

PSA 过程产生废吸附剂 S14。

本项目进料加热炉和空气加热炉的共同燃料来源有 PSA 尾气、氢气、脱乙烷尾气和天然气,这些燃料先进行混合后再根据需求进入进料加热炉或空气加热炉。

本项目采用甲醇为防冻剂,在低温丙烷、乙烯输送进相应系统之前,首先经过甲醇浴(甲醇为常温,间接加热)提高丙烷、乙烯的温度,防止装置低温下损坏。

3.3 原辅料消耗情况

本项目生产过程中原辅材料消耗见表 1.16。

本项目使用的催化剂包括铬系催化剂、脱硝催化剂,铬系催化剂在一次完整的反应完成后即进行再生,每四年更换一次,脱硝催化剂每四年更换一次,更换后均作为危险废物委托有资质单位处置。

一般情况下,流化床形式的反应器中催化剂由于颗粒间的摩擦作用以及反应器内的气流影响,一部分会被物料带走而损耗。本项目催化剂以固定床装载于反应器,运行时催化剂颗粒之间不会产生摩擦,催化剂为 3 mm 球状颗粒,粒径较大,不易被气流带走,且催化剂床层下用惰性球层和氧化铝球层进行支撑,对催化剂有截留作用。因此,在运行时催化剂不会有损耗。同时,根据铬系催化剂厂家出具的说明,本项目催化剂使用过程中含铬物质进入废水废气的可能性很低,在催化剂预混合装填时不可避免地产生少量粉尘。铬系催化剂每四年更换一次,为 3 mm 直径球状颗粒,由于主要成分为金属氧化物,密度较大,飘散至空气后易于沉降。反应器距离厂界最近距离约为 80 m,建设单位在更换催化剂时将做好相关防护,在更换区域设立围挡,因此铬系催化剂更换时产生的粉尘量很少,且产生后基本沉降在厂区范围内,对周边环境的影响很小,本次评价不进行定量分析。

3.4 运营期污染源分析

3.4.1 废水污染源分析

本项目废水主要包括工艺废水、地面冲洗废水、废气处理废水、初期雨水、生活污水、循环冷却系统排污、废热锅炉系统排污、脱盐水站排污。各股废水的水质及处置情况见表 1.17。

表 1.16　原辅材料消耗清单

序号	物料名称	形态	主要成分	规格/型号	年耗量/t	厂区储存方式	储存位置	最大储存量/t	用途	备注
1	丙烷	液	丙烷	≥95.0 mol%	729 654.66	管道输送	厂外管道输送至装置区,不储存	—	主体生产	—
2	铬系催化剂	固	Cr_2O_3/Al_2O_3,铬氧化物占比≥17.5%	CATOFIN 310	187.25	桶装	反应器	—	主体生产	一次装填量 749 t,4 年寿命
3	惰性球	固	氧化铝 25%	扁平铝球 3×6 mm	12.88	桶装	反应器、脱硫 3	—	主体生产	一次装填量 1 029 t,4 年寿命
4	氧化铝球	固	氧化铝 80%	Φ8～19 mm	5.20	桶装	反应器、脱硫 3	—	主体生产	一次装填量 415 t,4 年寿命
5	HGM 发热材料	固	—	—	21.25	桶装	反应器	—	反应发热	一次装填量 85 t,4 年寿命
6	支撑瓷球	固	氧化铝	25%	29	桶装	反应器、脱硫 3	—	主体生产	一次装填量 116 t,4 年寿命
7	TBPS 454	液	二叔丁基多硫化物	98%	46.40	桶装	危险品库	10	反应器进料助剂,保护反应器	—
8	干燥分子筛	固	硅酸铝	80%	31.60	桶装	干燥床	—	干燥脱硫	一次装填量 126.4 t,4 年寿命
9	脱硫吸附剂	固	氧化锌	90%	144	桶装	脱硫 1、2	—	干燥脱硫	一次装填量 144 t,3 年寿命
10	脱硫剂支撑瓷球	固	氧化铝	25%	44.80	桶装	脱硫 1、2	—	干燥脱硫	一次装填量 44.8 t,1 年寿命
11	甲醇	液	甲醇	95%	—	罐装	甲醇储罐	3.20	生产装置防冻	开车使用
12	液氨	液	氨	99.5%	266.57	罐装	液氨储罐	52.80	脱硝	—
13	脱硝催化剂	固	$V_2O_5/WO_3/TiO_2$	—	8.75	规整包装	废热锅炉	—	脱硝	一次装填量 35 t,4 年寿命
14	脱非催化剂	固	Au/TIO_2	—	10.67	规整包装	废热锅炉	—	脱非甲烷总烃	一次装填量 32 t,3 年寿命
15	乙烯	液	乙烯	99.95%	10	罐装	乙烯储罐	26	冷剂	—
16	磷酸钠	固	磷酸钠	92%	2	袋装	化学品库	0.80	锅炉除垢	—

续 表

序号	物料名称	形态	主要成分	规格/型号	年耗量/t	厂区储存方式	储存位置	最大储存量/t	用途	备注
17	干燥处理吸附剂	固	氧化铝、活性炭	氧化铝、活性炭、分子筛	20.80	桶装	干燥脱硫床	—	干燥脱硫床	一次装填量 83.20 t，4 年寿命
18	天然气	气	甲烷	—	5.9 12×10⁷ *	管道输送	厂外管道输送至装置区，不储存	—	燃料气	—
19	洗油	液	石脑油	芳烃＞25％	80	罐装	洗油储罐	32	产品压缩机清洗	—
20	PSA 吸附剂	固	氧化铝、活性炭	氧化铝、活性炭、分子筛	11.80	桶装	吸附塔	—	氢气提纯	一次装填量 236 t，20 年寿命
22	氧化铝	固	氧化铝	氧化铝、硅胶	2	桶装	干燥塔	—	空分空压	一次装填量 10 t，5 年寿命
23	分子筛	固	氧化铝	氧化铝、硅胶	2	桶装	预干燥塔	—	空分空压	一次装填量 10 t，5 年寿命
24	润滑油	液	46＃/100＃机械油	—	10	桶装	化学品库	4.50	设备部件润滑	—
25	盐酸	液	盐酸	31％	50	桶装	脱盐水贮药间	1	阳离子树脂再生，反冲洗用	—
26	片碱	固	氢氧化钠	99％	14.20	桶装	脱盐水贮药间	1	阴离子树脂再生，反冲洗用	—
27	阻垢剂	固	磷酸三钠	92％	8	袋装	脱盐水贮药间	0.30	水质阻垢	—
28	絮凝剂	固	聚合氯化铝	95％	16	袋装	脱盐水贮药间	0.30	水质絮凝	—
29	缓蚀、阻垢剂	固	三聚磷酸钠	92％	10.68	袋装	加药间	0.32	循环水系统	—
30	氧化型杀菌剂	固	次氯酸钠	97％	66.42	桶装	加药间	1.99	循环水系统	—
31	非氧化型杀菌剂	固	异噻唑啉酮	98％	15.94	桶装	加药间	1.33	循环水系统	—
32	PAC	固	聚合氯化铝	95％	420	袋装	综合设备间	7	污水预处理	—
33	PAM	固	聚丙烯酰胺	90％	445	袋装	综合设备间	8	污水预处理	—
34	硫酸	液	硫酸	98％	2	桶装	综合设备间	0.30	污水预处理	—
35	柠檬酸	固	柠檬酸	98％	3	袋装	综合设备间	0.30	污水预处理	—
36	片碱	固	氢氧化钠	99％	2.50	桶装	综合设备间	0.30	污水预处理	—
37	次氯酸钠	固	次氯酸钠	97％	50	袋装	综合设备间	1	污水预处理	—

* 天然气年耗量单位为 Nm^3。

表 1.17　各股废水水质情况

废水名称	废水量/(t/a)	pH	色度	污染物产生量			处置去向
				污染物	浓度/(mg/L)	年产生量/t	
工艺废水 W1	75 371.532	≈7	120 倍	TDS	1 500	113.057	进入厂区污水站处理后接管至开发区污水处理厂
				COD	1 800	135.669	
				SS	500	37.686	
				硫化物	2.322	0.175	
				苯	7.244	0.546	
				乙苯	61.044	4.601	
				二甲苯	4.737	0.357	
				丙苯	25.315	1.908	
				甲苯	3.940	0.297	
				氨氮	10	0.754	
				TN	15	1.131	
地面拖洗废水	1	≈7	60 倍	TDS	2 500	0.003	
				COD	80	8×10^{-5}	
				SS	2 000	0.002	
				石油类	20	2×10^{-5}	
废气处理废水	2 000	7～8	80 倍	TDS	150 000	300	
				COD	1 000	2	
				SS	500	1	
				苯	1.500	0.003	
				乙苯	11.500	0.023	
				二甲苯	1.500	0.003	
				丙苯	6	0.012	
				甲苯	1.200	0.002	
				氨氮	560	1.120	
				总氮	600	1.200	
				硫化物	35	0.070	
初期雨水	109 537.425	≈7	10 倍	TDS	500	54.769	
				COD	200	21.907	
				SS	500	54.769	
				石油类	0.500	0.055	
				苯	0.200	0.022	
				乙苯	0.300	0.033	
				二甲苯	0.600	0.066	
				丙苯	0.400	0.044	
				甲苯	0.300	0.033	

续　表

废水名称	废水量/(t/a)	pH	色度	污染物产生量			处置去向
				污染物	浓度/(mg/L)	年产生量/t	
生活污水	7 752.24	≈7	20 倍	TDS	1 800	13.954	进入厂区污水站处理后接管至开发区污水处理厂
				COD	400	3.101	
				SS	300	2.326	
				氨氮	30	0.233	
				TN	60	0.465	
				TP	5	0.039	
循环冷却系统排污	398 400	≈7	5 倍	TDS	5 000	1 992	接管至开发区污水处理厂
				COD	80	31.872	
				SS	100	39.840	
				氨氮	2	0.797	
				TN	5	1.992	
				TP	1.500	0.598	
废热锅炉系统排污	2 880	≈7	5 倍	TDS	5 000	14.400	回用于循环冷却系统补水
				COD	30	0.086	
				SS	40	0.115	
反渗透浓水	113 496	≈7	5 倍	TDS	8 000	907.968	中和处理后接管至开发区污水处理厂
				COD	40	4.540	
				SS	40	4.540	
反冲洗废水	3 000	≈7	5 倍	TDS	1 500	4.500	
				COD	40	0.120	
				SS	1 000	3	
再生废水	105	5～6	20 倍	TDS	240 000	25.200	
				COD	40	0.004	
				SS	40	0.004	

3.4.2　废气污染源分析

1. 有组织废气

本项目有组织废气主要为进料加热炉废气、废热锅炉废气、污水站废气和危废仓库废气。

(1) 进料加热炉废气

进料加热炉燃料来源为汽提尾气和燃料混合罐中的燃料，结合物料衡算，具体组成见表 1.18。

表 1.18　进料加热炉燃料组成　　　　单位：t/a

来源	名称	数量	备注
汽提尾气	氮气	1.697	—
	甲烷	1.254	

续　表

来源	名称	数量	备注
汽提尾气	乙烷	1.180	—
	丙烷	0.885	
	丁烷	1.623	
	羰基硫	0.052	
	硫化氢	3.152	
	氢气	0.811	
	乙烯	1.992	
	乙炔	0.959	
	苯	54.097	
	乙苯	6.902	
	二甲苯	17.482	
	丙烯	1.475	
	丁烯	0.811	
	丁二烯	116.775	
	丙苯	1.908	
	甲苯	14.556	
	丁苯	10.879	
	水	6 400	
	小计	6 638.490	
从燃料混合罐去进料加热炉的燃料	氮气	1 044.685	—
	甲烷	12 429.272	
	乙烷	10 073.116	
	丙烷	891.015	
	丁烷	388.589	
	羰基硫	0	
	硫化氢	5.245	
	氢气	1 547.544	
	乙烯	4 330.167	
	乙炔	43.059	
	苯	0.080	
	乙苯	0.125	
	二甲苯	0.292	
	丙烯	17.138	
	丁烯	0.317	
	丁二烯	0.078	
	丙苯	0.152	

续 表

来源	名称	数量	备注
从燃料混合罐去进料加热炉的燃料	甲苯	0.115	—
	丁苯	0.040	
	水	0.057	
	天然气中硫元素	1.752	
	小计	30 772.838	
合计	氮气	1 046.382	C:22 407.211 t/a S:9.683 t/a
	甲烷	12 430.526	
	乙烷	10 074.296	
	丙烷	891.900	
	丁烷	390.212	
	羰基硫	0.052	
	硫化氢	8.397	
	氢气	1 548.355	
	乙烯	4 332.159	
	乙炔	44.018	
	苯	54.177	
	乙苯	7.027	
	二甲苯	17.774	
	丙烯	18.613	
	丁烯	1.128	
	丁二烯	116.853	
	丙苯	2.060	
	甲苯	14.671	
	丁苯	10.919	
	水	6 400.057	
	天然气中硫元素	1.752	
	总计	37 411.328	
合计物料组成中含天然气	甲烷	9 109.993	—
	乙烷	1 808.949	
	丙烷	884.375	
	氮气	375.190	
	丁烷	388.589	
	硫元素	1.752	
	小计	12 568.848 (17 520 000 Nm^3/a)	

参照《第一次全国污染源普查工业污染源产排污系数手册》“4430 工业锅炉(电力、热力的生产和供应

业)产排污系数表——燃气工业锅炉”,有以下计算公式:

$$Q_{SO_2}=G\times S\times 0.02\div 1\ 000 \tag{1.2}$$

式中:Q_{SO_2}——二氧化硫产生量,t/a;

G——天然气消耗量,1 752 万 m^3/a;

S——天然气含硫量,100 mg/m^3;

综上,二氧化硫产生量为 3.504 t/a。

氮氧化物计算公式为:

$$Q_{NO_x}=G\times 18.71\div 1\ 000 \tag{1.3}$$

式中:Q_{NO_x}——氮氧化物产生量,t/a;

G——天然气消耗量,1 752 万 m^3/a;

综上,氮氧化物产生量为 32.78 t/a。

本项目进料加热炉采用低氮燃烧技术,可削减氮氧化物产量 60%左右,则天然气燃烧对氮氧化物的贡献量为 13.11 t/a。对照《第二次全国污染源普查　4411 火力发电、4412 热电联产行业系数手册(试用版)》,采用低氮燃烧法,天然气锅炉氮氧化物产污系数为 0.86 g/m^3,据此计算得天然气燃烧对进料加热炉氮氧化物的贡献量为 15.07 t/a,与上述结果较为接近。

根据《环境保护实用数据手册》,燃烧 10 000 m^3 的天然气产生 2.4 kg 的烟尘,则产生的烟尘量约 4.205 t/a。

其余燃料燃烧过程中,C 元素大部分转化为 CO_2,少部分转化为 CO,S 元素全部转化为 SO_2。由于燃烧温度较高,燃烧过程中还产生一定量热力型 NO_x。此外,由于不可避免地存在不完全燃烧,因此产生一定量的烟尘。

本项目进料加热炉炉内温度为 1 100℃,燃料燃烧后烟气在炉内停留时间为 2～3 s,加热炉设置多个燃烧器,工作时,每个燃烧器上的多个喷孔同时速度较高地喷射燃料气,使燃料气和助燃空气混合形成湍流,保证混合均匀。3T(温度、停留时间、湍流)共同保证了燃烧的充分。由此可见,进料加热炉内 3T 条件与危废焚烧炉二燃室相当,虽然危废焚烧炉焚毁去除率可在 99.99%以上,但危废焚烧炉结构和操作相对于进料加热炉更为复杂,进料加热炉对有机物的焚毁率应稍低于危废焚烧炉。根据上表可知,燃料中大部分为 C_1 至 C_4 的小分子直链烃,部分为芳香烃,直链烃在燃烧过程中相对于芳香烃更易充分燃烧,本次评价直链烃焚毁率取 99.8%,芳香烃焚毁率取 98%。

根据设计资料,进料加热炉的过剩空气系数约为 1.2,则进料加热炉出口物料组成见表 1.19。

表 1.19　进料加热炉出口物料组成

名称	质量/(t/a)	物质的量/(mol/a)	体积/(Nm^3/a)
氮气	478 433.082	1 708 689 5786	382 753 548.300
甲烷	12.289	768 062.500	17 204.918
乙烷	17.652	588 400	13 180.404
丙烷	0.563	12 795.455	286.623
丁烷	0.244	4 206.897	94.236
乙烯	8.664	309 428.571	6 931.328
乙炔	0.088	3 384.615	75.817
苯	1.084	13 897.436	311.308

续 表

名称	质量/(t/a)	物质的量/(mol/a)	体积/(Nm^3/a)
乙苯	0.141	1 330.189	29.797
二甲苯	0.355	3 349.057	75.020
丙烯	0.037	880.952	19.734
丁烯	0.002	35.714	0.800
丁二烯	0.234	4 333.333	97.068
丙苯	0.041	341.667	7.653
甲苯	0.293	3 184.783	71.340
丁苯	0.218	1 626.866	36.442
SO_2	19.367	302 609.375	6 778.575
NO_x	23.600	513 043.478	11 492.387
烟尘	3.360	280 000	6 272.116
CO	50.400	1 800 000	40 320.746
O_2	24 001.047	750 032 718.800	16 801 043.790
水	74 258.030	4 125 446 111	92 411 702.920
二氧化碳	82 036.212	1 864 459 364	41 764 662.580
总计	658 867.003	23 831 444 890	533 834 243.900

根据上表计算，进料加热炉尾气产生量为 66 729 m^3/h，干基含氧量为 16 801 043.79×100%/(533 834 243.9－92 411 702.92)＝3.8%。

天津某石化有限公司年产 60 万 t 丙烯项目于 2014 年开始运行，采用与本项目相同的生产工艺，其进料加热炉监测情况见表 1.20。

表 1.20 天津某石化有限公司进料加热炉监测结果

污染物名称	排放浓度/(mg/m^3)
烟尘	3.65～4.84
SO_2	＜15
NO_x	92.2～99.4

由于天津某石化有限公司进料加热炉废气直接排放，因此排放浓度即为产生浓度，与该公司相比，本项目采用低氮燃烧技术，可进一步减少氮氧化物的产生和排放浓度。

东莞某公司年产 60 万 t 丙烯项目于 2019 年开始试运行，采用与本项目相同的生产工艺，其进料加热炉监测情况见表 1.21。

表 1.21 东莞某公司进料加热炉监测结果

污染物名称	排放浓度/(mg/m^3)
SO_2	未检出
CO	15.40
NO_x	25.32

注：进料加热炉排放气体中氧含量为 3.2%。

根据上述分析，并类比天津某石化有限公司和东莞某公司废气产生情况，本项目进料加热炉废气污染物产生量见表 1.22。

表 1.22　进料加热炉废气污染物产生情况

污染物	排气量/(Nm^3/h)	产生量/(t/a)	产生状况		产生时间/h
			浓度/(mg/m^3)	速率/(kg/h)	
SO_2	66 729	19.367	36.281	2.421	8 000
NO_x		23.600	44.209	2.950	
烟尘		3.360	6.294	0.420	
CO		50.400	94.412	6.300	
苯		1.084	2.038	0.136	
乙苯		0.141	0.270	0.018	
二甲苯		0.355	0.659	0.044	
甲苯		0.293	0.554	0.037	
非甲烷总烃		29.616	55.478	3.702	

注：非甲烷总烃包括乙烷、丙烷、丁烷、乙烯、乙炔、苯、乙苯、二甲苯、丙烯、丁烯、丁二烯、丙苯、甲苯和丁苯。

(2) 废热锅炉废气

废热锅炉废气来源于空气加热炉，空气加热炉燃料来自燃料混合罐，由天然气、PSA 尾气、脱乙烷尾气、氢气组成，其中天然气量 4 088 万 m^3/a，燃烧产生 SO_2、NO_x 和烟尘等污染物。参照《第一次全国污染源普查工业污染源产排污系数手册》"4430 工业锅炉(热力生产和供应行业)产排污系数表——燃气工业锅炉"，计算得 SO_2、NO_x 产生量分别为 8.176 t/a、76.486 t/a；根据《环境保护实用数据手册》，燃烧 10 000 m^3 的天然气产生 2.4 kg 的烟尘，空气加热炉天然气燃烧产生的烟尘量约 9.811 t/a。

根据物料平衡，进入空气加热炉的燃料组成见表 1.23。

表 1.23　空气加热炉燃料组成情况　　单位：t/a

名称	数量	备注
氮气	2 437.600	C：51 795.631 S：15.608
甲烷	29 001.634	
乙烷	23 503.937	
丙烷	2 079.035	
丁烷	906.708	
硫化氢	12.240	
氢气	3 610.937	
乙烯	10 103.722	
乙炔	100.471	
苯	0.186	
乙苯	0.292	
二甲苯	0.682	
丙烯	39.988	

续　表

名称		数量	备注
丁烯		0.739	C:51 795.631 S:15.608
丁二烯		0.181	
丙苯		0.354	
甲苯		0.268	
丁苯		0.095	
水		0.132	
天然气中硫元素		4.088	
总计		71 803.289	
物料组成中含天然气	甲烷	21 256.650	—
	乙烷	4 220.882	
	丙烷	2 063.542	
	氮气	875.442	
	丁烷	906.708	
	硫元素	4.088	
	小计	29 327.312	

本项目空气加热炉炉内温度为 700℃，燃料燃烧后烟气在炉内停留时间为 2～3 s，加热炉设置多个燃烧器，工作时，每个燃烧器上的多个喷孔同时速度较高地喷射燃料气，使燃料气和助燃空气混合形成湍流，保证混合均匀。该燃烧条件较《蓄热燃烧法工业有机废气治理工程技术规范》(HJ 1093—2020)中要求的“蓄热式热氧化器(Regenerative Thermal Oxidizer，RTO)燃烧室温度＞760℃”低，但温度作用时间大于该规范中要求的废气在燃烧室的停留时间 0.75 s，而空气加热炉燃料大部分由低碳直链烃组成，因此焚毁率总体应较高，本次评价将直链烃和芳香烃的焚毁率分别以 92％和 90％计。

空气加热炉燃料燃烧尾气温度约为 700℃，去催化剂再生，通过高温烧焦以除去催化剂上的积炭，烧焦完毕后反应器通蒸汽(400 000 t/a)，抽真空，形成的尾气即为进入废热锅炉的废气。反应器中有一定量残余的反应后的物料(反应器体积约为 840 m^3，反应后物料温度约 600℃，压力为－0.05 MPa)，在烧焦过程中除了会烧掉催化剂上的积炭，也会将反应器中残余的有机物料氧化，根据设计计算，约脱氢后物料的千分之五会参与烧焦过程，具体见表 1.24。

表 1.24　参与烧焦过程的脱氢后物料

名称	质量/(t/a)	燃点/℃
氮气	11.167	—
甲烷	55.333	538
乙烷	138.166	472
丙烷	4 129.735	450
丁烷	86.065	287 或 460(不同异构体)
硫化氢	0.138	260
氢气	155.821	570
乙烯	72.187	425

续　表

名称	质量/(t/a)	燃点/℃
乙炔	0.723	305
苯	3.444	562
乙苯	5.026	432
二甲苯	11.678	463～500(不同异构体)
丙烯	3 038.896	450
丁烯	62.874	385 或 465(不同异构体)
丁二烯	16.006	415
丙苯	6.040	450 或 423.9(不同异构体)
甲苯	4.631	535
丁苯	1.697	410～427(不同异构体)
高沸物	0.330	—
水	6.365	—
总计	7 806.322	—

在该过程中，大部分有机物被氧化为二氧化碳和水，硫元素全部氧化为二氧化硫，同时还生成一定量CO、NO_x 和烟尘等污染物。烧焦过程时间周期为 7～12 min，温度为 700℃左右，该温度较《蓄热燃烧法工业有机废气治理工程技术规范》(HJ 1093—2020)中要求的 RTO 燃烧室最低温度(760℃)低，但作用时间远大于该规范中要求的废气在燃烧室的停留时间 0.75 s，且烧焦时温度均高于各化学物质的燃点。因此，烧焦过程有机物的焚毁率应不低于 RTO。加之脱氢后物料大部分由低碳直链烃组成，因此焚毁率总体应较高，本次评价将直链烃和芳香烃的焚毁率分别以 97%和 96%计，CO、NO_x 和烟尘的产生情况无法用理论计算，采用项目工艺包中设计的产生情况。因此，本项目废热锅炉废气组成见表 1.25。

表 1.25　本项目废热锅炉废气物料组成

名称	质量/(t/a)	物质的量/(mol/a)	体积/(Nm^3/a)
氮气	4 200 509.002	150 018 178 643	3 360 469 385
甲烷	20.248	1 265 500	28 347.725
乙烷	50.424	1 680 800	37 650.617
丙烷	123.929	2 816 568.182	63 092.295
烟尘	32.700	2 725 000	61 041.130
乙烯	26.415	943 392.857	21 132.391
乙炔	0.263	10 115.385	226.589
苯	0.139	1 782.051	39.919
乙苯	0.202	1 905.660	42.688
二甲苯	0.470	4 433.962	99.323
丙烯	91.263	2 172 928.571	48 674.501
丁烯	1.888	33 714.286	755.214
丁二烯	0.481	8 907.407	199.530

续 表

名称	质量/(t/a)	物质的量/(mol/a)	体积/(Nm^3/a)
丙苯	0.243	2 025	45.361
甲苯	0.186	2 021.739	45.288
丁苯	0.068	507.463	11.367
丁烷	2.582	44 517.241	997.205
水	570 287.500	71 285 937 500	1 596 834 549
二氧化硫	31.476	491 812.500	11 016.804
二氧化碳	287 836.408	6 541 736 545	146 537 610.200
一氧化碳	508	18 142 857.140	406 407.520
氧气	904 988.260	28 280 883 125	633 503 504.600
氮氧化物	426.436	9 270 347.826	207 659.634
总计	5 964 938.583	256 166 354 951	5 738 232 534

根据上表计算，废热锅炉废气产生量为 717 279 m^3/h，干基含氧量为 633 503 504.6×100%/(5 738 232 534－633 503 504.6)＝12.4%。

进入废热锅炉的废气污染物产生情况见表 1.26。

表 1.26　进入废热锅炉的废气污染物产生情况

污染物	排气量/(Nm^3/h)	产生量/(t/a)	产生状况		产生时间/h
			浓度/(mg/m^3)	速率/(kg/h)	
SO_2	717 279	31.476	5.486	3.935	8 000
NO_x		426.436	74.316	53.305	
烟尘		32.700	5.699	4.088	
CO		508	88.529	63.500	
苯		0.139	0.024	0.017	
乙苯		0.202	0.035	0.025	
二甲苯		0.470	0.082	0.059	
甲苯		0.186	0.032	0.023	
非甲烷总烃		298.553	52.029	37.319	

(3) 污水站废气

污水处理站有组织废气产生情况见表 1.27。

表 1.27　污水处理站有组织废气产生情况一览表

废气种类	废气成分	排气量/(m^3/h)	产生量/(t/a)	产生状况	
				浓度/(mg/m^3)	速率/(kg/h)
污水处理站废气	非甲烷总烃	2 500	0.746	37.200	0.093
	氨		1.186	59.320	0.148
	硫化氢		0.124	6.200	0.016

续　表

废气种类	废气成分	排气量/(m^3/h)	产生量/(t/a)	产生状况	
				浓度/(mg/m^3)	速率/(kg/h)
污水处理站废气	苯	2 500	0.031	1.600	0.004
	乙苯		0.232	11.600	0.029
	二甲苯		0.033	1.600	0.004
	甲苯		0.021	1.200	0.003

(4) 危废仓库废气

危废仓库有组织废气产生情况见表1.28。

表1.28　危废仓库有组织废气产生情况一览表

废气种类	废气成分	排气量/(m^3/h)	产生量/(t/a)	产生状况	
				浓度/(mg/m^3)	速率/(kg/h)
危废仓库有组织废气	非甲烷总烃	10 800	1.415	16.389	0.177
	氨		0.131	1.519	0.016
	硫化氢		0.007	0.083	0.001

(5) 火炬长明灯

本项目设置火炬系统用于处理丙烷脱氢装置事故、开停车及紧急状况下排放的可燃性气体，采用地面火炬系统，共设置3根火炬，火炬长明灯年耗天然气720 000 Nm^3。

参照《第一次全国污染源普查工业污染源产排污系数手册》“4430工业锅炉(热力生产和供应行业)产排污系数表——燃气工业锅炉”，有以下计算公式：

$$Q_{SO_2}=G\times S\times 0.02\div 1\,000 \tag{1.2}$$

式中：Q_{SO_2}——二氧化硫产生量，t/a；

G——天然气消耗量，24万m^3/a；

S——天然气含硫量，100 mg/m^3；

综上，二氧化硫产生量为0.048 t/a。

氮氧化物计算公式为：

$$Q_{NO_x}=G\times 18.71\div 1\,000 \tag{1.3}$$

式中：Q_{NO_x}——氮氧化物产生量，t/a；

G——天然气消耗量，24万m^3/a；

综上，氮氧化物产生量为0.449 t/a。

根据《环境保护实用数据手册》，燃烧10 000 m^3的天然气产生2.4 kg的烟尘，每根火炬的天然气年用量为24万m^3，产生烟尘量约0.058 t/a。

2. 无组织废气

厂区无组织废气主要为丙烷脱氢装置区、脱盐水房、污水站药剂库、循环水站加药间、化学品库、危废仓库、污水站、压力罐区等处逸散的无组织废气。

(1) 丙烷脱氢装置区：本项目为连续生产，无组织废气主要来源于阀门、泵、压缩机、法兰及其连接件或仪表等动静密封点不可避免的泄漏及甲醇储罐小呼吸，液氨储罐为压力罐，不设呼吸阀，无大小呼吸。

(2) 脱盐水房桶装存放的盐酸少量无组织挥发和其他固体料无组织逸散粉尘。

(3) 污水站药剂库桶装存放的硫酸少量无组织挥发和其他固体料无组织逸散粉尘。

(4) 危废仓库和污水站未被捕集的废气。

(5) 化学品库逸散的少量颗粒物和挥发性有机物。

(6) 压力罐区丙烯球罐和 C_4 重组分球罐均为带压储罐，为球罐，无呼吸阀，无组织废气产生量很少，主要来源于动静密封点的泄漏。

(7) 循环水站加药间存放的固体料无组织逸散粉尘。

本项目甲醇储罐装卸时设置气相平衡管，避免产生大呼吸废气，因此主要考虑小呼吸废气，参照以下公式进行计算：

$$L_B = 0.191 \times M[P/(100\,910 - P)]^{0.68} \times D^{1.73} \times H^{0.51} \times \Delta T^{0.45} \times F_P \times C \times K_C \qquad (1.4)$$

式中：L_B——固定顶罐的呼吸排放量(kg/a)；

M——储罐内蒸气的分子量，甲醇分子量 32 g/mol；

P——在大量液体状态下真实的蒸气压力(Pa)；25℃时，甲醇饱和蒸汽压 16.8 kPa；

D——罐的直径(m)，1.38 m；

H——平均蒸气空间高度(m)，本项目取 0.4 m；

ΔT——一天之内的平均温度差(℃)，取 8℃；

F_P——涂层因子(无量纲)，本项目取 1.2；

C——用于小直径罐的调节因子(无量纲)；直径在 0～9 m 之间的罐体，$C=1-0.012\,3(D-9)^2$；罐径大于 9 m 的，C=1；

K_C——产品因子(石油原油 K_C 取 0.65，其他的有机液体取 1.0)。

本项目无组织废气产生情况见表 1.29。

表 1.29 建设项目无组织废气产生情况

污染源位置	污染物名称	污染物产生量/(t/a)	污染物产生速率/(kg/h)	面源面积/m^2	面源高度/m
丙烷脱氢装置区	苯	0.063	0.008	323×100	5
	乙苯	0.099	0.012		
	二甲苯	0.231	0.029		
	甲苯	0.091	0.011		
	非甲烷总烃	3.650	0.456		
	甲醇	0.003	0.000 4		
	氨	0.010	0.001		
脱盐水房	HCl	0.002	0.000 3	1 188	3
	颗粒物	0.004	0.001		
循环水站加药间	颗粒物	0.009	0.001	216	3
污水站药剂库	硫酸雾	0.000 1	0.000 01	40	3
	颗粒物	0.092	0.012		
化学品库	颗粒物	0.000 2	0.000 03	228	3
	非甲烷总烃	0.001	0.000 1		

续　表

污染源位置	污染物名称	污染物产生量/(t/a)	污染物产生速率/(kg/h)	面源面积/m^2	面源高度/m
危废仓库	非甲烷总烃	0.157	0.02	480	3
	氨	0.014 4	0.002		
	硫化氢	0.000 8	0.000 1		
污水站	非甲烷总烃	0.015	0.002	93×45	5
	氨	0.024	0.003		
	硫化氢	0.003	0.000 4		
	苯	0.001	0.000 1		
	乙苯	0.005	0.001		
	二甲苯	0.001	0.000 1		
	甲苯	0.000 4	0.000 1		
压力罐区	苯	0.012	0.002	181.05×62.55	6
	乙苯	0.02	0.003		
	二甲苯	0.046	0.006		
	甲苯	0.018	0.002		
	非甲烷总烃	2.324	0.291		

3.4.3　固废污染源分析

本项目固体废物产生情况见表 1.30。

表 1.30　本项目固体废物产生情况汇总表　　单位：t

序号	固废名称	属性	产生工序	废物类别	废物代码	产生量
1	废铬系催化剂	危险废物	脱氢	HW50	261—156—50	749(每 4 年)
2	废惰性球	危险废物	脱氢、脱硫 3	HW49	900—041—49	51.5(每 4 年)
3	废氧化铝球	危险废物	脱氢、脱硫 3	HW49	900—041—49	20.8(每 4 年)
4	废 HGM 发热材料	危险废物	脱氢	HW49	900—041—49	85(每 4 年)
5	废支撑瓷球	危险废物	脱氢、脱硫 3	HW49	900—041—49	116(每 4 年)
6	有机废液 S5	危险废物	汽提	HW06	900—403—06	78.584(每年)
7	废分子筛	危险废物	干燥 1～2	HW49	900—041—49	126.4(每 4 年)
8	废脱硫吸附剂	危险废物	脱硫 1～2	HW49	900—041—49	161.67(每年)
9	废脱硫剂支撑瓷球	危险废物	脱硫 1～2	HW49	900—041—49	44.8(每年)
10	废脱硝催化剂	危险废物	废热锅炉	HW50	772—007—50	35(每 4 年)
11	废脱非催化剂	危险废物	废热锅炉	HW50	900—048—50	32(每 3 年)
12	废干燥处理吸附剂	危险废物	脱硫 3	HW49	900—041—49	83.2(每 4 年)
13	废洗油	危险废物	产品压缩机清洗	HW06	900—404—06	85(每年)
14	废 PSA 吸附剂	危险废物	变压吸附	HW49	900—041—49	236(每 20 年)

续　表

序号	固废名称	属性	产生工序	废物类别	废物代码	产生量
15	废氧化铝	危险废物	空分空压	HW49	900—041—49	10(每 5 年)
16	废分子筛	危险废物	空分空压	HW49	900—041—49	10(每 5 年)
17	废树脂	危险废物	脱盐水制备	HW13	900—015—13	7.2(每 10 年)
18	废 RO 膜组件	危险废物	脱盐水制备	HW49	900—041—49	0.98(每 4 年)
19	废活性炭	一般固废	脱盐水制备	—	—	33(每年)
20	废油	危险废物	设备维修	HW08	900—249—08	0.2(每年)
21	含油手套、抹布等	危险废物	设备维修	HW49	900—041—49	0.1(每年)
22	废油	危险废物	废水处理	HW08	900—210—08	2(每年)
23	污泥	危险废物	废水处理	HW06	900—410—06	250(每年)
24	废 MBR 膜组件	危险废物	废水处理	HW49	900—041—49	2(每 3 年)
25	废填料	危险废物	废气处理	HW49	900—041—49	0.5(每年)
26	废活性炭	危险废物	废气处理	HW49	900—041—49	5(每年)
27	生活垃圾	一般固废	员工生活	—	—	80(每年)

3.4.4 噪声污染源分析

本项目噪声主要来源于各类泵、风机、冷却塔、压缩机等，主要噪声源见表 1.31。

表 1.31　项目噪声源一览表

序号	设备名称	声级值/dB(A)	数量/台	所在位置	离厂界最近距离/m	治理措施	降噪效果/dB(A)
1	洗油循环泵	85	1	丙烷脱氢装置区	N,25	隔声	20
2	产品气压缩机 1 段排液泵	85	1		N,75	隔声	20
3	产品气压缩机 2 段排液泵	85	2		N,75	隔声	20
4	脱乙烷塔回流泵	85	2		N,125	隔声	20
5	脱乙烷塔塔釜泵	85	2		N,125	隔声	20
6	尾气分离塔进料泵	85	2		N,125	隔声	20
7	脱油塔塔釜泵	85	2		N,125	隔声	20
8	脱油塔再沸器凝液泵	85	1		N,125	隔声	20
9	脱油塔退料泵	85	1		N,125	隔声	20
10	丙烯退料泵	85	1		N,75	隔声	20
11	丙烯产品泵	85	2		N,75	隔声	20
12	废水汽提塔进料泵	85	2		N,75	隔声	20
13	废水汽提塔塔釜泵	85	2		N,75	隔声	20
14	新鲜洗油泵	85	1		N,25	隔声	20
15	乙烯进料泵	85	1		N,125	隔声	20
16	蒸汽凝液泵	85	2		N,75	隔声	20
17	再生空气压缩机	100	2		N,75	隔声、减振	20

续　表

序号	设备名称	声级值/dB(A)	数量/台	所在位置	离厂界最近距离/m	治理措施	降噪效果/dB(A)
18	产品气压缩机	100	1	丙烷脱氢装置区	N,75	隔声、减振	20
19	丙烯制冷压缩机	100	1		N,75	隔声、减振	20
20	热泵压缩机	100	1		N,75	隔声、减振	20
21	乙烯制冷压缩机	100	1		N,75	隔声、减振	20
22	风机	85	2		N,100	隔声、减振	20
23	各类泵	85	10	装卸站和罐区	W,65	隔声	20
24	压缩机	100	2		W,65	隔声、减振	20
25	空气压缩机	100	4	空分空压站	N,50	隔声、减振	20
26	仪表空气增压机	100	1		N,50	隔声、减振	20
27	透平膨胀机	90	1		N,50	隔声、减振	20
28	泵	85	2	火炬区	W,50	隔声	20
29	各类泵	85	11	循环水站	S,45	隔声	20
30	冷却塔	80	4		S,45	隔声	20
31	冷却塔风机	85	4		S,45	隔声、减振	20
32	风机	85	8	污水站	S,25	隔声、减振	20
33	各类泵	85	36		S,20	隔声	20
34	泵	85	16	脱盐水及锅炉给水站	E,30	隔声	20

3.4.5　非正常排放

1. 废气非正常排放

建设项目非正常排放主要考虑：

(1) 开停车、检修及工艺设备运转异常。

装置开车前，需用氮气对系统进行吹扫、置换，随后采用原料气或产品气对装置进一步吹扫、置换，随后开车，逐渐提高装置运行负荷至正常生产工况后进行正常生产。在此之前开车时排出的气体进入火炬系统燃烧处理。

装置停车检修时，装置内的物料首先要排出，所有汽提出的物质均送至火炬系统，待系统内压力降至常压后，用氮气进行系统置换和蒸汽吹扫，置换出的少量气体送至火炬系统。

本项目的各压力设备均设有安全阀，在装置内设置放空管线，当发生系统超压、加热炉故障等事故时，装置紧急停车，烃类物和气体引入火炬系统，由火炬燃烧。

根据设计文件，当丙烷脱氢系统发生故障，所有物料在事故情形下均通入火炬系统焚烧时的非正常排放情形下，污染物产生量最大，此种情形下进入火炬系统焚烧的主要物料组成见表 1.32。

表 1.32　丙烷脱氢系统故障时非正常排放的主要物料组成　　单位：kg/h

物料名称	产生量	物料名称	产生量
水	24 796.311	氮气	1 075.903
氢气	4 718.460	一氧化碳	2 023.949

续 表

物料名称	产生量	物料名称	产生量
二氧化碳	391.579	丁烷	820.188
硫化氢	3.503	丁烯	1 753.222
甲烷	2 111.272	丁二烯	182.904
乙炔	17.765	苯	117.599
乙烯	459.886	甲苯	162.386
乙烷	4 183.511	二甲苯	415.098
丙烯	84 595	其他烃类	260.219
丙烷	122 121.246	总计	25 210.001

火炬系统总处理能力为 350 t/h，采用逐级燃烧方式，每一级火炬燃烧的物料组成见表 1.33。

表 1.33　每一级火炬燃烧的物料组成　　单位：kg/h

物料名称	第一级火炬	第二级火炬	第三级火炬
水	11 594.887	11 594.887	1 606.537
氢气	2 206.377	2 206.377	305.706
氮气	503.098	503.098	69.707
一氧化碳	946.409	946.409	131.131
二氧化碳	183.104	183.104	25.371
硫化氢	1.638	1.638	0.227
甲烷	987.242	987.242	136.788
乙炔	8.307	8.307	1.151
乙烯	215.045	215.045	29.796
乙烷	1 956.232	1 956.232	271.047
丙烯	39 557.074	39 557.074	5 480.852
丙烷	57 104.547	57 104.547	7 912.152
丁烷	383.524	383.524	53.140
丁烯	819.816	819.816	113.590
丁二烯	85.527	85.527	11.850
苯	54.990	54.990	7.619
甲苯	75.933	75.933	10.520
二甲苯	194.102	194.102	26.894
其他烃类	121.680	121.680	16.859
总计	116 999.532	116 999.532	16 210.937

参照《焚烧火炬对填埋气中恶臭物质的去除效果(研究初报)》(路鹏等)以及本项目进入火炬焚烧的物料主要为低碳直链烷烃的特性，将火炬对污染物的焚烧效率以 98%计，据此估算此种情形发生时非正常排放情况，见表 1.34。

(2) 污染物排放控制措施达不到应有效率。

当污染治理设施发生故障，达不到设计去除效率时，污染物排放量大大增加。本次评价主要考虑当废热锅炉负载的脱硝、脱非催化剂中毒，对氮氧化物和非甲烷总烃无去除效果下的非正常排放情况，见表1.34。

表1.34　非正常排放核算表

污染源	非正常排放原因	污染物	非正常排放浓度/(mg/m^3)	非正常排放速率/(kg/h)	单次持续时间/h	年发生频次/次
5～6#火炬源	丙烷脱氢装置运转异常导致超压，紧急卸料	SO_2	—	3.083	0.5	0.01
		NO_x	—	2		
		非甲烷总烃	—	2 031.280		
		烟尘	—	1.500		
		苯	—	1.100		
		甲苯	—	1.519		
		二甲苯	—	3.882		
7#火炬源		SO_2	—	0.427		
		NO_x	—	0.300		
		非甲烷总烃	—	281.445		
		烟尘	—	0.200		
		苯	—	0.152		
		甲苯	—	0.210		
		二甲苯	—	0.538		
2#	脱硝、脱非催化剂中毒	NO_x	74.316	53.305	0.5	0.01
		非甲烷总烃	52.029	37.319		

2. 废水非正常排放

建设项目废水经厂内污水处理站处理达接管标准后排入园区污水处理厂处理。非正常排放主要为：废水处理设施出现故障，大量高浓度废水直接进入污水管网，从而对园区污水处理厂造成冲击。

厂区废水接管口按照要求安装COD在线监测仪，一旦发现出水不能达到园区污水处理厂的接管标准则切断出水，废水汇入事故池，分批返回处理达到接管要求后再排放，基本上可消除废水事故排放对周围环境的影响。

非正常排放废水概率情况见表1.35。

表1.35　非正常排放概率分析

种类	非正常排放原因	污染物名称	排放浓度/(mg/L)	发生概率/%
废水	污染治理设施出现故障	SS	>100	0.001
		硫化物	>1	
		苯	>0.1	
		乙苯	>0.4	
		二甲苯	>0.4	
		丙苯	>2	
		甲苯	>0.1	

3.5 环境风险识别

本项目环境风险识别结果详见表 1.36。

表 1.36 本项目环境风险识别结果

危险单元	风险源	主要危险物质	环境风险类型	环境影响途径	可能受影响的环境敏感目标
化学品库	贮存危险物质	润滑油	毒性、燃爆危险性	扩散、漫流、渗透、吸收	周边居民、地表水、地下水、土壤等
危险品库	贮存危险物质	TBPS 454	毒性、燃爆危险性	扩散、漫流、渗透、吸收	周边居民、地表水、地下水、土壤等
丙烷脱氢装置区	丙烷脱氢装置、液氨储罐、甲醇储罐	丙烷、洗油、润滑油、乙烯、丙烯、丁烷、苯、乙炔、乙苯、甲烷、丁烯、丁二烯、丙苯、甲苯、丁苯、甲醇、氨、乙烷、硫化氢、二甲苯、二氧化硫、氮氧化物、一氧化碳、TBPS 454	毒性、燃爆危险性	扩散，消防废水漫流、渗透、吸收	周边居民、地表水、地下水、土壤等
脱盐水及锅炉给水站	脱盐水站贮存危险物质及脱盐水制备装置	盐酸	毒性、腐蚀性	扩散、渗透、吸收	周边居民、地表水、地下水、土壤等
第一循环水场	循环水站加药间	次氯酸钠	腐蚀性	渗透、吸收	地下水、土壤等
PSA 提氢装置区	PSA 装置	甲烷、乙烷、丙烷、硫化氢、乙烯、乙炔、苯、乙苯、二甲苯、丙烯、丁烯、丁二烯、丙苯、甲苯、丁苯	毒性、燃爆危险性	扩散，消防废水漫流、渗透、吸收	周边居民、地表水、地下水、土壤等
压力罐区	C4 重组分储罐、丙烯储罐	丙烯、丙烷、丁烷、苯、乙苯、二甲苯、丁烯、丁二烯、丙苯、甲苯、丁苯	毒性、燃爆危险性	扩散，消防废水漫流、渗透、吸收	周边居民、地表水、地下水、土壤等
火炬区	火炬	甲烷、乙烷、丙烷、丁烷、二氧化硫、氮氧化物	毒性、燃爆危险性	扩散，消防废水漫流、渗透、吸收	周边居民、地表水、地下水、土壤等
废气收集与处理系统	废气收集管线、废气处理装置	SO_2、NO_x、烟尘、CO、苯、乙苯、二甲苯、甲苯、非甲烷总烃、氨、硫化氢等	毒性、燃爆危险性	扩散，消防废水漫流、渗透、吸收	周边居民、地表水、地下水、土壤等
废水收集与污水处理站	废水收集管线、污水处理站	苯、乙苯、二甲苯、丙苯、甲苯等	毒性	排入污水系统、漫流、渗透、吸收	地表水、地下水、土壤等
危废仓库	贮存危险废物	各类危险废物	毒性、燃爆危险性	扩散，消防废水漫流、渗透、吸收	周边居民、地表水、地下水、土壤等
厂外丙烯管线	丙烯输送管线	丙烯	燃爆危险性	消防废水漫流、渗透、吸收	周边居民、地表水、地下水、土壤等

【点评】

该案例按照《建设项目环境影响评价技术导则 总纲》(HJ 2.1—2016)的要求，按主体工程、公用工程、贮运工程、环保工程完整列出了项目组成。

本案例对工艺原理、工艺参数、工艺流程介绍细致，并清晰标识了产污节点，图文对应。

该项目设计上采用成熟的生产工艺包，评价时充分利用该特点开展了物料衡算，并基于物料衡算和同类项目产污情况开展了污染源分析。本案例详细介绍了火炬系统设置情况，并分析了非正常工况下物料引入火炬系统焚烧后火炬尾气的排放情况。

环境风险识别方面，由于本项目厂外丙烯管线为易燃易爆化学品输送管线，因此除了厂内风险单元的风险识别，评价时还充分考虑了厂外丙烯管线的风险识别。

四、环境质量现状调查与评价(略)

五、环境影响预测与评价

5.1　大气环境影响预测与评价

本项目大气环境影响评价等级为一级，采用《环境影响评价技术导则 大气环境》(HJ 2.2—2018)附录A中推荐的AERMOD模型进行预测。使用软件的版本为2018年推出的EIAProA2018大气环评专业辅助系统。

项目评价范围内存在在建污染源和削减源，本次预测方案设置见表1.37。

表1.37　本项目预测方案设置

因子	污染源	排放形式	预测内容	评价内容
现状达标因子	新增污染源	正常排放	短期浓度 长期浓度	最大浓度占标率
	新增污染源	非正常排放	1 h平均质量浓度	最大浓度占标率
	新增污染源－区域削减污染源＋区域在建污染源	正常排放	短期浓度 长期浓度	叠加环境质量现状浓度后的保证率日平均质量浓度和年平均质量浓度的占标率，或短期浓度的达标情况
现状不达标因子	新增污染源	正常排放	短期浓度 长期浓度	最大浓度占标率
	新增污染源	非正常排放	1 h平均质量浓度	最大浓度占标率
	新增污染源－区域削减污染源＋区域在建污染源	正常排放	短期浓度 长期浓度	评价年平均质量浓度变化率

根据预测：

(1) 本项目新增污染源的污染物SO_2、NO_x、PM_{10}、$PM_{2.5}$、CO、苯、乙苯、二甲苯、甲苯、非甲烷总烃、氨、硫化氢、氯化氢、甲醇、硫酸雾正常排放时短期浓度贡献值的最大浓度占标率均≤100%；

(2) 本项目新增污染源的污染物SO_2、NO_x、PM_{10}、$PM_{2.5}$正常排放时年均浓度贡献值的最大浓度占标率均≤30%；

(3) 现状不达标因子：本项目$PM_{2.5}$在所有网格点上的年平均贡献浓度的算术平均值$=1.817\ 2\times10^{-2}$($\mu g/m^3$)，区域削减源在所有网格点上的年平均贡献浓度的算术平均值$=2.845\ 2\times10^{-2}$($\mu g/m^3$)。HJ 2.2—2018中有公式：

$$k=(\rho_{本项目}-\rho_{区域削减})/\rho_{区域削减}\times 100\% \tag{1.5}$$

式中：$\rho_{本项目}$——本项目 $PM_{2.5}$ 在所有网格点上的年平均贡献浓度的算术平均值；

$\rho_{区域削减}$——区域削减源在所有网格点上的年平均贡献浓度的算术平均值。

经计算，实施削减后预测范围的 $PM_{2.5}$ 年平均浓度变化率 $k=-36.13\%$，因此区域环境质量整体改善。

现状达标因子：本项目排放的 SO_2、NO_x、PM_{10}、CO、苯、二甲苯、甲苯、非甲烷总烃、硫化氢、氨、甲醇、氯化氢、硫酸雾等因子叠加后污染物浓度均符合相应的环境质量标准。

综上所述，本项目大气环境影响是可接受的。

大气环境防护距离：以 50 m×50 m 网格进行大气环境影响预测，根据预测结果，本项目厂界外大气污染物短期贡献浓度未超过环境质量浓度限值，无须设置大气环境防护距离。

5.2 地表水环境影响分析

本项目废水通过厂内综合污水处理站处理后接管至拟建的开发区工业污水处理厂进行集中处理，该污水处理厂正在开展环境影响评价，环评报告已通过技术评审。根据污水处理厂环评中地表水的相关预测结果可知，污水处理厂尾水正常排放时对受纳水体和长江的影响可接受。

5.3 声环境影响预测与评价

本次评价采用《环境影响评价技术导则 声环境》(HJ 2.4—2009)中推荐的点声源衰减模式进行预测，预测结果显示：各主要噪声设备对厂界的贡献值较小，可使厂界噪声符合《工业企业厂界环境噪声排放标准》(GB 12348—2008)3 类限值，昼间 65 dB(A)，夜间 55 dB(A)。

5.4 固体废物环境影响分析

本项目产生的危废在厂区贮存，定期委托有资质单位处置；脱盐水制备产生的废活性炭为一般固废，委托一般固废处置单位处置；生活垃圾由环卫清运。

5.4.1 固废贮存环境影响分析

1. *危废贮存设施情况*

本项目危废贮存情况见表 1.38。

表 1.38 危废贮存情况

固废名称	形态	最大储存量/t	贮存区域	贮存方式	贮存期限
废铬系催化剂	固	749	危险固废暂存场 450 m^2	危废专用袋	每 4 年产生 1 次，产生后在厂内危废仓库贮存 3 个月内委托有资质单位处置
废惰性球	固	51.5		危废专用袋	
废氧化铝球	固	20.8		危废专用袋	
废 HGM 发热材料	固	85		危废专用袋	
废支撑瓷球	固	116		危废专用袋	
废分子筛	固	126.4		危废专用袋	

续　表

固废名称	形态	最大储存量/t	贮存区域	贮存方式	贮存期限
废脱硝催化剂	固	35	危险固废暂存场 450 m^2	危废专用袋	每 4 年产生 1 次，产生后在厂内危废仓库贮存 3 个月内委托有资质单位处置
废干燥处理吸附剂	固	83.2		危废专用袋	
废 RO 膜组件	固	0.98		危废专用袋	
废 PSA 吸附剂	固	236		危废专用袋	每 20 年产生 1 次，产生后在厂内危废仓库贮存 3 个月内委托有资质单位处置
废树脂	固	7.2		危废专用袋	每 10 年产生 1 次，产生后在厂内危废仓库贮存 3 个月内委托有资质单位处置
废氧化铝	固	10		危废专用袋	每 5 年产生 1 次，产生后在厂内危废仓库贮存 3 个月内委托有资质单位处置
废分子筛	固	10		危废专用袋	
废脱非催化剂	固	32		危废专用袋	每 3 年产生 1 次，产生后在厂内危废仓库贮存 3 个月内委托有资质单位处置
废 MBR 膜组件	固	2		危废专用袋	
有机废液 S5	液	19.646		危废专用桶	3 个月
废脱硫吸附剂	固	161.67		危废专用袋	
废活性炭	固	5		危废专用袋	
废脱硫剂支撑瓷球	固	11.2		危废专用袋	
废洗油	液	21.25		危废专用桶	
废油	液	0.05		危废专用桶	
含油手套、抹布等	固	0.025		危废专用袋	
废油	液	0.5		危废专用桶	
污泥	固	62.5		危废专用袋	
废填料	固	0.125		危废专用袋	

本项目新建 1 座 450 m^2 危废仓库，将按照《危险废物贮存污染控制标准》(GB 18597—2001)及其修改单的要求进行建设。

2. *危废贮存设施主要环境影响*

(1) 大气环境影响。

本项目各类危险废物均采用危废专用袋/桶包装后在厂内 450 m^2 危废仓库短期贮存，经合规的危废转移手续委托有资质的危废处置单位处置。危废仓库将采取防风、防雨、防晒等措施，可有效避免危废扬散，因此本项目固废贮存期间对大气环境影响较小。

(2) 地表水环境影响。

本项目将设置安环部门，有专人对危废贮存设施进行规范管理，危废贮存做到防雨、防风、防晒，危废进入地表水可能性较小，不会对周边水体环境造成显著影响。

(3) 地下水、土壤环境影响。

本项目危废仓库将按照《危险废物贮存污染控制标准》(GB 18597—2001)及其修改单的要求进行建设，地面均采用耐腐蚀的硬化地面，表面无裂隙，按照 GB 18597—2001 要求采取防渗措施，可有效防止危废贮存过程中物料渗漏对土壤和地下水产生显著影响。

5.4.2　固废运输环境影响分析

本次评价要求企业强化管理制度，加强输送管理，重视运输过程中危废的密闭措施，避免危废运输时发生污染事件。在采取密闭措施，防范运输事故的基础上，固废运输过程对环境影响总体较小。

5.5　地下水环境影响预测与评价

本次评价根据《环境影响评价技术导则　地下水环境》(HJ 610—2016)中对预测因子的要求，结合工程分析中废水污染源强分析，综合考虑，以水解酸化池发生渗漏对地下水的影响作为预测情景，预测因子为高锰酸盐指数、苯、甲苯。

根据近 3 年区域地表水监测资料，当地化学需氧量 COD 与高锰酸盐指数之间的换算系数在 2.5～3，保守起见，本次高锰酸盐指数根据 COD 浓度的 0.4 倍进行折算。各预测因子污染情况见表 1.39。

表 1.39　各预测因子污染情况表　　单位：mg/L

废水来源	污染物指标	污染物浓度
水解酸化池	高锰酸盐指数	317.562
	苯	2.933
	甲苯	1.706

采用 HJ 610—2016 附录推荐的数学模型开展预测，模拟区北部以 A 河为界，南部以 B 河为界，西部以长江为界，东部以 C 河为界。根据地下水评价范围内现状监测的水位信息，确定模拟区地下水流向为由东南流向西北，整个模拟区范围面积约 13.5 km^2。

地下水环境影响预测结果表明：

(1) 厂区所在地地下水的水力坡度较小，污染物沿着污水处理站向西北方向扩散，在预测范围 10 000 天内会影响到厂区边界外水质；

(2) 在本次预测评价方案条件下，无论是污染物最大运移距离还是超标范围，非正常工况均较正常工况下的大。在污染防渗措施有效的情况下(正常工况下)，污水处理区不会对区域地下水质产生影响；在污染防渗措施局部失效而发生泄漏的情况下(非正常工况下)，会在厂区及周边一定范围内污染地下水；

(3) 污染物浓度随时间的变化过程显示：无论是正常工况还是非正常工况下，污染物运移速度总体很慢，污染物运移范围不大。运行 10 000 天后，水解酸化池中污染物(预测因子为高锰酸盐指数、苯、甲苯)最大运移距离是高锰酸盐指数指征的污染物运移了 109.5 m。在采取分区防渗，及时修复破损的防渗区域，跟踪监测地下水质以便异常时采取有效的应急处置措施的情况下，整体来说，项目运行对地下水的影响可接受。

5.6　土壤环境影响预测与评价

本项目全厂采用了分区防渗措施，本次评价主要预测废气中排放的苯、甲苯、二甲苯等污染物沉降进入土壤的环境累积影响。由于土壤的吸附、络合、沉淀和阻留作用，绝大多数污染物会残留、累积在土壤中。土壤中污染物的累积量采用以下公式进行计算：

$$\Delta S = n(Is - Ls - Rs)/(\rho b \times A \times D) \tag{1.6}$$

式中：ΔS——单位质量表层土壤中污染物的增量，g/kg；

Is——预测评价范围内单位年份表层土壤中污染物的输入量，g；

Ls——预测评价范围内单位年份表层土壤中污染物经淋溶排出的量，g；

Rs——预测评价范围内单位年份表层土壤中污染物经径流排出的量，%；

ρb——表层土壤容重，kg/m^3，根据土壤理化性质调查结果，区域土壤容重约 1 433 kg/m^3；

A——预测评价范围，m^2；

D——表层土壤深度，一般取 0.2 m；

n——持续年份，a。

$$Is = C \times V \times T \times A \tag{1.7}$$

式中：C——污染物浓度，g/m^3，采用大气影响预测结果得到的污染物年平均最大落地浓度增量；

V——污染物沉降速率，m/s，本次取值为 0.001 m/s；

T——一年内污染物沉降时间，s；

A——预测评价范围，m^2。

单位质量土壤中某种物质的预测值根据其增量叠加现状值进行计算，如下式：

$$S = Sb + \Delta S \tag{1.8}$$

式中：Sb——单位质量土壤中污染物的现状值，g/kg；

S——单位质量土壤中污染物的预测值，g/kg；

计算污染物的大气沉降影响时，可不考虑输出量，因此单位质量土壤中污染物的预测值可通过下方公式进行计算：

$$S = Sb + nIs/(\rho b \times A \times D) \tag{1.9}$$

本项目根据《环境影响评价技术导则　土壤环境》(HJ 964—2018)判定评价等级为一级，影响类型为污染影响型，调查范围为项目所在地及周边 600 m(其中主导风向下风向即西北侧为 1 100 m)范围，评价范围面积约为 1 797 650 m^2。预测结果见表 1.40。

表 1.40　不同年份工业用地土壤中污染物累计量

污染物	年均最大落地浓度/(mg/m^3)	土壤现状监测最大值/(mg/kg)	年输入量 Is/mg	30 年累积量/(mg/kg)	30 年后叠加现状累积量/(mg/kg)	建设用地土壤风险筛选值(第二类用地)/(mg/kg)
苯	5.42×10^{-4}	ND	2.81×10^{7}	1.63	1.63	4
甲苯	7.40×10^{-4}	ND	3.83×10^{7}	2.23	2.23	1 200
二甲苯	1.95×10^{-3}	ND	1.01×10^{8}	5.90	5.90	570*

*注：《土壤环境质量 建设用地土壤污染风险管控标准(试行)》(GB 36600—2018)中第二类用地邻二甲苯筛选值为 640 mg/kg，间二甲苯+对二甲苯筛选值为 570 mg/kg，本次土壤环境影响评价中对二甲苯从严执行间二甲苯+对二甲苯的筛选值标准，即 570 mg/kg。

由表 1.40 可以看出，随着外来气源性污染物输入时间的延长，污染物在土壤中的累积量有所增加。经叠加现状值，预计项目运营 30 年后，区域土壤中苯、甲苯、二甲苯含量均满足标准限值要求。

5.7　环境风险预测与评价

5.7.1　大气环境风险预测

本次评价预测了液氨储罐泄漏、丙烯储罐泄漏、丙烯储罐火灾爆炸次生污染、厂外丙烯管道火灾爆炸次生污染等事故的影响。采用 HJ 169—2018 推荐的模型开展源项分析和预测。

1. *液氨储罐泄漏*

液氨储罐泄漏源项分析结果见表 1.41。

表 1.41　液氨储罐液氨泄漏事故源项分析表

泄漏危险物质	氨	操作温度	−34 ℃	操作压力	2.9 MPa
泄漏速率	3.03 kg/s	最大存在量	27 755 kg	泄漏孔径	10 mm
泄漏高度	0.5 m	泄漏时间	10 min	泄漏量	1 818 kg
质量蒸发速率	3.03 kg/s	泄漏液体蒸发量	1 818 kg	泄漏频率	1.5×10^{-3} 次/a

根据预测，在发生地最常见气象条件下到达毒性终点浓度-1 的最远影响距离为 210 m，到达毒性终点浓度-2 的最远影响距离为 760 m；在最不利气象条件下到达毒性终点浓度-1 的最远影响距离为 1 060 m、到达毒性终点浓度-2 的最远影响距离为 4 310 m。

由于液氨储罐泄漏存在极高的大气环境风险，故开展关心点概率分析：以氨泄漏时各关心点有毒有害物质最大浓度情况下的 8.34×10^3 mg/m^3 作为接触的质量浓度，计算得中间量 $Y=5.17$，大气伤害概率 $PE(\%)=56.58\%$，关心点处气象条件（最不利气象条件）的频率＝20.49%，事故发生概率＝1.5×10^{-3}。因此关心点事故伤害概率＝大气伤害概率 $PE(\%)$×关心点处气象条件的频率×事故发生概率＝1.74×10^{-4}。

2. 丙烯储罐泄漏

丙烯储罐泄漏源项分析结果见表 1.42。

表 1.42　丙烯储罐丙烯泄漏事故源项分析表

泄漏危险物质	丙烯	操作温度	−48℃	操作压力	2.16 MPa
泄漏速率	0.499 kg/s	最大存在量	1 500 000 kg	泄漏孔径	10 mm
泄漏高度	1.0 m	泄漏时间	10 min	泄漏量	299.4 kg
质量蒸发速率	0.499 kg/s	泄漏液体蒸发量	299.4 kg	泄漏频率	1.5×10^{-3}/a

根据预测，在发生地最常见气象条件及最不利气象条件下，丙烯浓度均未超过毒性终点浓度-1 和毒性终点浓度-2。

3. 丙烯储罐火灾爆炸次生污染

根据 HJ 169—2018 附录 F.2，火灾爆炸事故中未参与燃烧的有毒有害物质的释放比例按表 F.4 取值，丙烯 $LC_{50}\geqslant 20\,000$ mg/m^3，丙烯储罐内丙烯储存量在 1 000～5 000 t，因此未燃烧的丙烯比例为 3%，未燃烧的丙烯泄漏量为 0.015 kg/s。

参与燃烧的丙烯量为 0.484 kg/s，采用 HJ 169—2018 附录 F.3.2 中的火灾事故伴生/次生污染物产生量估算公式，计算丙烯燃烧产生的 CO 量。计算公式如下：

$$G_{CO}=2\,330\,qCQ \tag{1.10}$$

式中：G_{CO}——CO 的产生量，kg/s；

C——物质中碳的质量百分比含量，丙烯中碳的质量百分比含量为 85.7%；

q——化学不完全燃烧值，取 1.5%～6.0%，本项目取 5%；

Q——参与燃烧的物质量，t/s，本项目为 0.000 484 t/s。

由此计算，丙烯燃烧后产生的二次污染中 CO 排放速率为 0.048 kg/s。

根据预测，事故次生排放的 CO 在发生地最常见气象条件下到达毒性终点浓度-1 的最远影响距离为 10 m，到达毒性终点浓度-2 的最远影响距离为 60 m；在最不利气象条件下到达毒性终点浓度-1 的最远影响距离为 110 m，到达毒性终点浓度-2 的最远影响距离为 310 m。

4. 厂外丙烯管道火灾爆炸次生污染

丙烯管道泄漏发生火灾爆炸时，引发管廊上临近的乙烯管道火灾爆炸，并伴生/次生未完全燃烧产生 CO 排放。丙烯、乙烯未燃烧的比例为 3%，未燃烧的丙烯泄漏量为 0.69 kg/s，未燃烧的乙烯泄漏量为 0.12 kg/s。

同上，采用 HJ 169—2018 中的火灾事故伴生/次生污染物产生量估算公式，计算丙烯、乙烯燃烧产生的 CO 量。其中 Q—参与燃烧的物质量，t/s，丙烯燃烧量为 0.022 4 t/s，乙烯燃烧量为 0.003 78 t/s。参数 q 取值同上。由此计算得，丙烯、乙烯燃烧后产生的二次污染中 CO 排放速率合计为 2.61 kg/s。

根据预测，事故次生排放的 CO 在发生地最常见气象条件下到达毒性终点浓度-1 的最远影响距离为 310 m，到达毒性终点浓度-2 的最远影响距离为 710 m；在最不利气象条件下到达毒性终点浓度-1 的最远影响距离为 1 460 m，到达毒性终点浓度-2 的最远影响距离为 4 260 m。

由于 CO 次生污染存在极高的大气环境风险，故开展关心点概率分析：以 CO 次生污染在各关心点有毒有害物质最大浓度情况下的 4.44×10^3 mg/m^3 作为接触的质量浓度，计算得中间量 $Y=3.71$，大气伤害概率 $PE(\%)=9.79\%$，关心点处气象条件（最不利气象条件）的频率 $=20.49\%$，事故发生概率 $=6.0\times10^{-4}$。因此关心点事故伤害概率＝大气伤害概率 $PE(\%)\times$ 关心点处气象条件的频率 $\times$ 事故发生概率 $=1.20\times10^{-4}$。

5.7.2　地表水环境风险预测

本项目地表水环境风险考虑厂内储罐火灾爆炸事故时消防废水通过雨水排口进入厂区西侧无名河流后，消防废水中的 COD 污染物对水体的环境影响。采用的预测模型为 HJ 2.3—2018 推荐的纵向一维水质数学模型。根据项目西侧无名小河的现状调查，项目西侧的无名河河宽大约 10 m，水深约 1.5 m。

罐区消防冷却用水流量约 150 L/s，以消防历时 4 h 计，事故废水总水量为 2 160 t，流入西侧无名小河的水量以 10%计，即 216 t。由于本项目涉及的丙烷、丙烯及少量苯系物易挥发且在水中的溶解度均较低，因此预计消防废水中 COD 浓度约 1 000 mg/L。

由预测结果可知，在厂内罐区发生火灾爆炸事故，部分消防废水流入厂区西侧水体的情形下，消防废水中的 COD 污染物随水流迁移至下游，排放点下游 0～6 140 m 处的断面 COD 贡献值将超过《地表水环境质量标准》(GB 3838—2002)Ⅳ类水质 COD 标准 30 mg/L 的要求。

5.7.3　地下水环境风险预测与评价

见 5.5 地下水环境影响预测分析结果。

5.8　生态影响评价

本项目主要为污染影响型项目，厂内建设内容和厂外丙烯管线均不涉及生态敏感区，且厂外丙烯管线为管廊敷设，生态非本次评价重点，本次评价生态影响以定性分析为主，本书中不做详细介绍。

【点评】

该项目位于环境空气质量不达标区，不达标因子为 $PM_{2.5}$。本案例大气评价等级为一级，采用导则推荐的 AERMOD 模型进行了进一步预测，并按现状达标因子和现状不达标因子依据导则要求开展了预测分析，针对现状不达标的 $PM_{2.5}$，通过预测计算得出：实施区域大气污染源削减后预测范围内 $PM_{2.5}$ 的年均浓度变化率 k 为 -36.13%，小于 -20%，区域环境质量整体改善。

六、污染防治措施技术经济论证

6.1 废气污染防治措施评述

本项目产生的有组织废气污染物主要为SO_2、NO_x、烟尘、CO、苯、乙苯、二甲苯、甲苯、非甲烷总烃、氨、硫化氢，具体污染源和采取的污染防治措施见表1.43和图1.4。

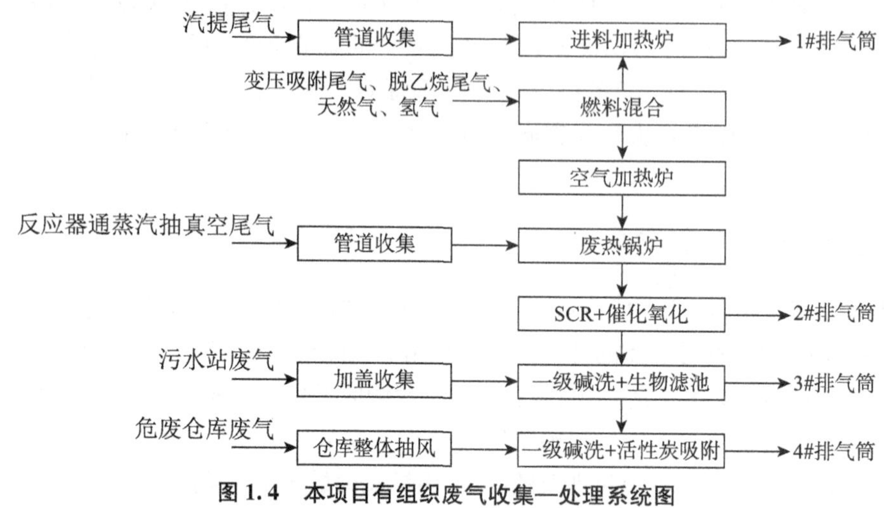

图1.4　本项目有组织废气收集—处理系统图

表1.43　本项目有组织废气种类分析

序号	产污环节	污染物	治理措施	废气治理措施套数	排放方式
1	进料加热炉废气	SO_2、NO_x、烟尘、CO、苯、乙苯、二甲苯、甲苯、非甲烷总烃	—	1套	1#排气筒
2	废热锅炉废气	SO_2、NO_x、烟尘、CO、苯、乙苯、二甲苯、甲苯、非甲烷总烃、氨	SCR	1套	2#排气筒
3	污水站废气	非甲烷总烃、氨、硫化氢、苯、乙苯、二甲苯、甲苯	一级碱洗＋生物滤池	1套	3#排气筒
4	危废仓库废气	非甲烷总烃、氨、硫化氢	一级碱洗＋活性炭吸附	1套	4#排气筒

6.1.1 进料加热炉废气处理可行性分析

进料加热炉采用汽提尾气、PSA尾气、脱乙烷尾气等为燃料，炉内设置低氮燃烧器，尾气直接排放。根据物料平衡，汽提尾气、PSA尾气和脱乙烷尾气中主要为脂肪烃、芳香烃等有机物，均为易燃物质，可保证这些尾气中相关物质的燃烧效率，因此，将这些尾气作为燃料送进料加热炉燃烧可行。

燃料燃烧过程中生成的NO_x包括热力型NO_x、快速型NO_x和燃料型NO_x。热力型NO_x的形成机理于1964年提出，主要是高温下由氧原子撞击氮分子而发生的链式反应。热力型NO_x的排放量受燃烧温度、氧气浓度和停留时间的影响：当燃烧温度低于1 500℃时，几乎监测不到NO_x的生成；当燃烧温度高于1 500℃时，NO_x的生成速率按指数倍迅速增加；氧气浓度越高，燃烧温度越高，NO_x的生成量越大；燃烧时间愈长，NO_x生成量越大。快速型NO_x是在混合气中碳氢化合物燃料过浓时燃烧产生。燃料型NO_x主要为燃料中的氮原子在燃烧过程中氧化生成NO_x，它的产生主要与燃料燃烧的气氛环境有重要关系。对于本项目进料加热炉，由于燃料的热值高，燃烧形成的火焰温度较高，且燃气中含氮量非常少，因此，热力型 NO_x 是进料加热炉主要的氮氧化物来源。

本项目采用的低氮燃烧技术如下。采用四级配风和三级燃料输入，配风方式采用低速的中心风、中强度的旋流风和高强度的轴流风。与 4 个空气区域相对应，设计了 4 种特制喷枪以向上面描述的 4 个空气区域注入燃料。燃烧器采用了多种技术降低 NO_x 生成：① 超混合技术，采用特有的分级射流，在炉内产生内循环，使燃烧室利用最大化，减少 NO_x 排放；亚音速燃料朝向与助燃空气的流动方向相反，使助燃空气与燃料形成对冲，达到充分混合的效果。② 浓淡燃烧技术和分级燃烧技术，在燃烧器喉口部分，将整个燃烧过程分成燃气和空气配比不同的若干阶段，使燃气的燃烧分别在燃气过浓、燃气过淡和燃尽三个区域分阶段完成。在浓燃烧区域内，燃料量过多而氧气不够，燃料不能充分燃烧而形成部分 CO，CO 具有还原性，与 NO_x 发生还原反应生成 CO_2 及 N_2，从而达到在燃烧过程中抑制 NO_x 生成的目的。同时，在燃烧后段为淡燃烧区和燃尽区，此区域有过量的氧气将未燃尽的 CO 继续充分燃烧生成 CO_2，避免降低燃烧效率。③ 半预混燃烧技术，合理的预混使燃气与助燃空气在整个炉膛空间较均匀地混合燃烧。将燃料喷射至前述的不同燃烧区域内，加强浓淡燃烧和分级燃烧的效果可以避免局部高温区产生。预混喷嘴的喷射角度不同，燃料从不同的方向喷射出，与空气在不同位置、不同方向进行混合，保证混合效果，并在保证火焰稳定的前提下减小根部火焰，从而最大限度抑制 NO_x 生成并减少 CO 排放。④ 烟气再循环技术，在燃气燃烧过程中，N 在贫氧条件下最终生成 N_2，在富氧条件下则生成 NO。O_2 浓度的增加有利于 N 到 NO_x 的转化。同时，较低温度、较高 CO_2 浓度会使 C 不完全燃烧产生部分 CO，CO 可直接还原 NO，同时生成 C＊活性基团，C＊活性基团对 C 与 NO 的反应起到催化作用。因此使用烟气再循环技术控制 O_2、CO、CO_2 含量是一种有效减少 NO_x 生成的手段。烟气再循环技术能有效降低火焰温度，稀释氧气浓度，降低燃烧速度，可以减少热力型 NO_x 生成。本项目抽取约 15％总烟气量的再循环烟气，通过烟道及烟气调节门引到鼓风机入口处的烟气混合箱内，与新鲜空气混合后送入鼓风机，再由鼓风机送至燃烧器，进入炉膛燃烧。

本项目进入进料加热炉的废气含硫量较低，可直接达标排放，进料加热炉炉内温度为 1 100℃，燃料和空气充分混合，汽提尾气中的烃类可充分燃烧，本次评价保守估计直链烃燃烧效率为 99.8％，芳香烃燃烧效率为 98％。天津某石化有限公司年产 60 万 t 丙烯项目于 2014 年开始运行，采用与本项目相同的生产工艺，但未采用低氮燃烧技术，其进料加热炉氮氧化物排放浓度监测为 92.2～99.4 mg/m^3，根据相关运行经验，该类低氮燃烧技术可减少氮氧化物产生量 60％左右。

根据上述分析，本项目进料加热炉废气排放情况见表 1.44。

表 1.44　本项目进料加热炉废气排放情况

污染物		排气量/(Nm^3/h)	产生浓度/(mg/m^3)	产生速率/(kg/h)	处理工艺	去除率/%	污染物	排放浓度/(mg/m^3)	排放速率/(kg/h)	排放标准	
废气编号	主要污染物名称									浓度/(mg/m^3)	速率/(kg/h)
G1	甲烷	66 729	23 285.470	1 553.816	—	99.8	SO_2	36.281	2.421	50	—
	乙烷		18 871.660	1 259.287		99.8	NO_x	44.209	2.950	50	—
	丙烷		1 670.758	111.488		99.8	烟尘	6.294	0.420	20	—
	丁烷		730.972	48.777		99.8	CO	94.412	6.300	2 000	224
	羰基硫		0.105	0.007		100	苯	2.038	0.136	4	—
	硫化氢		15.735	1.050		100	乙苯	0.270	0.018	100	—
	乙烯		8 115.212	541.520		99.8	二甲苯	0.659	0.044	20	—
	乙炔		82.453	5.502		99.8	甲苯	0.554	0.037	15	—

续 表

污染物		排气量/(Nm^3/h)	产生浓度/(mg/m^3)	产生速率/(kg/h)	处理工艺	去除率/%	污染物	排放浓度/(mg/m^3)	排放速率/(kg/h)	排放标准	
废气编号	主要污染物名称									浓度/(mg/m^3)	速率/(kg/h)
G1	苯		101.485	6.772	—	98	非甲烷总烃	55.478	3.702	80	108
	乙苯		13.158	0.878		98	—				
	二甲苯		33.299	2.222		98					
	丙烯		34.872	2.327		99.8					
	丁烯		2.113	0.141		99.8					
	丁二烯		218.900	14.607		99.8					
	丙苯		3.866	0.258		98					
	甲苯		27.484	1.834		98					
	丁苯		20.456	1.365		98					
	天然气中硫元素		3.282	0.219		100					

根据《石油化学工业污染物排放标准》(GB 31571—2015)5.1.5 焚烧类有机废气排放口、工艺加热炉的实测大气污染物排放浓度,须换算成基准含氧量为3%的大气污染物基准排放浓度,并与排放限值比较以判定排放是否达标。大气污染物基准排放浓度按下述公式进行计算。

$$\rho_{基}=\frac{21-O_{基}}{21-O_{实}}\times\rho_{实} \tag{1.11}$$

式中:$\rho_{基}$——大气污染物基准排放浓度,mg/m^3;

$O_{基}$——干烟气基准含氧量,%;

$O_{实}$——实测的干烟气含氧量,%;

$\rho_{实}$——实测大气污染物排放浓度,mg/m^3。

根据表1.19,进料加热炉尾气中干烟气含氧量为16 801 043.79 × 100%/(533 834 243.9 − 92 411 702.92) = 3.8%,则进料加热炉尾气中污染物基准排放浓度见表1.45。

表1.45　进料加热炉尾气中污染物基准排放浓度　　单位:mg/m^3

污染物	排放浓度	排放标准
SO_2	37.968	50
NO_x	46.265	50
烟尘	6.587	20
CO	98.803	2 000
苯	2.133	4
乙苯	0.283	100
二甲苯	0.690	20
甲苯	0.580	15
非甲烷总烃	58.058	80

由上表可见,本项目进料加热炉废气基准排放浓度可达标,进料加热炉处理废气是可行的。

工程案例：东莞某公司年产 60 万 t 丙烯项目于 2019 年开始试运行，采用与本项目相同的生产工艺，其进料加热炉监测情况如表 1.46，可以满足达标排放要求。

表 1.46 东莞某公司进料加热炉监测结果 单位：mg/m^3

污染物名称	排放浓度	排放标准
SO_2	未检出	50
CO	15.40	2 000
NO_x	25.32	50

注：进料加热炉排放气体中氧含量为 3.2%。

6.1.2 废热锅炉废气处理可行性分析

本项目废热锅炉废气中主要污染物为氮氧化物和非甲烷总烃，此外还含有少量 SO_2、烟尘等污染物，主要来源于空气加热炉和催化剂再生过程，其燃料为 PSA 尾气、脱乙烷尾气、氢气和天然气。燃料与进料加热炉类似，其污染物产生机制与进料加热炉也类似，但由于其消耗的燃料量远大于进料加热炉，且 PSA 尾气、脱乙烷尾气中烃类物质的含量大于汽提尾气，烧焦过程中反应器残留物料含有大量烃类物质，因此废热锅炉废气中氮氧化物和非甲烷总烃的产生量远高于进料加热炉。为减少污染物的排放量，拟采用比进料加热炉更严格的废气处理措施，即 SCR＋催化氧化。

1. 氮氧化物的控制

氮氧化物的常用治理方法主要有选择性非催化还原法（selective non-catalytic reduction，SNCR）、选择性催化还原法（selective catalytic reduction，SCR）等，其相关比较见表 1.47。

表 1.47 常用脱硝方法比较

工艺项目	SNCR	SCR
还原剂	氨水/尿素	氨水/尿素
反应温度	850～1 250℃	320～400℃
催化剂	不使用催化剂	成分主要为 TiO_2、V_2O_5 等
脱硝效率	50%～60%	80%～90%
设备投资	较低	高
占用空间	较小	较大

本项目废热锅炉尾气中温度无法达到 SNCR 的工艺要求，且 SCR 脱硝效果更好，因此拟采用 SCR 法进行脱硝，还原剂采用液氨。

SCR 脱硝技术即为选择性催化还原技术，本项目采用氨法 SCR 技术，在催化剂的作用下将 NO_x 还原为对大气没有太大影响的 N_2 和水。

典型的 SCR 反应原理如下：

$$4NO + 4NH_3 + O_2 \longrightarrow 4N_2 + 6H_2O$$

$$6NO + 4NH_3 \longrightarrow 5N_2 + 6H_2O$$

$$2NO_2 + 4NH_3 + O_2 \longrightarrow 3N_2 + 6H_2O$$

$$6NO_2 + 8NH_3 \longrightarrow 7N_2 + 12H_2O$$

SCR 在电厂、危废焚烧等领域应用广泛，已有多年运行经验，技术成熟，根据经验，脱硝效率在 80%～

90%，根据催化剂厂家提供的证明材料，SCR 脱硝效率为 92.05%，本次保守估计取 80%。

2. 非甲烷总烃的控制

本项目废热锅炉废气中含有的有机物为苯、乙苯、二甲苯、甲苯、非甲烷总烃（包括烷烃、烯烃、苯系物等，以烷烃、烯烃为主），浓度较低。

本项目废热锅炉废气温度为 380～430℃，不宜采用吸附、吸收等方法处理，污染物主要为烃类，常温下大部分为气体，且浓度较低，不宜采用冷凝方式进行处理。直接燃烧法所需温度较高，本项目废气温度无法满足要求，因此拟采用催化燃烧法（催化氧化）进行处理。

废热锅炉烟气经过热回收后（温度 380～430℃，压力 10 kPa）进入脱非甲烷总烃模块内，烟气中的非甲烷烃类吸附在催化剂表面，并在催化剂表面与烟气中的氧气发生氧化反应而被除去。

脱非甲烷总烃机理：

$$C_nH_m + O_2 \longrightarrow nCO_2 + m/2H_2O$$

对于中高浓度有机废气，催化燃烧对有机物的去除效率可达 90%以上，部分甚至可达 98%。本项目废气中有机物浓度较低，仅 52.029 mg/m³，属低浓度有机废气，对于此类废气，工程案例较少，根据文献报道，当非甲烷总烃的进气浓度低于 200 mg/L 时，其去除率不大于 90%，本次保守估计取 85%。

本项目废热锅炉废气排放情况见表 1.48。

表 1.48　本项目废热锅炉废气排放情况

污染物		排气量/(Nm³/h)	产生浓度/(mg/m³)	产生速率/(kg/h)	处理工艺	去除率/%	排放浓度/(mg/m³)	排放速率/(kg/h)	排放标准	
废气编号	主要污染物名称								浓度/(mg/m³)	速率/(kg/h)
G2	SO_2	717 279	5.486	3.935	SCR+催化氧化	0	5.486	3.935	50	—
	NO_x		74.316	53.305		80	14.863	10.661	50	—
	烟尘		5.699	4.088		0	5.699	4.088	20	—
	CO		88.529	63.500		0	88.529	63.500	2 000	224
	苯		0.024	0.017		85	0.004	0.003	4	—
	乙苯		0.035	0.025		85	0.005	0.004	100	—
	二甲苯		0.082	0.059		85	0.012	0.009	20	—
	甲苯		0.032	0.023		85	0.005	0.003	15	—
	非甲烷总烃		52.029	37.319		85	7.804	5.598	80	108
	氨		2.280	1.635		—	2.280	1.635	—	4.9

根据表 1.25，废热锅炉尾气中干烟气含氧量为 633 503 504.6×100%/(5 738 232 534－1 596 834 549)＝15.3%，则废热锅炉尾气中污染物基准排放浓度见表 1.49。

表 1.49　废热锅炉尾气中污染物基准排放浓度　　单位：mg/m³

污染物	排放浓度	排放标准
SO_2	17.324	50
NO_x	46.936	50
烟尘	17.997	20
CO	279.565	2 000

续　表

污染物	排放浓度	排放标准
苯	0.013	4
乙苯	0.016	100
二甲苯	0.038	20
甲苯	0.016	15
非甲烷总烃	24.644	80

由上表可见，本项目废热锅炉废气基准排放浓度可达标，废热锅炉处理废气是可行的。

工程案例：天津某石化有限公司废热锅炉尾气监测情况见表1.50。

表1.50　废热锅炉监测结果　　单位：mg/m^3

污染物名称	排放浓度	折算浓度	排放标准
烟尘	6.49～8.80	14.25～19.32	20
SO_2	<15	<32.93	50
氨	0.25～0.69	0.55～1.52	—
非甲烷总烃	4.88～30.9	10.71～67.8	80

注：废热锅炉尾气中氧含量为12.8%。

天津某石化有限公司未采取脱非甲烷总烃措施就已满足达标排放的要求，本项目强化了非甲烷总烃的处理，相对于该公司可进一步减少污染物排放浓度。

6.1.3　污水站废气处理可行性分析

本项目污水站废气中污染物浓度较低，拟采用一级碱洗＋生物滤池进行处理。碱洗去除硫化氢有很多成熟的工程案例，根据废气中硫化氢产生浓度的不同，一般去除率在80%～95%，本次评价保守估计取80%。根据文献《生物除臭在污水处理厂中的应用》(赵忠富、张学兵)，深圳市罗芳污水处理厂采用生物滤池对恶臭物质进行处理，氨的去除效率为90%，本次评价保守估计取70%，由于经碱洗后硫化氢浓度已很低，本次评价不考虑生物滤池对硫化氢的去除，生物滤池对非甲烷总烃去除率以70%计。

根据上述分析，本项目污水站废气排放情况见表1.51。

表1.51　本项目污水站废气排放情况

污染物		排气量/(Nm^3/h)	产生浓度/(mg/m^3)	产生速率/(kg/h)	处理工艺	去除率/%	排放浓度/(mg/m^3)	排放速率/(kg/h)	排放标准	
废气编号	主要污染物名称								浓度/(mg/m^3)	速率/(kg/h)
—	非甲烷总烃	2 500	37.2	0.093	一级碱洗＋生物滤池	70	11.16	0.028	80	108
	氨		59.3	0.148		70	17.80	0.045	—	4.9
	硫化氢		6.2	0.016		80	1.24	0.003	—	0.33
	苯		1.6	0.004		20	1.28	0.003	4	—
	乙苯		11.6	0.029		20	9.28	0.023	100	—
	二甲苯		1.6	0.004		20	1.28	0.003	20	—
	甲苯		1.2	0.003		20	0.96	0.002	15	—

由上表可见，本项目污水站废气可达标排放，污水站废气处理方式是可行的。

6.1.4 危废仓库废气处理可行性分析

本项目危废仓库废气中主要为氨、硫化氢和非甲烷总烃，拟采用一级碱洗＋活性炭吸附进行处理，此为成熟的处理工艺，类比同类案例，预计处理设施对污染物的去除情况见表 1.52。

表 1.52　废气处理设施处理效率

处理设施	非甲烷总烃	氨	硫化氢
碱喷淋	0	0	30%
活性炭吸附	80%	20%	0
合计处理效率	80%	20%	30%

注：由于废气中氨和硫化氢的产生浓度均极低，因此预计去除效率均较低。

本项目危废仓库废气排放情况见表 1.53。

表 1.53　本项目危废仓库废气排放情况

污染物		排气量/(m^3/h)	产生浓度/(mg/m^3)	产生速率/(kg/h)	处理工艺	去除率/%	排放浓度/(mg/m^3)	排放速率/(kg/h)	排放标准	
废气编号	主要污染物名称								浓度/(mg/m^3)	速率/(kg/h)
—	非甲烷总烃	10 800	16.389	0.177	一级碱洗＋活性炭吸附	80	3.278	0.035	80	108
	氨		1.519	0.016 4		20	1.215	0.013 1	—	4.9
	硫化氢		0.083	0.000 9		30	0.058	0.000 6	—	0.33

由上表可见，本项目危废仓库废气可达标排放，危废仓库废气处理方式是可行的。

6.2 废水污染防治措施评述

本项目废水主要来源于工艺废水、地面拖洗废水、废气处理废水、初期雨水、生活污水、循环冷却系统排污、废热锅炉系统排污、脱盐水站排污。废热锅炉系统排污回用于循环冷却系统补水，脱盐水站排污量为 116 601 m^3/a，中和处理后接管至开发区工业污水处理厂；循环冷却系统排污量为 398 400 m^3/a，达标接管至开发区工业污水处理厂；工艺废水、地面拖洗废水、废气处理废水、初期雨水、生活污水产生总量为 194 662.197 m^3/a(584.571 m^3/d)，经厂区预处理站"调节罐/事故罐＋油水分离器＋序进式气浮＋水解酸化＋A/O＋MBR＋BAF"处理，达接管标准后排入园区污水管网，接管至开发区工业污水处理厂进一步处理。处理工艺流程见图 1.5。

本项目污水处理站对全厂生产的废水处理效果较好，预处理后的浓度可达到园区污水处理厂的接管标准要求，处理效率见表 1.54。

表 1.54　全厂废水处理设施处理效果表

处理单元	指标	单位	TDS	COD	SS	硫化物	苯	乙苯	二甲苯	丙苯	甲苯	石油类	氨氮	总氮	TP
调节罐＋油水分离器＋序进式气浮	进水	mg/L	2 474.969	835.69	492.047	1.259	2.933	23.923	2.188	10.089	1.706	0.283	10.824	14.363	0.2
	出水	mg/L	2 474.969	793.906	98.409	1.259	2.933	23.923	2.188	10.089	1.706	0.283	10.824	14.363	0.2
	去除率	%	0	5	80	0	0	0	0	0	0	0	0	0	0

续　表

处理单元	指标	单位	TDS	COD	SS	硫化物	苯	乙苯	二甲苯	丙苯	甲苯	石油类	氨氮	总氮	TP
水解酸化	进水	mg/L	2 474.969	793.906	98.409	1.259	2.933	23.923	2.188	10.089	1.706	0.283	10.824	14.363	0.2
	出水	mg/L	2 474.969	714.515	98.409	0.944	0.440	3.588	0.328	1.513	0.256	0.113	10.824	14.363	0.32
	去除率	%	0	10	0	25	85	85	85	85	85	60	0	0	−60
A/O	进水	mg/L	2 474.969	714.515	98.409	0.944	0.440	3.588	0.328	1.513	0.256	0.113	10.824	14.363	0.32
	出水	mg/L	2 474.969	214.355	98.409	0.472	0.044	0.359	0.033	0.151	0.026	0.102	8.659	12.927	0.32
	去除率	%	0	70	0	50	90	90	90	90	90	10	20	10	0
MBR	进水	mg/L	2 474.969	214.355	98.409	0.472	0.044	0.359	0.033	0.151	0.026	0.102	8.659	12.927	0.32
	出水	mg/L	2 474.969	150.049	19.682	0.472	0.040	0.323	0.030	0.136	0.023	0.102	7.793	12.281	0.32
	去除率	%	0	30	80	0	10	10	10	10	10	0	10	5	0
BAF	进水	mg/L	2 474.969	150.049	19.682	0.472	0.040	0.323	0.030	0.136	0.023	0.102	7.793	12.281	0.32
	出水	mg/L	2 474.969	135.044	19.682	0.472	0.040	0.323	0.030	0.136	0.023	0.102	7.014	11.667	0.32
	去除率	%	20	10	0	0	0	0	0	0	0	0	10	5	0
污水处理厂接管要求		mg/L	10 000	500	100	1	0.1	0.4	0.4	2	0.1	15	30	50	3

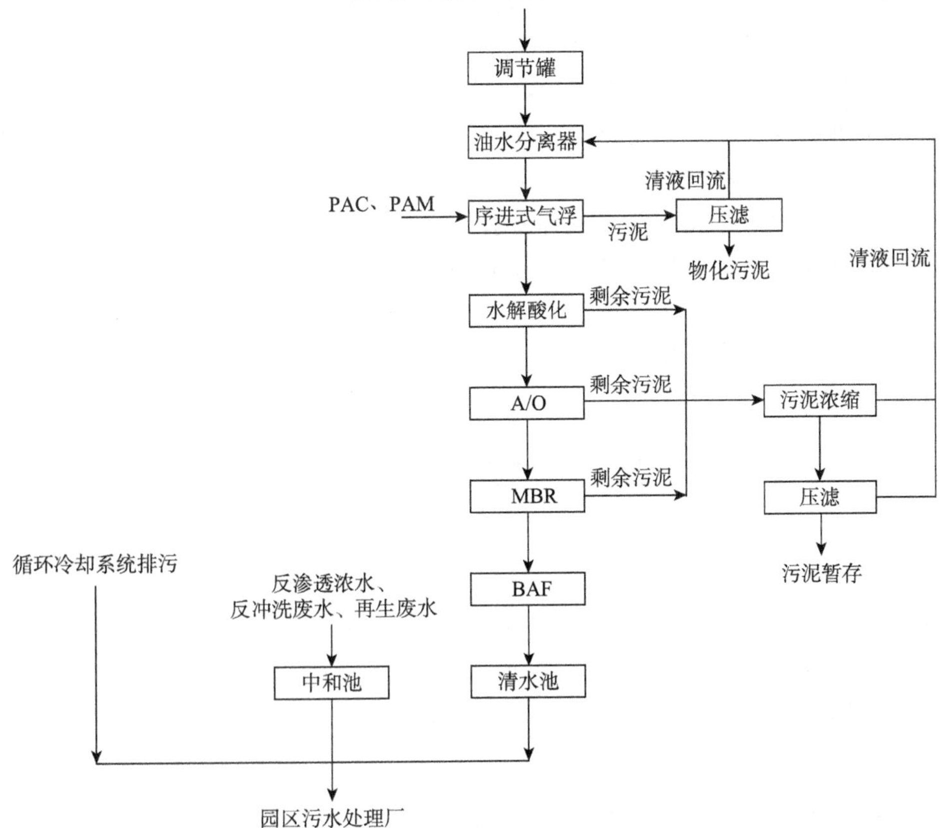

图 1.5　项目污水处理工艺流程图

由表 1.54 可见，本项目废水经处理后可满足接管要求，废水污染防治措施是可行的。

上述出水和循环冷却系统排污、中和处理后的脱盐水站排污混合后接管至园区污水处理厂处理，混合水质见表 1.55。

表 1.55 接管废水水质

名称	污染物浓度/(mg/L)	污染物量/(t/a)	接管标准/(mg/L)
废水量	—	709 663.197	—
TDS	4 816.723	3 418.251	10 000
COD	88.527	62.824	500
SS	72.217	51.250	100
硫化物	0.130	0.092	1
苯	0.011	0.008	0.1
乙苯	0.089	0.063	0.4
二甲苯	0.008	0.006	0.4
丙苯	0.037	0.026	2
甲苯	0.006	0.004	0.1
石油类	0.028	0.020	15
氨氮	3.047	2.162	30
TN	6.007	4.263	50
TP	0.930	0.660	3

由上表可知，厂区废水经预处理后，COD、SS、氨氮、TN、TP 可达开发区工业污水处理厂接管标准，硫化物、苯、乙苯、二甲苯、丙苯、甲苯、石油类可达到《石油化学工业污染物排放标准》(GB 31571—2015)表 1 和表 3 的要求，废水预处理后排放至开发区工业污水处理厂进一步处理，满足污水处理厂接管要求。

本次项目建成后，全厂需处理的废水量为 194 662.197 t/a(24.333 t/h)，配套污水处理站设计能力为 50 m^3/h，能够满足本项目生产生活废水的处理需求。

综上，从水质和水量的角度分析，本项目污水预处理工艺在技术上是可行的。

类比同类型废水污染防治措施，东莞某公司采用与本项目相同的生产工艺，产生的废水水质与本项目大致相同，废水处理工艺与本项目相同，2019 年 12 月 19 日至 2020 年 1 月 6 日，该公司对 BAF 池出水的监测数据见表 1.56。

表 1.56 同类型企业废水监测结果

单位：mg/L

项目	COD	氨氮
出水	9～63	0.1～3.8
标准值	500	35

根据监测结果，同类型企业总排口废水中化学需氧量、氨氮浓度分别为 9～63 mg/L、0.1～3.8 mg/L，满足相应的接管标准要求。

6.3 固体废弃物污染防治措施评述

针对项目固废的产生、贮存和处置特点，本次评价重点提出了危废贮存和厂内收集运输的污染防治措施。

本项目危废贮存过程污染防治措施主要为：

(1) 危险废物仓库要防风、防雨、防晒、防雷、防扬散、防流失、防渗漏，并采取泄漏液体收集措施。

(2) 基础防渗层为至少 1 m 厚的黏土层(渗透系数$\leqslant 10^{-7}$ cm/s)，或 2 mm 厚的高密度聚乙烯，或至少 2 mm 厚的其他人工材料，渗透系数$\leqslant 10^{-10}$ cm/s。

(3) 盛装危险废物的容器材质和衬里要与危险废物相容(不相互反应)。

(4) 装载危险废物的容器材质要满足相应的强度要求且完好无损。

(5) 根据危险废物的种类和特性对危废进行分区、分类贮存，贮存容器必须有明显标志，具有耐腐蚀、耐压、密封和不与所贮存的废物发生反应等特性。

(6) 存放容器应设有防漏裙脚或储漏盘。

(7) 常温下易燃易爆的危险废物须经过预处理，使其稳定后贮存。

(8) 对危废仓库废气进行收集后采用一级碱洗＋活性炭吸附处理后达标排放。

本项目危废将严格按照《危险废物贮存污染控制标准》(GB 18597—2001)及其修改单的要求进行贮存，危废贮存污染防治措施具备可行性。

本项目危险废物收集和运输包括：在危险废物产生节点将危险废物集中到适当包装的容器中和运输车辆上的活动，将已包装和装到运输车辆上的危险废物集中到危险废物产生单位内部临时贮存设施的内部转运。本项目危险废物产生后，在产生部位即由专人采用专用包装袋/桶进行包装，利用专用平板拖车运输至危废仓库指定位置。包装运输过程中作业人员配备完善的个人防护装置，做好相应的防火、防爆、防中毒等安全防护措施和防泄漏、防飞扬、防雨等污染防治措施；危险废物厂内运输路线主要在生产区域，不涉及办公区及生活区；危险废物由产生部位运输至危废仓库后，相关运输人员对转运路线进行检查，确保无遗撒情况发生。本项目危险废物厂内运输过程污染防治措施严格执行《危险废物收集 贮存 运输技术规范》(HJ 2025—2012)中的要求，项目危险废物运输方式、运输线路合理。

6.4　噪声污染控制措施

本项目为工业项目，厂界 200 m 范围内无声环境保护目标，主要针对厂内固定声源采取相关噪声控制措施。主要包括：

(1) 重视设备选型，采用减振措施：尽量选用加工精度高，运行噪声低的生产设备，底座安装减振材料等减小振动。

(2) 装置区合理布置：装置区的布置应尽可能远离居民区，对装置区内的高噪声设备，应设置独立的隔声间或封闭式围护结构，形成噪声屏障，阻碍噪声传播。

(3) 风机防治措施及对策：风机应考虑加装消声器，风机管道之间采取软边接防振等措施，以减少风机振动对周围环境的影响。

(4) 废气处理风机噪声：对每个风机加装隔声罩，从罩内引出的排风烟道采取隔声阻尼包扎。

(5) 建议在厂界周围种植乔灌木绿化围墙，起吸声降噪作用。

从管理方面看，应加强以下几个方面的工作以减少对周围声环境的污染：

(1) 建立设备定期维护、保养的管理制度，以防止设备故障形成的非正常生产噪声，同时确保环保措施发挥最有效的功能。

(2) 加强职工环保意识教育，提倡文明生产，防止人为噪声。

6.5　地下水及土壤污染防治措施

根据项目所在地地质勘探结果和包气带渗透系数实测结果，项目所在地天然包气带防污性能分级为弱。本次评价按照《石油化工工程防渗技术规范》(GB/T 50934—2013)、《危险废物贮存污染控制标准》(GB 18597—2001)、《环境影响评价技术导则 地下水环境》(HJ 610—2016)的要求提出了分区防渗措施。

6.6 环境风险防范措施

本次评价按照 HJ 169—2018 要求提出了大气、事故废水、地下水风险防范措施，提出了应急监测的要求，以及与园区环境风险防控设施及管理有效联动的要求。

结合本项目的特点，本次评价特别提出了以下风险防范措施：

(1) 项目建筑物布置和安全距离严格按照《石油化工企业设计防火规范》(GB 50160—2015)中相应防火等级和建筑防火间距的要求来设置项目各生产装置及罐区、建筑物之间的防火间距。

(2) 根据《石油化工可燃气体和有毒气体检测报警设计标准》(GB 50493—2019)，应在生产装置区和罐区分别设置可燃气体和有毒有害气体探测器和报警装置，以便及时检测现场大气中的可燃气体和有毒有害气体浓度，确保安全生产。其中可燃气体的报警低限为 25%最低爆炸下限(LEL)，有毒有害气体的报警低限为车间卫生标准。液氨储罐设置紧急启动水喷淋系统，报警时对泄漏的液氨进行有效的吸收，使其进入事故水收集系统，避免大量液氨气化至外部环境中。

(3) 在重点环境风险源事故排放系统设置收集装置并与火炬相接，事故时收集事故废气转入火炬系统焚烧。

(4) 厂外丙烯管线的布置应根据《石油化工企业设计防火标准》(GB 50160—2008)(2018 版)、《石油化工金属管道布置设计规范》(SH 3012—2011)及化工园区管廊布置要求布置，保证与周边企业生产装置、设施的安全距离，并设置标志牌。应明确管道内的温度及压力，保证丙烯管道流速，管路上应设置流量计、压力表、切断阀、压力变送器、爆破片、安全阀等附件，并确保完好，丙烯管线沿线应设置可靠的静电跨接线及接地线。丙烯管道应采用无缝钢管，尽量减少法兰、阀门等接头；管路应可靠地保温；丙烯管道充液化烃前预冷到位，防止液化烃管道温度骤降后发生冷脆破裂。丙烯输送管道属于压力管道范畴，管道应定期检测，受腐蚀或强度下降时应及时更换。

(5) 本项目脱氢工艺属于重点监管的危险化工工艺，工艺过程应采用可靠的分散控制系统(DCS)、安全仪表系统(SIS)自动控制系统，选用安全可靠的自动控制仪表、联锁保护系统，要在实现自动控制的基础上装备紧急停车系统，设置反应物料的紧急切断系统、紧急冷却系统、安全泄放系统、可燃和有毒气体检测报警装置等；同时将反应器进料压力、流量、温度、稀释蒸汽比及压力、热媒形成联锁关系，当脱氢反应器内温度超标时自动停止进料并紧急停车，安全泄放。

【点评】

该案例充分结合国内已建的同类案例论证了废水、废气达标排放的可行性，特别是结合经物料衡算得到的尾气氧含量和同类项目实测结果，开展了基准含氧量下尾气基准排放浓度达标的可行性分析，较为难得。

该案例充分依据《石油化工工程防渗技术规范》(GB/T 50934—2013)、《危险废物贮存污染控制标准》(GB 18597—2001)、《环境影响评价技术导则 地下水环境》(HJ 610—2016)等规范的要求提出了分区防渗措施。

该案例危废相关评价内容充分执行了《建设项目危险废物环境影响评价指南》(环境保护部公告 2017 年 第 43 号)的要求。

七、环境管理与监测计划

本次评价按照《建设项目环境影响评价技术导则　总纲》(HJ 2.1—2016)提出的项目施工和运行期间的环境管理要求，给出了污染物排放清单，并根据《排污许可证申请与核发技术规范　总则》(HJ 942—2018)、《排污许可证申请与核发技术规范　石化工业》(HJ 853—2017)、《排污单位自行监测技术指南　总则》(HJ 819—2017)、《排污单位自行监测技术指南　石油化学工业》(HJ 947—2018)以及《化学工业挥发性有机物排放标准》(DB 32/3151—2016)"5.4.2 单一排气筒中非甲烷总烃排放速率≥2.0 kg/h 或者初始非甲烷总烃排放量≥10 kg/h 时，应安装连续自动监测设备"等要求制订了污染源监测计划，根据《环境影响评价技术导则　大气环境》(HJ 2.2—2018)、《环境影响评价技术导则　地下水环境》(HJ 610—2016)、《环境影响评价技术导则　土壤环境(试行)》(HJ 964—2018)等要求提出了环境质量监测计划。

【点评】

该案例在制订监测计划时除了考虑《排污许可证申请与核发技术规范》和《排污单位自行监测技术指南》中的要求外，还充分考虑了地方排放标准中的要求，而这一点在环评中经常会被忽略，具有借鉴意义。

八、环境影响评价结论

本报告经分析论证和预测评价后认为，本项目符合国家产业政策的要求，与区域规划相容，选址合理，污染防治措施技术及经济可行，满足总量控制的要求。在落实本报告书提出的风险防范措施、环境污染治理和环境管理措施的情况下，污染物均能实现达标排放且对环境影响可接受。公众参与期间，建设单位未收到公众的电话咨询、电子邮件、来访及相关反馈意见。从环保角度来讲，建设项目在拟建地建设是可行的。

【案例分析】

在石化项目中，本项目的生产工艺不是很复杂，国内外也建成了多套同类装置供评价时类比，但由于石化行业高污染、高环境风险的特点，在报告评审和审批阶段，专家和管理部门特别关注了废气达标排放的可行性和环境风险防范措施，编者会同建设单位查阅了大量资料并完善了相关分析，得到了专家和管理部门的认可。现将本项目环评的体会总结如下，以供参考。

(1) 本案例的项目建设内容包含厂内和厂外两个部分，评价时需要将厂内建设内容、厂外丙烯管线分别对照各环境要素导则开展评价，特别是环境风险评价内容不可遗漏厂外丙烯管线。

(2) 评价时应对照《石油化学工业污染物排放标准》(GB 31571—2015)的要求分析去除率可达性和基准排放浓度达标的可行性。《石油化学工业污染物排放标准》(GB 31571—2015)表 5 规定"其他有机废气中的非甲烷总烃去除效率须≥97%"，国内外虽建设了多套同类生产装置，但由于生产设备特点和烟气温度的限制，无法监测烟气进口处的污染物浓度，难以结合国内同类案例论证去除率的可达性。由于进料加热炉、空气加热炉、烧焦等环节的工艺温度、混合特点、烟气停留时间与危废焚烧炉和 RTO 类似，因此评价时参考相关规范中危废焚烧炉和 RTO 对有机物的去除率并保守取值，从而论证了去除率的可达性。此外，按 GB 31571—2015 要求的"焚烧类有机废气排放口、工艺加热炉的实测大气污染物排放浓度，须换算成基准含氧量为 3%的大气污染物基准排放浓度，并与排放限值比较判定排放是否达标"，本项目进料加热炉废气、废热锅炉废气需按照3%基准含氧量下的基准排放浓度判定是否达标，但建设单位无法提供细致的物料平衡数据以确定理论干烟气含氧量，为此，编者开展了大量的物料衡算工作，评价时根据物料衡算得到的干烟气含氧量计算理论基准排放浓度并结合同类工程实测结果论证了达标可行性。

(3) 本项目配套设置火炬，正常工况下不可遗漏长明灯的天然气燃烧废气污染源，非正常工况下不可遗漏火炬源。

(4) 风险事故情形的设定需合理。根据HJ 169—2018“发生频率小于10^{-6}/年的事件是极小概率事件，可作为代表性事故情形中最大可信事故设定的参考”，根据导则HJ 169—2018附录E.1，10 min内储罐泄漏完和储罐全破裂事件发生频率均在10^{-6}/年数量级，本项目氨储罐全泄漏、丙烯储罐全泄漏火灾爆炸次生污染等事故预测影响距离均远超5 km，本次评价按照专家意见调整为将储罐泄漏孔径为10 mm作为最大可信事故。

(5)《排污许可证申请与核发技术规范 石化工业》(HJ 853—2017)施行前，通常环评中脱盐水制备系统排污等水质较好的废水均作为清净下水进入雨水系统排放，《排污许可证申请与核发技术规范 石化工业》(HJ 853—2017)施行后，明确要求作为废水管理。不止石化行业，很多行业排污许可证申请与核发技术规范、污染防治可行技术指南中均将循环冷却系统排污、制纯水废水、锅炉废水等作为废水管理，此类管理要求的变化应在评价中予以关注。

合成树脂
（酚醛树脂）篇

☞ 合成树脂制造是指以单体为主要原料，采用聚合反应结合成大分子的方式生产合成树脂。此类项目具有工艺流程短、产品种类多的特点，特别是生产中可能涉及多种牌号，每个牌号的生产原料配方、工艺有所不同。因此，面对此类项目应统筹考虑，生产工艺或反应类型相似的产品可简化合并分析。本篇结合工作实践经验，以某新材料有限公司年产10万t高性能酚醛树脂、10万t高性能酚醛模塑料系列产品项目的环境影响评价为案例，梳理合成树脂制造行业环境影响评价工作中应重点关注的内容，供读者参考。

案例二　某新材料有限公司年产 10 万 t 高性能酚醛树脂、10 万 t 高性能酚醛模塑料系列产品项目环境影响评价

一、前　言

1.1　项目来源

某新材料有限公司主要从事酚醛树脂和酚醛模塑料的生产，其母公司是一家专门从事酚醛树脂和酚醛模塑料生产的企业，产品质量在国内处于领先地位，深得广大用户的青睐。

随着科学技术的日益发展和生产、生活的需要，高性能酚醛树脂的新材料、新产品不断开发生产出来。为了扩大企业生产规模，提高市场占有率，增强竞争力，该新材料有限公司拟在某经济开发区新征土地面积约 230 亩*，依托其母公司先进的酚醛树脂生产技术和研发团队，分两期建设年产 10 万 t 高性能酚醛树脂、10 万 t 高性能酚醛模塑料系列产品项目。

本项目环评开展时间段为 2016 年 6 月至 2017 年 12 月，评价采用的导则、标准、技术规范等均为该时间段内施行的版本。

1.2　项目特点

建设项目具有以下特点：

(1) 项目为新建项目，拟在某经济开发区内建设年产 10 万 t 高性能酚醛树脂、10 万 t 高性能酚醛模塑料系列产品项目。项目各生产装置及配套的公辅工程将分两期进行建设。

(2) 建设项目涉及使用二甲胺、三乙胺、甲醛、吡啶和氨，属于地方化学品生产负面清单物质，须加强对这些污染物的控制。

(3) 建设项目为新建酚醛树脂和酚醛模塑料生产项目，根据各类指导名录及产业政策文件，本项目产品属于允许类项目；对照行业类别、所在园区规划、生态红线规划，本项目符合相关规划。

1.3　分析判定相关情况

1.3.1　相关产业政策相符性

本项目所有产品(酚醛树脂、酚醛模塑料)不属于《产业结构调整指导目录》(2011 年)、《国家发展改革委关于修改〈产业结构调整指导目录(2011 年本)〉有关条款的决定》等文件中限制类、淘汰类项目，均为允许类项目。对照《江苏省工业和信息产业结构调整限制淘汰目录和能耗限额的通知》，本项目的企业、工

---

* 1 亩=666.67 平方米。

艺、装备、产品不属于限制类和淘汰类，满足能耗限额的相关要求。

1.3.2 规划及规划环评相符性

本项目选址某经济开发区，根据园区规划环评审查意见，园区产业定位为能源、石化及石化中下游产业，重点发展以多元原料制烯烃为基础，以烯烃和芳烃下游产业链为方向，以化工新材料、合成橡胶、工程塑料、高分子材料为特色的石化及中下游产业链项目。本项目产品为化工新材料，符合园区产业定位。

同时本项目位于园区土地利用规划的工业用地范围内，符合相关用地规划要求。

1.3.3 相关环保政策相符性

建设项目位于某经济开发区，属于通过了规划(区域)环评的沿海化工园区，项目自身属于允许类项目，符合国家、地方法律法规及其他相关文件的要求。

1.3.4 行业准入分析

本项目为合成树脂项目，该行业暂无行业准入条件。本项目排水量、非甲烷总烃排放量均满足《合成树脂工业污染物排放标准》(GB 31572—2015)合成树脂单位产品基准排水量要求及单位产品非甲烷总烃排放量要求，具备较高的清洁性。

表 2.1 与 GB 31572—2015 中单位产品基准排水量及单位产品非甲烷总烃排放量对比情况

项目	合成树脂工业污染物排放标准要求	本项目情况
单位产品基准排水量	≤3.0 m^3/t 产品	1.5 m^3/t 产品
单位产品非甲烷总烃排放量	≤0.5 kg/t 产品	0.08 kg/t 产品

1.3.5 “三线一单”符合性分析

生态保护红线：建设项目不在规划的生态红线一级、二级管控区范围之内，符合《江苏省生态红线区域保护规划》的要求。

环境质量底线：根据现状监测，项目所在区域环境质量现状总体较好，尚有环境容量，可以满足项目建设需要。

资源利用上线：建设项目给水、供电、供热由园区统一负责，无其他自然资源消耗。原料为市场采购，其他如压缩空气、氮气等能源均自行生产，因此，项目建设不会突破当地自然资源上线。

环境准入负面清单：根据园区规划，项目符合园区产业定位，且不属于园区环境准入负面清单范围。

1.3.6 分析判定结论

综上分析，项目的建设符合国家、地方产业政策，符合相关环保政策，符合相关规划要求。环境现状监测数据表明，项目所在区域环境质量较好，基本能够满足当地环境功能区划要求，不会对项目的建设形成制约。

1.4 关注的主要环境问题

针对建设项目的工程特点和项目周围的环境特点，建设项目关注的主要环境问题是：

(1) 营运期排放的工艺废气(主要污染物为甲醛、SO_2、NO_x、粉尘等)对周围环境及居民的影响。

(2) 建设项目产生的地面及设备冲洗废水、初期雨水、生活污水等经预处理后的排放对园区污水处理厂、纳污水体的影响。

(3) 厂区建设项目构成重大危险源，主要风险因子为苯酚、正丁醇、丁酮等，须重点关注厂区的风险防范措施。

二、总　论

2.1　工作重点

本次环境影响评价工作的重点是：工程分析、污染防治措施评述、环境影响预测评价、环境管理与监测。具体是：

(1) 了解工程概况，对产污环节、环保措施方案等进行分析，核算物料平衡和污染物源强，筛选出主要的污染源与污染因子。

(2) 根据项目的污染物产生情况，提出主要污染因子的削减与治理措施，并从经济、技术方面对措施进行可行性论证。

(3) 针对所排废气的性质和当地的气象条件，通过大气扩散AERMOD模型的计算，分析和评价建设项目对当地大气环境可能产生的影响程度和范围。

(4) 依据《建设项目环境风险评价技术导则》对建设项目进行风险评价，并提出风险防范措施和应急预案。

(5) 在对项目污染物排放情况进行统计的情况下，编制污染物排放清单，提出施工期、运营期环境管理要求及污染物监测计划、环境质量监测计划和应急监测计划。

2.2　环境影响评价因子筛选

建设项目现状评价因子、影响评价因子和总量控制因子见表2.2。

表2.2　建设项目评价因子一览表

环境类别	现状评价因子	影响评价因子	总量控制因子
大气	SO_2、NO_x、PM_{10}、TVOC、甲苯、二甲苯、氨、甲醛、甲醇、苯酚、臭气浓度、非甲烷总烃	酚类、甲醛、氨、甲醇、正丁醇、三乙胺、二甲苯、二甲胺、甲苯、NO_x、SO_2、PM_{10}、非甲烷总烃、硫化氢	控制因子：SO_2、NO_x、烟/粉尘、VOCs； 考核因子：氯化氢、甲醇、酚类、氨、甲醛等
地表水	pH、COD、无机氮、活性磷酸盐、石油类、挥发酚、甲苯、二甲苯	—	控制因子：COD、氨氮； 考核因子：SS、TP、苯酚、甲醛、锌等
声环境	等效连续A声级	等效连续A声级	—
固体废物	—	—	工业固废的排放量
地下水	水位、K^+、Na^+、Ca^{2+}、Mg^{2+}、CO_3^{2-}、HCO_3^-、Cl^-、SO_4^{2-}、pH、总硬度、溶解性总固体、硫酸盐、氯化物、铁、锰、挥发性酚类、高锰酸盐指数、硝酸盐、亚硝酸盐、氨氮、氟化物、氰化物、砷、汞、铬(六价)、铅、镉、甲苯、二甲苯、苯乙烯、丙烯腈	COD、苯酚、甲醛	—
土壤	pH、镉、汞、砷、铜、铅、铬、锌、镍	—	—

2.3 评价等级、范围

2.3.1 评价等级

1. 大气环境影响评价等级

建设项目有 14 个排气筒排放有组织废气，15 个面源排放无组织废气，污染物种类主要有甲醛、硫酸雾、甲苯、烟尘、NO_x 等。建设项目合成车间无组织排放的酚类最大地面浓度占标率最大，为 29%，其 D10%最大，为 1 200～1 300 m。因此，根据《环境影响评价技术导则 大气环境》(HJ 2.2—2008)，确定建设项目大气环境影响评价工作等级为二级。

2. 水环境影响评价等级

建设项目污水排放总量为 494.710 t/d，水质复杂程度中等。建设项目产生的废水经预处理达园区污水处理厂接管标准后排入园区污水管网，由园区污水处理厂进一步处理后，采用离岸水下排放方式排海。因此地表水可不作预测评价，直接引用园区污水处理厂环评结论。本次环评只对建设项目废水接入园区污水处理厂的可行性进行分析，对水环境影响做一般性评述。

3. 地下水评价等级

根据《环境影响评价技术导则　地下水环境》(HJ 610—2016)中地下水环境影响评价工作等级划分原则，建设项目属于Ⅰ类建设项目且不涉及地下水环境敏感区。根据导则的评价工作等级分级表，确定建设项目的地下水评价等级为二级。

4. 声环境影响评价等级

建设项目选址在某经济开发区，声环境功能要求为 3 类，且评价范围内无敏感目标。根据《环境影响评价技术导则　声环境》(HJ 2.4—2009)的规定，判定建设项目声环境影响评价工作等级为三级。

5. 环境风险评价等级

参照《建设项目环境风险评价技术导则》(HJ/T 169—2004)中附录 A 表 1 中对物质危险性的规定以及《危险化学品重大危险源辨识》(GB 18218—2009)，建设项目构成重大危险源，该项目位于某经济开发区，不属于环境敏感地区，对照环境风险评价导则，建设项目环境风险评价工作级别为一级。

6. 生态评价等级

根据《环境影响评价技术导则 生态影响》(HJ 19—2011)，本项目选址占地类型主要为一般工业园区空地、荒草地等，影响范围内均不涉及各类自然保护区、水产种质资源保护区及风景名胜区等生态敏感区，为一般区域；占地面积为 0.15 km^2。因此，确定本项目生态环境影响评价工作等级为三级。

2.3.2 评价范围

根据建设项目污染物排放特点及当地气象条件、自然环境状况，确定各环境要素评价范围，见表 2.3。

表 2.3　评价范围表

评价内容	评价范围
区域污染源调查	重点调查评价范围内的主要工业企业
环境空气	以建设项目为中心，边长为 5 km 的正方形范围
地表水(海洋)	园区污水处理厂排污口周边半径 3 km 范围的海域
地下水	整个调查评价范围面积约为 13.9 km^2
环境噪声	项目厂界外 0.2 km 范围

续 表

评价内容	评价范围
环境风险	大气风险评价范围以建设项目为中心，沿主导风向5 km范围内；地表水风险评价范围同地表水（海水）评价范围
生态	本项目厂界外扩2 km所含区域

2.4 重点环境保护目标

建设项目选址于某经济开发区范围内。本项目距离最近的大气环境敏感目标为1 300 m，500 m范围内无敏感目标；地表水评价范围内无敏感目标；项目厂界200 m范围内无声环境敏感目标；生态评价范围内无生态敏感点；地下水评价范围内无地下水敏感目标。

2.5 环境功能区划和评价采用的标准

2.5.1 环境质量标准

1. 大气环境质量标准

项目建设地属于环境空气质量功能二类地区，环境空气中SO_2、NO_x、PM_{10}、CO执行《环境空气质量标准》(GB 3095—2012)二级标准；氯化氢、氨等物质技术上参照执行《工业企业设计卫生标准》(TJ 36—79)中的表1“居住区大气中有害物质的最高容许浓度”；甲苯、二甲胺等物质浓度参照执行苏联居住区浓度限值要求；乙二醇、丁酮等浓度参照执行多介质环境目标值和根据苏联学者 IO. A. KPOTOB等总结的经验公式推算的值；非甲烷总烃参照《大气污染物综合排放标准详解》中的推荐值；臭气浓度参照执行《恶臭污染物排放标准》(GB 14554—93) 表1中的新扩改建二级标准；VOCs参照执行《室内空气质量标准》(GB/T 18883—2002)中规定的TVOC室内质量标准。

2. 地表水质量标准

评价区海域水质执行《海水水质标准》(GB 3097—1997)中的第二类水质标准，污水处理厂排污口所在海域海水水质标准执行《海水水质标准》(GB 3097—1997)第四类标准。

3. 地下水环境质量标准

建设项目地下水环境质量执行《地下水质量标准》(GB/T 14848—2017)。

4. 声环境质量标准

建设项目位于某经济开发区，厂界声环境质量执行《声环境质量标准》(GB 3096—2008)中的3类标准。

5. 土壤环境质量标准

建设项目所在区域土壤环境执行《土壤环境质量标准》(GB 15618—1995)。

2.5.2 污染物排放标准

1. 污水排放标准

建设项目废水经厂区管网收集进入厂区污水处理站进行处理，经处理达园区污水处理厂接管标准后排入园区污水管网。园区污水处理厂的污水最终采用离岸水下排放方式排海。尾水排放执行《城镇污水处理厂污染物排放标准》(GB 18918—2002)中的尾水排放一级A标准。详见表2.4。

表 2.4　废水排放标准　　单位：mg/L(pH 除外)

序号	项目	接管标准值	污水处理厂排放标准
1	pH	6～9[2]	6～9
2	COD	≤500[2]	≤50
3	SS	≤400[2]	≤10
4	TP	≤3[3]	≤0.5
5	氨氮	≤35[3]	≤5(8)
6	总氮	≤45[3]	≤15
7	石油类	≤20[2]	≤1
8	苯酚	≤0.5[1]	≤0.3
9	甲醛	≤5.0[1]	≤1.0
10	挥发酚	≤2.0[2]	≤0.5
11	苯胺类	≤5.0[2]	≤0.5
12	锌	≤5.0[2]	≤1.0
13	单位产品基准排水量	≤3.0 m^3/t 产品[4]	

注：[1] 执行《合成树脂工业污染物排放标准》(GB 31572—2015)表 1 中的间接排放标准；[2] 执行《污水综合排放标准》(GB 8978—1996)表 4 中的三级标准；[3] 执行园区污水处理厂自定的接管标准；[4] 执行《合成树脂工业污染物排放标准》(GB 31572—2015)表 3 中的酚醛树脂单位产品基准排水量。

2. 大气污染物排放标准

建设项目生产过程中的大气污染物中 HCl、硫酸雾的排放执行《大气污染物综合排放标准》(GB 16297—1996)表 2 中的二级标准；氨和硫化氢的无组织排放浓度执行《恶臭污染物排放标准》(GB 14554—93)表 1 中的二级标准，有组织排放速率执行表 2 中的标准；颗粒物、酚类、甲醛等的排放执行《合成树脂工业污染物排放标准》(GB 31572—2015)表 5、表 9 中的标准；甲苯、二甲苯、苯胺类等的排放执行江苏省《化学工业挥发性有机物排放标准》(DB 32/3151—2016)中的标准；甲基异丁基酮、丁酮等排放速率参照执行根据《制定地方大气污染物排放标准的技术方法》计算的值，排放浓度执行根据美国环保局(Environmental Protection Agency，EPA)工业环境实验室所建立的估算式计算的值。具体标准限值见表 2.5。

表 2.5　工艺废气大气污染物排放标准

污染物名称	最高允许排放浓度/(mg/Nm^3)	最高允许排放速率		无组织排放监控浓度限值		标准来源
		烟囱高度/m	排放速率/(kg/h)	监控点	浓度/(mg/Nm^3)	
氨	—	15	4.90	厂界	1.50	《恶臭污染物排放标准》(GB 14554—93)表 1 中的二级标准和表 2 中的标准
硫化氢	—	15	0.33		0.06	
臭气浓度	—	15	2 000(无量纲)		20	
颗粒物	20	15	—		1.00	《合成树脂工业污染物排放标准》(GB 31572—2015)表 5、表 9 中的标准
非甲烷总烃*	60	15	—		4.00	
酚类	15	15	—		—	
甲醛	5	15	—		—	

续　表

<table>
<tr><th rowspan="2">污染物名称</th><th rowspan="2">最高允许排放浓度/(mg/Nm³)</th><th colspan="2">最高允许排放速率</th><th colspan="2">无组织排放监控浓度限值</th><th rowspan="2">标准来源</th></tr>
<tr><th>烟囱高度/m</th><th>排放速率/(kg/h)</th><th>监控点</th><th>浓度/(mg/Nm³)</th></tr>
<tr><td>甲苯</td><td>25</td><td>15</td><td>2.20</td><td rowspan="27"></td><td>0.60</td><td rowspan="6">《化学工业挥发性有机物排放标准》(DB 32/3151—2016)中的标准</td></tr>
<tr><td>二甲苯</td><td>40</td><td>15</td><td>0.72</td><td>0.30</td></tr>
<tr><td>苯胺类</td><td>20</td><td>15</td><td>0.36</td><td>0.20</td></tr>
<tr><td>甲醇</td><td>60</td><td>15</td><td>3.60</td><td>1.00</td></tr>
<tr><td>正丁醇</td><td>40</td><td>15</td><td>0.36</td><td>0.50</td></tr>
<tr><td>丙酮</td><td>40</td><td>15</td><td>1.30</td><td>0.80</td></tr>
<tr><td>氯化氢</td><td>100</td><td>15</td><td>0.26</td><td>0.20</td><td rowspan="3">《大气污染物综合排放标准》(GB 16297—1996)表 2 中的二级标准</td></tr>
<tr><td>氮氧化物</td><td>240</td><td>15</td><td>0.77</td><td>0.12</td></tr>
<tr><td>硫酸雾</td><td>45</td><td>15</td><td>1.50</td><td>1.20</td></tr>
<tr><td>二甲胺</td><td>—</td><td>15</td><td>0.015</td><td>0.005</td><td rowspan="18">注</td></tr>
<tr><td>三乙胺</td><td>—</td><td>15</td><td>0.42</td><td>0.14</td></tr>
<tr><td>乙醇</td><td>—</td><td>15</td><td>15</td><td>5</td></tr>
<tr><td>乙二醇</td><td>—</td><td>15</td><td>6.09</td><td>2.03</td></tr>
<tr><td>异丙醇</td><td>—</td><td>15</td><td>1.80</td><td>0.60</td></tr>
<tr><td>甲基异丁基酮</td><td>—</td><td>15</td><td>1.83</td><td>0.61</td></tr>
<tr><td>丁酮</td><td>—</td><td>15</td><td>3.21</td><td>1.07</td></tr>
<tr><td>乙二醇丁醚</td><td>—</td><td>15</td><td>2.25</td><td>0.75</td></tr>
<tr><td>丙二醇甲醚</td><td>—</td><td>15</td><td>2.22</td><td>0.74</td></tr>
<tr><td>草酸</td><td>—</td><td>15</td><td>8.07</td><td>2.69</td></tr>
<tr><td>丙三醇</td><td>—</td><td>15</td><td>14.70</td><td>4.90</td></tr>
<tr><td>安息香酸</td><td>—</td><td>15</td><td>2.28</td><td>0.76</td></tr>
<tr><td>水杨酸</td><td>—</td><td>15</td><td>0.69</td><td>0.23</td></tr>
<tr><td>对羟基苯磺酸</td><td>—</td><td>15</td><td>6.69</td><td>2.23</td></tr>
<tr><td>对苯二甲基二甲醚</td><td>—</td><td>15</td><td>3.54</td><td>1.18</td></tr>
<tr><td>二丙酮醇</td><td>—</td><td>15</td><td>3.90</td><td>1.30</td></tr>
<tr><td>一氧化碳</td><td>—</td><td>15</td><td>9</td><td>3</td></tr>
<tr><td>异丙醚</td><td>—</td><td>15</td><td>9.27</td><td>3.09</td></tr>
</table>

* 单位产品非甲烷总烃排放量为 0.5 kg/t 产品。

注：根据《制定地方大气污染物排放标准的技术方法》，生产过程中单一排气筒允许排放率按下式确定，即 $Q = C_m R K_e$

式中：Q——排气筒允许排放速率，kg/h；

C_m——标准浓度限值，mg/m³；

R——排放系数，本项目地区序号 5、二类功能区、排气筒 15 m 对应的 R 值为 6；

K_e——地区性经济技术系数，取值 0.5。

本项目生产工艺中热源为导热油加热，采用天然气为燃料，导热油炉废气排放执行《锅炉大气污染物排放标准》(GB 13271—2014)表 3 中的大气污染物特别排放限值中的燃气锅炉标准，具体标准值见表 2.6。

表 2.6 大气污染物特别排放限值 单位：mg/m^3

序号	污染物项目	限值			污染物排放监控位置	标准来源
		燃煤锅炉	燃油锅炉	燃气锅炉		
1	颗粒物	30	30	20	烟囱或烟道	《锅炉大气污染物排放标准》(GB 13271—2014)表 3 中的大气污染物特别排放限值
2	二氧化硫	200	100	50		
3	氮氧化物	200	200	150		
4	汞及其化合物	0.05	—	—		
5	烟气黑度（林格曼黑度，级）	≤1			烟囱排放口	

3. 噪声排放标准

建设项目营运期噪声排放执行《工业企业厂界环境噪声排放标准》(GB 12348—2008)中的 3 类标准。详见表 2.7。

表 2.7 工业企业厂界环境噪声排放标准(GB 12348—2008) 单位：dB(A)

标准	昼间	夜间	标准来源
3 类	65	55	GB 12348—2008

施工期噪声排放执行《建筑施工场界环境噪声排放标准》(GB 12523—2011)，详见表 2.8。

表 2.8 建筑施工场界环境噪声标准

昼间	夜间	标准来源
70	55	GB 12523—2011

4. 固废

危险废物暂存场所执行《危险废物贮存污染控制标准》(GB 18597—2001)及其修改单的相关要求。

一般固废的暂存执行《一般工业固体废物贮存、处置场污染控制标准》(GB 18599—2001)及其修改单的相关要求。

2.5.3 环境风险评价标准

物质危险性标准执行《建设项目环境风险评价技术导则》(HJ/T 169—2004)附录 A 表 1 中的标准。具体见表 2.9。

表 2.9 物质危险性标准

类别		LD_{50}(大鼠经口)/(mg/kg)	LD_{50}(大鼠经皮)/(mg/kg)	LC_{50}(小鼠吸入，4 h)/(mg/L)
有毒物质	1	$LD_{50}<5$	$LD_{50}<1$	$LC_{50}<0.01$
	2	$5<LD_{50}<25$	$10<LD_{50}<50$	$0.1<LC_{50}<0.5$
	3	$25<LD_{50}<200$	$50<LD_{50}<400$	$0.5<LC_{50}<2$
易燃物质	1	可燃气体：在常压下以气态存在并与空气混合形成可燃混合物；其沸点(常压下)是 20℃或 20℃以下的物质		
	2	易燃液体：闪点低于 21℃，沸点高于 20℃的物质		
	3	可燃液体：闪点低于 55℃，压力下保持液态，在实际操作条件下(如高温高压)可以引起重大事故的物质		
爆炸性物质		在火焰影响下可以爆炸，或者对冲击、摩擦比硝基苯更为敏感的物质		

2.6　园区规划和基础设施情况

2.6.1　园区规划

园区规划总面积 8.98 km^2。规划期：2014—2030 年，其中近期为 2014—2020 年，远期为 2020—2030 年。

园区产业定位：发展能源、石化以及石化中下游产业，重点发展以多元原料制烯烃为基础，以烯烃和芳烃下游产品链为方向，以化工新材料、合成橡胶、工程塑料、高分子材料等为特色的石化及中下游产业链项目。

其中工业片区一规划重点发展石化及基础化工（以多元原料制烯烃以及烯烃和芳烃的下游产品链），工业片区二规划发展污染物排放相对较少的石化产业链下游项目（含化工新材料等）。本项目位于工业片区二。

本项目产品为酚醛树脂和酚醛膜塑料。

(1)《高分子材料》（高军刚、李源勋，化工出版社）、《高分子材料基础》（周冀，国防工业出版社）等资料中对高分子材料的定义是："高分子材料也称为聚合物材料，是以高分子化合物为基体，再配有其他添加剂（助剂）所构成的材料；高分子材料按来源分为天然高分子材料和合成高分子材料……合成高分子材料主要是指塑料、合成橡胶和合成纤维三大合成材料，此外还包括胶黏剂、涂料以及各种功能性高分子材料。合成高分子材料具有天然高分子材料所没有的或较为优越的性能——较小的密度、较高的力学性能、耐磨性、耐腐蚀性、电绝缘性等。"根据此定义，结合酚醛树脂的合成工艺，酚醛树脂属于高分子材料。

《新材料产业"十二五"发展规划》中对新材料的定义是："专栏 1　新材料的定义与范围……③先进高分子材料。具有相对独特物理化学性能、适宜在特殊领域或特定环境下应用的人工合成高分子新材料。……⑤高性能复合材料。由两种或两种以上异质、异型、异性材料（一种作为基体，其他作为增强体）复合而成的具有特殊功能和结构的新型材料。"根据此定义，先进高分子材料和高性能复合材料属于化工新材料。

本项目各酚醛树脂产品工艺先进，性能优良，属于先进高分子材料；本项目酚醛模塑料产品通过加入六亚甲基四胺改进了酚醛树脂性能，属于两种或两种以上异质、异型、异性材料（一种作为基体，其他作为增强体）复合而成的具有特殊功能和结构的新型材料，属于高性能复合材料。

因此，从上述论述来看，本项目产品属于化工新材料范畴。

(2) 根据《新材料产业发展指南》，"四、重点任务　(一)突破重点应用领域急需的新材料。……3.航空航天装备材料。……5.先进轨道交通装备材料。……加强先进阻燃及隔音降噪高分子材料、制动材料、轨道交通装备用镁、铝合金制备工艺研究，加快碳纤维复合材料在高铁车头等领域的推广应用"，本项目产品酚醛模塑料中的高硅氧玻璃纤维和碳纤维增强酚醛模塑料可作为航天工业中重要的耐烧蚀材料，属于航空航天装备材料范畴，产品酚醛树脂、酚醛模塑料可作为先进阻燃及隔音降噪高分子材料，用作汽车成型材料、汽车自动摩擦材料、高性能轮胎材料等，属于先进轨道交通装备材料，即化工新材料。

因此，从上述论述来看，本项目产品也属于化工新材料范畴。

本项目产品的先进性分析见表 2.10。

表 2.10　本项目产品先进性分析

序号	产品类型	产品先进性
1	高性能热固性酚醛树脂	热固性固体树脂使用过程中加热自身进行固化，取代了市场上的固化剂六亚甲基四胺，因其不含氮，固化过程中没有氨气产生，属于环保型新材料。目前国内无其他企业能够进行生产，本项目可以填补国内市场的空白
		产品可用于罐内涂料和食品罐内壁树脂，与环氧树脂配合使用涂抹后均一固化，具有良好的耐水、盐、酸性能，还具有良好的卫生性，产品中酚的含量在 0.3%以下(优于国际标准——1%以下)，醛的含量在 0.1%以下(优于国际标准——1%以下)。本项目产品与环氧树脂配合使用固化后连续进行 5 个小时 100℃的水煮实验，产品不会脱落也不会释放出酚和醛类物质，属于环保型新材料
2	高性能热塑性酚醛树脂	本项目产品的游离苯酚含量控制在较低的范围内，属于较环保的新材料。 本项目 S608A 系列产品为液体热塑性树脂，具有很好的延展性和耐腐蚀性，可用于生产高性能涂料
3	高性能酚醛模塑料	本项目 S878、S888 产品为无氨酚醛模塑料，目前国内无其他企业能够进行生产，属于新型的材料
		可作为高强度的玻璃纤维材料，国内目前长春化工、东南塑料的玻璃纤维材料中玻璃纤维含量在 30%～40%，本项目的玻璃纤维材料玻璃纤维含量可以达到 55%，强度超过同行业 20%，此类高强度的酚醛模塑料强度高、质量轻、成型快、易加工，可以取代部分钢材使用

根据园区规划环评审查意见，园区产业定位为能源、石化及石化中下游产业，重点发展以多元原料制烯烃为基础，以烯烃和芳烃下游产业链为方向，以化工新材料、合成橡胶、工程塑料、高分子材料为特色的石化及中下游产业链项目。本项目产品为化工新材料，符合园区产业定位。

对照园区规划环评审查意见，本项目符合园区产业定位，不在禁止引入项目之列；符合园区防护距离、基础设施建设的要求；拟严格控制负面清单、恶臭、VOCs 等物质的产生及排放；拟安装废水在线检测仪器；拟制订及落实与园区规划相符的环境管理体系及环境风险应急预案。因此，本项目符合园区规划环评的要求。

【点评】

园区主导产业为能源、石化及石化中下游产业，重点发展以多元原料制烯烃为基础，以烯烃和芳烃下游产业链为方向，以化工新材料、合成橡胶、工程塑料、高分子材料为特色的石化及中下游产业链项目。本项目产品为酚醛树脂和酚醛膜塑料，对照多个文件，明确本项目产品属于化工新材料范畴。园区规划及规划环评的产业定位、负面准入清单是项目入园的基础，不满足产业定位和准入要求的项目不得引入，因此要论证清楚项目的具体定位。

2.6.2　基础设施情况

目前，本项目所在地给水管网已铺设到位。

本项目废水拟通过“一企一管”方式接入开发区污水处理厂，目前管路暂未建设，将由开发区负责在本项目投产前建设到位。本项目废水接管量为 494.710 t/d，占污水处理厂一期处理量的 10.3%，园区污水处理厂尚有接管能力。

规划供热管网采用开式热力网，管道直径为 DN300～DN800，管网压力 0.8～1.3 MPa，蒸汽温度 250～320℃，目前在建，预计 2017 年末完工，本项目投产前供热管线可铺设完毕。

【点评】

此类化工项目的运行基础是园区相关基础设施配套的完善，因此要明确园区环保基础设施的建设与运行状况，分析园区环保基础设施的依托性。本项目为新建项目，且园区成立的时间不久，因此公辅工程的配套可行性尤为重要。

三、建设项目工程分析

3.1　项目工程概况

3.1.1　建设内容

项目分两期建设，其中一期建设4.5万t/年高性能酚醛树脂装置、5万t/年高性能酚醛模塑料装置并配套建设中试装置、废水综合处理装置、废气处理装置等公辅工程，二期建设5.5万t/年高性能酚醛树脂装置、5万t/年高性能酚醛模塑料装置及配套中试装置、废气处理装置等公辅工程。

3.1.2　产品方案

建设项目主体工程和产品方案见表2.11。

表2.11　建设项目产品方案

主体工程名称	产品名称		产品产量/(t/a)			年运行时数/h
			一期	二期	总计	
高性能酚醛树脂装置	热固性酚醛树脂	S600A-1	2 000	—	2 000	7 200
		S600A-2	500	—	500	
		S600A-3	500	—	500	
		S600A-4	300	—	300	
		S600B-1	500	—	500	
		S600B-2	500	—	500	
		S600B-3	500	—	500	
		S600C	400	—	400	
		S600D	300	—	300	
		S600E	200	—	200	
		S600F	300	—	300	
		S600G	—	1 000	1 000	
		S601A	1 000	3 000	4 000	
		S601B	500	1 500	2 000	
		S602	500	9 500	10 000	
		S603	2 000	5 000	7 000	

续 表

主体工程名称	产品名称		产品产量/(t/a)			年运行时数/h
			一期	二期	总计	
	热塑性酚醛树脂	S604A-1	1 000	—	1 000	
		S604A-2	19 500	—	19 500	
		S604B	1 000	—	1 000	
		S604C	500	—	500	
		S605	7 000	2 000	9 000	
		S606	2 000	4 000	6 000	
		S607A	3 000	1 000	4 000	
		S607B	—	2 000	2 000	
		S607C	—	2 000	2 000	
		S608A-1	500	2 000	2 500	
		S608A-2	500	2 000	2 500	
	粉状热固性酚醛树脂	S700A	—	2 100	2 100	
		S700B	—	2 900	2 900	
		S701A	—	2 400	2 400	
		S701B	—	6 500	6 500	
		S701C	—	1 100	1 100	
		S702A	—	2 200	2 200	
		S702B	—	1 200	1 200	
		S702C	—	1 600	1 600	
高性能酚醛模塑料装置	S818		15 000	—	15 000	7 200
	S828		35 000	—	35 000	
	S878		—	30 000	30 000	
	S888		—	20 000	20 000	

建设项目一期建成后可达 10 000 t/a 热固性酚醛树脂、35 000 t/a 热塑性酚醛树脂、50 000 t/a 高性能酚醛模塑料的产能。其中 21 600 t/a 热塑性酚醛树脂用于高性能酚醛模塑料的生产，其余部分外售；热固性酚醛树脂产品和高性能酚醛模塑料产品全部外售。

建设项目二期建成后全厂可达 30 000 t/a 热固性酚醛树脂、50 000 t/a 热塑性酚醛树脂、20 000 t/a 粉状热固性酚醛树脂、100 000 t/a 高性能酚醛模塑料的产能。其中 7 800 t/a 热塑性酚醛树脂用于粉状热固性酚醛树脂的生产，33 200 t/a 热塑性酚醛树脂部分用于高性能酚醛模塑料的生产，其余部分外售；7 000 t/a 热固性酚醛树脂用于高性能酚醛模塑料的生产，其余部分外售；粉状热固性酚醛树脂和高性能酚醛模塑料产品全部外售。

建设项目一期建成后及二期建成后全厂产品流向图见图 2.1 及图 2.2。

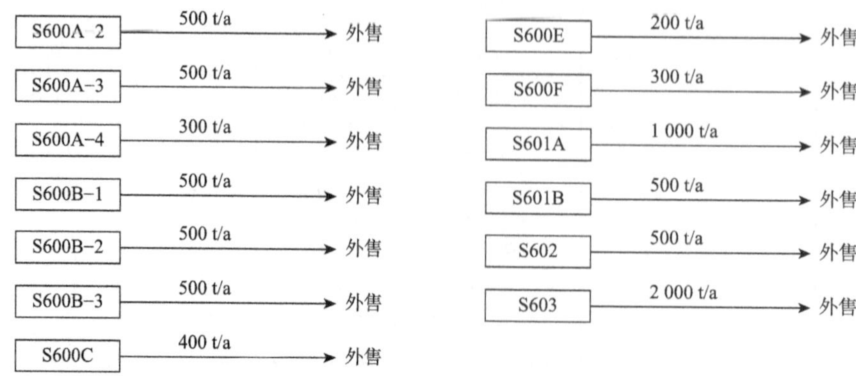

S604A-1
1 000 t/a
S604A-2
2 500 t/a
5 100 t/a
外售
11 900 t/a
S604B
1 000 t/a
S818
15 000 t/a
外售
S828
35 000 t/a
外售
S604C
500 t/a
3 900 t/a
2 300 t/a
外售
S605
800 t/a
S606
2 000 t/a
外售
S607A
3 000 t/a
外售
S608A-1
500 t/a
外售
S608A-2
500 t/a
外售

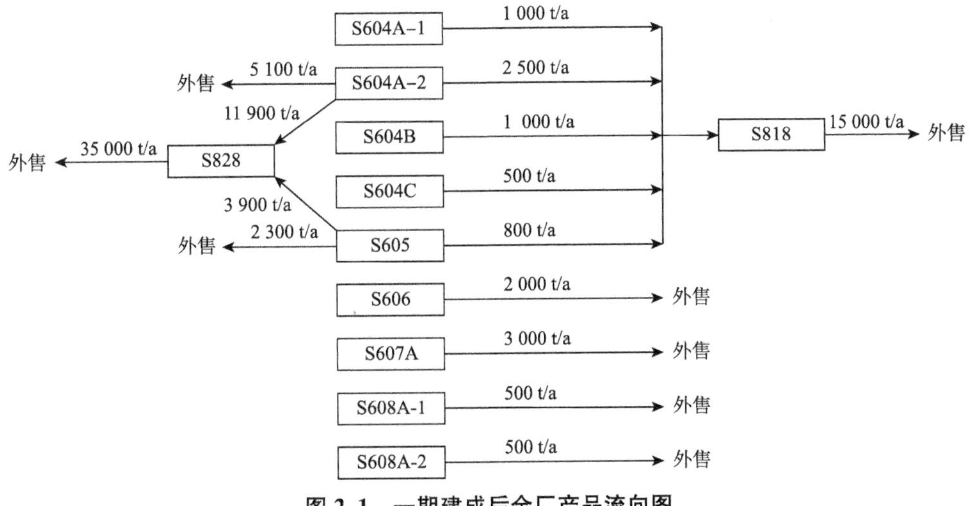

图 2.1　一期建成后全厂产品流向图

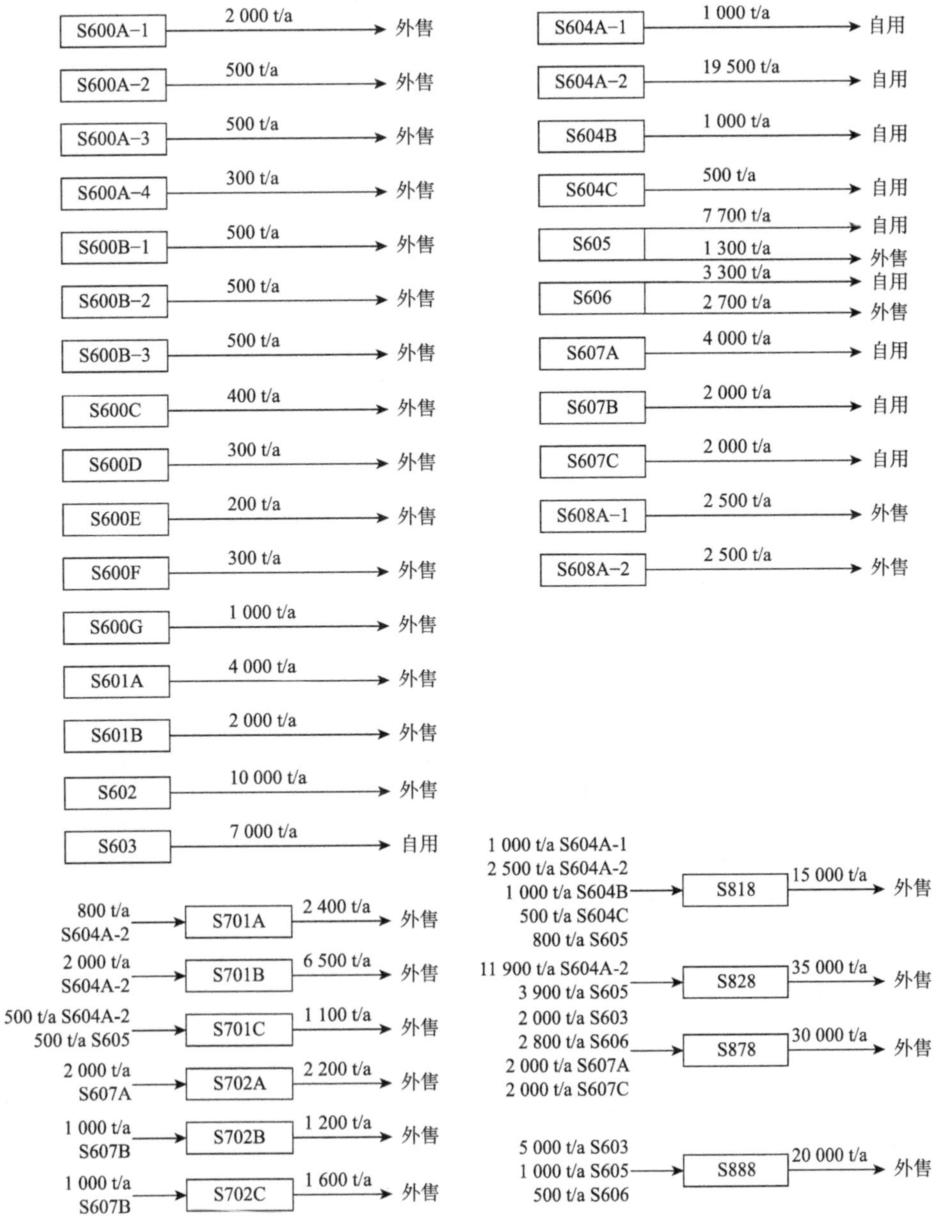

S600A-1 2 000 t/a 外售
S600A-2 500 t/a 外售
S600A-3 500 t/a 外售
S600A-4 300 t/a 外售
S600B-1 500 t/a 外售
S600B-2 500 t/a 外售
S600B-3 500 t/a 外售
S600C 400 t/a 外售
S600D 300 t/a 外售
S600E 200 t/a 外售
S600F 300 t/a 外售
S600G 1 000 t/a 外售
S601A 4 000 t/a 外售
S601B 2 000 t/a 外售
S602 10 000 t/a 外售
S603 7 000 t/a 自用
S604A-1 1 000 t/a 自用
S604A-2 19 500 t/a 自用
S604B 1 000 t/a 自用
S604C 500 t/a 自用
S605 7 700 t/a 自用
1 300 t/a 外售
S606 3 300 t/a 自用
2 700 t/a 外售
S607A 4 000 t/a 自用
S607B 2 000 t/a 自用
S607C 2 000 t/a 自用
S608A-1 2 500 t/a 外售
S608A-2 2 500 t/a 外售
800 t/a S604A-2 S701A 2 400 t/a 外售
2 000 t/a S604A-2 S701B 6 500 t/a 外售
500 t/a S604A-2 500 t/a S605 S701C 1 100 t/a 外售
2 000 t/a S607A S702A 2 200 t/a 外售
1 000 t/a S607B S702B 1 200 t/a 外售
1 000 t/a S607B S702C 1 600 t/a 外售
1 000 t/a S604A-1
2 500 t/a S604A-2
1 000 t/a S604B
500 t/a S604C
800 t/a S605
S818 15 000 t/a 外售
11 900 t/a S604A-2
3 900 t/a S605
S828 35 000 t/a 外售
2 000 t/a S603
2 800 t/a S606
2 000 t/a S607A
2 000 t/a S607C
S878 30 000 t/a 外售
5 000 t/a S603
1 000 t/a S605
500 t/a S606
S888 20 000 t/a 外售

图 2.2　二期建成后全厂产品流向图

【点评】

项目为新建项目，由于项目分期建设，因此报告需分期进行分析及评价，包括生产线、公辅工程的分期建设，并明确分期依托情况。本项目为合成树脂项目，单个产品的生产工艺虽不复杂，但产品类型众多(合计达 30 多种类别产品)，使用到的原辅材料种类繁多，污染物种类多、排放量大。

3.1.3 公辅工程

建设项目公辅工程见表 2.12。

表 2.12 建设项目公用及辅助工程

类别	建设名称	设计能力	使用情况				备注
			一期	二期	全厂	余量	
公用工程	给水	—	83 262 t/a	89 686.571 t/a	172 948.571 t/a	—	来自市政自来水管网
	排水	180 000 t/a	82 199.180 t/a	66 213.965 t/a	148 413.145 t/a	31 586.855 t/a	污水处理站排水接管至园区污水管网
	蒸汽	—	135 000 t/a	105 000 t/a	240 000 t/a	—	来自园区蒸汽管网
	压缩空气	18 240 Nm³/h	8 000 Nm³/h	7 500 Nm³/h	15 500 Nm³/h	2 740 Nm³/h	一期设置 2 台 4 560 Nm³/h 空压机，二期设置 2 台 4 560 Nm³/h 空压机
	仪表空气	6 528 Nm³/h	2 700 Nm³/h	2 700 Nm³/h	5 400 Nm³/h	1 128 Nm³/h	一期设置 2 台 1 632 Nm³/h 空压机，二期设置 2 台 1 632 Nm³/h 空压机
	制氮	3 600 Nm³/h	1 500 Nm³/h	1 500 Nm³/h	3 000 Nm³/h	600 Nm³/h	一期设置 1 台 1 800 Nm³/h 制氮机，二期设置 1 台 1 800 Nm³/h 制氮机
	循环水	1 200 m³/h	600 m³/h	500 m³/h	1 100 m³/h	100 m³/h	一期设置 1 台循环冷却能力为 600 m³/h 的循环冷却塔，二期设置 1 台循环冷却能力为 600 m³/h 的循环冷却塔
	制冷	1 508 kW	700 kW	700 kW	1 400 kW	108 kW	一期设置 3 台 160 kW、2 台 68 kW、1 台 138 kW 冷水机组，二期设置 3 台 160 kW、2 台 68 kW、1 台 138 kW 冷水机组
	供电	8 000 kVA	4 000 kVA	2 800 kVA	6 800 kVA	1 200 kVA	一期设置 2 台 2 000 kVA 变压器，二期设置 2 台 2 000 kVA 变压器
	消防	消防水池 1 200 m³	消防水池 1 200 m³	依托一期	消防水池 1 200 m³	—	一期建成，一期建设时已考虑全厂消防用水情况，二期依托一期
	绿化	绿化面积 19 000 m²	绿化面积 19 000 m²	依托一期	绿化面积 19 000 m²	—	绿化率 12.4%，在一期建成，二期不新增

续　表

类别	建设名称	设计能力	使用情况				备注
			一期	二期	全厂	余量	
贮运工程	仓库	36 801 m^2	14 571 m^2	22 230 m^2	36 801 m^2	—	原料、成品储存
	罐区	3 430 m^2	3 430 m^2	依托一期	3 430 m^2	—	原料储存，罐区在一期建成
环保工程	废气处理	—	—	—	—	—	详细见第 6 章节
	废水处理	600 t/d	273.997 t/d	220.713 t/d	494.710 t/d	63.946 t/d	一期建设 300 t/d 原水处理能力污水站，二期扩建 300 t/d 原水处理能力
	固废堆场	危险固废暂存场 980 m^2	危险固废暂存场 490 m^2	危险固废暂存场 490 m^2	危险固废暂存场 980 m^2	—	工业固废安全处置，在一期、二期各建 1 座 490 m^2 危险固废暂存场
	事故池	1 800 m^3	1 800 m^3	依托一期	1 800 m^3	—	一期建成
	噪声处理	降噪 20～35 dB(A)	降噪 20～35 dB(A)	降噪 20～35 dB(A)	降噪 20～35 dB(A)	—	厂房隔声，设备减振，分两期建成

3.2　工程分析

3.2.1　生产工艺流程及产排污节点

本项目热固性酚醛树脂(S600A、S600B、S600D、S600E、S600F、S601、S602、S603 系列)、热塑性酚醛树脂(S604、S605、S606、S607A、S607C、S608 系列)、粉状热固性酚醛树脂(S700、S701、S702 系列)、高性能酚醛模塑料装置(S818、S828、S878、S888 系列)在母公司工厂均有过规模化生产，生产工艺成熟；热固性酚醛树脂(S600C、S600G 系列)和热塑性酚醛树脂(S607B 系列)生产主体工艺与其他种类的酚醛树脂类似，后段改性工艺根据产品特性的不同有所区别，这部分生产工艺主要在参考国外已经失效的专利中所述的技术参数的基础上自行研发而成，目前企业已进行过 1 t/a 规模的中试，综上所述，本项目的技术是较为成熟、可靠的。

由于本项目产品品种众多，以下根据产品的类型，选择各类型中的一个典型产品进行介绍。

1. 热固性酚醛树脂生产工艺

S600A－1 工艺流程及产排污节点见图 2.3。

S600A－1 工艺说明：

(1) 投料、低温反应 1。

罐区的苯酚、甲醛通过对应的质量流量计直接投入到反应釜内，罐区的氢氧化钠通过泵打入高位槽，投料结束后釜内减压到－0.053 MPa，投料结束后釜内减压到－0.053 MPa，投入准备好的 50%氢氧化钠溶液作为催化剂进行聚合反应，反应釜真空度控制在－0.080 MPa，将蒸汽通入夹套和盘管间接加热，釜温控制在 58～61℃，反应回流采用一级循环冷却水冷凝，反应约 0.5 h。投料工序会产生投料废气 G1.1－0，低温反应 1 工序会产生废气 G1.1－1。

主要反应方程式如下(转化率 90%，收率为 90%，以苯酚为基准)：

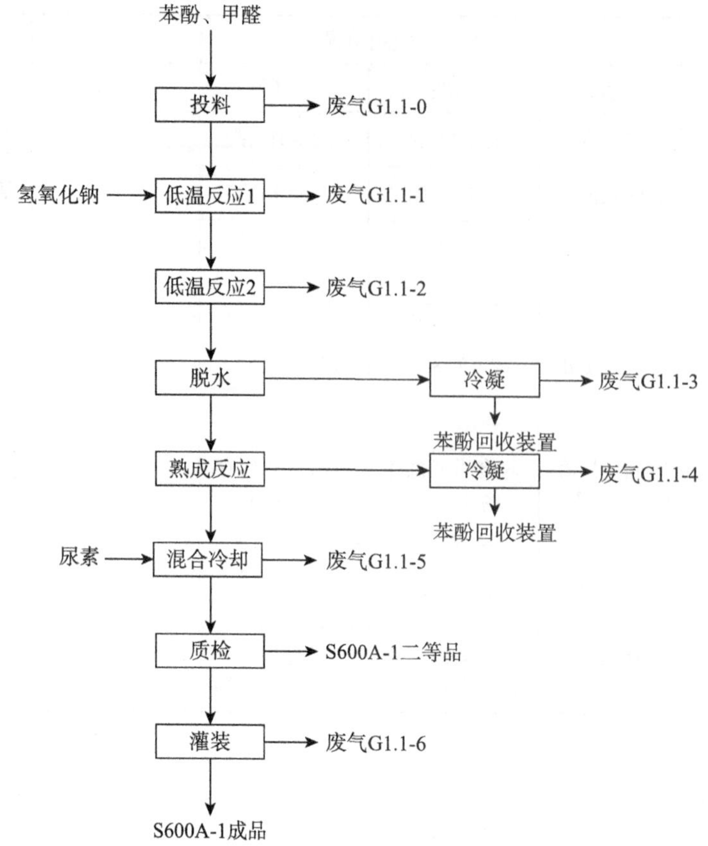

图 2.3　S600A－1 工艺流程及产排污节点图

$$(n+1)\,C_6H_5OH + (2n+m)HCHO \xrightarrow{\text{催化剂}} HOH_2C{-}[C_6H_3(OH){-}CH_2]_n{-}C_6H_3(OH){-}(CH_2OH)_m + nH_2O$$

苯酚　甲醛　　酚醛树脂　　水

副反应为苯酚和氢氧化钠的中和反应：

$$C_6H_5OH + NaOH \longrightarrow C_6H_5ONa + H_2O$$

苯酚 94　氢氧化钠 40　苯酚钠 116　水 18

(2) 低温反应 2。

低温反应 1 结束后，通过反应釜的夹套和盘管蒸汽间接升温，将釜内温度控制在 78～80℃，真空度控制在－0.060 MPa，进行低温反应 2，反应回流采用一级循环冷却水冷凝，反应约 0.7 h。该工序会产生废气 G1.1－2。

主要反应方程式如下(转化率 85%，收率为 85%，以苯酚为基准)：

$$(n+1)\,C_6H_5OH + (2n+m)HCHO \xrightarrow{\text{催化剂}} HOH_2C{-}[C_6H_3(OH){-}CH_2]_n{-}C_6H_3(OH){-}(CH_2OH)_m + nH_2O$$

苯酚　甲醛　　酚醛树脂　　水

(3) 脱水。

低温反应结束后，釜内减压至−0.091 MPa，将蒸汽通入夹套和盘管间接加热反应釜，釜内温度到达68℃时脱水结束，该过程约2 h，气相经一级循环冷却水冷凝后进入脱水罐，脱水液泵入苯酚回收装置进行处理。该工序会产生废气G1.1-3。

(4) 熟成反应。

脱水结束后，釜内真空度降至−0.070 MPa，釜温控制在68～70℃进行熟成反应，熟成反应为树脂间的再聚合以增长树脂链长度，耗时2 h，气相经一级循环冷却水冷凝后进入脱水罐，脱水液泵入苯酚回收装置进行处理。该工序会产生废气G1.1-4。该过程反应原理如下：

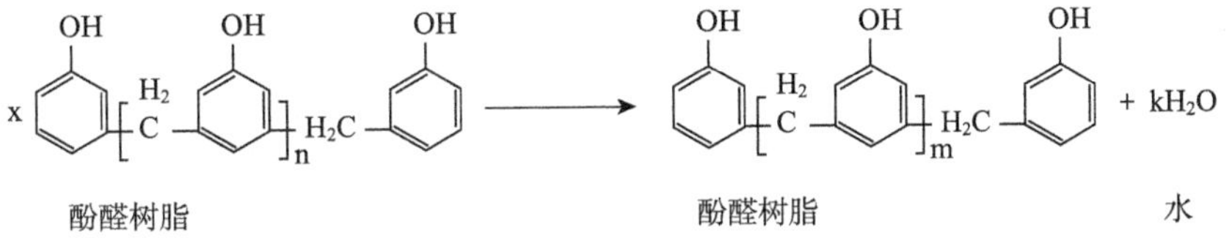

酚醛树脂　　　　酚醛树脂　　$+ kH_2O$　水

(5) 添加混合和冷却。

熟成结束后，釜内减压至−0.053 MPa，尿素使用电子台秤计量好后真空投入，混合0.25 h。混合结束后，通过反应釜夹套和盘管通冷却水对物料进行降温，釜温从70℃降至40℃。该工序会产生废气G1.1-5。

(6) 检验。

对制得的产品进行质量检验，未达到产品标准的作为二等品降级销售，产品进入后续包装工序。一等品达标率为95%。

(7) 灌装。

给釜内加压，压力约为0.060 MPa，釜温控制在40℃以下，进行灌装作业，每桶质量为200 kg。该工序会产生废气G1.1-6。

2. 热塑性酚醛树脂生产工艺

S604A-1工艺流程及产排污节点见图2.4。

S604A-1工艺说明：

(1) 投料、聚合反应。

通过质量流量计将苯酚泵入高位槽后直接落料进入反应釜内，开启搅拌机，将催化剂草酸真空抽料投入反应釜，将蒸汽通入夹套和盘管间接加热20 min至95℃，甲醛通过质量流量计缓慢滴加，在100℃下进行回流反应，回流采用一级循环冷却水冷凝，反应约1 h。投料工序会产生投料废气G5.1-0，反应工序会产生废气G5.1-1。

主要反应方程式如下(转化率89.5%，收率89.5%，以苯酚为基准)：

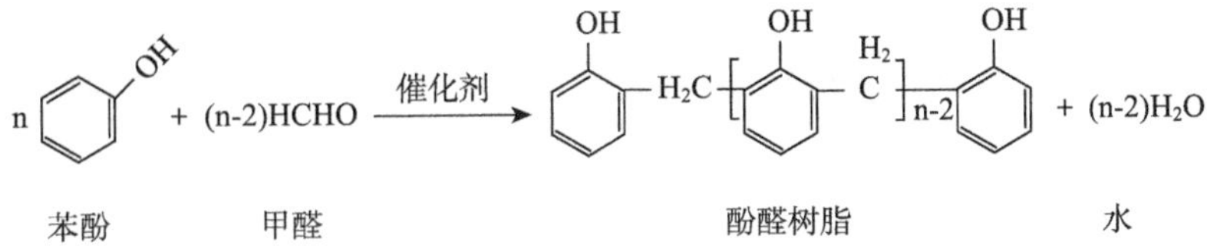

苯酚　$+ (n-2)HCHO$ —催化剂→ 酚醛树脂　$+ (n-2)H_2O$　水

(2) 脱水。

打开脱水阀门，通蒸汽间接加热到130℃，常压下脱水2 h，气相经一级循环冷却水冷凝后进入脱水罐，脱水液泵入苯酚回收装置进行处理。该工序会产生废气G5.1-2。

(3) 脱酚。

脱水后采用导热油间接加热，在真空−0.091 MPa、釜温160℃条件下进行脱酚4 h。苯酚蒸汽经过一级循环冷却水冷凝后进入脱水罐，脱水液通过泵送到苯酚回收装置进行处理。该工序会产生废气

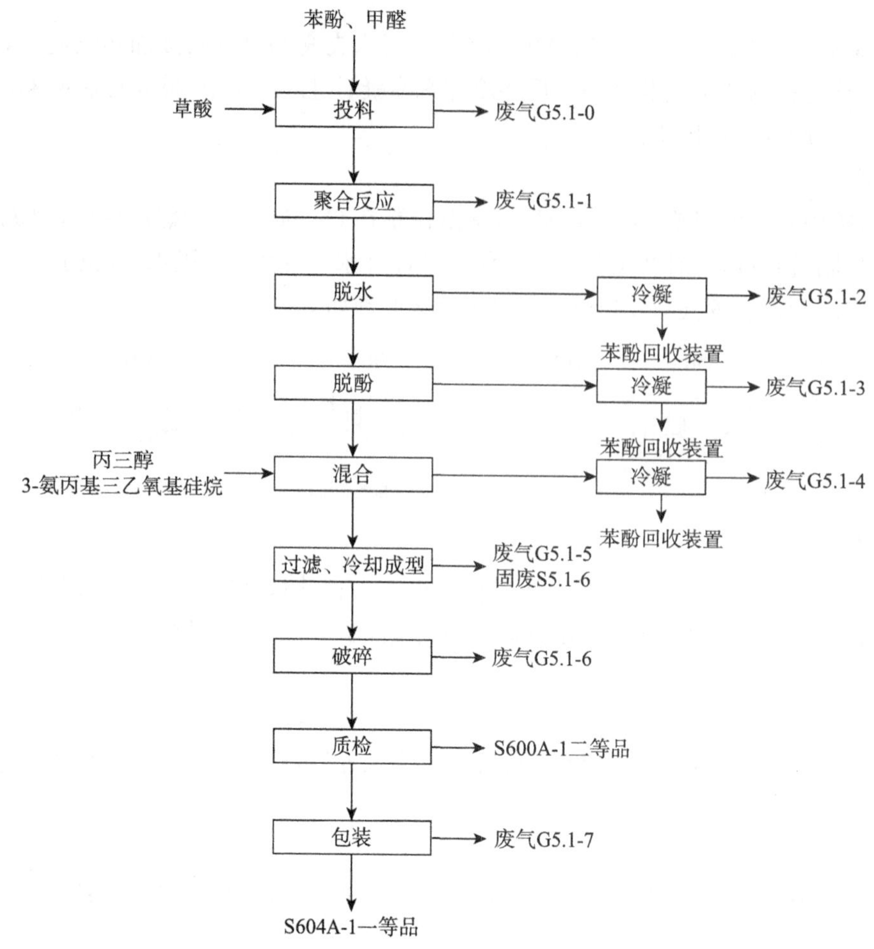

图 2.4　S604A-1 工艺流程及产排污节点图

G5.1-3。

(4) 混合。

脱酚完成后，为改善树脂强度，将丙三醇和 3-氨丙基三乙氧基硅烷真空吸料投入反应釜，釜温控制在 150～155℃，真空度保持在－0.053 MPa，投料结束后混合搅拌 0.5 h。该工序会产生废气 G5.1-4。

(5) 过滤、冷却成型。

聚合好的树脂通过泵打入过滤器中过滤，滤出少量碳化树脂 S5.1。滤过的树脂流向双层式钢带进行冷却，钢带前段使用冷却循环水冷却到 50～60℃，后段使用冷冻循环水冷却到 35℃以下。该工序会产生废气 G5.1-5。

(6) 破碎。

冷却好的树脂经破碎机进行破碎，破碎机的转速控制在 500 RPM，破碎后的物料由斗式提升机送入料仓。该工序会产生废气 G5.1-6。

(7) 检验。

对制得的产品进行质量检验，未达到产品标准的作为二等品降级销售，产品进入后续包装工序。一等品达标率为 95%。

(8) 自动包装。

采用自动包装机进行产品包装。将吨袋内的产品人工投入产品槽中，按规定的重量装袋为成品，由叉车等运输工具运入仓库存储。该工序会产生废气 G5.1-7。

3. 粉状热固性酚醛树脂生产工艺

粉状热固性酚醛树脂工艺流程及产排污节点见图2.5。

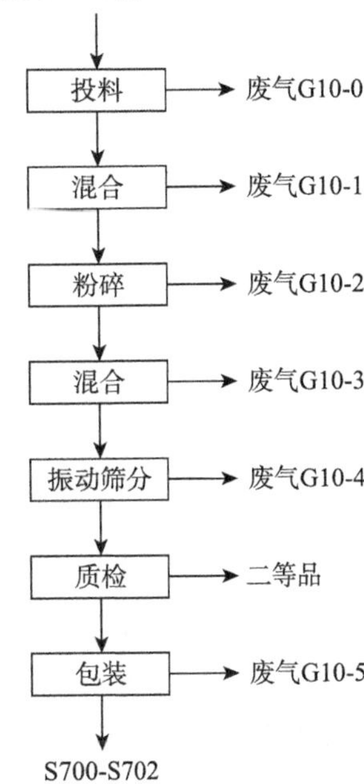

图2.5　粉状热固性酚醛树脂工艺流程及产排污节点图

工艺说明：

(1) 投料：采用投料器将各类酚醛树脂、六亚甲基四胺等原料加入搅拌混合器。该工序会产生废气G10-0。

(2) 混合：根据各类产品的要求，将各类酚醛树脂、六亚甲基四胺等原料加入原料搅拌混合器，混合30 min。该工序会产生废气G10-1。

(3) 粉碎：通过输送带将混合料送至粉碎机，调整加料和旋转速度进行粉碎即得到粉状热固性树脂。该工序会产生废气G10-2。

(4) 混合：粉碎后的粉状热固性树脂加入搅拌混合器混合30 min，该工序会产生废气G10-3。

(5) 振动筛分：混合后的产品经过40 mesh的筛网振动筛分后得到最终产品。该工序会产生废气G10-4。

(6) 检验：对制得的产品进行质量检验，未达到产品标准的作为二等品降级销售，产品进入后续包装工序。一等品达标率为95%。

(7) 包装：检验符合标准后的产品利用自动包装机以20 kg/包进行包装。该工序会产生废气G10-5。

4. 高性能酚醛模塑料生产工艺

高性能酚醛模塑料工艺流程及产排污节点见图2.6。

工艺说明：

(1) 投料：采用投料器将木粉、六亚甲基四胺加入搅拌混合器。该工序会产生废气G11-0。

(2) 混合：将木粉、六亚甲基四胺等原料加入搅拌混合器，混合30 min。该工序会产生废气G11-1。

(3) 粉碎：通过输送带将混合料送至粉碎机，调整加料和旋转速度粉碎即得到乌洛托品半成品。该工序会产生废气G11-2。

(4) 包装：将检验符合标准的乌洛托品半成品按规定的重量装袋为成品，由叉车等运输工具运入仓库存储。该工序会产生废气G11-3。

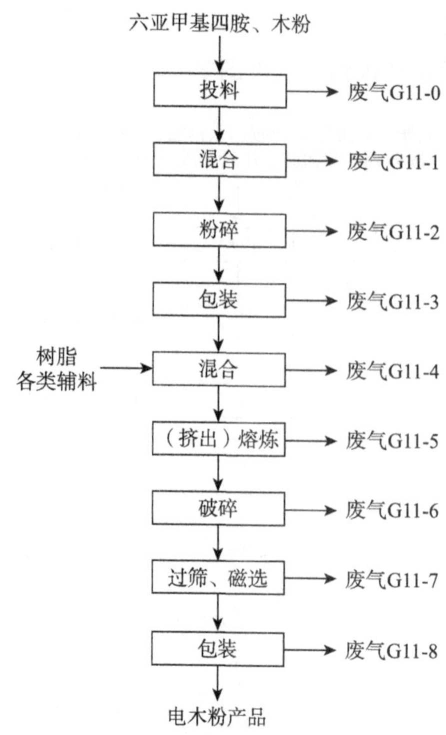

图 2.6　高性能酚醛模塑料工艺流程及产排污节点图

(5) 混合：根据各类产品的要求，将各类酚醛树脂、乌洛托品半成品等原料加入原料搅拌混合器。该工序会产生废气 G11－4。

(6) (挤出)熔炼：混合均匀的投料落入螺杆挤出机，挤出温度在 60℃左右，物料塑化成块后再到炼塑机辊压成片，炼塑温度在 60～100℃。该工序会产生废气 G11－5。

(7) 破碎：通过输送带将物料送至破碎机破碎，调整加料和旋转速度粉碎即得到粉状热固性树脂。该工序会产生废气 G11－6。

(8) 过筛、磁选：破碎结束后物料经提升机提升到高处进行过筛以达到符合要求的粒度，再经磁选去除破碎过程中少量的机械杂质后流入计量储存罐。该工序会产生废气 G11－7。

(9) 包装：经检查合格后的产品进行自动计量包装，包装后成品入库。该工序会产生废气 G11－8。

5. 苯酚回收生产工艺

苯酚回收工艺流程及产排污节点见图 2.7。

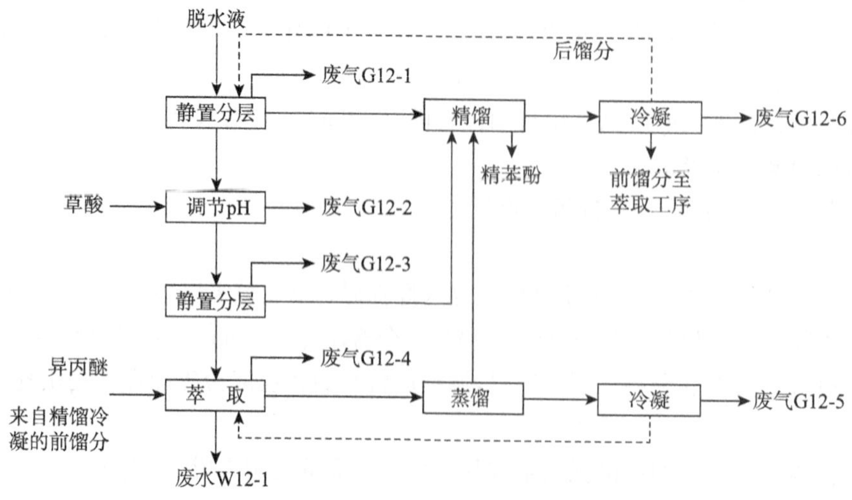

图 2.7　苯酚回收工艺流程及产排污节点图

苯酚回收工艺说明：

（1）静置分层。

将工艺中的脱水液泵入分层装置中静置分层 3 h，上层水层泵入处理罐，下层的有机层转入精馏装置中处理。该过程产生废气 G12－1。

（2）调节 pH。

通过质量流量计投入草酸水溶液，调整处理罐内物料的 pH 到 3.5。该工序会产生废气 G12－2。

（3）静置分层。

调节 pH 后静置分层 3 h，上层水层泵入萃取设备中进行萃取处理，下层的有机层转入精馏装置中处理。该工序会产生废气 G12－3。

（4）萃取。

通过质量流量计投入异丙醚，萃取过程中以异丙醚作为萃取剂，在常温、0.3～0.4 MPa 压力下萃取 4 h。下层水层直接进入污水处理站处理，上层有机层泵入溶剂蒸馏塔中处理。该工序会产生废气 G12－4、废水 W12－1。

（5）溶剂蒸馏。

萃取后的上层有机相泵入溶剂蒸馏，在常压、140℃条件下蒸馏 2 h，回收异丙醚循环利用，其次回收粗苯酚。异丙醚蒸汽经过一级－2℃冷冻水冷凝后回用于萃取工序，塔釜液即为粗苯酚送入精馏塔中精制处理。该工序会产生废气 G12－5。

（6）精馏。

静置分层的有机层及粗苯酚泵入精馏塔中精馏处理，在常压、160～170℃条件下精馏 6 h，蒸汽经过一级－2℃冷冻水冷凝，前馏分异丙醚回用于萃取工序，后馏分脱水液回用至静置分层工序，塔釜液即为精制苯酚（苯酚含量大于 93%），精制苯酚全部回用至 S604A－2 产品的生产。该工序会产生废气 G12－6。

S604A－2 产品需苯酚原料 19 150 t/a，苯酚回收装置回收的精制苯酚（6 113.743 t/a）可完全回用于 S604A－2 产品生产。鉴于 S604A－2 对生产原料的要求较低，采用苯酚回收装置回收的精制苯酚可满足产品的质量要求。

6. 中试装置工艺

由于本项目生产的热固性树脂（S600C、S600G 系列）和热塑性树脂（S607B 系列）产品暂无工业化生产，在产品正式投产前还需进行放大性试验，中试的规模为每个实验釜产量 5 t/a，预计年试验 40 批次/釜（一期实验釜生产 S600C 40 批次，二期实验釜生产 S600G、S607B 各 20 批次）。

【点评】

按照《建设项目环境影响评价技术导则 总纲》（HJ 2.1—2016）的要求，应分析主体工程、公用工程、储运工程、辅助工程等环节的污染防治。项目涉及实验或中试的，应明确中试的具体内容和规模，并据此分析中试的产污。由于中试还具有一定的不确定性，所以分析产污时需要明确工艺、中试设备，同时还需要明确使用到的各类原辅材料。

3.2.2　项目原辅料消耗

本项目主要原辅材料消耗情况见表 2.13。

表 2.13　项目主要原辅材料消耗情况表

序号	原料名称	规格/%	形态	一期	二期	全厂		储存方式	来源
				年用量/t	年用量/t	年用量/t	厂内最大储存量/t		
一、高性能酚醛树脂装置									
1	甲苯	99.5	液	32	128	160	3	桶装	国内
2	二甲苯	—	液	68	204	272	3	桶装	国内
3	三乙胺	99.5	液	13.300	—	13.300	1	桶装	国内
4	乙二醇	99.5	液	37	—	37	16	罐装	国内
5	乙醇	99.5	液	228.300	—	228.300	12	罐装	国内
6	异丙醇	99.5	液	120	—	120	8	罐装	国内
7	二甲胺	40	液	0.900	17.100	18	0.200	桶装	国内
8	二甲苯甲醛树脂	99.5	液	85.667	342.667	428.334	3	桶装	国内
9	环氧树脂	99.5	液	13.750	289	302.750	2	桶装	国内
10	甲基异丁基甲酮	99.5	液	16.850	—	16.850	2	桶装	国内
11	钛酸酯偶联剂	75	液	16	304	320	1	桶装	国内
12	氨水	27	液	50.250	93.100	143.350	2	桶装	国内
13	硫酸	98	液	54.300	66.943	121.243	2	桶装	国内
14	多聚甲醛	92	固	728	1 820	2 548	80	袋装	国内
15	六亚甲基四胺	99	固	15	1 359	1 374	400	袋装	国内
16	苯胺	99.5	液	5	—	5	0.200	桶装	国内
17	丙三醇	99.5	液	5.900	—	5.900	1	桶装	国内
18	一缩二丙二醇	95	液	27	—	27	1	桶装	国内
19	乳酸	50	液	10.200	—	10.200	0.100	桶装	国内
20	水杨酸	99	固	16.667	116.667	133.334	1	袋装	国内
21	丙二醇甲醚	99	液	66	1 254	1 320	1	桶装	国内
22	邻甲酚	99.5	液	321	5 385.500	5 706.500	10	桶装	国内
23	3-氨丙基三乙氧基硅烷	98	液	28.567	62.667	91.234	1	桶装	国内
24	次氯酸钠水溶液	10	液	4	—	4	0.100	桶装	国内
25	磷酸	75	液	250.100	1 000.300	1 250.400	8	桶装	国内
26	硫酸	30	液	68	204	272	2	桶装	国内
27	盐酸	36	液	1.200	—	1.200	1	桶装	国内
28	安息香酸	98.5	固	7.500	—	7.500	0.500	袋装	国内
29	草酸	99.6	固	189.350	23.200	212.550	10	袋装	国内
30	醋酸锌	99	固	22.150	46.950	69.100	1	袋装	国内
31	三混甲酚	—	液	284	852	1 136	10	桶装	国内
32	对叔丁基苯酚	99.9	固	428.500	1 285.500	1 714	5	袋装	国内
33	硼酸	99	固	14.800	—	14.800	2	袋装	国内

续　表

序号	原料名称	规格/%	形态	一期	二期	全厂		储存方式	来源
				年用量/t	年用量/t	年用量/t	厂内最大储存量/t		
34	松香树脂	99.5	固	75	1 425	1 500	4	袋装	国内
35	乙撑双硬脂酰胺	—	固	21	84	105	13	袋装	国内
36	尿素	98.5	固	71	—	71	0.300	袋装	国内
37	氢氧化钡	98	固	10.300	—	10.300	1	袋装	国内
38	氢氧化钙	97	固	11	4.343	15.343	250	袋装	国内
39	氢氧化钾	90	固	1.800	—	1.800	0.100	袋装	国内
40	双酚A	99.9	固	400	1 600	2 000	11	袋装	国内
41	硬脂酸钙	99	固	1.667	6.667	8.334	83	袋装	国内
42	正丁醇	99	液	1 104.500	3 969.500	5 074	45	储罐	国内
43	甲醇	99.5	液	345.700	30	375.700	18	储罐	国内
44	丁酮	99	液	46.500	73.750	120.250	18	储罐	国内
45	甲醛	50	液	18 389	11 195.143	29 584.043	180	储罐	国内
46	腰果油	—	液	2 162	617.714	2 779.714	90	储罐	国内
47	妥尔油	—	液	858	1 716	2 574	90	储罐	国内
48	苯酚	99.9	液	30 230.192	12 949.667	43 179.859	1 350	储罐	国内
49	氢氧化钠	50	液	360.500	865.500	1 226	18	储罐	国内
50	对羟基苯磺酸	75	固	—	17.100	17.100	0.200	袋装	国内
51	二丙酮醇	99	液	—	2.400	2.400	1	桶装	国内
52	对苯二甲基二甲醚	99	固	—	1 160	1 160	1	袋装	国内
53	碳酸钙	99	固	—	220	220	15	袋装	国内
54	密胺树脂	—	固	—	6 545	6 545	5	袋装	国内
55	双氰胺	99	固	—	300	300	1	袋装	国内
56	丁腈橡胶	99	固	—	75	75	2	袋装	国内
57	磷酸二氢胺	99	固	—	491	491	1	袋装	国内
58	乙二醇丁醚	99	液	—	376	376	1	桶装	国内
59	丙酮	99	液	5	5	10	0.500	桶装	国内
二、高性能酚醛模塑料装置									
1	碳酸钙	99	固	450	350	800	15	袋装	国内
2	棉绒	—	固	—	1 050	1 050	35	袋装	国内
3	黏土	—	固	—	1 955	1 955	67	袋装	国内
4	氢氧化铝	99	固	—	37.500	37.500	1	袋装	国内
5	聚氧化乙烯	—	固	—	0.500	0.500	0.020	袋装	国内
6	氧化镁	99	固	125	—	125	4	袋装	国内
7	密胺树脂	—	固	—	135	135	5	袋装	国内

续 表

序号	原料名称	规格/%	形态	一期	二期	全厂		储存方式	来源
				年用量/t	年用量/t	年用量/t	厂内最大储存量/t		
8	滑石	—	固	—	21.300	21.300	1	袋装	国内
9	硅酸钙	99	固	—	2.500	2.500	0.080	袋装	国内
10	矿物纤维	—	固	—	5.500	5.500	0.180	袋装	国内
11	二氧化硅	—	固	—	2.500	2.500	0.080	袋装	国内
12	氢氧化镁	99	固	2 250	—	2 250	75	袋装	国内
13	聚乙烯醇缩丁醛	—	固	—	7.500	7.500	0.250	袋装	国内
14	乙撑双硬脂酰胺	—	固	375	—	375	13	袋装	国内
15	硅酸钙(硅灰石粉)	99	固	—	4	4	0.130	袋装	国内
16	玻璃球	—	固	—	0.300	0.300	0.010	袋装	国内
17	木粉	—	固	7 000	—	7 000	233	袋装	国内
18	二氧化硅无机材料	—	固	—	1.500	1.500	0.050	袋装	国内
19	氢氧化钙	97	固	5 113	2 235	7 348	250	袋装	国内
20	硼酸锌	99	固	1 200	800	2 000	67	袋装	国内
21	聚乙酸乙烯酯	—	固	—	0.500	0.500	0.020	袋装	国内
22	炭黑	—	固	120	605	725	24	袋装	国内
23	硬脂酸脂	—	固	—	45	45	2	袋装	国内
24	阻燃剂	—	固	65	60	125	4	袋装	国内
25	颜料	—	固	—	10	10	0.500	袋装	国内
26	硬脂酸	99	固	1 200	800	2 000	100	袋装	国内
27	硬脂酸锌	99	固	100	150	250	10	袋装	国内
28	硬脂酸钙	99	固	1 250	1 250	2 500	83	袋装	国内
29	丁腈橡胶	99	固	—	50	50	2	袋装	国内
30	硅烷	—	液	—	150	150	5	桶装	国内
31	油溶苯胺黑	—	固	650	350	1 000	50	袋装	国内
32	蜡脱模剂	—	固	130	120	250	8	袋装	国内
33	聚硅氧烷	—	液	—	1.800	1.800	0.040	桶装	国内
34	合成蜡	—	固	—	2.500	2.500	0.080	袋装	国内
35	玻璃纤维	—	固	700	20 800	21 500	717	袋装	国内
36	六亚甲基四胺	99	固	8 000	4 000	12 000	400	袋装	国内
能耗									
1	新鲜水	—	液	85 072	90 496.571	175 568.571	—	管网	—
2	电	—	—	4 000	2 800	6 800	—	电网	—
3	蒸汽	—	—	135 000	105 000	240 000	—	管网	—
4	制冷剂 R507	—	液	0.020	0.020	0.040	0.020	钢瓶	国内

3.3　污染源分析

根据企业提供的有关技术资料、生产经验及现场踏勘情况，进行了工艺过程分析和物料平衡的计算，各产污环节、污染源和污染物有关数据如以下各节。

3.3.1　废水污染源分析

1. 水质情况

(1) 工艺废水。

工艺废水包括 S603 薄膜蒸发产生的分层废水(W4－1)、苯酚回收装置萃取后的废水(W12－1)，采用物料平衡方法核算。

(2) 设备清洗水。

建设项目针对不同设备采用不同的清洗方式。用于生产热固性酚醛树脂的设备采用“甲醇清洗＋水清洗”的方式，每批次生产完成后清洗一次。清洗时将罐区的甲醇泵入釜内，清洗后泵出至洗净甲醇储罐，待下次清洗使用。当洗净甲醇密度大于 0.85 g/cm^3 时更换，约半年更换一次，每次更换量 15 t，废甲醇作为危废委外处理。甲醇清洗后将水泵入设备中清洗，清洗水作为废水处理；用于生产热塑性酚醛树脂的设备和过滤器采用“碱液清洗＋水清洗”的方式，每 7～8 批次生产完成后清洗一次。每次清洗时将罐区的液碱泵入釜内，清洗后泵至洗净氢氧化钠储罐，待下次清洗使用。当液碱密度大于 1.2 g/cm^3 时更换，约半年更换一次，每次更换量 15 t，更换后的废碱液送废水处理站处理。碱液清洗后将水泵入设备中清洗，清洗水作为废水处理，薄膜蒸发器采用“丙酮清洗＋水清洗”的方式，每周对薄膜蒸发器清洗一次，清洗时将丙酮泵入薄膜蒸发器内清洗，清洗后的丙酮回收到原料桶中，待下次清洗使用。当洗净丙酮密度大于 0.85 g/cm^3 时更换，每年约更换 10 t，废丙酮作为危废委外处理。丙酮清洗后将水泵入设备中清洗，清洗水作为废水处理。

一期项目共产生设备清洗废水 46 432 t/a，二期项目共产生设备清洗废水 33 152 t/a。类比同类项目，该股废水水质如下：COD 1 500 mg/L、SS 500 mg/L、苯酚 10 mg/L、甲醛 10 mg/L、挥发酚 10 mg/L，总锌 2 mg/L。

【点评】

涉及设备共用的，应考虑产品切换时是否涉及设备清洗，据此分析设备清洗方式及清洗剂用量，并考虑相关污染物的产生及排放。共用设施的污染物产生量核算时应充分考虑到共用的时段，共用时段的废气产、排需要按照最大速率考虑最不利的情形。

(3) 地面冲洗水。

建设项目一期新增生产车间二座，总建筑面积 22 408 m^2，每周清洁一次，根据《建筑给排水设计规范》(GB 50015—2009)，地面清洁用水定额 3 L/(m^2·次)，总用水量约 3 169 t/a，产生废水 2 694 t/a；二期新增生产车间二座，总建筑面积 35 705 m^2，总用水量约 5 050 t/a，产生废水 4 292 t/a。

同时厂区道路需每周定期清洗 1～2 次，总用水量约 2 500 t/a，产生废水 2 000 t/a，其中一期 1 000 t/a，二期 1 000 t/a。

类比同类企业，该股废水水质如下：COD 500 mg/L，SS 1 000 mg/L、石油类 20 mg/L、苯酚 5 mg/L、甲醛 5 mg/L、挥发酚 10 mg/L。

(4) 生活污水。

建设项目新增员工 176 人,用水量按照 150 L/(人・天)计算,生活用水量为 7 920 t/a,生活污水约 6 732 t/a。其中一期新增员工 88 人,生活污水产生量为 3 366 t/a;二期新增员工 88 人,生活污水产生量为 3 366 t/a。水质如下:COD 400 mg/L,SS 300 mg/L,氨氮 30 mg/L,总氮 45 mg/L,总磷 5 mg/L。

(5) 初期雨水。

对化工装置而言,装置区、储罐区和仓库区的初期雨水通常带有污染物。采用暴雨强度及雨水流量公式计算前 15 分钟雨量为初期雨水量。暴雨强度公式:

$$q = 2\,007.34(1 + 0.752\lg P)/(t + 17.9)^{0.71} \tag{2.1}$$

$$Q = \psi \times q \times F \tag{2.2}$$

其中:Q——雨水设计流量,单位为(L/s);

q——按设计降雨重现期与历时所算出的降雨强度,计算得 q 为 168 L/(s・hm^2);

P——重现期,取 1 年;

t——地面集水时间,采用 15 min;

ψ——设计径流系数,取 0.6;

F——设计汇水面积(hm^2)。

建设项目一期装置区和贮罐区面积约为 25 400 m^2,单次初期雨水量为 256 m^3,年暴雨次数按 20 次/年计,则一期初期雨水收集量为 5 120 m^3/a;二期装置区和贮罐区面积约为 32 440 m^2,单次初期雨水量为 327 m^3,年暴雨次数按 20 次/年计,则二期初期雨水收集量为 6 540 m^3/a。该股废水水质如下:COD 浓度约为 500 mg/L,SS 浓度约为 300 mg/L,甲醛浓度约为 10 mg/L,苯酚浓度约为 5 mg/L、挥发酚浓度约为 5 mg/L。

(6) 实验室质检废水。

建设项目实验室对产品进行质检,质检过程产生废水 150 t/a,其中一期产生量为 75 t/a,二期产生量为 75 t/a,该股废水水质如下:COD 1 000 mg/L、SS 100 mg/L。

(7) 机泵冷却水。

建设项目机泵冷却产生约 1 000 t/a 的废水,其中一期产生量为 500 t/a,二期产生量为 500 t/a,水质如下:COD 400 mg/L、SS 100 mg/L、石油类 30 mg/L。

(8) 废气处理废水。

建设项目废气处理废水产生量约 20 000 t/a,其中一期产生量为 10 000 t/a,二期产生量为 10 000 t/a,该股废水水质如下:COD 15 000 mg/L、SS 500 mg/L、甲醛 800 mg/L、苯酚 400 mg/L、挥发酚 400 mg/L、盐分 30 000 mg/L。

2. *污染防治*

各股废水的水质情况见表 2.14。

表 2.14 各股废水水质情况

废水来源	编号	废水量/(t/a)	pH	污染物产生量			处置去向
				污染物	浓度/(mg/L)	年产生量/t	
一期							
分层	W4-1	40.584	6~7	COD	24 985	1.014	芬顿氧化+综合污水处理
				SS	200	0.008	
				苯酚	1 380	0.056	

续　表

废水来源	编号	废水量/(t/a)	pH	污染物产生量			处置去向
				污染物	浓度/(mg/L)	年产生量/t	
				挥发酚	1 380	0.056	
				甲醛	3 203	0.130	
萃取	W12-1	12 971.596	2～3	COD	35 144	455.874	
				SS	200	2.594	
				苯酚	887	11.512	
				挥发酚	891	11.560	
				苯胺类	283	3.674	
				甲醛	8 837	114.624	
				盐分	1 021	13.249	
设备清洗水	—	46 432	—	COD	1 500	69.648	综合污水处理
				SS	500	23.216	
				苯酚	10	0.464	
				挥发酚	10	0.464	
				甲醛	10	0.464	
				总锌	2	0.093	
地面冲洗水	—	3 694	—	COD	500	1.847	
				SS	1 000	3.694	
				苯酚	5	0.018	
				挥发酚	10	0.018	
				甲醛	5	0.018	
				石油类	20	0.074	
生活污水	—	3 366	—	COD	400	1.346	
				SS	300	1.010	
				氨氮	30	0.101	
				总氮	45	0.151	
				TP	5	0.017	
初期雨水	—	5 120	—	COD	500	2.560	
				SS	300	1.536	
				苯酚	5	0.026	
				挥发酚	5	0.026	
				甲醛	10	0.051	
实验室质检废水	—	75	—	COD	1 000	0.075	
				SS	100	0.008	

续 表

废水来源	编号	废水量/(t/a)	pH	污染物产生量			处置去向
				污染物	浓度/(mg/L)	年产生量/t	
机泵冷却水	—	500	—	COD	400	0.200	
				SS	100	0.050	
				石油类	30	0.015	
废气处理废水	—	10 000	—	COD	15 000	150	芬顿氧化+综合污水处理
				SS	500	5	
				苯酚	400	4.000	
				挥发酚	400	4.000	
				盐分	30 000	300.000	
				甲醛	800	8.000	
二期							
分层	W4-1	101.461	6～7	COD	24 995	2.536	芬顿氧化+综合污水处理
				SS	200	0.020	
				苯酚	1 380	0.140	
				挥发酚	1 380	0.140	
				甲醛	3 203	0.325	
萃取	W12-1	7 187.504	4～5	COD	39 853	286.446	
				SS	200	1.438	
				苯酚	878	6.313	
				挥发酚	962	6.911	
				盐分	22.5	0.162	
				甲醛	5 582	40.118	
设备清洗水	—	33 152	—	COD	1 500	49.728	综合污水处理
				SS	500	16.576	
				苯酚	10	0.332	
				挥发酚	10	0.332	
				甲醛	10	0.332	
				总锌	2	0.066	
地面冲洗水	—	5 292	—	COD	500	2.646	
				SS	1 000	5.292	
				苯酚	5	0.026	
				挥发酚	10	0.026	
				甲醛	5	0.026	
				石油类	20	0.106	

续　表

废水来源	编号	废水量/(t/a)	pH	污染物产生量			处置去向
				污染物	浓度/(mg/L)	年产生量/t	
生活污水	—	3 366	—	COD	400	1.346	
				SS	300	1.010	
				氨氮	30	0.101	
				总氮	45	0.151	
				TP	5	0.017	
初期雨水	—	6 540	—	COD	500	3.270	
				SS	300	1.962	
				苯酚	5	0.033	
				挥发酚	5	0.033	
				甲醛	10	0.065	
实验室质检废水	—	75	—	COD	1 000	0.075	
				SS	100	0.008	
机泵冷却水	—	500	—	COD	400	0.200	
				SS	100	0.050	
				石油类	30	0.015	
废气处理废水	—	10 000	—	COD	15 000	150.000	芬顿氧化＋综合污水处理
				SS	500	5.000	
				苯酚	400	4.000	
				挥发酚	400	4.000	
				盐分	30 000	300.000	
				甲醛	800	8.000	

3.3.2　废气污染源分析

1. 有组织废气

建设项目有组织废气主要是工艺废气、导热油炉废气、污水处理站废气和储罐呼吸废气。

(1) 工艺废气。

本项目生产工艺会产生一系列投料、反应、物料转移及包装废气，本项目拟在投料口和包装机出口位置加装集气罩对项目工艺废气进行捕集，捕集率以 95%计，未捕集部分以无组织形式排放外环境。对于反应釜环节产生的废气经管道收集，废气捕集率以 100%计。

(2) 导热油炉废气。

本项目设有 1 座 1 200 kW 的导热油炉，导热油作为介质，采用天然气为燃料，耗气量约 80 m^3/h。根据《第一次全国污染源普查工业污染源产排污系数手册》中 4430 工业锅炉(热力生产和供应行业)产排污系数表可知，常压工业燃气锅炉产排污量为工业废气量 139 854.28 Nm^3/万 m^3 天然气、二氧化硫产生量 0.02S kg/万 m^3 天然气(S 指燃气收到基硫分含量，单位为 mg/m^3)、氮氧化物产生量 18.71 kg/万 m^3 天然气，“西气东输”气中含硫量约 0.002%(折算后约 14.348 mg/m^3，即 S＝14.348)。烟尘取《环境保护实用数据手册》中提供的天然气燃烧时的产污系数，为 2.4 kg/万 m^3 天然气。

计算可得：该废气烟气产生量为 8.0 × 10^{10} Nm^3/a，导热油炉工作时产生的污染物及产生量分别为 SO_2 0.017 t/a、NO_x 1.078 t/a、烟尘 0.138 t/a。

(3) 污水处理站废气。

化工污水处理站恶臭主要为氨、硫化氢和非甲烷总烃，建设项目一期、二期进水量分别为 273.997 t/d、220.713 t/d，类比同类项目，污水处理站废气产生情况见表 2.15。

表 2.15　污水处理站废气产生情况一览表

废气种类	编号	废气成分	排气量/(m^3/h)	产生量/(t/a)	产生状况	
					浓度/(mg/m^3)	速率/(kg/h)
一期污水处理站废气	Gw	硫化氢	5 000	0.612	17	0.085
		氨		4.788	133	0.665
		非甲烷总烃		4.320	120	0.600
二期污水处理站废气		硫化氢	5 000	0.479	13.3	0.067
		氨		3.751	104.2	0.521
		非甲烷总烃		3.384	94	0.470

(4) 罐区呼吸废气。

建设项目储罐的呼吸废气收集后进入废气处理装置处理，该部分废气产生情况见表 2.16。

表 2.16　储罐的呼吸废气产生情况一览表

废气种类	废气成分	产生量/(t/a)	产生速率/(kg/h)
储罐呼吸废气	酚类	4.406	0.612
	甲醛	1.479	0.205
	甲醇	0.038	0.005
	乙二醇	0.004	0.001
	乙醇	0.023	0.003
	丁酮	0.012	0.002
	正丁醇	0.507	0.070
	异丙醇	0.012	0.002

2. 无组织排放废气

厂区无组织排放的主要为生产装置无组织废气、机泵轴封与阀门以及管道接口处的漏气等。

(1) 生产车间。

建设项目生产过程中会产生一系列投料、反应及包装废气，本项目拟在投料口和包装机出口位置加装集气罩对项目工艺废气进行捕集，捕集率以 95%计，未捕集部分以无组织形式排放外环境。

(2) 储罐区。

储罐的无组织废气主要由物料蒸发损失产生，包括小呼吸、大呼吸等过程。本项目储罐的呼吸废气均在收集后接入废气处理装置处理，故罐区的无组织废气主要由阀门、管线、泵等在运行中因跑、冒、滴、漏而产生。仓库的物料主要采用桶装和袋装的方式储存，其无组织废气主要是储存、物料启用过程中产生的无组织废气。

无组织废气产生情况见表 2.17。

表2.17　建设项目无组织废气产生情况

污染源位置	污染物名称	污染物产生量/(t/a)	面源面积/m^2	面源高度/m
酚醛模塑料车间一	粉尘	1.768	4 175	12
合成车间	甲苯	0.052	3 177	12
	二甲苯	0.029		
	三乙胺	0.001		
	乙二醇	0.001		
	乙醇	0.004		
	异丙醇	0.001		
	二甲胺	0.001		
	氨	0.003		
	正丁醇	0.224		
	甲醇	0.008		
	丁酮	0.001		
	甲醛	0.160		
	酚类	0.135		
	粉尘	0.977		
丙类仓库一	苯胺	0.001	4 382	5
	丙三醇	0.001		
	氯化氢	0.001		
	硫酸	0.046		
丙类仓库二	粉尘	0.250	3 218	5
丙类仓库三	粉尘	0.250	4 027	5
甲类仓库一	二丙酮醇	0.001	1 495	5
甲类仓库二	甲苯	0.016	1 495	5
	二甲苯	0.027		
	三乙胺	0.001		
	乙二醇	0.004		
	乙醇	0.023		
	异丙醇	0.012		
	二甲胺	0.008		
	氨	0.004		
	硫酸	0.008		
甲类罐区	异丙醇	0.010	730	5
	乙醇	0.020		
	酚类	0.014		
	甲醇	0.020		
	乙二醇	0.020		
	正丁醇	0.050		
	甲醛	0.050		

续 表

污染源位置	污染物名称	污染物产生量/(t/a)	面源面积/m^2	面源高度/m
丙类罐区	酚类	0.014	2 700	5
酚醛模塑料车间二	粉尘	1.825	5 075	12
甲类车间	甲苯	0.207	5 135	12
	二甲胺	0.001		
	氨	0.001		
	硫酸	0.002		
	正丁醇	0.756		
	甲醇	0.000 2		
	甲醛	0.192		
	酚类	0.059		
	粉尘	0.824		
丙类仓库四	粉尘	0.200	4 895	5
丙类仓库五	粉尘	0.200	4 596	5
丙类仓库六	粉尘	0.200	4 766	5
丙类仓库七	粉尘	0.200	5 105	5

3.3.3 固体废物污染源分析

建设项目固体废物主要来源于生产过程中产生的过滤残渣、分层浓缩废液、废活性炭纤维、洗釜废液及残渣，污水处理过程产生的生化污泥、物化污泥，废催化燃烧催化剂、实验室废液、废导热油、生活垃圾、废包装、废试剂瓶等。

建设项目副产物产生情况汇总见表 2.18，固体废物分析结果汇总见表 2.19。

表 2.18 建设项目副产物产生情况汇总表

单位：t/a

序号	副产物名称	产生工序	形态	主要成分	预测产生量			种类判断		
					一期	二期	全厂	固体废物	副产品	判定依据
1	过滤残渣 S5.1	过滤	固	焦化树脂	0.097	—	0.097	√		危废名录
2	过滤残渣 S5.2	过滤	固	焦化树脂	1.918	—	1.918	√		危废名录
3	过滤残渣 S5.3	过滤	固	焦化树脂	0.098	—	0.098	√		危废名录
4	过滤残渣 S5.4	过滤	固	焦化树脂	0.049	—	0.049	√		危废名录
5	过滤残渣 S6.1	过滤	固	焦化树脂	20.305	5.800	26.105	√		危废名录
6	过滤残渣 S7.1	过滤	固	焦化树脂	0.193	0.386	0.579	√		危废名录
7	过滤残渣 S8.1	过滤	固	焦化树脂	0.282	0.095	0.377	√		危废名录
8	过滤残渣 S8.2	过滤	固	焦化树脂	—	0.193	0.193	√		危废名录
9	过滤残渣 S8.3	过滤	固	焦化树脂	—	0.190	0.190	√		危废名录
10	分层浓缩废液 S2.2	分层浓缩	液	硫酸钠、正丁醇等	59.843	179.529	239.372	√		危废名录
11	分层浓缩废液 S9.1	分层浓缩	液	磷酸二氢钠、正丁醇等	266.450	1 065.800	1 332.250	√		危废名录

续　表

序号	副产物名称	产生工序	形态	主要成分	预测产生量			种类判断		
					一期	二期	全厂	固体废物	副产品	判定依据
12	分层浓缩废液S9.2	分层浓缩	液	磷酸二氢钠、正丁醇等	266.450	1 065.800	1 332.250	√		危废名录
13	洗釜废液及残渣	洗釜	液	丙酮、甲醇、废树脂等	35	35	70	√		危废名录
14	废活性炭纤维	废气处理	固	甲醛、正丁醇、废活性炭纤维等	12.500	12.500	25	√		危废名录
15	废催化燃烧催化剂	废气处理	固	铂、钯等金属及氧化物	0.500	0.500	1	√		危废名录
16	实验室废液	实验室	液	苯酚、吡啶等	3	3	6	√		危废名录
17	废试剂瓶	实验室	固	各类有机物、玻璃瓶	0.500	0.500	1	√		危废名录
18	废导热油	导热油炉	液	废导热油、油渣	2.500	2.500	5	√		危废名录
19	废包装	生产	固	有机物、布袋、桶、塑料等	70	70	140	√		危废名录
20	物化污泥	污水处理	固	氢氧化铁等	75	75	150	√		危废名录
21	生化污泥	污水处理	固	甲醛、微生物等	300	300	600	√		《固体废物鉴别标准通则》
22	生活垃圾	生活	固	生活垃圾	52	52	104	√		—

表2.19　建设项目固体废物分析结果汇总表　　单位：t/a

序号	固废名称	属性	产生工序	形态	主要成分	危险特性鉴别方法	危险特性	废物类别	废物代码	产生量		
										一期	二期	全厂
1	过滤残渣S5.1	危险废物	过滤	固	焦化树脂	危废名录	有毒	HW13	265—103—13	0.097	—	0.097
2	过滤残渣S5.2	危险废物	过滤	固	焦化树脂	危废名录	有毒	HW13	265—103—13	1.918	—	1.918
3	过滤残渣S5.3	危险废物	过滤	固	焦化树脂	危废名录	有毒	HW13	265—103—13	0.098	—	0.098
4	过滤残渣S5.4	危险废物	过滤	固	焦化树脂	危废名录	有毒	HW13	265—103—13	0.049	—	0.049
5	过滤残渣S6.1	危险废物	过滤	固	焦化树脂	危废名录	有毒	HW13	265—103—13	20.305	5.800	26.105
6	过滤残渣S7.1	危险废物	过滤	固	焦化树脂	危废名录	有毒	HW13	265—103—13	0.193	0.386	0.579
7	过滤残渣S8.1	危险废物	过滤	固	焦化树脂	危废名录	有毒	HW13	265—103—13	0.282	0.095	0.377
8	过滤残渣S8.2	危险废物	过滤	固	焦化树脂	危废名录	有毒	HW13	265—103—13	—	0.193	0.193
9	过滤残渣S8.3	危险废物	过滤	固	焦化树脂	危废名录	有毒	HW13	265—103—13	—	0.190	0.190
10	分层浓缩废液S2.2	危险废物	分层	液	硫酸钠、正丁醇等	危废名录	有毒	HW13	265—102—13	59.843	179.529	239.372

续 表

序号	固废名称	属性	产生工序	形态	主要成分	危险特性鉴别方法	危险特性	废物类别	废物代码	产生量		
										一期	二期	全厂
11	分层浓缩废液 S9.1	危险废物	分层	液	磷酸二氢钠、正丁醇等	危废名录	有毒	HW13	265—102—13	266.450	1 065.800	1 332.250
12	分层浓缩废液 S9.2	危险废物	分层	液	磷酸二氢钠、正丁醇等	危废名录	有毒	HW13	265—102—13	266.450	1 065.800	1 332.250
13	洗釜废液及残渣	危险废物	洗釜	液	甲醇、废树脂等	危废名录	有毒	HW06	900—404—06	35	35	70
14	废催化燃烧催化剂	危险废物	废气处理	固	铂、钯等金属及氧化物	危废名录	有毒	HW50	261—151—50	0.5	0.5	1
15	废活性炭纤维	危险废物	废气处理	固	甲醛、正丁醇、废活性炭纤维等	危废名录	有毒	HW49	900—039—49	12.500	12.500	25
16	实验室废液	危险废物	实验室	液	苯酚、吡啶等	危废名录	有毒	HW49	900—047—49	3	3	6
17	废试剂瓶	危险废物	实验室	固	各类有机物、玻璃瓶	危废名录	有毒	HW49	900—047—49	0.500	0.500	1
18	废导热油	危险废物	导热油炉	液	废导热油、油渣	危废名录	有毒	HW08	900—249—08	2.500	2.500	5
19	废包装	危险废物	生产	固	有机物、布袋、桶、塑料等	危废名录	有毒	HW49	900—041—49	70	70	140
20	物化污泥	危险废物	污水处理	固	氢氧化铁等	危废名录	有毒	HW13	265—104—13	75	75	150
21	生化污泥	待鉴别后确定	污水处理	固	微生物等	—	—	—	—	300	300	600
22	生活垃圾	一般废物	生活	固	生活垃圾	—	—	—	—	52	52	104

3.3.4 噪声污染源分析

厂区主要噪声设备为泵、混合机、造粒机等，噪声设备详见表 2.20。

表 2.20 噪声源强情况

序号	设备名称	数量	声级值/dB(A)	车间	距厂界最近距离/m	治理措施	降噪效果/dB(A)
一期							
1	混合机	40	85	酚醛模塑料车间一	E,120	减振隔声	>20
2	破碎机	8	90			减振隔声	>20
3	风机	4	85			减振隔声	>20
4	混合机	51	85	合成车间区	S,120	减振隔声	>20
5	造粒机	12	90			减振隔声	>20
6	泵	47	85			减振隔声	>20
7	风机	2	85			减振隔声	>20

续　表

序号	设备名称	数量	声级值/dB(A)	车间	距厂界最近距离/m	治理措施	降噪效果/dB(A)
二期							
1	混合机	40	85	酚醛模塑料车间二	E,120	减振隔声	>20
2	破碎机	8	90			减振隔声	>20
3	风机	4	85			减振隔声	>20
4	混合机	51	85	甲类车间	N,120	减振隔声	>20
5	造粒机	12	90			减振隔声	>20
6	泵	55	85			减振隔声	>20
7	风机	2	85			减振隔声	>20

3.3.5　非正常排放时污染物产生与排放情况

非正常排放是指生产设备在开、停车状态，检修状态或者部分设备未能完全运行的状态下污染物的排放情况。建设项目非正常排放主要考虑：

(1) 建设项目废气污染物非正常(事故)排放相关的事件主要考虑废气处理装置出现故障，未达到设计处理效率。假设出现以上所述故障情况，总处理效率下降至50%，事故时间估算约30分钟。

非正常排放概率情况见表2.21。

表2.21　废气非正常排放概率分析

种类	排放工况	污染物名称	烟气量/(m^3/h)	排放浓度/(mg/m^3)	排放速率/(kg/h)	发生概率/%	排放时间/min
合成车间有机废气(1#排气筒)	非正常	酚类	30 000	29.1	0.872	1	30
		甲醛		182.2	5.465		
		正丁醇		126.0	3.779		
		异丙醚		771.0	23.130		
		非甲烷总烃		1 952.5	58.575		

(2) 废水处理设施出现故障，大量高浓度废水直接进入污水管网，从而对园区污水处理厂造成冲击。非正常排放废水概率情况见表2.22。

表2.22　废水非正常排放概率分析

种类	排放情况	污染物名称	排放浓度/(mg/L)	概率
废水	非正常	COD	>500	0.01

3.4　风险识别

3.4.1　范围和类型

根据《建设项目环境风险评价技术导则》(HJ/T 169—2004)规定，风险识别范围包括生产设施风险识别和生产过程所涉及的物质风险识别；根据有毒有害物质放散的起因，风险类型又分为火灾、爆炸和泄漏三种类型。

建设项目原辅材料和产品中包含有毒有害、易燃易爆的物质，其主要风险类型是有毒有害物质的泄漏、火灾和爆炸事故。

3.4.2 物质风险识别

根据《危险化学品重大危险源辨识》(GB 18218—2009)可知，功能单元“指一个(套)生产装置、设施或场所，或同属一个工厂的且边缘距离小于 500 m 的几个(套)生产装置、设施或场所”，考虑工艺过程、装置分布(距离小于 500 m)等特点，将整个厂区作为一个功能单元进行考虑。

建设项目生产、贮存场所物质涉及的危险化学品重大危险源按照风险导则、《危险化学品重大危险源辨识》(GB 18218—2009)及《企业突发环境事件风险评估指南(试行)》进行识别，重大危险源物质生产场所使用量、贮存场所贮存量之和(q)与对应临界量 Q 的对比情况见表 2.23。

表 2.23 危险化学品临界量

原料名称	厂区			是否是重大危险源
	最大贮存量+使用量/t	临界量/t	q/Q	
苯酚	1 500	5	300	是
甲苯	3.2	10	0.320	
甲醇	18.5	500	0.037	
异丙醇	3.2	5	0.640	
盐酸	1.1	2.5	0.440	
甲醛	120	0.5	240	
硫酸	4.2	75	0.056	
二甲苯	3.2	10	0.320	
二甲胺	0.2	5	0.040	
合计	—	—	541.853	

根据国家《危险化学品重大危险源辨识》(GB 18218—2009)，若评价单元内有多种危险化学品，且每种危险化学品的贮存量均未达到或超过其对应临界量，但满足下面公式，即构成重大危险源。

$$\frac{q_1}{Q_1}+\frac{q_2}{Q_2}+\cdots+\frac{q_n}{Q_n}\geqslant 1 \tag{2.3}$$

式中，$q_1, q_2, \cdots, q_n$——每一种危险物品的现存量；

$Q_1, Q_2, \cdots, Q_n$——对应危险物品的临界量；

厂区与建设项目相关的风险物质 q/Q 之和≥1，构成重大危险源。

3.4.3 危险性识别

建设项目风险事故主要体现在物料泄漏、火灾等方面。详细见表 2.24。

表 2.24 各生产单元潜在危险分析

序号	风险类型	危险部位	主要危险物料	事故类型	事故成因
1	生产装置有害物质泄漏	生产车间	甲苯、二甲苯、三乙胺、乙二醇、乙醇、异丙醇、二甲胺、甲醛、苯酚等	化学腐蚀、泄漏中毒，火灾	操作时升温速度过快或加热温度过高、腐蚀泄漏、反应系统压力骤升、误操作，导致泄漏

续　表

序号	风险类型	危险部位	主要危险物料	事故类型	事故成因
2	贮存系统有害物质泄漏	苯酚储罐	苯酚	火灾、爆炸、泄漏中毒	腐蚀、误操作、管道破损，导致泄漏
		甲醛储罐	甲醛		
		甲醇储罐	甲醇		
		乙二醇储罐	乙二醇		
		乙醇储罐	乙醇		
		异丙醇储罐	异丙醇		
		丁酮储罐	丁酮		
		正丁醇储罐	正丁醇		
		邻甲酚储罐	邻甲酚		
		三混甲酚储罐	三混甲酚		
		液碱储罐	氢氧化钠	化学腐蚀	
		甲类仓库二	甲苯、二甲苯、三乙胺、乙二醇等	火灾、爆炸、泄漏中毒	腐蚀、误操作，导致泄漏
		丙类仓库一	苯胺、丙三醇等		
		丙类仓库二	安息香酸、草酸等		
		丙类仓库三	双酚A、尿素等		
		丙类仓库四	硼酸锌、硬脂酸脂等		
		丙类仓库五	硅烷等		
		丙类仓库六	六亚甲基四胺等		
3	管道运输系统有害物质泄漏	液碱输送管道	氢氧化钠	化学腐蚀	腐蚀、误操作、管道破损，导致泄漏
		甲醛输送管道	甲醛	火灾、爆炸、泄漏中毒	
		苯酚输送管道	苯酚	化学腐蚀、火灾、爆炸、泄漏中毒	
		正丁醇输送管道	正丁醇	火灾、爆炸、泄漏中毒	
4	污染控制系统	废水管道	甲醛等	事故排放	管道破裂
		废气处理装置	甲醛、甲苯等	事故排放	管道破裂、废气处理装置故障
		危废堆场	废活性炭纤维等	渗漏	防渗材料损坏
5	运输	危险品运输车辆	甲苯、苯酚、甲醇等	火灾、爆炸、泄漏中毒	腐蚀、误操作、交通事故导致泄漏

3.4.4　有毒有害物质扩散途径识别

建设项目有毒有害物质的扩散途径主要包括以下几个方面：

(1) 大气：泄漏过程中产生的有毒有害物质通过蒸发等形式成为气体，火灾、爆炸过程中，有毒有害物质未燃烧完全产生的废气，造成大气环境污染。

(2) 地表水：在泄漏、火灾、爆炸的过程中，有毒有害物质随消防尾水一同通过雨水管网、污水管网流入区域地表水体，造成区域地表水污染。

(3) 土壤和地下水：在泄漏、火灾、爆炸的过程中，污染物抛洒在地面，造成土壤污染；或由于防渗、防漏设施不完善，渗入地下水，造成地下水污染。

除此之外，有毒有害气体在泄漏过程中，可能会对周围生物、人体健康等产生一定的事故影响。

3.4.5 次生/伴生事故风险识别

厂内生产所用部分化学品在泄漏后或火灾爆炸事故中燃烧、遇水、遇热或与其他化学品接触会产生伴生和次生的危害。伴生、次生危险性分析见图 2.8。

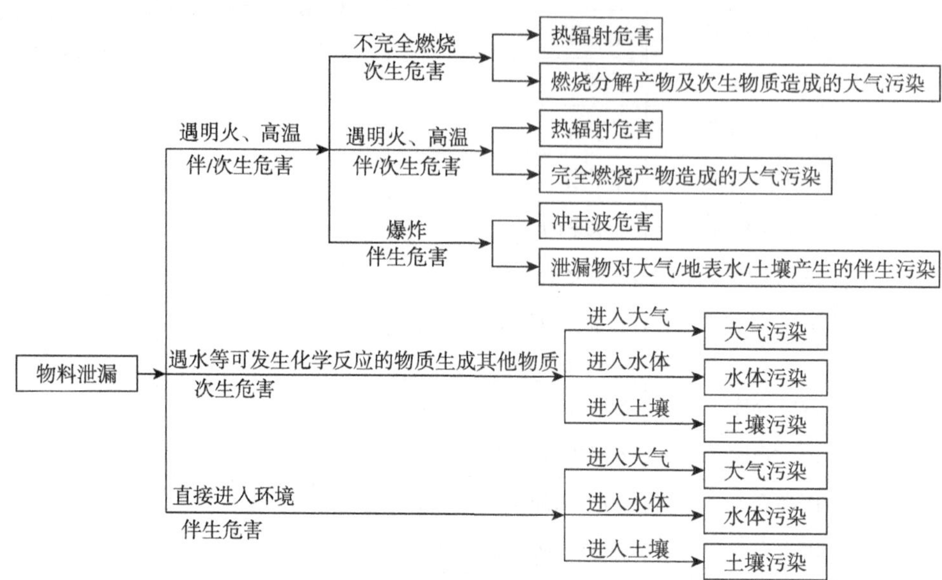

图 2.8 事故状况伴生和次生危险性分析

厂内涉及的有毒物质事故状况下的伴生、次生危害具体见表 2.25。

表 2.25 伴生/次生危害一览表

<table>
<tr><th rowspan="2">化学品名称</th><th rowspan="2">条件</th><th rowspan="2">伴生和次生事故及产物</th><th colspan="3">危害后果</th></tr>
<tr><th>大气污染</th><th>水体污染</th><th>土壤、地下水污染</th></tr>
<tr><td>三乙胺</td><td>遇明火、高热</td><td>有引发燃烧爆炸的危险，产生氮氧化物</td><td rowspan="10">有毒物质自身和次生的有毒物质以气态形式挥发进入大气，产生伴生/次生危害，造成大气污染。</td><td rowspan="10">有毒物质经清净下水管等排水系统混入清净下水、消防水、雨水中，经厂区排水管线流入地表水体，造成水体污染。</td><td rowspan="10">有毒物质自身和次生的有毒物质进入土壤、地下水，产生伴生/次生危害，造成土壤、地下水污染。</td></tr>
<tr><td rowspan="2">盐酸、硫酸</td><td>遇金属</td><td>放出氢气而与空气形成爆炸性混合物</td></tr>
<tr><td>遇氰化物</td><td>产生剧毒的氰化氢气体</td></tr>
<tr><td rowspan="3">氢氧化钠</td><td>遇酸</td><td>中和反应并放热</td></tr>
<tr><td>遇潮</td><td>对铝等有腐蚀性，放出易燃易爆的氢气</td></tr>
<tr><td>遇水/蒸汽</td><td>大量放热，形成腐蚀性溶液</td></tr>
<tr><td rowspan="2">正丁醇、甲醇、乙醇</td><td>遇明火、高热</td><td>燃烧爆炸</td></tr>
<tr><td>与氧化剂接触</td><td>发生化学反应或引起燃烧</td></tr>
<tr><td>甲醛</td><td>遇明火、高热</td><td>引起燃烧爆炸</td></tr>
</table>

物料发生大量泄漏时，极有可能引发火灾爆炸事故。为防止火灾爆炸和环境空气污染事故，一般采用消防水对泄漏区进行喷淋冷却，采用此法将直接导致泄漏的物料转移至消防水，若消防水从清净下水排口

外排，会对周围水环境造成污染。

为避免事故状态下泄漏的有毒物质及火灾爆炸期间消防污水污染水环境，企业制订了严格的排水规划，设置了事故池、管网、切换阀等，使消防水排水处于监控状态，严禁事故废水排出厂外，防止次生危害造成水体污染。

3.4.6　其他环境风险

1. 地表水、地下水环境风险分析

建设项目除存在上述因贮存、使用各种危险性化学物质而产生的环境风险外，还存在废气事故排放，生产、贮存场所和固体废弃物堆积、处置场所等因冲洗或雨淋造成有害物质泄漏至地面水或地下水引发环境灾害的风险。

在通常情况下，潜水补充地下水，洪水期地表水补充潜水，因此，潜水受到污染时会影响地表水；地表水受到污染，对潜水也会有影响。

由于含水层以上无隔水层保护，包气带厚度小，潜水层的防护能力很差。如果没有专门的防渗措施，污水必然会渗入地下而污染潜水层。

对此，要求项目采用严格的防渗措施，如对厂区地坪采取防渗处理措施，采用黏土夯实、水泥硬化进行防渗处理，对厂区内其他非绿化用地采取相应的防渗措施，并设计合理的径流坡度，以确保能及时回收厂区初期雨水。

固废放置场所应按《一般工业固体废物贮存、处置场污染控制标准》(GB 18599—2001)及其修改单、《危险废物贮存污染控制标准》(GB 18597—2001)及其修改单等的要求做好地面硬化、防渗处理；对废渣尽量采用容器贮存；堆放场所四周设置导流渠，防止雨水径流进入堆放场内。

因此，在生产过程中通过不断加强生产管理，杜绝跑、冒、滴、漏，可有效降低生产过程对地下水的影响，故在采取措施后，项目建设对地下水环境的影响在可承受范围内。

建设项目废水中含有大量的有机物，在厂区预处理达接管标准后接管排入园区污水处理厂集中处理。一旦生产不正常或发生事故，可能导致大量物料进入废水，对园区污水处理厂造成冲击。因此，厂区内部必须自建事故池，一旦发现异常立即将废水送入事故池，经处理达标后方可接管到园区污水处理厂；倘若废水量较大，事故池亦无法控制事态，必须紧急关闭外送废水的管道(总排)阀门，尽量将废水控制在厂内。

2. 废气事故排放环境风险分析

在正常情况下各工序产生的废气经收集处理后达标排放，排放量较小，对周围环境造成的影响较小。当建设项目废气处理装置出现停电、失效等事故情况，废气将排入大气，会对环境造成影响，对附近居民身体造成损害。

3. 固废贮存、转移过程环境风险分析

建设项目固废放置场所应按《一般工业固体废物贮存、处置场污染控制标准》(GB 18599—2001)及其修改单、《危险废物贮存污染控制标准》(GB 18597—2001)及其修改单等要求做好地面硬化、防渗处理；对废渣尽量采用容器贮存；堆放场所四周设置导流渠，防止雨水径流进入堆放场内。

委外处置的危险固废转移或外送过程中可能存在随意倾倒、翻车等风险，从而造成环境污染事故。对于运输人员随意倾倒事故，可以通过强化管理制度、加强输送管理要求，执行国家要求的危废“五联单”等措施来避免；对于翻车事故，应委托专业单位进行输送，且一旦运送过程中发生翻车、撞车导致危险废物大量溢出、散落以及贮存区出现危险废物泄漏，相关人员应立即向本单位应急事故小组取得联系，请求当地公安交警、环保部门或城市应急联动中心的支持。

4. 物料运输过程环境风险分析

建设项目的主要原料甲醛、甲苯、硫酸、甲醇等，采用公路输送。根据本项目原辅料的物料特性，以上危险化学品在运输、贮存过程中，若管理不善或操作失误，易造成火灾、爆炸和泄漏等事故。

【点评】

本项目虽然属于化工行业,但操作工艺简单,聚合反应操作压力低,项目风险识别的重点是项目使用到的各种有毒有害物质。化工项目应关注原料、产品和中间产品的物性数据,包含有毒有害、易燃易爆的物质,其主要风险类型是有毒有害物质的泄漏、火灾和爆炸事故。

四、环境现状调查与评价(略)

五、环境影响预测与评价

5.1 大气环境影响预测与评价

本项目大气环境影响评价等级为二级,本次评价采用《环境影响评价技术导则大气环境》(HJ 2.2—2008)推荐的 AERMOD 模式系统进行预测。

5.1.1 预测方案及内容

根据污染源分析结果,项目有组织废气作为点源考虑,无组织废气作为面源考虑。选取本项目排放的污染物作为预测因子。本次预测方案及内容如下:

1. 预测因子

根据项目污染物类型,确定本次预测因子为:酚类、甲醛、氨、正丁醇、三乙胺、氮氧化物、非甲烷总烃、粉尘、硫化氢、二甲胺、甲苯、二甲苯、二氧化硫、甲醇。

2. 预测范围

根据估算模式计算结果以及保护目标分布情况,本次大气预测以厂区为中心,将沿主导风向 5 km×5 km 的正方形区域作为本次项目的大气环境影响预测范围。

3. 预测网格

本次评价设置 100 m×100 m 的网格。

4. 预测方案

根据工程分析,建设项目产生的废气主要是工艺废气、导热油炉废气、污水处理站废气、储罐呼吸废气和无组织排放的气体。本次预测方案设置见表 2.26。

表 2.26 建设项目预测方案设置

序号	污染源类别	排放方案	预测因子	计算点	常规预测内容
1	新增污染源(正常排放)	现有方案	酚类、甲醛、氨、正丁醇、三乙胺、氮氧化物、非甲烷总烃、粉尘、硫化氢、二甲胺、甲苯、二甲苯、二氧化硫、甲醇	环境空气保护目标 网格点 区域最大地面浓度点	小时、日均、年均浓度
2	新增污染源(非正常排放)	现有方案	酚类、甲醛、氨、正丁醇、非甲烷总烃	环境空气保护目标 区域最大地面浓度点	小时浓度
3	其他在建、待建项目污染源	现有方案	二氧化硫、氮氧化物、氨、非甲烷总烃、粉尘	环境空气保护目标 区域最大地面浓度点	小时、日均、年均浓度

5.1.2　预测结果

本项目排放的各污染物在各预测最大浓度点位的小时、日均、年均最大浓度均能达到相应标准限值的要求，浓度叠加区域叠加了现状值后均能满足评价标准的要求。

大气环境防护距离计算略。

5.2　水环境影响预测与评价

本项目建成后，全厂所有废水经厂区废水预处理装置预处理达到接管标准后排入园区污水处理厂深度处理，最终尾水排海。

建设项目废水采用“分类收集、分质处理”的方法进行处理，其中高浓度废水通过芬顿氧化预处理后与其他废水混合排入厂区污水处理站综合处理。厂区污水处理站综合处理采用“调节＋二级移动床生物膜(Moving Bed Biofilm Reactor，MBBR)＋沉淀”的工艺，出水最终满足《合成树脂工业污染物排放标准》(GB 31572—2015)间接排放的相关标准，符合合成树脂单位产品基准排水量要求，达到园区污水处理厂废水接管标准。

建设项目一期废水产生量为273.997 t/d，处理后接管量为273.997 t/d，占园区污水处理厂一期工程处理能力(4 800 m^3/d)的5.7%；二期废水产生量为220.713 t/d，处理后接管量为220.713 t/d，全厂总接管量494.710 t/d，为占园区污水处理厂一期工程处理能力(4 800 m^3/d)的10.3%。该污水处理厂一期4 800 t/d工程已建成并通过验收，目前运行稳定。建设项目废水经预处理后大大降低了污染物浓度和含量，达到园区污水处理厂的接管标准，不会对污水处理厂处理系统造成冲击。引用园区污水处理厂环评中水环境影响预测的结论，本项目的建设不会对海洋水环境造成显著的影响。

因此，在落实污控措施的前提下，建设项目所排废水会对海洋水质产生一定的影响，但影响范围较小，程度较轻，不会使该区域水环境质量发生明显变化。

5.3　声环境影响预测与评价(略)

5.4　固体废物环境影响分析

5.4.1　固废产生情况

建设项目固体废物种类包括危险废物、生活垃圾等。

(1) 危险废物：生产过程中产生的过滤残渣、分层浓缩废液、废活性炭纤维、洗釜废液及残渣、实验室废液、废导热油、废包装、废试剂瓶、物化污泥、废催化燃烧催化剂等，将委托有资质单位处置。

(2) 污水处理过程产生的生化污泥无法确定其危险特性，待项目稳定达产运行之后根据《危险废物鉴别标准》(GB 5085.7—2007)的要求开展危废鉴别，确定固废性质，在鉴定结果前须按危废进行管理。

(3) 生活垃圾：员工办公生活产生的生活垃圾由环卫部门统一清运。

5.4.2　固体废物环境影响分析

(1) 建设项目生产过程产生的危险废弃物，采用符合标准的200 L铁桶盛装，暂存于危废仓库。建设项目危废仓库占地面积980 m^2，门口设置了标志牌，地面与裙角均采用防渗材料建造，有耐腐蚀的硬化地面，确保地面无裂缝，做到了“防风、防雨、防晒”，符合《危险废物贮存污染控制标准》(GB 18597—2001)的要求，不会对地下水、地表水和土壤产生不利影响。

(2) 建设项目严格执行《危险废物贮存污染控制标准》(GB 18597—2001)和《一般工业固体废物贮存、处置场污染控制标准》(GB 18599—2001)，危险废物和一般工业固废收集后由厂区内叉车分别运送至危废仓库和一般固废堆场，分类、分区暂存，杜绝混合存放。

(3) 建设项目严格执行《危险废物收集 贮存 运输技术规范》(HJ 2025—2012)和《危险废物转移联单管理办法》，危险废物转移前向环保主管部门报批危险废物转移计划，经批准后，向环保主管部门申请领取联单，并在转移前三日内报告移出地环境保护行政主管部门，并同时将预期到达时间报告接受地环境保护行政主管部门。同时，危险废物装卸、运输应委托有资质单位进行，编制《危险废物运输车辆事故应急预案》，杜绝包装、运输过程中危险废物散落、泄漏的环境影响。

(4) 建设项目危废暂存场由专业人员操作，单独收集和贮运，严格执行转移联单管理制度及国家和省有关转移管理的相关规定，包括处置过程安全操作规程、人员培训考核制度、档案管理制度、处置全过程管理制度等，并制订好危险废物转移运输途中的污染防范及事故应急措施，严格按照要求办理有关手续。

综上所述，通过以上措施，建设项目产生的固体废物均得到了妥善处置和利用，对周围环境及人体不会造成影响，亦不会造成二次污染。

5.5 地下水环境影响分析

根据地下水环评导则的要求，本次地下水环境影响评价预测采用数值模拟模型。通过资料收集和野外勘查获取评价范围含水层空间分布特征，根据含水层之间的水力联系，以潜水含水层作为本次模拟评价的目的含水层，构建水文地质概念模型，选择对应的数学模拟模型对地下水中污染物的运移规律进行评价预测。

5.5.1 地下水环境影响预测评价

1. 预测时段

考虑项目建设、运营和退役期，将地下水环境影响预测时段拟定为 10 000 天。结合工程特征与环境特征，预测污染发生 100 d、1 000 d 及 10 000 d 后污染物迁移情况，重点预测对地下水环境保护目标的影响。

(1) 预测因子。

根据《环境影响评价技术导则　地下水环境》(HJ 610—2016)中对新建项目预测因子的要求，需要对现有工程已经产生的且在改、新建后继续产生的特征因子，改、新建后新增加的特征因子进行预测，结合工程分析中现有项目污水处理区和新建后污水处理区污染源强的分析，综合考虑后，选择 COD 和苯酚为本项目模拟预测因子。

表 2.27　全厂进入污水处理站的污染物情况表

废水量/(t/a)	污染物	污染物产生量/(t/a)	污染物浓度/(mg/L)
40 301.145	COD	1 045.870	25 951.4
	苯酚	26.021	645.7
	甲醛	171.197	4 247.9

(2) 预测情景。

本次地下水环境影响预测考虑两种工况——正常状况和非正常状况下的地下水环境影响。模拟主要污染因子在地下水中的迁移过程，进一步分析污染物影响范围、程度、最大迁移距离。COD 和苯酚超标范围参照《地下水质量标准》(GB/T 14848—93) Ⅲ类标准限值，其中《地下水质量标准》(GB/T 14848—2017)的挥发性酚类是明确规定以苯酚来计算的，因此可以将《地下水质量标准》(GB/T 14848—93)的挥发性酚标准限值作为苯酚的标准限值。

(a) 正常工况。

正常状况下，各生产环节按照设计参数运行，地下水可能的污染来源为各污水输送管网、污水处理池、储槽、储罐、事故应急池等跑、冒、滴、漏。

相关新建工程防渗均按照设计要求，采取严格的防渗、防溢流、防泄漏、防腐蚀等措施，在措施未发生破坏、正常运行的情况下，污水极少部分渗入和进入地下，对地下水造成的污染很小。

(b) 非正常状况。

在防渗措施因老化造成局部失效的情况下，污废水更容易经包气带进入地下水。非正常状况下，污水处理池发生渗漏，废水经包气带进入潜水含水层。污水处理池底部面积约为 600 m^2，渗漏面积按池底面积的 5‰计算，根据《给水排水构筑物工程施工及验收规范》(GB 50141—2008)，钢筋混凝土结构水池的渗水量不得超过 2 L/(m^2 · d)，非正常状况按照正常状况的 100 倍考虑，则非正常状况下，污水处理池渗水量为 0.6 m^3/d。

2. 预测结果分析

在模拟污染物扩散时，不考虑吸附作用、化学反应等因素，重点考虑了对流和弥散作用。为了分析厂区内由于污水处理站泄漏而导致的污染物随地下水的运移对周边地下水环境造成的影响，利用校正后的水流模型，结合上述情景设置，对各类污染物进入地下水的情况进行预测。

表 2.28　非正常工况下不同污染物运移特征表

污染物	参数	100 天	1 000 天	10 000 天
COD	中心点浓度/(mg/L)	389.85	3 422.55	14 101.67
	最大迁移距离/m	5.25	24.78	84.93
	到达厂界时间/d	2 300		
	厂界超标时间/d	4 200		
苯酚	中心点浓度/(mg/L)	9.69	85.17	350.87
	最大迁移距离/m	12.13	40.82	109.57
	到达厂界时间/d	1 000		
	厂界超标时间/d	1 700		
甲醛	中心点浓度/(mg/L)	63.18	560.23	2 308.35
	最大迁移距离/m	6.62	27.44	93.25
	到达厂界时间/d	1 900		
	厂界超标时间/d	3 500		

污染物浓度随时间的变化过程显示，非正常工况下，污染物运移速度总体很慢，污染物运移范围不大。运行 10 000 天后，污染物最大迁移距离是污水处理站中苯酚污染物的迁移距离 109.57 m。污染物运移范围主要由场地水文地质条件决定，场地含水层水力坡度和渗透性较小，地下水径流缓慢，污染物运移扩散的范围有限。

5.6 环境风险预测与评价

5.6.1 最大可信事故确定与概率分析

本评价最大可信事故的概率根据《化工装备事故分析与预防》中的统计资料确定，根据该书对我国1949—1988年近四十年化工行业事故发生情况进行的统计，储罐和管道发生破裂的事故发生概率分别为1.2×10^{-6}和6.7×10^{-6}。根据有关统计资料，生产装置发生爆炸的概率为2.0×10^{-7}，储罐破裂爆炸的概率为1.5×10^{-7}。而储罐、装置发生破裂导致泄漏物质部分挥发形成蒸气云爆炸的概率应该远低于1.2×10^{-6}，评价假设其为1.2×10^{-7}。

对上面的风险识别和概率统计的数据进行汇总，如表2.29。

表2.29 建设项目风险识别表

序号	风险类型	危险部位	主要危险物料	事故成因	统计概率	是否预测
1	生产装置有害物质泄漏	反应釜、薄膜蒸发器等	苯酚、硫酸、甲醛等	腐蚀泄漏、操作不当	6.7×10^{-6}	否
2	生产装置爆炸	反应釜、薄膜蒸发器等	甲醇、甲苯、甲醛等	操作时升温速度过快或加热温度过高、操作不当	2.0×10^{-7}	否
3	贮存系统有害物质泄漏	苯酚储罐	苯酚	腐蚀、误操作、管道破损，导致泄漏	1.2×10^{-6}	是
		甲醛储罐	甲醛			是
		甲醇储罐	甲醇			否
		乙二醇储罐	乙二醇			否
		乙醇储罐	乙醇			否
		异丙醇储罐	异丙醇			否
		丁酮储罐	丁酮			否
		正丁醇储罐	正丁醇			否
		邻甲酚储罐	邻甲酚			否
		三混甲酚储罐	三混甲酚			否
		液碱储罐	氢氧化钠			否
		甲类仓库二	甲苯、二甲苯、三乙胺、乙二醇等			是
		丙类仓库一	苯胺、丙三醇等			否
		丙类仓库二	安息香酸、草酸等			否
		丙类仓库三	双酚A、尿素等			否
		丙类仓库四	硼酸锌、硬脂酸脂等			否
		丙类仓库五	硅烷等			否
		丙类仓库六	六亚甲基四胺等			否

续　表

序号	风险类型	危险部位	主要危险物料	事故成因	统计概率	是否预测
4	贮存系统易燃物质引起火灾、爆炸	苯酚储罐	苯酚	腐蚀、误操作、管道破损，导致火灾、爆炸	1.5×10^{-7}	否
		甲醛储罐	甲醛			否
		甲醇储罐	甲醇			否
		乙二醇储罐	乙二醇			否
		乙醇储罐	乙醇			否
		异丙醇储罐	异丙醇			否
		丁酮储罐	丁酮			否
		正丁醇储罐	正丁醇			是
		邻甲酚储罐	邻甲酚			否
		三混甲酚储罐	三混甲酚			否
		甲类仓库二	甲苯			否
		丙类仓库一	丙三醇			否
		丙类仓库二	安息香酸			否
		丙类仓库三	双酚A			否
		丙类仓库四	硬脂酸脂			否
		丙类仓库五	硅烷			否
		丙类仓库六	六亚甲基四胺			否
5	环保系统故障	废气处理装置	甲醛、甲苯等	事故排放	1.2×10^{-7}	否
		污水管网、污水处理站	COD、SS、氨氮等	事故排放	1.2×10^{-7}	否
		固废暂存场所	废活性炭纤维等	防渗材料破裂、贮存容器破损	1.5×10^{-7}	否

5.6.2　源项分析及后果计算

1. 毒害物质泄漏危险性分析

(1) 源项分析。

物料泄漏源项分析结果见表2.30。

表2.30　物料泄漏源项计算结果

危险物质	区域	事故类型	泄漏速率/(kg/s)	持续时间/min	释放高度/m	蒸发速率/(kg/s)
苯酚	罐区	突爆泄漏	0.520	15	2	0.000 2
甲醛	罐区	突爆泄漏	0.400	15	2	0.010
二甲胺	罐区	突爆泄漏	0.073	15	0.5	0.002

物料毒理毒性情况见表2.31。

表 2.31　物料毒理毒性指标一览表

单位:mg/m^3

类别	居住区大气中最高允许浓度	最高容许浓度(MAC)	LC_{50}	立即威胁生命和健康浓度(IDLH)	嗅阈值
苯酚	0.020	0.010	316	950	0.005 6
甲醛	0.050	0.500	590	37	0.500
二甲胺	0.005	10	8 354	3 700	0.033

(2) 预测结果。

利用上述多烟团模式计算平均风速(3.7 m/s)和静风(0.5 m/s),以及不同稳定度时从事故泄漏开始30 min的影响范围及最大落地浓度。预测详细情况如下。

(a) 苯酚储罐泄漏。

苯酚储罐泄漏后果较为严重的是在平均风速、F类稳定度时,污染物30 min最大落地浓度为11.805 2 mg/m^3,出现距离为24.5 m。平均风速的F类稳定度下居住区浓度超标范围为944.5 m,MAC超标范围为1 523.7 m。

(b) 甲醛储罐泄漏。

甲醛储罐泄漏后果较为严重的是在平均风速、F类稳定度时,污染物30 min最大落地浓度为590.258 6 mg/m^3,出现距离为24.5 m。平均风速的F类稳定度下最大半致死浓度影响范围为24.5 m,居住区浓度超标范围为4 482.5 m,MAC超标范围为1 523.7 m,IDLH超标范围为101.9 m。

(c) 二甲胺储存桶泄漏。

二甲胺储存桶泄漏后果较为严重的是在平均风速、F类稳定度时,污染物30 min最大落地浓度为0.115 3 mg/m^3,出现距离为1 760.0 m。平均风速的F类稳定度下居住区浓度超标范围为3 385.2 m,嗅阈值超标范围为3 102.4 m。

2. 正丁醇火灾爆炸事故次生污染分析

(1) 源项分析。

考虑到建设项目正丁醇储罐储存量大,且储存物质易燃,本评价选取正丁醇储罐发生火灾爆炸造成的次生污染事故。

采用《建设项目环境风险评价技术导则》(征求意见稿)中的火灾事故伴生/次生污染物产生量估算公式,计算正丁醇燃烧产生的CO量。计算公式如下:

$$G_{CO}=2\ 330qC \tag{2.4}$$

式中:G_{CO}——CO的产生量,g/kg;

C——物质中碳的质量百分比含量,%;

q——化学不完全燃烧值,%,取5%~20%。

正丁醇泄漏量以单个正丁醇储罐储存量45 t全部泄漏计,泄漏速率为0.39 kg/s,面源面积为20 m^2,正丁醇碳的质量百分比含量为64.9%,化学不完全燃烧值取10%。由此计算,正丁醇燃烧后产生的二次污染中CO排放速率为0.151 kg/s。

CO毒理毒性一览见表2.32。

表 2.32　毒理毒性指标一览表

单位:mg/m^3

类别	居住区大气中最大允许浓度	最高容许浓度(MAC)	LC_{50}	立即威胁生命和健康浓度(IDLH)
CO	10.0	30	2 069	1 700

(2) 预测结果。

利用多烟团模式计算平均风速(3.7 m/s)、静风(0.5 m/s)以及不同稳定度时正丁醇二次污染物从泄漏开始 30 min 的影响范围及最大落地浓度，预测结果如下：

正丁醇二次污染物排放后果较为严重的是在平均风速、F 类稳定度时，CO 污染物 30 min 最大落地浓度为 8 912.905 0 mg/m^3，出现距离为 24.5 m。平均风速的 F 类稳定度下最大半致死浓度影响范围为 51.8 m，居住区浓度超标范围为 1 251.3 m，最高容许浓度超标范围为 621.4 m，IDLH 超标范围为 52.8 m。

5.6.3　风险值计算

建设项目事故后果主要体现在：① 苯酚泄漏事故产生的影响；② 甲醛泄漏事故产生的影响；③ 二甲胺泄漏事故产生的影响；④ 正丁醇火灾爆炸事故次生污染产生的影响。具体见表 2.33。

表 2.33　风险事故后果综述

类型		源项	后果
有害气体泄漏	苯酚	苯酚储罐	最高容许浓度超标范围 1 523.7 m
有害气体泄漏	甲醛	甲醛储罐	最大半致死浓度影响范围 24.5 m
有害气体泄漏	二甲胺	二甲胺储存桶	最大允许浓度影响范围 3 385.2 m
火灾爆炸事故次生污染	CO	正丁醇储罐	最大半致死浓度影响范围 51.8 m

对危害值的计算采用简化分析法，以各种危害的死亡人数代表危害值，对泄漏扩散的危害值，以 LC_{50} 来求毒性影响。若事故发生后下风向某处污染物浓度的最大值大于或等于该污染物的半致死浓度 LC_{50}，则事故导致评价区内因污染物致死确定性效应而致死的人数 C 由下式给出：

$$C=\sum_{\ln} 0.5N(X_{i\ln},Y_{j\ln}) \tag{2.5}$$

式中 $N(X_{i\ln},Y_{j\ln})$ 表示浓度超过污染物半致死浓度的区域中的人数。

最大可信事故所有有毒有害物质泄漏所致的环境危害 C，为各种危害 C_i 的综合：

$$C=\sum_{i=1}^{n} C_i \tag{2.6}$$

根据危险源的分布情况可以看出，其致死区域内不包含厂外常住居民，但可能包括厂内及周边企业工作人员。风险值计算情况详见表 2.34。

表 2.34　最大可信事故风险值计算结果

最大可信事故	事故概率	事故后果				风险值
		致死区域半径/m	致死区域内人数	不利气象条件概率	致死率/%	
苯酚泄漏事故	1.2×10^{-6}	—	—	—	50	0
甲醛泄漏事故	1.2×10^{-6}	24.5	2	—	50	1.2×10^{-6}
二甲胺泄漏事故	1.2×10^{-6}	—	—	—	50	0
正丁醇储罐火灾爆炸次生污染	1.5×10^{-7}	51.8	6	—	50	4.5×10^{-7}

从表 2.34 可知，建设项目最大风险值为 1.2×10^{-6}，风险值低于化工行业风险统计值 8.33×10^{-5}，在采取相应的风险防范措施后，能将其风险值控制在环境的可接受程度之内。

六、污染防治措施技术经济论证

6.1 废水污染防治措施评述

6.1.1 概述

建设项目分两期建设两套废水处理站(处置能力各为 300 m^3/d,合计 600 m^3/d)处理本项目生产过程中产生的废水。

根据废水污染源分析可知,本项目废水主要包括工艺废水、设备清洗水、地面冲洗水、生活污水、初期雨水、实验室质检废水、机泵冷却水、废气处理废水等。本项目厂区排水采用"清污分流、雨污分流"的体系,清下水和非初期雨水通过厂内雨水管网排入园区雨水管网。

建设项目废水采用"分类收集、分质处理"的方法进行处理,其中高浓度废水通过芬顿氧化预处理后与其他废水混合排入厂区污水处理站综合处理。厂区污水处理站综合处理采用"调节+二级移动床生物膜反应器(Moving-Bed Biofilm Reactor, MBBR)+沉淀"工艺,处理达到接管标准之后排入园区污水处理厂深度处理,最终排入黄海。具体收集处理措施见图 2.9。

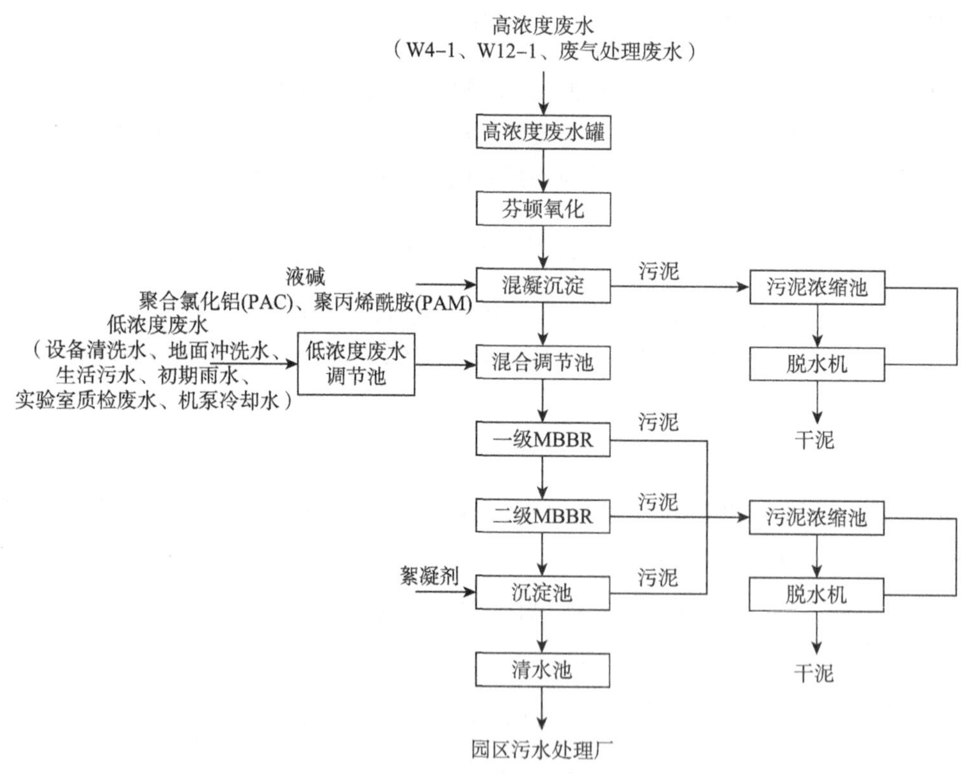

图 2.9 污水处理体系设置图

工艺概述:

1. 低浓度废水调节池

生活污水、地面冲洗水、初期雨水等废水 COD 浓度较低,设置一个调节池,将此类废水在低浓度废水调节池内进行调节。

2. 高浓度废水罐

将酚醛树脂生产过程中的冷凝液经过苯酚回收装置处理,处理后的废水以及废气处理过程中产生的废水将排放到高浓度废水储存罐中暂存待后续处理。

3. 芬顿氧化

厂区高浓度废水经收集均化水质后，送至芬顿氧化预处理。催化氧化就是在表面催化剂存在的条件下，利用强氧化剂在常温常压下催化氧化废水中的有机污染物，或直接将有机污染物氧化成二氧化碳和水，或将大分子有机污染物氧化成小分子有机污染物，并能较好地去除COD，提高废水中有机污染物的可生化性，确保生物处理工艺的进水浓度满足要求。

芬顿试剂氧化法是一种高级化学氧化法，是亚铁离子和双氧水的组合，该试剂广泛用于精细化工、医药化工的废水处理上。该法是以亚铁作为催化剂来提高双氧水的活性，提高反应速度，一般在pH小于3.5的条件下进行。从经济的角度看，芬顿试剂与臭氧、二氧化氯、高锰酸钾比起来，是比较廉价的化学氧化体系。

芬顿试剂的使用原理是二价铁离子(Fe^{2+})和过氧化氢之间的链反应催化生成·OH自由基。同时，芬顿试剂中用到的Fe_2SO_4和H_2O_2都是常见的廉价药品。因此，芬顿法处理废水具有巨大的实用价值。

标准芬顿试剂是由H_2O_2与Fe^{2+}组成的混合体系，它通过催化分解H_2O_2产生的·OH进攻有机物分子夺取氢，将大分子有机物降解为小分子有机物或矿化为无机物CO_2和H_2O，其化学反应方程式为：

$$Fe^{2+} + H_2O_2 \longrightarrow Fe^{3+} + OH^- + \cdot OH$$

$$Fe^{2+} + \cdot OH \longrightarrow Fe^{3+} + OH^-$$

$$Fe^{3+} + H_2O_2 \longrightarrow Fe^{2+} + HO_2\cdot + H^+$$

$$HO_2\cdot + H_2O_2 \longrightarrow O_2 + H_2O + \cdot OH$$

$$RH + \cdot OH \longrightarrow R\cdot + H_2O$$

$$R\cdot + Fe^{3+} \longrightarrow R^+ + Fe^{2+}$$

$$R\cdot + O_2 \longrightarrow ROO + \cdots \longrightarrow CO_2 + H_2O$$

Fe^{2+}与H_2O_2反应很快，生成·OH，其氧化能力仅次于氟，另外·OH自由基具有很高的电负性或亲电性，其电子亲和能力具有很强的加成反应特性。在反应过程中同时有Fe^{3+}生成，Fe^{3+}可以与H_2O_2反应生成Fe^{2+}，生成的Fe^{2+}再与H_2O_2反应生成·OH，可见在反应过程中Fe^{2+}是很好的催化剂。生成的·OH可以进一步与有机物RH反应生成有机自由基R·，R·进一步氧化，使有机物发生碳链断裂，最终氧化成为CO_2和H_2O。

4. 混凝沉淀

经催化氧化工艺，出水pH较低，投加液碱调节pH并使Fe^{3+}或者Fe^{2+}反应生成氢氧化铁或氢氧化亚铁沉淀，同时加入混凝剂、絮凝剂，通过混凝剂、絮凝剂的吸附、网捕、架桥作用，使废水的悬浮物及部分胶体污染物凝聚成比重大于水的大颗粒絮体，沉至沉淀池的泥斗并排放至污泥浓缩池，从而进一步降低水中污染物浓度，减轻后续生物处理工艺的负荷。

5. 混合调节池

为确保废水进水均匀，避免生化系统受到大的冲击负荷，设置混合池，将预处理后的高浓度废水与低浓度废水混合调节，降低进入生化系统的废水的有毒害物质浓度，确保生化系统处理负荷均匀。

6. 高效MBBR(移动床生物膜反应器)

MBBR工艺吸取了传统的活性污泥法和生物接触氧化法两者的优点而成为一种新型、高效的复合工艺处理方法。其核心部分是在曝气池内投加比重接近水的悬浮填料，微生物附着填料上，随着曝气池内的曝气和水流的提升作用而处于流动状态。

如图2.10所示，微生物以生物膜形式生长在填料上，填料对生物膜也提供了很好的保护作用，能够抵

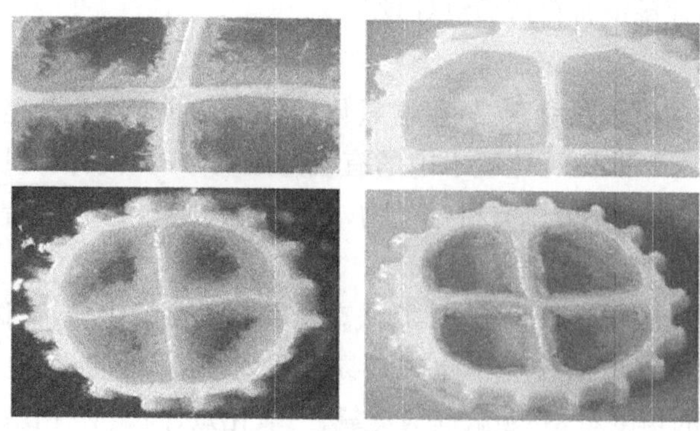

图 2.10　MBBR 中的填料

抗外部环境的变化和冲击负荷。同时 MBBR 池内还有悬浮生长的活性污泥胶团菌。因此 MBBR 池内同时具有活性污泥法和生物膜法两种方法的好氧微生物种群。它能充分发挥着活性污泥法的高效、灵活性，又具有传统生物膜法耐冲击负荷、生物种群稳定等特点。反应器内微生物菌种群密度高，种类多，因此具有较高的处理能力和耐冲击负荷能力。

铺设在池底的曝气管路提供微生物所需的氧气，供氧系统为中等气泡，通常 4 mm 孔径。该系统的优点是免维护，中等气泡从池底通过填料的切割作用形成小气泡，使中等气泡系统能达到与微孔曝气系统相当的效率，同时供氧系统也保证了反应器内充分混合的状态。

为了保证填料不流失，反应器出口设有筛网，筛网底部设有空气鼓气系统，可以使填料悬浮在筛网表面，以形成刮擦动作避免筛网堵塞。

MBBR 的主要特点是：

① 处理负荷高，容积负荷可高达 2 kgCOD/(m^3 · d)；

② 氧化池容积小，降低了基建投资；

③ MBBR 工艺中可不需反冲洗设备，减少了设备投资，操作简便，降低了污水处理的运行成本；

④ MBBR 工艺污泥产率低，降低了污泥处置费用；

⑤ MBBR 工艺中不需要填料支架，直接投加，节省了安装时间和费用。

7. *沉淀池*

内循环池出水进入沉淀池进行固液分离，絮凝剂加在进入沉淀池的管道中以提高污泥的沉降性。处理后的合格水进入清水池进行检测，检测达标后排放。

8. *污泥处理系统*

经沉淀处理的污泥收集后由泵送至污泥储池，污泥储池中安装有搅拌机保证混合均匀。污泥由给料泵间歇送至板框压滤机处理，滤液回流至调节池。

6.1.2　建设项目废水处理可行性分析

1. *废水特征*

建设项目废水主要特征如下。

废水具有毒性的特点：废水中含有一定量的甲醛、酚类等，虽然可降解性较好，但都是微生物生长繁殖的主要抑制物，浓度过高对生化系统存在一定影响，故必须先将苯酚、甲醛等尽可能降低浓度后才能将废水送入生化处理系统。

目前，化工行业废水主要以“分类收集、分质处理”的原则选择工艺，通过一定的前处理使废水水质满足生化系统的进水要求，最终实现达标排放。建设项目废水包括生产工艺废水、其他生产废水和生活污水，采用“分类收集、分质处理”的方式进行处理。具体分类源强见表 2.35。

表 2.35　废水分类源强

类别	编号	废水量/(t/a)	污染物	产生情况		治理措施
				浓度/(mg/L)	产生量/(t/a)	
高浓度废水	W4－1、W12－1、废气处理废水	40 301.145 (134.337 t/d)	COD	25 951.4	1 045.870	进行芬顿氧化预处理，随后与其他废水混合后进行综合处理(调节＋二级 MBBR＋沉淀)后接管至园区污水处理厂处理
			SS	348.9	14.060	
			苯酚	645.7	26.021	
			挥发酚	661.7	26.667	
			甲醛	4 247.9	171.197	
			苯胺类	91.2	3.674	
			盐分	15 220.7	613.411	
其他废水	设备清洗水、地面冲洗水、生活污水、初期雨水、实验室质检废水、机泵冷却水	108 112 (360.373 t/d)	COD	1 229.7	132.942	直接进行综合处理(调节＋二级 MBBR＋沉淀)
			SS	503.3	54.411	
			苯酚	8.3	0.899	
			挥发酚	8.3	0.899	
			甲醛	8.9	0.957	
			石油类	1.9	0.210	
			氨氮	1.9	0.202	
			总氮	2.8	0.303	
			TP	0.3	0.034	
			总锌	1.5	0.159	

2. 污水处理技术可行性分析

(1) 水量分析。

建设项目建成后，污水处理站芬顿预处理的废水水量约为 134.337 t/d(一期 76.707 t/d/、二期 57.630 t/d)。芬顿氧化处理系统的设计处理能力为 200 t/d(一期、二期各 100 t/d)，可满足建设废水的预处理要求。进入综合处理的废水水量约为 494.710 t/d(一期 273.997 t/d/、二期 220.713 t/d)。芬顿氧化处理系统的设计处理能力为 600 t/d(一期、二期各 300 t/d)，亦可满足建设废水的综合处理要求。

(2) 芬顿预处理可行性分析。

芬顿氧化池是一种常用的化工废水处理装置，主要用于改善废水水质，将大分子的有机物断链成小分子有机物，以提高高浓度废水的可生化性。

研究表明：芬顿试剂几乎可以氧化所有的有机物，传统废水处理技术无法去除的难降解有机物能被芬顿试剂氧化而有效去除。芬顿试剂可以迅速破坏几乎所有有机物分子的稳定结构，使之转变为完全无害的无机物或是易于生化的有机物质，提高废水的可生化性，便于后续生化处理顺利进行和达标排放。

本项目高浓度废水主要的特征污染物为苯酚、甲醛，《Fenton(芬顿)试剂处理苯酚和甲醛废水的研究》一文中的实验研究表明，在控制好 H_2O_2 与 Fe^{2+} 比例的情况下，芬顿氧化对苯酚、甲醛的去除率在 90%以上，处理效果较好。同时类比同类型项目的处理情况，确定处理效率见表 2.36。

表 2.36　高浓度废水经“芬顿氧化”去除效果预测

项目	COD	SS	苯酚	挥发酚	甲醛	苯胺类	盐分
产生浓度/(mg/L)	25 951.4	348.9	645.7	661.7	4 247.9	91.2	15 220.7

续 表

项目		COD	SS	苯酚	挥发酚	甲醛	苯胺类	盐分
芬顿氧化	去除率/(%)	70	—	80	80	95	80	—
	出水/(mg/L)	7 785.4	348.9	129.1	132.3	212.4	18.2	15 220.7

由上表可见，高浓度废水经物化预处理后，COD、甲苯等浓度均有一定的降低，适宜进行下一步的生化处理。

(3) 废水综合处理可行性分析。

根据综合废水水质分析，对生化系统产生冲击的主要是来自项目废水中的部分特征因子。苯酚、甲醛等都是微生物生长繁殖的主要抑制物，有研究表明，当废水溶液中苯酚含量大于 50 mg/L、甲醛含量大于 100 mg/L 时对微生物抑制作用较大，当苯酚含量大于 150 mg/L、甲醛含量超过 200 mg/L 时，微生物活性完全受抑制。故本项目通过芬顿预处理先将苯酚、甲醛浓度降低以满足生化处理系统进水要求。

本项目废水盐分仅为 4 133 mg/L，根据钱易等的《活性污泥处理系统耐含盐废水冲击负荷性能》，在 NaCl 浓度为 0.1～0.5 g/L 时不会影响活性污泥处理系统的运行，而当活性污泥系统受到的 NaCl 冲击负荷小于 5 g/L 时系统不会受到太大的影响。建设项目建成后，不会对后续生化系统产生影响。

污水站废水综合处理采用的工艺为“调节＋二级 MBBR＋沉淀”。建设项目专门针对酚醛树脂制造行业产生的废水进行了研究攻关，通过多次实验，制订了“调节＋二级 MBBR＋沉淀”工艺，目前已有多个成功的工程案例。

某化工有限公司为一家专业生产酚醛树脂的企业，处理量约为 40 m^3/d，该企业采用与建设项目类似的污水处理工艺，该企业采用的处理工艺见图 2.11。

废水 → 气浮 → 芬顿氧化 → 二级MBBR → 沉淀池 → 排放

图 2.11 某化工有限公司污水处理工艺

根据企业运行的废水记录台账，废水均可达标排放。综上，该工艺总体可满足接管标准要求。

建设项目一期、二期建成后全厂总排水量为 148 413.145 m^3/a，单位产品基准排水量为 1.5 m^3/t 产品，小于 3.0 m^3/t 产品，排水量可满足《合成树脂工业污染物排放标准》(GB 31572—2015)合成树脂单位产品基准排水量要求。

6.1.3 园区污水处理厂工艺流程及接管可行性分析

本项目废水中主要污染因子为 COD、SS、苯酚、甲醛、总锌等，处理后接管浓度均低于接管标准要求的限值。因此，从水质上分析，本项目废水接管是可行的。

本项目废水拟通过“一企一管”方式接入开发区污水处理厂，目前管路暂未建设，将由开发区负责在本项目投产前建设到位。因此从管网设施上来看，本项目废水接管也是可行的。

本项目全厂接管废水量占园区污水处理厂运行规模的 10.3%，占比较小，不会对污水处理站的正常运行产生冲击，因此从水量上来看，本项目接管是可行的。

综上，本项目废水由园区污水处理厂接管处理是可行的。

6.2 废气污染防治措施评述

6.2.1 概述

建设项目废气收集及处理方案见图 2.12。

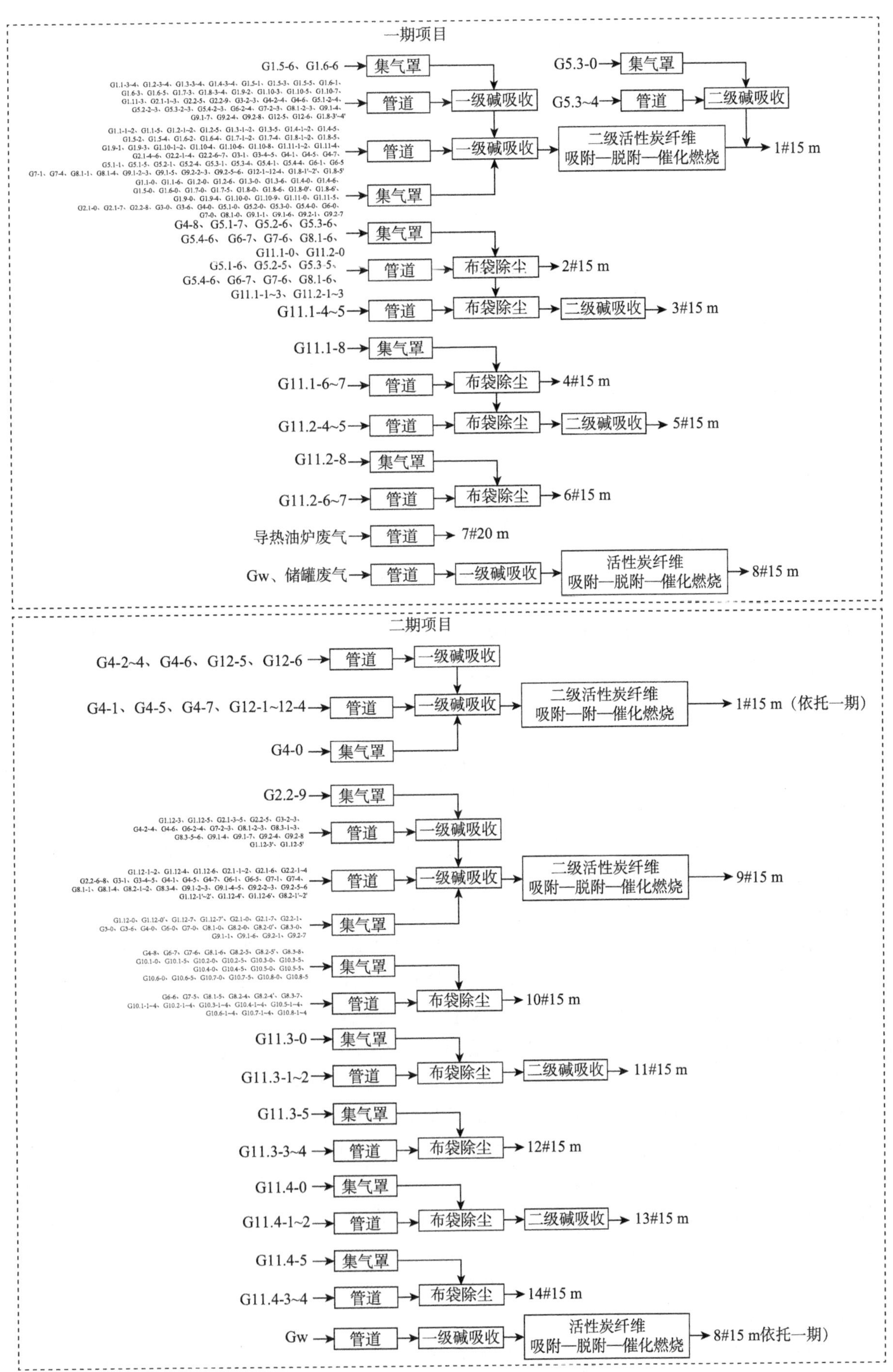

图 2.12　建设项目废气收集及处理方案

6.2.2 工艺废气处理可行性分析

1. “有机废气”治理工艺

有机类废气污染物中需重点考虑的有苯酚、甲醛等，常见的治理工艺有吸收法、吸附法和燃烧法等。各类废气处理工艺见表2.37。

表2.37 废气处理工艺对比

项目		活性炭吸附	冷凝法	燃烧法	吸收法
实图				排气 保温材料 蓄热体 燃烧器 烟囱 燃烧室 送风机 切换阀 阀体	
优点		1. 能源需求低 2. 适合于多种污染物 3. 对有机物的去除有很高效率	可回收有机物	1. 适用多种、范围广之污染物 2. 对高浓度废气无须辅助燃料，能量利用率佳 3. 污染物破坏率高 4. 可回收能量	1. 对易溶于水的废气处理效果较好 2. 对其他废气可采用氧化塔处理
缺点		1. 投资成本高 2. 不适用高浓度、含水或含粒状物之废气	适用于高浓度废气	对低浓度废气需添加燃料	1. 运行费用较高 2. 产生废水二次污染
中高浓度废气	效率	中	低	高	高
	成本	高	高	中	中
是否适用本项目废气		适用	可作为预处理工艺，降低后续处理难度	适用	适用

建设项目合成车间内生产过程中产生的不凝气为含有苯酚、甲醛、正丁醇等物质的有机废气且浓度较高，经收集后汇集于碱吸收塔中处置。甲醛易溶于水，采用水吸收可取得很好的处理效果。酚类物质具有酸性，利用碱吸收可以除去废气中大量的酸性物质和易溶于水的有机物。再同其他浓度较低的有机废气一起经一级碱吸收后通入二级活性炭纤维吸附装置，减少了后续活性炭纤维吸附装置的处理负荷。废气经活性炭纤维吸附装置除去残留的不易溶于水的甲苯等有机物，最后通过管道通往1根15 m高的排气筒(1＃)排放。活性炭纤维吸附装置吸附饱和后，启动脱附风机对活性炭装置进行脱附，脱附气体首先经过催化床中的换热器，然后进入催化床中的预热器，在电加热器的作用下，气体温度提高到300℃左右再通过催化剂，其中的有机物质在催化剂的作用下燃烧，被分解为CO_2、H_2O和NO_x，产生的高温气体再次通过换热器，与进来的冷风换热，回收一部分热量后对活性炭进行脱附。

建设项目甲类车间内生产过程中产生的有机废气与合成车间产生的有机废气性质相同，故将不凝气采用相同的“一级碱吸收”预处理后与其他有机废气一起通往“一级碱吸收与二级活性炭纤维吸附－脱附－催化燃烧”装置处理后经1根15 m高的排气筒(9＃)排放。

具体处理工艺流程图如图2.13。

综上，工艺有机废气中不凝气采用“一级碱吸收”预处理后同其他有机废气一起经“一级碱吸收与二级活性炭纤维吸附－脱附－催化燃烧”处理。

针对本项目少量含氯化氢的有机废气，考虑到含氯废气催化燃烧有产生二噁英的风险，故单独采取二级碱吸收的方式去除废气中氯化氢、苯酚等酸性物质，直接经过1根15 m高的排气筒(1＃)排放。

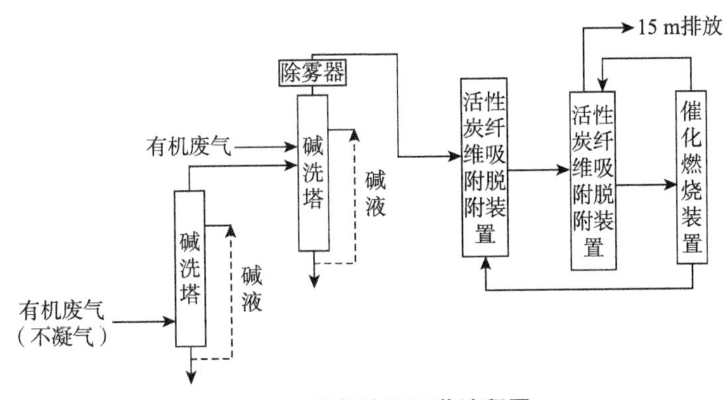

图 2.13　废气治理工艺流程图

(1) 不凝气预处理可行性论证。

由于废气中含有大量的甲醛、酚类、异丙醚等气体，处理工艺中设置“一级碱吸收”进行预处理。甲醛易溶于水，采用水吸收可取得很好的处理效果。酚类物质具有酸性，利用碱吸收可以除去废气中大量的酸性物质和易溶于水的有机物。建设项目建成后工艺有机废气(不凝气)去除效果预测如下。

表 2.38　工艺有机废气(不凝气)去除效率估算表

项目	污染物	污染物源强		碱吸收后		
		浓度/(mg/m³)	速率/(kg/h)	去除率/%	浓度/(mg/m³)	速率/(kg/h)
合成车间有机废气(不凝气)	酚类	760.2	10.067	90	76.0	1.007
	甲醛	1 342.3	20.028	85	201.4	3.004
	氨	96.6	1.449	80	19.3	0.290
	甲醇	80.4	1.204	75	20.1	0.301
	甲基异丁基酮	0.5	0.007	20	0.4	0.006
	乙醇	1.1	0.017	75	0.3	0.004
	苯胺	1.1	0.016	20	0.9	0.013
	正丁醇	213.2	1.961	75	53.3	0.490
	丁酮	94.9	1.338	75	23.7	0.334
	三乙胺	33.9	0.509	20	27.1	0.407
	硫酸	9.2	0.138	90	0.9	0.014
	草酸	13.0	0.196	90	1.3	0.020
	丙三醇	0.1	0.001	75	0.0	0.000
	氯化氢	4.5	0.068	90	0.5	0.007
	安息香酸	10.5	0.157	90	1.0	0.016
	水杨酸	25.7	0.386	90	2.6	0.039
	一氧化碳	13.9	0.209	0	13.9	0.209
	异丙醚	1 575.5	23.335	20	1 260.4	18.668
	油脂	5.2	0.078	20	4.1	0.062

续 表

项目	污染物	污染物源强		碱吸收后		
		浓度/(mg/m³)	速率/(kg/h)	去除率/%	浓度/(mg/m³)	速率/(kg/h)
甲类车间有机废气（不凝气）	酚类	273.8	4.107	90	27.4	0.411
	甲醛	299.9	4.498	85	45.0	0.675
	氨	8.8	0.132	80	1.8	0.026
	乙二醇丁醚	0.1	0.001	75	0.0	0.000
	甲醇	129.7	1.945	75	32.4	0.486
	正丁醇	378.2	5.672	75	94.5	1.418
	硫酸	12.3	0.184	90	1.2	0.018
	丁酮	84.3	1.265	75	21.1	0.316
	水杨酸	6.7	0.100	90	0.7	0.010
	一氧化碳	3.7	0.055	0	3.7	0.055
	对羟基苯磺酸	0.7	0.011	90	0.1	0.001
	对苯二甲基二甲醚	1.8	0.026	20	1.4	0.021
	二丙酮醇	2.3	0.035	75	0.6	0.009
	油脂	4.7	0.071	20	3.8	0.057

(2) 含氯化氢的有机废气处理可行性论证。

根据氯化氢、酚类物质易与碱性物质反应的原理，采用碱洗吸收可取得很好的处理效果。由于本项目仅在一期合成车间生产 S604C 产品时产生含氯化氢的有机废气，故在生产该系列产品时须对设备的废气处理管线进行切换，使其产生的含氯化氢的废气进入单独设立的二级碱吸收装置中处理。

建设项目建成后工艺有机废气去除效果预测如下。

表 2.39 工艺含氯化氢的有机废气去除效率估算表

项目	污染物	污染物源强		一级碱吸收后			二级碱吸收后			总去除率/%
		浓度/(mg/m³)	速率/(kg/h)	去除率/%	浓度/(mg/m³)	速率/(kg/h)	去除率/%	浓度/(mg/m³)	速率/(kg/h)	
合成车间含氯化氢的有机废气	苯酚	31.2	0.265	90	3.1	0.027	90	0.3	0.003	99
	甲醛	57.8	0.492	85	5.8	0.049	85	0.6	0.005	98
	氯化氢	9.0	0.076	90	0.9	0.008	90	0.1	0.001	99

含氯化氢的有机废气经单独处理后与其他经“二级活性炭纤维吸附—脱附—催化燃烧”的废气共同经过 15 m 高的 1# 排气筒排放。

(3) 综合有机废气处理可行性论证。

(a) 吸收法处理可行性。

甲醛易溶于水，酚类易与碱性物质反应，采用碱洗吸收可取得很好的处理效果，减少了后续活性炭纤维吸附装置的处理负担。

(b) 吸附法处理可行性。

在碱吸收的预处理作用下，甲醛、异丙醚、正丁醇等污染物浓度得到了大幅度的降低，继续接入活性炭纤维吸附装置中吸附处理。工程实践表明，活性炭纤维吸附已成为有机废气处理的主流工艺，活性炭纤维吸附具有处理效果彻底、运行管理方便等特点。在保障足够用量的活性炭的前提下，基本可以实现有机废气的达标处理。本项目采用"二级活性炭纤维吸附一脱附一催化燃烧"工艺对工艺有机废气进行处理。当活性炭纤维中有机物的积累量接近饱和吸附容量时，吸附效果难以保障，为此，本项目设置了脱附工艺，企业按设计中的参数定期进行脱附，保障活性炭纤维的吸附量仅在饱和吸附量的 10%～15%时即进行脱附，使其排放浓度不超过活性炭的穿透浓度，保障废气的达标排放。脱附后废气在电加热器的作用下，温度提高到 300℃左右，再通过催化剂。由于催化剂的载体是由多孔材料制作的，具有较大的比表面积和合适的孔径，当加热到 300℃的有机气体通过催化层时，氧和有机气体被吸附在多孔材料表层的催化剂上，氧和有机气体增加了接触碰撞的机会，提高了活性，产生剧烈的化学反应而生成 CO_2 和 H_2O，同时产生热量，从而使有机气体变成无毒无害气体。

2. "含尘废气"治理工艺

本项目合成车间(G4-8、G5.1-6～7、G5.2-5～6、G5.3-5～6、G5.4-5～6、G6-6～7、G7-5～6、G8.1-5～6、G11.1-1～3、G11.2-1～3)、酚醛模塑料车间一(G11.1-6～8、G11.2-6～8)、甲类车间(G4-8、G6-6～7、G7-5～6、G8.1-5～6、G8.2-4～5、G8.3-7～8、G10.1-1～5、G10.2-1～5、G10.3-1～5、G10.4-1～5、G10.5-1～5、G10.6-1～5、G10.7-1～5、G10.8-1～5)、酚醛模塑料车间二(G11.3-3～5、G11.4-3～5)产生的含尘废气经布袋除尘器处理后分别通过 6 根 15 m 高(2#、4#、6#、10#、12#、14#)的排气筒高空排放。

布袋除尘器的基本原理为：含尘气体进入挂有一定数量的滤袋的袋室后，被滤袋纤维过滤。随着阻流粉尘不断增加，一部分粉尘嵌入滤料内部，一部分覆盖在滤袋表面形成一层粉尘层。此时，含尘气体过滤主要依靠粉尘层进行，即含尘气体通过粉尘层与滤料时产生的筛分、惯性、黏附、扩散与静电作用，使粉尘得到捕集，可以达到 99%以上的除尘效率。当粉尘层加厚，压力损失到一定程度时，需进行清灰，清灰后压力降低，但仍有一部分粉尘残留在滤袋上，在下一个过滤周期开始时可起到良好的捕尘作用。

布袋除尘器结构示意：

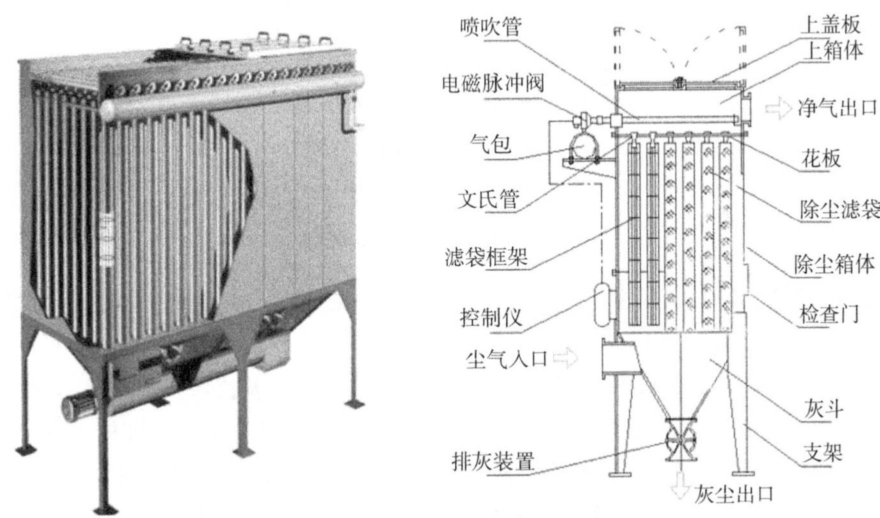

图 2.14　布袋除尘器结构示意图

布袋除尘器特点：

① 除尘效率高，特别是对微细粉尘也有较高的除尘效率，一般可达 99%以上。

② 适应性强，可以搜集不同性质的粉尘。例如，对于高比电阻粉尘，袋式除尘器比电除尘器优越。此外，入口含尘浓度在一相当大的范围内变化时，对除尘效率和阻力的影响都不大。

③ 使用灵活，处理风量可由每小时数百立方米到数十万立方米。可以做成直接安装于室内机器附近

的小型机组，也可以建造大型的除尘器室。

④ 结构简单，可以因地制宜采用直接套袋的简易袋式除尘器，也可采用效率更高的脉冲清灰袋式除尘器。

⑤ 工作稳定，便于回收干料，没有污泥处理、腐蚀等问题，维护简单。

综上，工艺含尘废气采用布袋除尘处理。建设项目建成后工艺含尘废气去除效果预测如下。

表 2.40　工艺含尘废气去除效率估算表

项目	污染物	污染物源强		去除率/%	排放源强		排放标准(15 m)	
		浓度/(mg/m³)	速率/(kg/h)		浓度/(mg/m³)	速率/(kg/h)	浓度/(mg/m³)	速率/(kg/h)
合成车间含尘废气	粉尘	585.6	17.569	99.8	1.2	0.035	20	—
酚醛模塑料车间一含尘废气	粉尘	294.0	8.819	99.8	0.6	0.018	20	—
	粉尘	645.8	19.375	99.8	1.3	0.039	20	—
甲类车间含尘废气	粉尘	803.2	24.097	99.8	1.6	0.048	20	—
酚醛模塑料车间二含尘废气	粉尘	421.3	12.639	99.8	0.8	0.025	20	—
	粉尘	300.9	9.028	99.8	0.6	0.018	20	—

废气经处理后，通过 15 m 高排气筒达标排放。

3. “熔炼混合废气”治理工艺

本项目酚醛模塑料车间一、酚醛模塑料车间二熔炼工序产生的废气同时含有粉尘和有机废气，经管道密闭收集后采用布袋除尘除去废气中的粉尘，再经“二级碱吸收”除去废气中因熔炼加热挥发出的酚类、丁酮等有机物，最后通过管道通往 4 根 15 m 高的排气筒(3＃、5＃、11＃、13＃)排放。

具体处理工艺流程图如下：

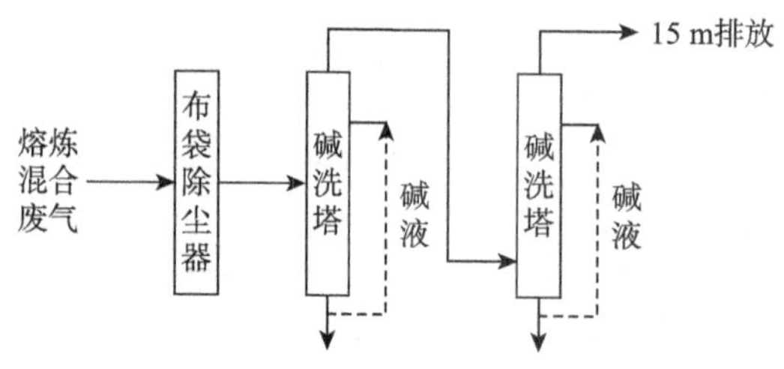

图 2.15　废气治理工艺流程图

综上，熔炼混合废气采用“布袋除尘＋二级碱吸收”处理后通过 15 m 高排气筒达标排放。

4. 污水处理站及储罐呼吸废气治理工艺

建设项目污水处理站及储罐呼吸废气，经管道密闭收集后采用碱吸收除去硫化氢等酸性物质，再经活性炭纤维吸附装置除去有机物，最后通过管道通往 1 根 15 m 高的排气筒(8＃)排放。活性炭纤维装置吸附饱和后，启动脱附风机对活性炭纤维装置进行脱附，脱附气体首先经过催化床中的换热器，然后进入催化床中的预热器，在电加热器的作用下，温度提高到 300℃左右，再通过催化剂，其中的有机物质在催化剂的作用下燃烧，被分解为 CO_2 和 H_2O，产生的高温气体再次通过换热器，与进来的冷风换热，回收一部分热量后对活性炭进行脱附。

具体处理工艺流程见图 2.16。

综上，污水处理站及储罐呼吸废气采用“一级碱吸收与活性炭纤维吸附－脱附－催化燃烧”工艺处理。

(1) 吸收法。

为了实现污水处理站中酸性、碱性恶臭气体达标排放，采取“碱吸收”的处理工艺。根据分析，该工艺

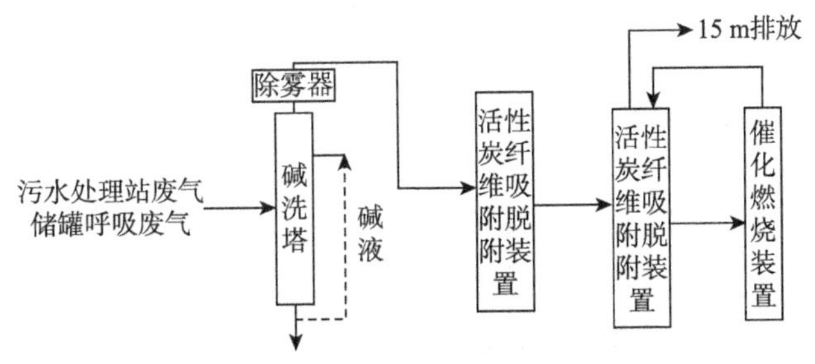

图2.16　废气治理工艺流程图

对氨气等易溶于水的污染物具有很强的吸收效果，对于硫化氢、苯酚等酸性污染物也有很好的处理效果。吸收液在喷淋塔中循环，定期排入污水处理站。

(2) 吸附法。

活性炭对于有机废气具有处理效果彻底、运行管理方便等特点。在保障足够用量的活性炭的前提下，基本可以实现有机废气的达标处理。本项目采用"活性炭纤维吸附—脱附—催化燃烧"工艺对该废气进行处理。当活性炭中有机物的积累量接近饱和吸附容量时，对活性炭进行脱附处理，脱附后废气在电加热器的作用下，温度提高到300℃左右，再通过催化剂，有机物质在催化剂的作用下燃烧，被分解为CO_2和H_2O，产生的高温气体再次通过换热器，与进来的冷风换热，回收一部分热量后对活性炭进行脱附。该工艺具有对恶臭物质去除效率高的特点。

建设项目建成后污水处理站及储罐呼吸废气经处理后，通过15 m高排气筒达标排放。

6.2.3　无组织废气控制措施

建设项目无组织排放的废气主要是生产车间中固体投料、包装等散逸的废气，罐区、仓库区的无组织废气等。对照《江苏省化工行业废气污染防治技术规范》，建设项目采用以下控制措施：

1. 车间无组织废气防治措施

(1) 真空泵废气的处理措施。

建设项目生产过程中需使用真空泵，在真空泵操作过程中会产生不凝气等废气，如不加以收集，将产生无组织废气。建设项目对该股废气拟采用以下处理措施进行处理：

(a) 从源头上进行治理，对有机物进行冷凝，降低溶剂的损耗量。

(b) 选用了罗茨真空泵，泵前泵后均设置气体冷却冷凝装置，并设置废气收集口，将抽真空产生的废气送入生产区的废气处理装置进行处理，以减少废气的无组织挥发量。

(c) 在真空泵的排气口处设置连接管道，将尾气送入"二级碱吸收与活性炭纤维吸附—脱附—催化燃烧"装置进行处理，大大减少废气的排放量，也降低污染物对环境的影响。

(2) 生产车间其他无组织废气防治措施。

生产车间其他无组织废气主要是阀门、管道和入料、出料产生的废气，厂区拟采用以下措施进行防治：

(a) 生产过程中所使用的物料尽量采用管道进行输送，并采用真空泵等系统进行物料的转移，以减少人工物料在输送过程中产生的无组织废气。

(b) 所有反应釜入料口、包装机出料口均设置集气罩对废气进行捕集，通过管道将可能散逸的废气送入处理装置处理。

(c) 对中间储罐应完善中间物料的入料、出料方式，确保入料、出料不会造成罐内物料较大的搅动；控制中间储罐内物料流量，确保入料、出料的平衡，以降低无组织废气产生量。

2. 储罐区无组织排放废气防治措施

储罐区无组织排放的废气主要是在阀门、管道、装卸台产生的废气，储罐入料、出料及日常产生的大小呼吸等的废气，拟采取的措施如下：

(1) 建设项目储罐区内储罐均为立式拱顶罐，对低沸点有机原料储罐设置氮封系统，有机储罐的呼吸废气均收集后接入“一级碱吸收与活性炭纤维吸附－脱附－催化燃烧”处理装置处理。

(2) 物料在入料过程中，应控制物料的流速，并优化入料的方式，尽量减少物料的搅动，降低入料过程中无组织废气的产生量。

(3) 物料出料全部采用管道输送方式，在输送过程中，应检测管道内的压力，如压力降低，就应对阀门、管道等进行巡视，防止跑、冒、滴、漏产生的无组织废气。

(4) 对设备、管道、阀门经常检查、检修，保持装置气密性良好。

3. 仓库

仓库内的物料储存主要采用桶装储存，如储存不善，将产生一定量的无组织废气。仓库内无组织废气的污染防治措施如下：

(1) 仓库内的桶装物料必须分类、密封、竖立储存，不得堆积，不得斜放；在物料取用过程中，应采用鹤管取用，不得倾倒；取用后的包装桶应及时加盖、密封。

(2) 在桶内物料取用完后，应将废包装桶加盖、密封，送入废包装桶储存处储存，不得敞开储存，防止残留的物料挥发产生无组织废气。

(3) 定期对仓库进行巡查，将倾倒、斜放的包装桶扶正，并检查包装桶的加盖和密封方式，防止密封不严产生无组织废气。

4. 污水站废气防治措施

本项目污水站在污水和污泥处理过程中将散发一定量的有机废气和恶臭气体，项目针对产生污水废气的单位采取密封措施，将废气引至“一级碱吸收与活性炭纤维吸附－脱附－催化燃烧”装置中进行处理，减轻污水站无组织排放的恶臭气体对周边环境空气质量的影响。

通过采取以上无组织排放控制措施，各污染物质的周围外界最高浓度能够符合《大气污染物综合排放标准》(GB 16297—1996)无组织排放监控浓度限值、江苏省《化学工业挥发性有机物排放标准》(DB 32/3151—2016)厂界监控点浓度限值及《恶臭污染物排放标准》厂界标准值等相关标准，无组织排放废气能够达标排放。

【点评】

随着 VOCs 管理精细化，建议可在环评工作中提醒企业邀请设计单位提前介入，相对准确地进行连接组件预计，这样可减少估算误差，有利于与排污许可证和后续管理衔接。

本项目符合《合成树脂工业污染物排放标准》(GB 31572—2015)提出的 VOCs 污染控制的要求，对 VOCs 的过程控制为目前排放标准规定的内容，需在评价中关注。在达到排放标准的基础上，化工企业进行持续减排还可考虑采用干式快接头、密闭采样器、闭式循环水等装置。

6.3 固废污染防治措施评述

6.3.1 固废产生及处置情况

建设项目固体废物主要是生产过程中产生的过滤残渣、分层浓缩废液、废活性炭纤维、洗釜废液及残渣、污水处理过程产生的物化污泥、生化污泥、废催化燃烧催化剂、实验室废液、废导热油、生活垃圾、废包装、废试剂瓶等。

建设项目固废处置情况如下：

(1) 生产过程中产生的过滤残渣、分层浓缩废液(S2.2)、废活性炭纤维、洗釜废液及残渣、实验室废液、废导热油、废包装、废试剂瓶、废催化燃烧催化剂等委托有资质单位处置;

(2) 分层浓缩废液(S9.1、S9.2)、物化污泥委托有资质单位处置;

(3) 污水处理过程产生的生化污泥无法确定其危险特性,待项目稳定达产运行之后根据《危险废物鉴别标准》(GB 5085.1—2007至GB 5085.7—2007)的要求开展危废鉴别以确定固废性质,生化污泥在鉴定结果前须按危废进行管理;

(4) 生活垃圾拟委托环卫部门统一清运处理。

6.3.2　贮存场所污染防治措施可行性

建设项目建成后全厂危险废物产生总量为3 331.478 t/a,每天危险废物产生量为11 t/d,暂存周期为60天,则暂存期内危险废物量为666 t;建设项目建成后全厂生化污泥产生总量为600 t/a,每天生化污泥产生量为2 t/d,考虑到鉴别周期约半年,则最大暂存周期为半年,暂存期内生化污泥量为300 t。按照固废性质采用200 L铁桶、吨袋和吨桶盛装,各需要200只、250只和600只。每只桶按照直径0.6 m计算,吨袋(含托盘)、吨桶按照边长1 m计算,则所需最小暂存面积为906.5 m^2,因此,考虑危险废物分类、分区存放等因素,建设项目设置2座490 m^2 危险废物暂存库(合计980 m^2)可满足本项目的需要。

6.3.3　管理措施评述

本项目设置2座490 m^2 固废仓库(合计980 m^2)用于贮存生产过程中产生的危险固废,危废堆场须设置标志牌,地面与裙角均采用防渗材料建造,采用耐腐蚀的硬化地面,确保地面无裂缝,整个危险废物暂存场做到"防风、防雨、防晒",并由专人管理和维护。同时各类固体废物均按照相关要求分类收集贮存,贮存区域应满足《危险废物贮存污染控制标准》(GB 18597—2001)及其修改单的相关要求。

危废堆场须设置围堰并设置废水导排管道或渠道,将堆场溢流废液纳入废水处理设施处理。

特别需要说明的是,污水处理过程产生的生化污泥在开展鉴别确定其危险特性前须按照危废进行贮存。

危险废物暂存过程中,建设单位应采取的管理措施有:

(1) 建设单位应根据危险废物的产生量及时与危险废物处置单位联系,将危险废物及时运往危废处置单位处置,尽量不在危废暂存场所大量堆积,从而防止对土壤和地下水体的污染。

(2) 建设项目的危险废物应尽量采用桶装,并在包装桶上标注危废名称、数量、所含成分等,在储存过程中应加盖,防止危险废物中有机物挥发或倾倒造成二次污染。

(3) 建设项目危险废物应由危险废物处置单位安排专人专车运送,同时注意运输工具的密封,防止渗滤液造成二次污染。

因此,建设项目产生的固废可以实现妥善处置,处置方法可行,不会对环境造成二次污染。

6.4　噪声污染防治措施评述

建设项目的主要噪声由泵、风机等机械设备运转所产生,生产中采取的噪声污染防治措施主要包括:

① 设备购置时尽可能选用小功率、低噪声的设备;

② 采用减振台座,以减弱风机转动时产生的振动;

③ 声源尽可能设置在室内,隔声减噪。高噪声设备车间的采光窗用双层隔声窗,隔声能力>20 dB(A);

④ 总平面布置中将主要噪声源布置在厂区中间,远离厂界;对真空泵组等设备加装隔声罩,隔声能力>20 dB(A);

⑤ 加强厂区绿化,建立绿化隔离带。此外,在厂界周围种植乔灌木绿化围墙,起吸声降噪作用。

经过以上治理措施后，建设项目各噪声设备均可降噪在 20 dB 以上。噪声环境影响预测结果表明，采取降噪措施后，厂界噪声最大贡献值较小，厂界噪声能够达标，建设项目的噪声污染防治措施是可行的。

6.5 土壤和地下水污染防治措施评述

6.5.1 源头控制

建设项目所有输水、排水管道等必须采取防渗措施，杜绝各类废水下渗。另外，应严格废水的管理，强调节约用水，防止污水“跑、冒、滴、漏”，确保污水处理系统的正常运行。污水的转移运输管线敷设尽量采用“可视化”原则，即管道尽可能地上敷设，做到污染物“早发现、早处理”，以减少由埋地管道泄漏而可能造成的地下水污染，并且接口处要定期检查以免漏水。污水处理的车间也要进行定期检查，不能在污水处理的过程中有过多的污水泄漏。

6.5.2 末端控制

分区防控。主要包括厂内污染区地面的防渗措施和泄漏、渗漏污染物收集措施，即在污染区地面进行防渗处理，防止洒落地面的污染物渗入地下，并把滞留在地面的污染物收集起来集中处理，从而避免对地下水的污染。结合项目各生产设备、管廊或管线、贮存、运输装置等因素，根据项目场地天然包气带防污性能、污染控制难易程度和污染物特性对全厂进行分区防控

6.6 风险防范措施评述

本次评价按照 HJ/T 169—2004 要求提出了大气、事故废水、地下水风险防范措施，提出了应急监测的要求，以及与园区环境风险防控设施及管理有效联动的要求。

结合本项目的特点，本次评价特别提出了以下风险防范措施：

(1) 建设项目新建厂房、罐区，均参照《石油化工企业设计防火规范》(GB 50160—2015)中相应的防火等级和建筑防火间距的要求来设置各新建生产装置及罐区、建构筑物之间的防火间距。在建筑安全方面，厂房采用敞开式结构，通风良好，可有效防止厂房内有毒气体积聚。

(2) 新建一个 1 800 m^3 容积的应急事故池，一旦发生泄漏事故，污染物可在储罐区围堰范围内接收，超过容量部分可泵入厂内事故池，不向外排放，不会对保护目标产生影响。设置事故池收集系统时，应严格执行《化工建设项目环境保护设计规范》《储罐区防火堤设计规范》和《水体污染防控紧急措施设计导则》等规范，科学合理设置废水事故池和管线。各管线铺设过程应考虑一定的坡度，确保废水废液能够全部自流进入，对于地势确实过高的部分区域，应提前配置输送设施；事故池外排口除了设置电动控制阀外，还应考虑电动控制阀失效状态下的应急准备，设置备用人工控制阀。

(3) 建设项目废气处理系统主要风险事故是喷淋处理、活性炭吸附等废气处理措施发生故障致使废气未经有效处理后超标排放，喷淋装置中的酸碱溶液的腐蚀、中毒事故，催化燃烧装置的火灾爆炸事故，等。

(4) 废气处理系统风险防范措施如下：

① 对废气处理系统进行定期的监测和检修，如发生腐蚀、设备运行不稳定的情况，需对设备进行更换和修理，确保废气处理装置的正常运行。

② 定期对活性炭进行更换，并设置备用的活性炭吸附装置，以便于废气的有效处理。

③ 活性炭脱附时，经催化燃烧装置的有机废气的浓度必须控制在相应有机物爆炸极限的 25%以下，当有机废气浓度有可能超过此值时，应启用野风阀将其冲淡到安全值。因此在设计中应采用灵敏可靠的

温度、浓度测定装置，以随时进行人工或自动调节。为防止有机废气在催化剂床层上燃烧时火焰蔓延，应在有机废气进入净化装置前安装阻火器。催化燃烧净化装置点火前，必须用空气将风道、燃烧室等吹扫干净，以消除可能聚集在这些部位的可燃气体，防止点火时发生火灾或爆炸。设备中可能积存有油污、凝液等可燃物质，它们在设备开始运行加热时会汽化成可燃、可爆的气体，从而有可能导致爆炸，因此在点火前应将这些物质清除干净。

(5) 工艺中的风险防范措施如下：

① 在酚醛模塑料生产的破碎、混合、筛分等环节，应在可能产生粉尘泄漏的位置设有相对独立的通风除尘系统，并设置接地装置，收尘器应设置在建筑物外(有防雨措施)或与车间其他区域分隔开。同时及时对生产场所进行清理，应当采用不产生火花、静电、扬尘等的方法清理，禁止使用压缩空气进行吹扫，对除尘系统也需定期进行清理，使作业场所积累的粉尘量降至最低。

② 在车间内有可能散发易燃、易爆气体(甲醇等)的场所，应安装相应规格型号的可燃气体自动检测报警仪，及时发现报警，防患于未然。报警仪设定值应为该场所易燃、易爆物质爆炸极限下限值的25%，且必须按照形成的蒸汽比重大小设置探头的位置。可能产生有毒气体(甲醛)的场所应设置具有针对性的有毒气体检测报警仪，且有毒气体检测报警仪的设定值应按照国家职业卫生标准规定的该物质接触限值的要求而定。上述报警探头的信号报警装置应汇总至长期有人值守的控制室或值班室，由专人负责处理。

③ 本项目涉及的聚合反应属于放热反应，热塑性酚醛树脂反应过程中甲醛加入速度不能过快，反应釜搅拌不能中止，冷却、冷冻降温不能中断，防止温度剧烈升高、内压升高、冲料导致火灾、爆炸、中毒事故的发生。冷却水装置设计能力应充分满足反应降温的安全应急需要，当冷却、冷冻系统设备在出现故障时应有备用设备确保维持冷却10分钟以上，冷却、冷冻系统应连接备用电源。

(6) 热固性酚醛树脂生产对策措施如下：

① 因部分催化剂、添加剂均需人工称量后真空抽入釜中，车间内的称量、抽料作业应定点操作完成，在作业区上方应设置吸风罩。

② 因苯酚熔点较高，苯酚输送管道应采取保温措施，以防在冬季环境温度较低的情况下，苯酚发生凝固，堵塞送料管线。

③ 甲醛为易燃液体，其与空气可形成爆炸性混合物，投料前应严格检查设备、管道、阀门的密闭性，防止物料泄漏后遇明火、高热发生火灾、爆炸事故。同时甲醛亦为高毒物质，现场作业人员必须佩戴相应的劳动防护用品。

④ 使用的部分催化剂如氢氧化钠溶液、氨水、三乙胺、氢氧化钾等均为腐蚀性物质，且氨水、三乙胺、氢氧化钾均为人工称量后真空上料，在称量过程中，操作人员应佩戴相应的防护用品，以防发生灼烫伤害。

⑤ 聚合反应(熟成)温度、压力与蒸汽加热阀门形成联锁控制关系。当反应温度、压力超出控制上限时，可立即关闭蒸汽加热阀门，并同时开启循环冷却水进料阀，发出声、光报警信号。

⑥ 聚合反应釜设置搅拌电流显示信号、异常报警信号。

⑦ 脱水过程中，应确保充足的冷凝能力，减少甲醛等物质的逸散。

⑧ 液体产品的灌装必须待温度降至规定温度后方可进行，以防高温下有机溶剂的挥发。

⑨ S-603生产过程中物料转入薄膜蒸发器蒸馏时，蒸馏温度与热水加热阀门联锁，一旦超过设定温度上限，则自动切断热水加热阀门。蒸馏过程应保证冷凝器的冷却量及系统真空度的满足要求。蒸馏过程应先抽真空再加热，蒸馏结束后应先停止加热，待温度降至室温后再卸真空。

⑩ S-603包装过程应尽量减少人员接触，同时系统应考虑设置通风除尘设施，并保证除尘系统运行正常。对产生的粉尘收集处理，不得在车间内无组织排放。定期清理除尘器及作业场所中的粉尘。作业过程中应穿戴好劳动防护用品，以防粉尘危害。

(7) 热塑性酚醛树脂生产对策措施如下：

① 因部分催化剂、添加剂均需人工称量后真空抽入釜中，车间内的称量、抽料作业应定点操作完成，

在作业区上方应设置吸风罩。

② 因苯酚凝固点较高，苯酚输送管道应采取保温措施，以防在冬季环境温度较低的情况下，苯酚发生凝固，堵塞送料管线。

③ 甲醛为易燃液体，其与空气可形成爆炸性混合物，投料前应严格检查设备、管道、阀门的密闭性，防止物料泄漏后遇明火、高热发生火灾、爆炸事故。同时甲醛亦为高毒物质，现场作业人员必须佩戴相应的劳动防护用品。应控制甲醛的加入速度，不可过快。

④ 使用的部分催化剂如氢氧化钠溶液、硫酸、盐酸、草酸等均为腐蚀性物质，且硫酸、盐酸、草酸均为人工称量后真空上料，在称量过程中，操作人员应佩戴相应的防护用品，以防发生灼烫伤害。

⑤ 聚合反应温度、压力与蒸汽加热阀门形成联锁控制关系。当反应温度、压力超出控制上限时，可立即关闭蒸汽加热阀门，并同时开启循环冷却水进料阀，发出声、光报警信号。

⑥ 聚合反应釜设置搅拌电流显示信号、异常报警信号。

⑦ 脱水过程中，应保证冷凝器的冷却量及系统真空度满足要求。

⑧ 脱酚过程温度与导热油阀门联锁，一旦釜内温度超过设定的限值则发出报警，并自动切断热油循环，同时建议考虑联锁夹套冷却降温措施。

⑨ 脱酚过程应确保充足的冷凝能力，减少苯酚蒸汽的逸散，同时应注意控制冷凝系统水温不宜过低，以防发生凝固堵塞，设置循环水温度监测，低于规定温度自动报警并进行升温。接收管道定期进行清理，防止高沸物堵塞造成系统内压力过大。

⑩ S－606 加成反应、S－608 醚化反应过程中，加成、醚化反应温度与蒸汽加热阀门形成联锁控制关系。当反应温度超出控制上限时，可立即关闭蒸汽加热阀门，并同时开启循环冷却水进料阀，发出声、光报警信号。

⑪ 应定期检查导热油管线、连接处的密封情况，以防高温导热油泄漏引起火灾事故。

⑫ 在物料由聚合釜转至蒸馏釜及由蒸馏釜转至中转釜的过程中，必须使用氮气压料，切不可使用空气压料。

⑬ 粉碎机应设置静电接地措施，防止静电积聚产生火花。

⑭ 固体产品包装过程应尽量减少人员接触，同时系统应考虑设置通风除尘设施，并保证除尘系统运行正常。对产生的粉尘收集处理，不得在车间内无组织排放。定期清理除尘器及作业场所中的粉尘。作业过程中应穿戴好劳动防护用品，以防粉尘危害。

⑮ 液体产品的灌装必须待温度降至规定温度后方可进行，以防高温下有机溶剂的挥发。

(7) 酚醛模塑料生产主要对策措施

① 乌洛托品的粉碎在合成车间完成，粉碎机应设置静电接地措施，防止静电积聚产生火花。

② 乌洛托品粉碎等易发生粉尘爆炸的作业场所应与酚醛树脂生产区域分隔，相对独立布置，尽量缩小粉尘爆炸区域的范围，并紧靠厂房外墙以便于泄爆。

③ 固体粉料投料过程中产生的粉尘，会对操作人员产生危害；此外部分固体粉料属于丙类可燃物质，备料过程接触明火、达到高热条件可能会引起火灾事故；产尘点均应按规定要求设置吸尘罩，风口保证有足够的吸尘风量，风速应大于 1 m/s，主管道系统垂直风管设计风速应大于 19 m/s，水平风管设计风速应大于 23 m/s，以满足作业岗位安全和职业卫生要求。

④ 高分子树脂在熔融状态混炼，一般会分解出微量的有害气体，在混炼设备上方应设置吸风罩。

⑤ 挤出、混炼温度不宜过高，以防酚醛树脂发生分解。

⑥ 破碎机、混炼机、混合机、挤出机等应设置静电接地措施，防止静电积聚产生火花。

⑦ 固体产品包装过程应尽量减少人员接触，同时系统应考虑设置通风除尘设施，并保证除尘系统运行正常。对产生的粉尘收集处理，不得在车间内无组织排放。定期清理除尘器及作业场所中的粉尘。作业过程中应穿戴好劳动防护用品，以防粉尘危害。

⑧ 安装在爆炸性粉尘环境中的电气设备须采取措施，防止热表面的可燃性粉尘引起火灾。

七、环境管理与环境监测计划(略)

八、评价结论(略)

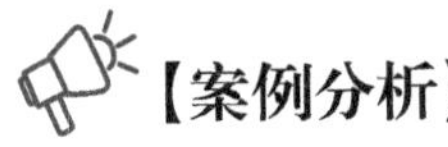

【案例分析】

(1) 本案例的项目建设内容分为两期，评价时需要将厂内建设内容、产品方案、三废产生及排放情况等均按照两期分别评价。

(2) 涉及合成树脂工业的项目，评价时应对照《合成树脂工业污染物排放标准》(GB 31572—2015)的要求分析单位产品非甲烷总烃排放量(kg/t 产品)。本项目符合《合成树脂工业污染物排放标准》(GB 31572—2015)提出的 VOCs 污染控制的要求，对 VOCs 的过程控制为目前排放标准规定的内容，需在评价中关注。

(3) 本项目为合成树脂类项目，此类项目具有工艺流程短但产品种类多的特点。特别是生产中可能涉及多种不同牌号的产品，每个牌号的产品的生产原料、配方、工艺均有一些不同。因此，面对此类项目，应统筹考虑，生产工艺或反应类型相似的产品，可简化合并分析。项目为新建项目，由于项目分期建设，因此报告需分期进行分析及评价，包括生产线、公辅工程的分期建设，并明确分期依托情况。

(4) 本项目涉及少量含氯化氢的有机废气，因此废气处理措施应考虑含氯废气燃烧有产生二噁英的风险，对相关废气收集、处理措施综合考虑。

(5) 按照《建设项目环境影响评价技术导则 总纲》(HJ 2.1—2016)的要求，应分析主体工程、公用工程、储运工程、辅助工程等环节的污染防治。项目涉及实验或中试的，应明确中试的具体内容和规模，并据此分析中试的产污。由于中试还具有一定的不确定性，所以分析产污时需要明确工艺、中试设备，同时还需要明确使用到的各类原辅材料。涉及设备共用的，应考虑产品切换时是否涉及设备清洗，据此分析设备清洗方式及清洗剂用量，并考虑相关污染物的产生及排放。

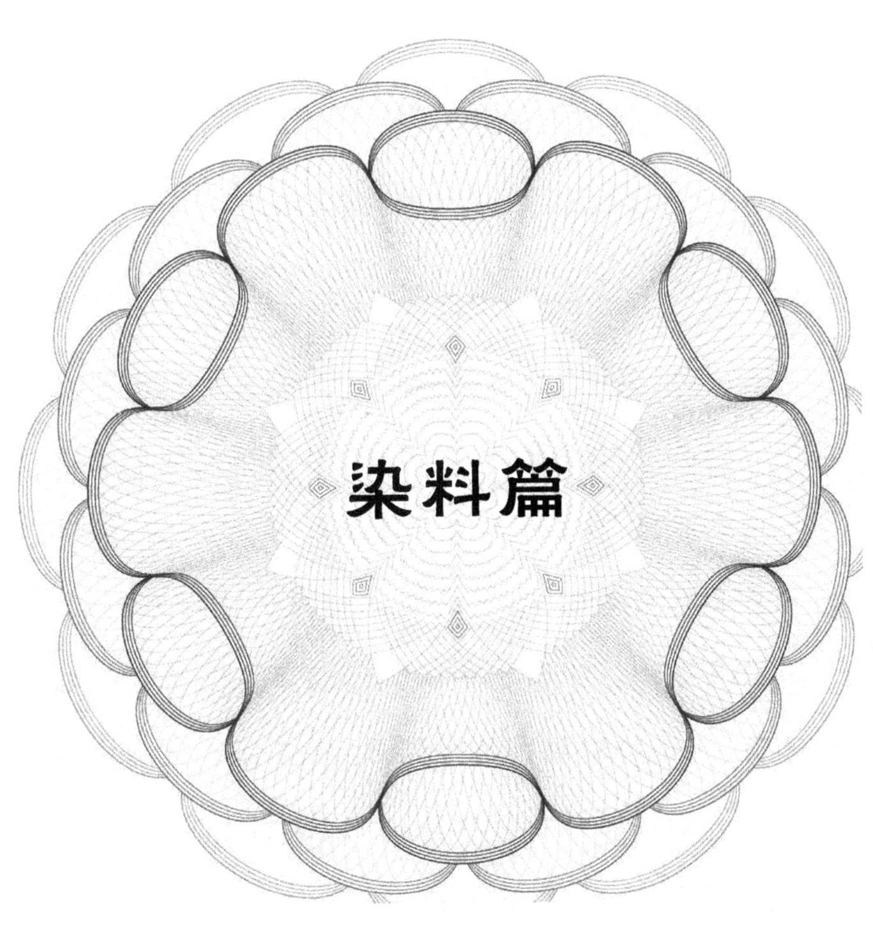

染料篇

☞　染料与颜料是精细化工中的重要行业之一，主要应用于纺织品等的染色，还广泛应用于涂料、橡胶制品、塑料、油墨、医药和信息材料工业等方面。目前我国染料与颜料工业已具备相当规模，与其配套的合成染料与颜料的中间体工业亦发展很快。但染料中间体行业往往因工艺流程长、产污节点多、污染物降解困难等特点，在环保管理上难度较大。

本篇结合实际工作经验，以某化工公司染料技术改造项目环境影响评价为案例，梳理染料行业环境影响评价工作中应重点关注的内容，希望能为从事染料生产、环境管理及环境影响评价的技术人员、管理人员提供一些借鉴。

案例三　某化工公司染料技术改造项目环境影响评价

一、概　述

1.1　项目背景

某化工公司是一家专业生产和经营分散、活性、阳离子、还原等系列染料及化工中间体、聚氨酯泡沫、高性能涂料的大型企业。公司现建有四座分厂（一号厂区、二号厂区、三号厂区、四号厂区），一号厂区从事H酸（1-氨基-8-萘酚-3-磺酸基-6-磺酸钠）生产，二号厂区从事分散、活性染料及中间体生产，三号厂区主要从事硫磺制酸及硫酸下游产品，分散、活性、酸性和直接染料的生产，四号厂区配套处置该公司产生的危险废物。该化工公司一号厂区、二号厂区、三号厂区和四号厂区均位于同一化工园区内。

为适应市场需求、抵御市场风险，进一步提高产品竞争优势，该公司拟投资25 000万元对所属一号厂区的H酸项目的生产工艺、设备及配套公辅工程、污染防治设施进行提升改造。本次技改H酸产能不增加。本次技术改造内容主要有：① 在H酸生产线反萃取工段后拟新增活性炭吸附工序，甲醇蒸馏工序从稀释后调整为在稀释前，原辅料增加木质素以促进废镍催化剂的过滤；② 对厂区平面布置、罐区储罐设置情况进行调整；③ 对废气、废水等污染防治设施进行调整。

本项目环评开展时间段为2021年12月至2022年8月，评价采用的导则、标准、技术规范等均为该时间段内施行的版本。

1.2　项目特点

技改项目选址于某化工园区现有厂区内，属于染料制造行业。本次评价仅针对H酸生产线等进行技术改造，其他产品不在本次评价范围内。

技改项目具有如下特点：

(1) 公司现建有四座分厂（一号厂区、二号厂区、三号厂区、四号厂区），一号厂区从事H酸生产。项目属于技术改造项目，主要是在现有车间内建设，主要涉及一号厂区H酸生产线，并对废水、废气治理设施及固体废物污染防治措施等进行改造。

(2) 项目应关注其三废产生及收集治理情况，减少废气的无组织排放。生产过程涉及甲醇、萘、氨、硫酸、发烟硫酸等物质，其达标排放情况应作为项目评价重点。

(3) 技改项目使用萘、硫酸等危险化学品，在生产、贮存等过程存在较大的环境风险，需强化环境风险防控措施和应急预案。

(4) 技改项目所使用的氨等为恶臭类物质，应采取措施减少无组织气体的产生量，将厂区无组织气体收集治理作为本项目的重点。

(5) 技改项目中的分散染料属于《产业结构调整指导目录(2019年本)》中的鼓励类，不属于限制、淘汰和禁止类，技改项目选址符合《某省国家级生态保护红线规划》及《某省生态空间管控区域规划》。

(6) 技改项目涉及的中间体为厂内分散染料配套使用。根据建设单位调研,染料行业内分散染料生产企业通常自行配套生产这些中间体且不对外销售,导致中间体市场来源不稳定、可获得性差,建设单位无法通过外购满足生产需求,厂内需配套自产上述中间体且无法进一步缩小相关生产规模。

1.3 项目初筛分析

从报告类别、园区基本情况、法律法规、产业政策、行业准入条件、环境承载力、总量指标、“三线一单”等方面对本项目进行初步筛查,具体内容如下。

1.3.1 报告类别

根据《建设项目环境影响评价分类管理名录(2021 年版)》,本项目属于“二十三、化学原料和化学制品制造业,44、涂料油墨颜料及类似制品制造”,不属于其中“单纯物理分离、物理提纯、混合、分装的(不产生废水或挥发性有机物的除外)”。因此,应编制环境影响报告书。

1.3.2 产业政策相符性分析

依据项目情况逐条对照《产业结构调整指导目录(2019 年本)》《某省工业和信息产业结构调整指导目录(2012 年本)》及修订本、《某省产业结构调整限制、淘汰和禁止目录》《某省工业和信息产业结构调整限制淘汰目录和能耗限额的通知》《某省化工产业结构调整限制、淘汰和禁止目录(2020 年本)》《某市化工产业结构调整限制、淘汰和禁止目录(2020 年版)》《某市化工产业结构调整指导目录(2015 年本)》进行分析,项目属于允许类,符合国家和地方的产业政策要求,且已取得某市行政审批局的备案。

1.3.3 环保政策相符性分析

依据项目情况逐条对照《关于印发某省化工行业废气污染防治技术规范的通知》《关于印发某省重点行业挥发性有机物污染控制指南的通知》《关于印发〈某省化工产业安全环保整治提升方案〉的通知》《化工产业安全环保整治提升工作有关细化要求》《省政府办公厅关于印发某省化工园区(集中区)环境治理工程实施意见的通知》《省生态环境厅关于进一步做好建设项目环评审批工作的通知》《省生态环境厅关于印发化工、印染行业建设项目环境影响评价文件审批原则的通知》《省生态环境厅关于进一步加强危险废物污染防治工作的实施意见》《省政府办公厅关于加强危险废物污染防治工作的意见》《关于提升危险废物环境监管能力、利用处置能力和环境风险防范能力的指导意见》《某省“三线一单”生态环境分区管控方案》《某市“三线一单”生态环境分区管控实施方案》《关于加强高耗能、高排放建设项目生态环境源头防控的指导意见》《某省大气污染防治行动计划实施方案》《关于落实省大气污染防治行动计划实施方案严格环境影响评价准入的通知》《淮河流域水污染防治暂行条例》《某省水污染防治条例》《省政府关于深入推进全省化工行业转型发展的实施意见》《省政府办公厅关于开展全省化工企业“四个一批”专项行动的通知》《关于加快全省化工钢铁煤电行业转型升级高质量发展的实施意见》《关于全面加强生态环境保护坚决打好污染防治攻坚战的实施意见》《某省打赢蓝天保卫战三年行动计划实施方案》《重点行业挥发性有机物综合治理方案》《关于印发〈2020 年挥发性有机物治理攻坚方案〉的通知》《省生态环境厅关于进一步加强建设项目环评审批和服务工作的指导意见》《关于印发〈长江经济带发展负面清单指南〉某省实施细则(试行)的通知》《某省 2020 年挥发性有机物专项治理工作方案》《关于做好生态环境和应急管理部门联动工作的意见》《省政府关于加强全省化工园区化工集中区规范化管理的通知》《关于进一步做好建设项目环评审批工作的实施意见》进行相符性分析,综合分析认为技改项目的建设符合省市相关环保规划文件的要求。

1.3.4　园区产业定位及规划相符性分析

包括化工园区用地规划、产业定位、环保规划及基础设施建设（供水、供电、供气、供热、污水处理、危废处置等）的相符性分析。

1.3.5　环境承载力及影响

从废水、废气、噪声、固废排放等角度分析相关环境影响，结合依托工程的预测结论说明项目的环境影响，明确是否超出区域环境承载力。

经预测，项目污染治理措施正常运行时，技改项目的建设对周围环境的影响较小，不会改变区域环境质量现状。

1.3.6　总量指标合理性及可达性分析

根据排污权有偿使用和交易管理相关文件的要求，需落实项目废水、废气污染物排放总量，固体废物实现合理妥善处置。

1.3.7　“三线一单”相符性分析

1. 生态保护红线

调查分析距离技改项目最近的生态保护红线，项目不在规划的国家级生态保护红线和省级生态空间管控区域范围之内，符合要求。

2. 环境质量底线

根据生态环境状况公报及环境质量报告书，项目所在区域环境空气质量达标。

3. 资源利用上线

技改项目用水、用电、用气等均在园区供给能力范围内，用电及用气优先使用三号厂区硫磺制酸项目副产，不足部分由园区管网提供；技改项目采用能量梯级利用等方式，节约能源，提高利用率。因而，项目建设不突破园区资源利用上线。

4. 环境准入负面清单

与市场准入负面清单、化工园区产业准入负面清单逐条对照，从工艺、能耗物耗、环境保护要求、产业等角度进行分析，项目不属于负面清单范围内。

1.3.8　清洁生产和循环经济分析

技改项目所生产的 H 酸为原批复范围内的产品，运行时生产情况较好，不涉及淘汰落后的生产工艺、设备。建设单位已开展了反应安全风险评估工作，同时，根据现有项目的工艺技术安全性评审意见、安全生产报告、安全评价报告等材料，本次技改涉及的产品的工艺技术安全可靠，反应过程稳定可控，安全设计比较完善，可以进行工业化生产。

技改项目所使用的原辅料均不属于《危险化学品目录（2015 版）》中的剧毒物质，原辅料及中间产物中涉及的氨等属于《高毒物品目录（2003 年版）》中的高毒物质，但据科技局查新资料，某化工公司所选用的生产工艺均为国内主要的生产方法，工艺较为成熟、稳定，有较好的市场竞争力。经过科技查新，在所检文献中未见其他不采用上述高毒原辅料的生产工艺，目前暂无更加安全、稳定的可替代低毒物料的生产工艺路线，建设单位正在积极开展研发工作，待工艺成熟后即采用低毒物料替代高毒物料，同时，针对技改项目涉及的高毒物质，建设单位已重点采取安全管理对策措施。甲醛、萘列入了《优先控制化学品名录（第一批）》（公告 2017 年第 83 号），甲醛列入了《有毒有害大气污染物名录（2018 年）》《有毒有害水污染物名录（第一批）》，其余物质均未列入《优先控制化学品名录（第二批）》《中国严格限制的有毒化学品名录（2020

年)》及上述名录中。

技改项目由于目前生产工艺的要求,使用了萘等物质。后期企业应加强技术研发和创新,根据修订后的国家有关强制性标准、替代品目录的要求,适时替代;实施强制性清洁生产审核及信息公开制度;并按照《优先控制化学品名录(第二批)》公告的要求,实行排污许可制度管理,持证排污。

技改项目生产过程对溶剂采用回收套用,通过蒸精馏和冷凝回收进行重复利用,减少原辅料的消耗和污染物的产生。

1.3.9 分析判定结论

综上分析,项目的建设符合国家、地方产业政策,符合相关环保政策,符合规划环评及审查意见、符合“三线一单”等要求。

1.4 关注的主要环境问题及环境影响

技改项目在现有厂区内建设,本次评价主要关注的环境问题及环境影响有:

(1) 技改项目“三废”防治措施的可行性、污染物达标排放可行性及对周边空气、地表(海)水、声环境、地下水、土壤等的影响;

(2) 技改项目涉及重点监管危险化学品和高危工艺,环境风险是否可防控。

1.5 报告书主要结论

某化工公司年产 27 020 t 染料产业转型提升技术改造项目位于某化工园区用地范围内,符合相关规划要求,生产工艺符合国家及地方产业政策要求。

经分析论证和预测评价后认为,技改项目所采用的污染防治措施技术经济可行,能够保证各种污染物稳定达标排放,排放的污染物对周围环境影响较小,不会对区域现有的环境功能造成较大影响。技改项目具有一定的社会效益、经济效益,经采取有效的事故防范、减缓措施,环境风险可控。在网上公示期间,未接到反对的反馈意见。总体来看,在落实各项环境保护对策措施和环境管理、环境监测要求,加强风险防范和应急预案的前提下,从环保角度论证,技改项目在拟建地建设是可行的。

【点评】

该案例在概述章节按照《建设项目环境影响评价技术导则 总纲》(HJ 2.1—2016)的要求,充分说明了项目建设的必要性、项目特点,从报告类别、产业政策、环保政策、园区产业定位及规划、“三线一单”、清洁生产等角度初步分析了项目可行性。

该项目产品属于染料中间体,因市场来源不稳定、可获得性差等原因,在现有项目的基础上对其生产线进行改建,充分说明了项目建设背景,并通过项目主要环境问题及环境影响的分析,明确了项目环境影响评价的主要结论。

二、总　则

2.1　评价因子

根据对技改项目的工程分析和环境影响识别，确定技改项目主要的评价因子，见表 3.1。本项目污染物 SO_2 与 NO_x 的年排放量<500 t/a，因此不考虑二次 $PM_{2.5}$。

表 3.1　技改项目环境影响因子识别表

环境类别	现状评价因子	影响预测评价因子	总量控制因子
大气	SO_2、NO_2、PM_{10}、$PM_{2.5}$、CO、O_3、硫酸雾、TVOC、醋酸、氯化氢、氯气、氨气、硫化氢、甲醛、丙烯腈、二噁英、萘、甲醇、苯、苯酚、氯乙烷、环氧乙烷、苯胺、硝基苯、氰化氢、氟化物、汞、镉、铅、砷、六价铬、臭气浓度	PM_{10}、SO_2、NO_x、硫酸雾、TVOC、醋酸、氯化氢、氨气、硫化氢、萘、甲醇、醋酸酐	控制因子：VOCs、粉尘、二氧化硫、氮氧化物 考核因子：硫酸雾、醋酸、氯化氢、氨气、硫化氢、萘、甲醇、非甲烷总烃、醋酸酐等
地表水	pH、COD、BOD_5、石油类、氰化物、活性磷酸盐、溶解氧、非离子氨、无机氮、挥发酚、硫化物、镉、铅、六价铬、砷、铜、锌、镍、氯苯、苯胺类、硝基苯类、盐分、水温	—	控制因子：COD、氨氮、总磷、总氮 考核因子：pH、SS、可吸附有机卤素(AOX)、苯胺类、挥发酚、石油类、硝基苯类、盐分、色度
地下水	pH、总硬度、溶解性总固体、硫酸盐、氯化物、铁、锰、铜、锌、铝、挥发酚、阴离子表面活性剂、氨氮、耗氧量、硫化物、总大肠菌群、硝酸盐、亚硝酸盐、氰化物、氟化物、碘化物、汞、砷、镉、铬(六价)、铅、苯、1,2-二氯乙烷、氯苯、萘、蒽、多氯联苯、K^+、Na^+、Ca^{2+}、Mg^{2+}、CO_3^{2-}、HCO_3^-、Cl^-、SO_4^{2-}	COD、苯胺类	—
包气带	pH、溶解性总固体、耗氧量、铁、锰、铜、锌、铝、汞、砷、镉、铬(六价)、铅、苯、苯胺类、硝基苯类、挥发酚、硫化物、氨氮、氯化物	—	—
声环境	等效连续 A 声级	等效连续 A 声级	—
土壤	pH、铜、镍、铬(六价)、铅、镉、汞、砷、挥发性有机物(四氯化碳、氯仿、1,1-二氯乙烷、1,2-二氯乙烷、1,1-二氯乙烯、顺-1,2-二氯乙烯、反-1,2-二氯乙烯、二氯甲烷、1,2-二氯丙烷、1,1,1,2-四氯乙烷、1,1,2,2-四氯乙烷、四氯乙烯、1,1,1-三氯乙烷、1,1,2-三氯乙烷、三氯乙烯、1,2,3-三氯丙烷、氯乙烯、苯、氯苯、1,2-二氯苯、1,4-二氯苯、乙苯、苯乙烯、甲苯、间二甲苯+对二甲苯、邻二甲苯)、半挥发性有机物(硝基苯、苯胺、2-氯酚、苯并[a]蒽、苯并[a]芘、苯并[b]荧蒽、苯并[k]荧蒽、䓛、二苯并[a,h]蒽、茚并[1,2,3-cd]芘、萘)、氰化物、多氯联苯、二噁英类、多溴联苯、石油烃、锑、钴、全硫	COD、萘、苯胺类	—
固体废物	—	固体废物种类、产生量	固体废物排放量
生态	农田生态、植被	农田生态、植被	—

2.2 评价标准

2.2.1 环境质量标准(略)

2.2.2 污染物排放标准

1. 大气污染物排放标准

(1) 技改项目工艺废气等执行《化学工业挥发性有机物排放标准》(DB 32/3151—2016)、《大气污染物综合排放标准》(DB 32/4041—2021)中相应的排放标准。现有项目已建导热油炉执行《锅炉大气污染物排放标准》(GB 13271—2014)表3中的燃气锅炉特别排放限值,同时,根据《某市秋冬季攻坚方案》等文件要求,燃气锅炉低氮燃烧改造后 NO_x 排放浓度不高于 50 mg/m³。

(2) 厂区内挥发性有机物排放监控点浓度执行《挥发性有机物无组织排放控制标准》(GB 37822—2019)表A.1中的特别排放限值。

2. 废水污染物排放标准

本项目废水经厂内预处理,达到接管标准后排入园区污水处理厂集中处理。园区污水处理厂出水COD、TN、NH_3-N、总磷达到《城镇污水处理厂污染物排放标准》(GB 18918—2002)中的一级A标准,其他达到《污水综合排放标准》(GB 8978—1996)表4中的一级标准,排入深海海域。

3. 噪声排放标准(略)

4. 固体废物排放标准(略)

2.3 评价等级和评价范围

2.3.1 评价工作等级

根据技改项目污染物排放特征、项目所在地区的地形特点和环境功能区划,按照《环境影响评价技术导则》所规定的方法,确定本次环境影响评价的等级及评价范围,见表3.2。

表3.2 技改项目环境影响评价范围表

评价内容	评价范围
区域污染源调查	重点调查评价范围内的主要工业企业
大气	以一号厂区厂址为中心,自厂界外延2.5 km的矩形区域范围
地表水	以园区污水处理厂排污口为中心,5 km半径的海域(同园区污水处理厂评价范围)
地下水	项目周边6~20 km²,本次取13.5 km²
土壤	一号厂区占地范围内和占地范围外1 km内
噪声	厂界外200 m范围
生态	同大气环境评价范围一致
风险评价	大气:距建设项目边界5 km的范围; 地表水:同地表水评价范围; 地下水:同地下水评价范围
总量控制	技改项目所需指标从现有项目的总量中予以平衡

2.4　环境保护目标调查(略)

三、现有项目工程分析

3.1　现有项目简介

3.1.1　现有项目主要产品环评手续

包括公司发展历程,历次项目环评、验收等手续情况,需明确项目建设进度及运行情况,建议列表说明。

3.1.2　现有项目公辅工程

从给水、排水、供电、供热、贮运工程、环保工程绿化等角度说明现有项目公辅工程建设情况,便于说明依托可行性。

3.2　现有项目

3.2.1　工艺流程

某化工公司现有已建项目包括硫酸、H 酸、蒽醌、分散蓝 56＃、分散红 60＃、分散蓝 291＃、分散蓝 79＃、分散紫 93＃、分散红 167＃、分散橙 288＃、分散橙 61＃、分散黑系列(固)、分散黑系列(液)、亚硝酰硫酸、扩散剂 MF 以及 2,4 -二硝基- 6 -溴苯胺等 8 个中间体(厂内自用),均已通过竣工环保验收或“三个一批”登记备案。

对于本次技改项目不涉及的产品及中间体,在本次评价中仅对生产工艺、反应原理及工艺流程图做简要介绍,不再赘述。

3.2.2　污染源强及污染治理措施

从废气、废水、固废、噪声、地下水及土壤防治措施等角度,回顾现有项目污染源强及污染治理措施,并根据例行监测报告、在线监测数据、监督性监测数据等分析现有项目达标排放情况。

本案例中仅以一号厂区为例进行阐述。

1. 废气

(1) 一号厂区废气污染治理措施。

4 万 t/a H 酸技术改造项目一期工程(2 万 t/a H 酸项目,即一号厂区)废气污染治理措施见图 3.1。

(2) 一号厂区废气污染物达标排放情况。

(a) 有组织废气排放。

在实际生产过程中,为确保污染物稳定达标排放,提高废气治理设施的经济、环境可行性,建设单位对环评中的废气治理设施进行了调整,如:针对磺化废气新增“一级活性炭吸附＋一级碱吸收”处理,将硝化废气的“二级碱液喷淋”工艺调整为“二级尿素吸收＋三级碱吸收”工艺,碱熔、稀释废气“二级稀硫酸吸收＋二级水吸收”工艺调整为“二级水吸收＋二级稀硫酸吸收＋二级水吸收”＋“一级活性炭吸附＋一级碱

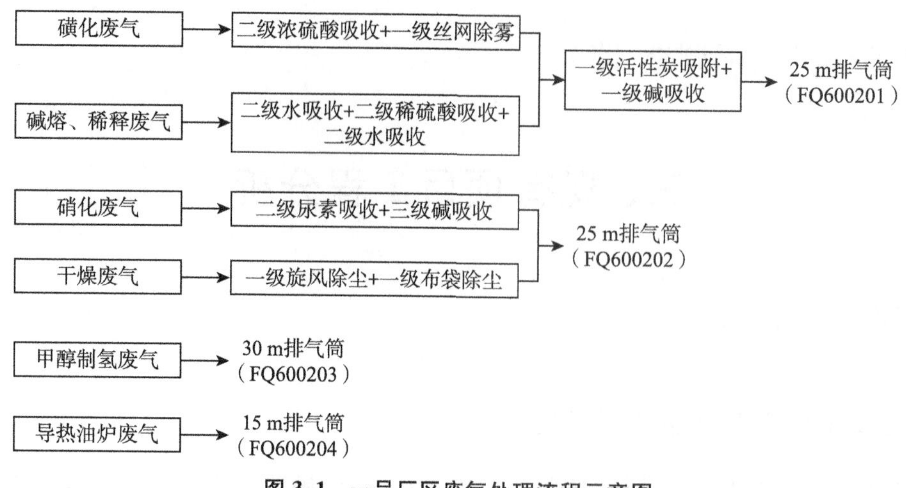

图 3.1　一号厂区废气处理流程示意图

吸收”工艺等。

某化工公司于 2018 年 9 月 25 日对一号厂区 701 车间各排气筒有组织废气进行了委托监测，监测结果表明 NO_x、SO_2、TSP、硫酸雾满足《大气污染物综合排放标准》(GB 16297—1996)表 2 中最高允许排放浓度及最高允许排放速率的要求，甲醇满足《化学工业挥发性有机物排放标准》(DB 32/3151—2016)表 1 中的要求，氨气浓度满足《恶臭污染物排放标准》(GB 14554—93)表 2 中的最高允许排放浓度的要求，萘未检出。根据建设单位提供的资料，监测期间三号厂区实际生产工况约为 75.2%。

通过监测浓度与排放标准进行评价分析，一号厂区有组织废气可满足达标排放的要求；根据生产工况、排放速率计算，现有项目排放总量不超过批复总量限额。

(b) 无组织废气排放。

某化工公司于 2018 年 9 月 25 日对一号厂区无组织废气进行委托监测，监测结果表明，无组织废气 NO_x、SO_2、TSP、甲醇和硫酸雾的排放符合《大气污染物综合排放标准》(GB 16297—1996)中无组织排放监测浓度限值要求；氨气符合《恶臭污染物排放标准》(GB 14554—93)中无组织排放监控浓度限值要求。

因此，一号厂区 H 酸项目大气污染物按原环评标准要求可实现达标排放。

2. *废水*

一号厂区现有项目废水主要为生产废水(工艺废水、制氢车间废水、设备和地面冲洗水、废气洗涤废水、水环真空泵排水和初期雨水)和生活污水。生产废水与生活污水经污水管网进入二号厂区污水处理站处理，其中，含萘工艺废水经二号厂区“湿式催化氧化＋蒸发浓缩(Mechanical Vapor Recompression, MVR)”预处理，其产生的冷凝水和其他低含萘废水进入二号厂区污水处理站，经“铁碳微电解＋芬顿反应＋中和沉淀”预处理后进入生化系统，其他低浓度废水直接送入二号厂区污水处理站生化系统，经处理达到接管标准后排入园区污水处理厂。园区污水处理厂进一步降解废水中的有机物，降低 COD 等污染物浓度，达到该省《化学工业主要水污染物排放标准》表 2 中的一级标准，最终排入深海。

(1) 废水污染物达标排放情况。

2018 年 9 月 25 日至 26 日，该化工公司委托某检测公司对二号厂区污水处理设施的总进口和总排口进行了现状监测。

废水排口污染源监测表明，现有项目二号厂区污水处理站废水排放口浓度满足园区污水处理站的接管标准。

目前，二号厂区废水接管口已安装流量、COD、氨氮、pH 在线监测系统，在线监测结果表明 COD、氨氮、pH 均可实现达标排放。此外，建设单位在二号厂区污水站排放池安装了苯胺类和总氮的在线监测设备，将其作为企业废水排放内部环境管理的监测指标，暂未联网。

综上所述，现有项目废水处理设施可实现污水排放口达标排放。

3. 固废

(1) 固废处置情况。

一号厂区目前产生的固体废物包括废活性炭、废镍催化剂、废矿物油、废包装物、熔萘残渣及生活垃圾，危险废物均已落实处置途径，且无超期存放的危险废物。

(2) 固废仓库(危废仓库)设置情况。

某化工公司一号厂区现有项目产生的废镍催化剂暂存于一号厂区危废仓库内，废活性炭、废包装物、废矿物油依托二号厂区危废仓库暂存，熔萘残渣依托四号厂区危废仓库暂存。

一号厂区已建的危废仓库位于厂区西南、废气焚烧装置区以北，占地面积 135 m^2，高度 5.4 m。

4. 噪声

该化工公司现有项目噪声主要由机械振动和空气湍动引起，机械振动噪声主要是设备运行以及机械、空压机及各类泵操作运行过程中产生的噪声，空气动力噪声来源于鼓引风机的气体排放。生产及装卸过程中物料碰撞、汽车运输也会产生一定的噪声。

一号厂区现有项目噪声来源于反应釜、脱硝塔、各类机泵、旋风分离器、引风机等。主要防治措施为消声、减振、隔音等。

2018 年 09 月 25 日至 26 日，该化工公司委托某检测公司进行了例行环保监测，现有项目厂界噪声测点昼夜等效声级均达到《工业企业厂界环境噪声排放标准》(GB 12348—2008)3 类标准的要求。

5. 地下水及土壤防治措施

现有项目地下水及土壤重点污染区为生产车间、仓库、危废/固废堆场和罐区。一般污染区为其他车间地面、生产区路面、成品仓库地面。现有项目针对重点污染区、一般污染区采取分区防渗措施，重点污染区地面采用黏土铺底，再在上层铺设 10～15 cm 的水泥进行硬化，再铺环氧树脂防渗；罐区均用水泥硬化，四周壁用砖砌再用水泥硬化防渗，全池涂环氧树脂防腐防渗。一般污染区地面采用黏土铺底，再在上层铺 10～15 cm 的水泥进行硬化。

根据现场踏勘及企业反馈资料，一号厂区 701 车间地面防渗措施是水泥地坪＋环氧砂浆，但是地面存在多处裂纹，熔萘车间、原料仓库地面防渗措施仅为水泥地坪，需要进行防腐防渗改造。

3.2.3　污染物排放汇总(略)

3.2.4　与原批复相符性分析及改进措施

对照已建项目环评批复，对其建设相符性进行分析，并对其存在的问题提出改进措施。

3.2.5　排污许可证执行情况分析

该化工公司现有项目均已按要求申领排污许可证。《排污许可管理办法(试行)》自 2018 年 1 月 10 日公布实施后，该化工公司按照《排污许可证申请与核发技术规范 涂料、油墨、颜料及类似产品制造业》(HJ 1116—2020)等的要求已重新申请排污许可证，并已编制自行监测计划。

该化工公司拟在取得排污许可证后，按照相关要求在管理信息平台填报月报、季报、年报；根据自行监测计划进行在线监测及例行监测，落实监测因子及频率；按排污许可证要求在平台公开端开展信息公开；并根据环境管理台账中的记录内容、记录频次落实相关纸质台账、电子台账。

3.3 现有项目风险回顾

现有项目风险回顾章节重点关注风险物质及风险工艺等风险源、环境管理制度、环境风险防范措施、现有项目事故发生情况及应急预案备案情况、应急演练情况等。本章节以一号厂区为例对现有项目风险情况进行回顾。

3.3.1 现有项目风险源

一号厂区现有项目主要涉及的危险物质有:萘、雷尼镍、发烟硫酸、硫酸、硝酸、甲醇、氨、导热油、甲烷(天然气)、氢气以及火灾和爆炸伴生/次生的氮氧化物、二氧化硫、一氧化碳等。

涉及的危险单元主要有:生产车间、罐区、危险品仓库、危废仓库等。

生产过程涉及的高危工艺主要有:磺化工艺、硝化工艺、加氢工艺、裂解工艺等。

3.3.2 现有环境管理制度

某化工公司现执行的环境管理制度主要有报告制度、污染治理设施的管理、监控制度、固体废物环境保护制度(转移审批制度、转移联单制度与危险废物出入库管理制度)、地下水环境影响跟踪监测制度、土壤环境隐患排查制度、环保奖惩制度、环境管理台账制度、排污许可证制度、环境信息公开制度、二噁英排放申报登记和信息上报制度等。

3.3.3 现有项目环境风险防范措施

该化工公司一号厂区的蒸汽冷凝水等清净下水,进入厂区的冷凝水收集罐,收集后回用;一号厂区没有废水直接排放口,废水暂存在厂区污水罐,后泵入二号厂区污水处理站;处理站废水排口设有 COD 在线监控仪、pH 在线监测仪、氨氮在线监控仪和流量监控装置,信息与园区共享;污水处理站的管理规定及岗位责任制落实情况较好,废水排放的监控措施较有效;一号厂区设有雨水排放口,后期雨水直接排入园区雨水管网,雨水排放口设有 COD 在线监控仪、pH 在线监测仪和流量监控装置。

废气焚烧设备烟囱上设置 VOCs 在线监测系统,且已安装厂界有毒气体泄漏监控预警系统。

一号厂区建有 1 座事故池,采用全地下钢砼结构,上加盖,内防腐,空置状态。厂区事故池有效容积 1 400 m^3,池容满足环评要求。罐区设置 1.2 m 高围堰,分罐分区收集单罐的液体。车间设有排水槽、导流沟,能够有效收集事故废水。罐区和生产区设置事故排水收集系统,配置收集措施,并设置污水收集罐。应急事故池与污水管道相连,设有抽水泵。

一号厂区设有较为完善的个人防护设施、应急处置物质以及设备;厂内还设有义务消防队,可针对毒性气体开展应急处置。生产装置区与储存场所配置有毒、可燃气体泄漏报警装置,厂界安装有毒气体泄漏监控预警系统;办公楼设有风向标,通信警戒组配有充足的通信器材,企业有安全员定期安全检查,责任落实到位。

一号厂区在废水收集系统、毒性气体泄漏紧急处置及监控预警等方面采取了风险防范措施,存在的问题主要是:部分车间防渗需进一步完善;需进一步补充污染源切断/污染物收集类别的环境应急物资等,并加快落实进度。除此以外,其他风险防范措施已全部落实到位,并具备有效性,如事故水收集系统,罐区、仓库等均具备完善的风险防范措施,可供技改项目依托。

3.3.4 现有项目事故发生情况

该化工公司自建立以来各生产、储存装置运行状况良好,各项风险防范措施落实较为到位,未发生安全事故,无被投诉情况。

根据对现有项目已采取的环境风险防范措施的回顾分析，现有项目已采取的环境风险防范措施可大大降低厂区环境风险值。

3.3.5　应急预案备案及演练情况

该化工公司各厂区均已编制突发环境事件应急预案，风险级别为重大。该化工公司于2020年6月26日开展一号厂区废镍催化剂泄漏应急救援演练。参与演练的人员为生产车间、安环部、污水站等岗位员工以及总经理。

3.4　污染物排放汇总

根据某化工公司历年环境影响报告书及其批复，某化工公司全厂污染物已批复排放总量情况列表进行汇总。

3.5　存在问题及“以新带老”措施

根据对现有项目的回顾分析，现有项目存在的问题及“以新带老”措施见下表。

表3.3　现有项目存在的环境问题及“以新带老”措施表

类别	存在的问题	整改措施
环保设施	部分生产车间、仓库地面防渗层渗透系数不符合要求，部分地面存在开裂	进行防腐防渗整改，重点防渗区等效黏土防渗层 $Mb \geqslant 6.0$ m，$K \leqslant 10^{-7}$ cm/s，或参照GB 18598执行；一般防渗区等效黏土防渗层 $Mb \geqslant 1.5$ m，$K \leqslant 10^{-7}$ cm/s，或参照GB 16889执行
	导热油炉原环评燃料为柴油，实际燃料为天然气，燃料消耗量为320 m^3/h	本次技改根据实际情况核算“以新带老”削减量
	监测结果表明，导热油炉排气筒氮氧化物无法满足50 mg/m^3的标准要求	应进一步强化废气治理设施，进行低氮燃烧改造，导热油炉氮氧化物执行50 mg/m^3标准要求
	VOCs物料的存储、输送、投料、卸料、生产及产品包装等各个单元未完全密闭操作	有效收集和治理固萘和萃取剂投料和中转过程中的有机废气，厂界VOCs持续稳定达标
	部分储罐呼吸气未进行收集处理，储罐区无组织废气排放情况明显	对萘、废水储罐等呼吸气新上废气治理措施，降低废气无组织排放量
	原环评硫酸雾污染物执行《大气污染物综合排放标准》(GB 16297—1996)表2中的标准要求，但根据《某省地方标准 大气污染物综合排放标准》(DB 32/4041—2021)，相关标准限值更加严格，污染物难以稳定满足达标排放的要求	对相应废气治理设施进行升级改造
清洁生产	根据清洁生产水平分析，本公司清洁生产水平基本达到国内清洁生产先进水平。公司目前清洁生产方面存在的问题主要有：未建立企业清洁生产组织和制度，未明确个人在清洁生产工作中的职责，未建立清洁生产激励机制；未建立ISO14000国际环境管理体系和ISO14000认证；未采取适当的维护措施，预防性维护不够重视，未对整个生产过程进行有效管理	建议企业按国家清洁生产审核相关要求，尽快开展下一轮清洁生产审核，在下一轮清洁生产审核后企业清洁生产水平应努力达到国际先进水平
风险应急	污染源切断、污染物控制及污染物收集类的环境应急资源配备不完善，未设置提醒周边公众紧急疏散的措施和手段	补充购买排水井保护垫、沟渠密封袋、充气式堵水气囊、围油栏、收油机、吸油毡、吨桶等应急物资，设置标牌提醒紧急疏散措施和位置

续 表

类别	存在的问题	整改措施
环境管理	现有项目在多年的运行过程中,由于各种原因,例行采样监测频次偏少	企业应制订完善的监测计划,并严格按自行监测计划及排污许可证要求执行,建立每日向公众发布自行监测结果的管理制度
	未建立每日向公众发布自行监测结果的管理制度	
生产工艺	相对于原环评,生产工艺、设备、原辅料消耗情况等发生调整:(1) 反萃取工段后新增活性炭吸附工序;(2) 甲醇蒸馏工序由稀释工序后调整至碱熔工序后;(3) 实际生产运行过程中部分原辅料消耗量增加,如硫酸;(4) 新增木质素、消泡剂、尿素等原辅料种类;(5) 设备相对于原环评发生变化	通过本次技改环评对变动内容进行环境影响可行性分析论证

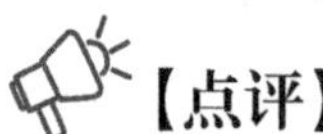
【点评】

该案例现有项目工程分析回顾内容较为清晰、完善,从环保手续合规性、达标排放情况、污染防治措施等角度对现有项目进行了回顾。结合现场实际建设情况明确了现有项目存在的问题,并按现行环保要求提出了"以新带老"措施。

四、技改项目工程分析

4.1 项目概况

4.1.1 项目名称、建设性质、投资总额、环保投资

(1) 项目名称:某化工公司染料产业转型提升技术改造项目;
(2) 项目性质:改建;
(3) 建设单位:某化工公司;
(4) 建设地点:现有厂区内;
(5) 投资总额:××万元人民币,其中环保投资××万元;
(6) 占地面积:在现有厂区内改造;
(7) 职工人数:××人;
(8) 工作制度:年生产 300 天,四班三运转,年运行时数 7 200 小时;
(9) 建设周期:12 个月。

4.1.2 项目建设内容

1. 技改内容

该化工公司拟对所属染料中间体产品及污染防治设施进行技术改造。主要技改内容如下:

(1) 生产工艺。

H 酸(活性染料中间体):反萃取工段后新增活性炭吸附工序,甲醇蒸馏工序从稀释后调整为在稀释前,原辅料增加木质素以促进废镍催化剂的过滤。

(2) 污染防治设施。

一号厂区碱熔废气新增直燃式热氧化炉(Thermal Oxidizer, TO)处置装置。

2. 产品方案

技改项目产品方案为年产 20 000 t/a H 酸。

3. 产品质量标准(略)

4. 公用及辅助工程

本项目公用及辅助工程详见表 3.4。

表 3.4　一号厂区公用及辅助工程

<table>
<tr><th colspan="2">工程类别</th><th colspan="2">建设名称</th><th>技改前建设能力</th><th>技改后建设能力</th><th>备注</th></tr>
<tr><td rowspan="10">公用工程</td><td rowspan="3">给水工程</td><td colspan="2">工业用水系统</td><td colspan="2">由三号厂区提供</td><td>依托现有</td></tr>
<tr><td colspan="2">循环冷却水系统</td><td>4 240 t/h</td><td>10 台 220 m^3/h,5 台 180 m^3/h,共 3 100 t/h</td><td>本次技改</td></tr>
<tr><td colspan="2">纯水系统</td><td>0.9 t/h,自建</td><td>120 t/h,依托现有纯水系统</td><td>依托现有</td></tr>
<tr><td>排水工程</td><td colspan="2">废水收集系统、排水系统</td><td colspan="2">送至二号厂区处理</td><td>依托现有</td></tr>
<tr><td>供电工程</td><td colspan="2">供电系统</td><td>3.978×10^8 kW・h 园区变电站</td><td>1.989×10^7 kW・h,三号厂区硫磺制酸余热发电装置及森达热电提供</td><td rowspan="8">已建,依托现有,根据实际建设情况评价</td></tr>
<tr><td rowspan="5">供热工程</td><td colspan="2">供热管网</td><td>12.8 t/h,0.6 MPa;由三号厂区硫磺制酸余热发电装置供应,不足部分森达热电供应</td><td>5.1 t/h,0.6 MPa;17.7 t/h,1.5 MPa;三号厂区硫磺制酸副产蒸汽,不足部分森达热电供应</td></tr>
<tr><td colspan="2">导热油炉</td><td>250 万 kCal/h 自建 2 台,1 用 1 备,以导热油为热媒,以轻柴油为燃料</td><td>250 万 kCal/h 导热油炉 1 台,以导热油为媒介,天然气为燃料,额定供热量 3 000 kW,额定供温度 320℃,出口温度 280℃,回流温度 260℃,额定压力 0.8 MPa,工作压力 0.4 MPa</td></tr>
<tr><td colspan="2">氢压机</td><td>4 台(84 kg/h,5 000 m^3/h)</td><td>2 台(84 kg/h,5 000 m^3/h)</td></tr>
<tr><td colspan="2">制氮机</td><td>1 台(12 Nm^3/min)</td><td>1 台(5.8 Nm^3/min)</td></tr>
<tr><td colspan="2">空压机</td><td>4 台(25 Nm^3/min),三开一备,螺杆式空压机</td><td>3 台(46 Nm^3/min),二开一备</td></tr>
<tr><td colspan="2" rowspan="4">贮运工程</td><td colspan="2">原料及减水剂仓库</td><td>3 060 m^2</td><td>1 805 m^2</td></tr>
<tr><td colspan="2">H 酸包装车间及成品仓库</td><td>4 585 m^2 主要为桶装成品</td><td>5 475 m^2,储存袋装成品</td></tr>
<tr><td colspan="2">危化品库</td><td colspan="2">247 m^2</td><td>依托现有</td></tr>
<tr><td colspan="2">储罐区</td><td>罐区面积 1 972 m^2</td><td>罐区面积 3 262.5 m^2</td><td>已建,依托现有,根据实际建设情况评价</td></tr>
<tr><td colspan="2" rowspan="4">环保工程</td><td colspan="2">废水处理</td><td colspan="2">送二号厂区预处理,达接管标准后排入园区污水处理厂</td><td>依托现有</td></tr>
<tr><td rowspan="3">废气处理</td><td>磺化废气</td><td>二级硫酸吸收+一级丝网过滤+一级碱吸收,通过 30 m 高排气筒排放</td><td>二级浓硫酸吸收+一级丝网除雾+一级活性炭+一级碱吸收,通过 FQ600201(H=25 m)排放</td><td>本次技改</td></tr>
<tr><td>硝化废气</td><td>二级碱液喷淋,通过 40 m 高排气筒排放</td><td>三级尿素吸收+二级碱吸收,通过 FQ600202(H=25 m)排放</td><td>本次技改</td></tr>
<tr><td>熔碱、稀释废气</td><td>二级稀硫酸吸收+二级水吸收,通过 30 m 高排气筒排放</td><td>二级水吸收+二级稀硫酸吸收+二级水吸收+TO,通过 FQ600201(H=25 m)排放</td><td>本次技改</td></tr>
</table>

续 表

工程类别	建设名称	技改前建设能力		技改后建设能力	备注
		干燥废气	一级旋风除尘+一级布袋除尘，通过 30 m 高排气筒排放	一级旋风除尘+一级布袋除尘，通过 FQ600202(H=25 m)排放	依托现有
		离析废气	—	一级浓硫酸吸收+一级丝网除雾，作为三号厂区转化工段二氧化硫原料回用，在三号厂区停车等情况下，通过 701 车间楼顶四级碱吸收处理，吸收液送二号厂区机械式蒸汽再压缩技术(MVR)制备副产亚硫酸钠	已建，依托现有，根据实际建设情况评价
		甲醇制氢解吸气	通过 30 m 高排气筒排放	阻燃器，通过 FQ600203(H=30 m)排放	依托现有
		导热油炉燃烧废气	通过 15 m 高排气筒排放	通过 FQ600204(H=15 m)排放	依托现有
	固废处理	420 m^2 固废堆放场		原环评中固废堆场位置现改为原料仓库和设备备件库，危化品仓库西半部 135 m^2 现为废镍催化剂仓库	已建，依托现有，根据实际建设情况评价
	噪声处理	隔声吸声降噪			依托现有
	环境风险	1 座事故池，有效容积为 1 400 m^3			依托现有
绿化	厂区绿化	绿化面积 7 950 m^2		绿化面积 13 097 m^2	已建，依托现有，根据实际建设情况评价

表 3.5　一号厂区储罐设置情况

罐区名称	物料名称	容积/m^3	数量/台	罐顶类型	材质	罐型	尺寸 D×L/m	最大贮存量/t	存储条件	氮封情况	呼吸气去向
中间罐区	低浓度废水	300	1	固定顶	FRP	立式	6.5×9	340	常温常压	无	—
	硝基 T 酸	300	1	固定顶	304	立式	6.5×9	290	85℃，0.002 MPa	有	—
	氨基 T 酸	300	1	固定顶	304	立式	6.5×9	290	90℃，0.002 MPa	有	—
	36 硫酸	300	1	固定顶	FRP	立式	6.5×9	300	常温常压	无	—
	稀硫酸	300	1	固定顶	玻璃钢	立式	6.5×9	300	常温常压	无	—
	低浓度废水	300	1	固定顶	玻璃钢	立式	6.5×9	260	常温常压	无	—
酸碱罐区	98 酸	200	1	固定顶	碳钢	立式	6.55×6.55	290	常温常压	无	碱封
	48 液碱	800	1	固定顶	碳钢	立式	10.5×10	960	常温常压	无	—
	32 液碱	800	1	固定顶	碳钢	立式	10.5×10	870	常温常压	无	—
	68 硝酸	400	1	固定顶	304	立式	7.5×9	450	常温常压	无	水封
	65 烟酸	400	1	固定顶	304	立式	7.5×9	630	常温常压	有	98 酸吸收+碱封
	100 硫酸	400	1	固定顶	碳钢	立式	7.5×9	590	常温常压	有	98 酸吸收+碱封
	碱性应急罐	800	1	固定顶	304	立式	10.5×10	900	常温常压	无	—
	酸性应急罐	450	1	固定顶	碳钢	立式	7.6×10	640	常温常压	无	—

续　表

罐区名称	物料名称	容积/m^3	数量/台	罐顶类型	材质	罐型	尺寸 D×L/m	最大贮存量/t	存储条件	氮封情况	呼吸气去向
甲类罐区	萘储罐	250	1	固定顶	碳钢	立式	7.2×7.2	200	85℃常压	有	二级浓硫酸吸收＋一级丝网除雾＋一级活性炭吸附＋一级碱洗塔，接入生产工段
	甲醇储罐	200	1	内浮顶	碳钢	立式	6.55×6.55	130	常温常压	有	呼吸阀
废水暂存区	母液	500	2	固定顶	玻璃钢	立式	8×10	480	常温常压	无	一级活性炭吸附＋一级碱洗塔，接入 FQ600201 排放

注：根据《建筑设计防火规范》(GB 50016—2014)，甲醇属于甲类火灾风险类别，其爆炸极限范围为5.5%～44%，生产中易达到其爆炸下限。为降低火灾事故风险，建设单位不对甲醇储罐呼吸气进行收集。

5. 水平衡(略)

4.2　技改项目工程分析

一号厂区4万t/a H酸技术改造项目一期工程(2万t/a)已通过验收，目前停产。根据二号厂区3 000 t/a 1-氨基蒽醌技改环评审批意见，二期工程H酸产能削减为1.5万t/a，且二期工程暂未建设。本次技改仅针对已验收的一期2万t/a项目进行技改。现有产能2万t/a，此次技改后产能不变。与原环评对比，生产工艺方面调整不大，主要为：① 反萃取工段后新增活性炭吸附工序；② 原环评在稀释后进行甲醇蒸馏，此次调整为在稀释前(碱熔后)进行甲醇蒸馏；③ 原辅料增加木质素以促进废镍催化剂的过滤。

由于上述工艺等的调整，本次对H酸生产工艺进行回顾，并重新进行物料衡算。

4.2.1　反应原理

反应原理与原环评保持一致，具体为：液萘与硫酸反应生成α-萘磺酸，α-萘磺酸与三氧化硫进行磺化反应生成1,3,6-萘三磺酸，后依次与硝酸发生硝化反应生成1-硝基-3,6,8-萘三磺酸，与三辛胺进行萃取生成1-硝基-3,6,8-萘三磺酸络合物，与氢氧化钠进行反萃取生成1-硝基-3,6,8-萘三磺酸钠，与氢气进行催化加氢反应生成1-氨基-3,6,8-萘三磺酸钠，浓缩后与液碱进行碱熔反应生成1-氨基-8-萘酚钠-3,6-二磺酸钠，再经稀释后与硫酸进行离析反应生成目标产物1-氨基-8-萘酚-3-磺酸基-6-磺酸钠，最后经结晶、过滤洗涤、干燥后获得成品H酸。

根据现有项目实际运行情况，H酸生产过程中总收率为54.36%，以萘计。

4.2.2　生产工艺

H酸生产工艺流程见图3.2。

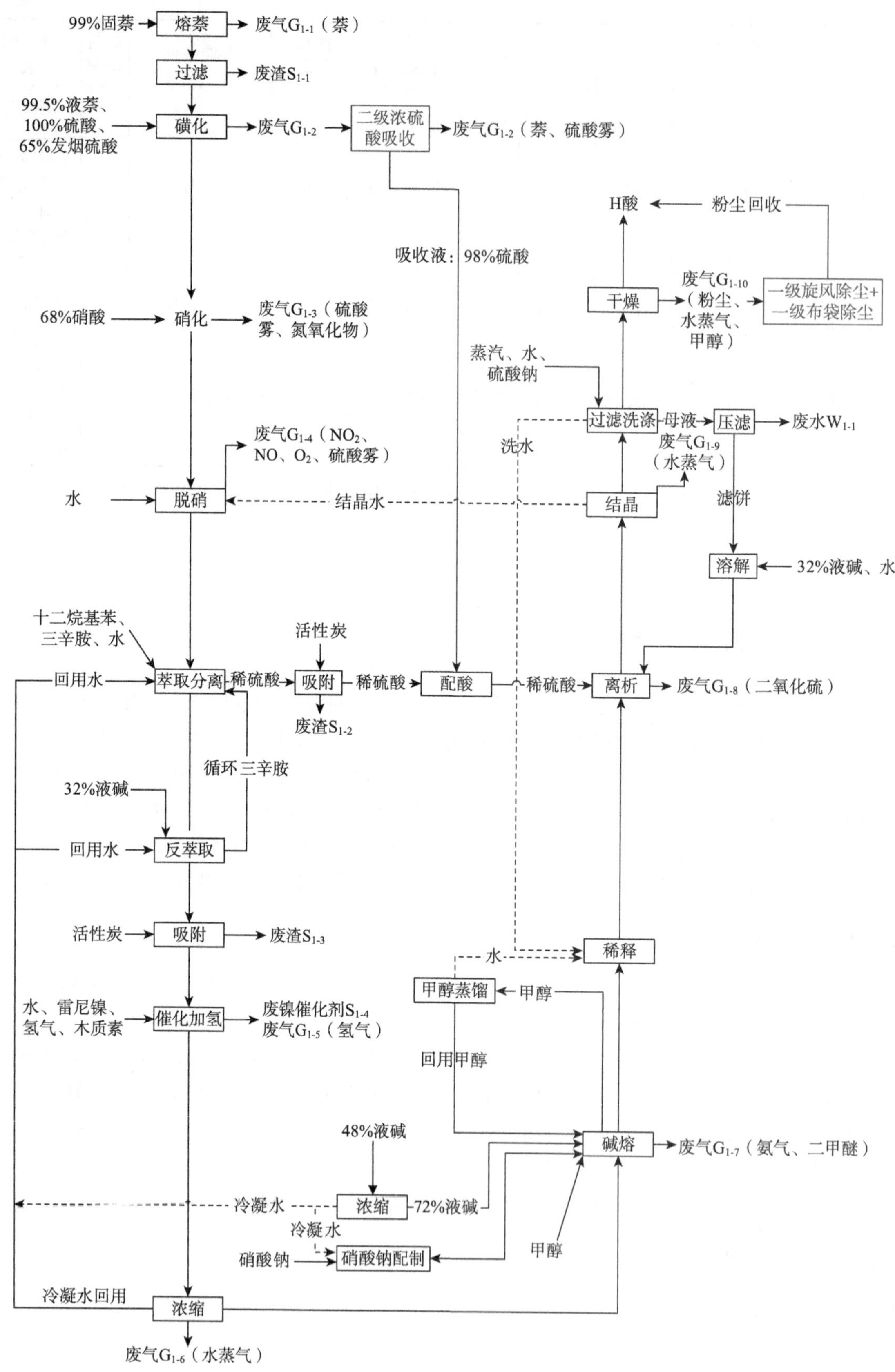

图 3.2　H 酸生产工艺流程图

工艺流程简述：

1. 熔萘

在正常情况下采用液萘，因特定原因液萘运输受阻时采用熔萘，预计一年运行时间为一周。将固萘吊到精萘料斗，通过绞龙输送进入熔萘釜，在蒸汽加热、搅拌情况下，控制温度在 85～88℃熔融，融化的萘溢流进入缓冲罐，再用泵输送到液萘贮罐。熔萘为连续运行过程，整个系统采用氮封保护，减少萘蒸汽挥发。将熔萘后的物料过滤，以去除部分水及杂质。此工段会产生废气[G_{1-1}(萘)]及废渣(S_{1-1})。

2. 磺化

向磺化反应器内加入液萘和 100％硫酸，在 90～95℃下反应，后升温到 140～145℃，在此温度下反应 1 小时。然后加入 65％发烟硫酸，加毕将温度升到 150℃，保持 3 小时，反应过程中温度保持在 150～160℃，微负压。反应结束后物料进入磺化物缓冲罐，去下步硝化。

磺化反应产生的废气经由二级浓硫酸吸收，并用 98％硫酸喷淋吸收，吸收液去后步离析工序配酸。此工段会产生废气[G_{1-2}(萘、硫酸雾)]

3. 硝化、脱硝

磺化物及 68％硝酸在硝化环形反应器中进行硝化反应，在 40～45℃条件下反应 1 小时。反应产生的硝化物去下步脱硝。

将水加入脱硝塔中，同时上步硝化物也进入脱硝塔中，脱硝后的物料去下步萃取。脱硝反应在 110～120℃条件下进行。此工段会产生废气[G_{1-3}(硫酸雾、氮氧化物)，G_{1-4}(二氧化氮、一氧化氮、氧气、硫酸雾)]。

4. 萃取

将萃取剂(三辛胺)、十二烷基苯(起萃取剂稀释作用)、脱硝物和水连续泵入萃取反应器，萃取过程在微正压下进行，三辛胺与硝化物结合后与稀硫酸等水溶性物质发生分离。稀硫酸经活性炭吸附处理后供后步离析工序配酸。此工段会产生废活性炭(S_{1-2})。

5. 反萃取

将分离后的络合物用液碱在反萃取反应器中进行反萃取，回收的萃取剂返回萃取工段，得到的硝基 T 酸盐溶液进入后步吸附工段，以完全去除物料中的三辛胺及十二烷基苯。此工段会产生废活性炭(S_{1-3})。

6. 催化加氢

将制氢车间送来的氢气、雷尼镍(催化剂)预热后送至氢气催化剂混合器，混合后与预热后的硝基 T 酸盐送至加氢反应器，在 150～165℃、15～18 MPa 下进行加氢还原反应。反应结束后用循环水将物料冷却至 85℃，并经气液分离器分离出多余的氢气。

将反应物料卸压后送至过滤系统，并加入木质素(辅助过滤)进行过滤，新鲜催化剂连续加入的同时连续排出，失活催化剂作为固废外排。产品氨基 T 酸溶液进入后续浓缩工段。

此工段会产生废气[G_{1-5}(氢气)]、废镍催化剂(S_{1-4})。

7. 浓缩

将氨基 T 酸盐预热后，经五效逆流浓缩至规定浓度，然后送至浓 T 酸缓冲罐供碱熔工序使用。浓缩冷凝水回用于萃取、反萃取工段。此工段会产生废气[G_{1-6}(水蒸气)]。

8. 碱熔

将 48％液碱浓缩成 72％纯度，送至浓液碱缓冲罐，后与甲醇、硝酸钠和氨基 T 酸盐分别泵入碱熔釜，在 190℃、2.8 MPa 下进行反应。

反应结束后，排出氨作为废气进行处理，同时冷凝回收蒸出的稀甲醇，稀甲醇回送至甲醇精馏工段回收，回收甲醇可复用于下批碱熔反应，冷凝水进入后续稀释工段。

此工段会产生废气[G_{1-7}(氨气、二甲醚)]。

9. 离析、结晶、过滤

离析：将稀释后的碱熔物、萃取工段回收再配置的稀硫酸及后续过滤洗涤工段溶解的滤饼一起送至离析釜离析处理，离析会产生二氧化硫废气(G_{1-8})。

冷却结晶、过滤：离析后的物料经冷却釜连续冷却至50℃进行结晶，会产生不凝气[G_{1-9}(水蒸气)]，冷凝水回用至脱硝工段，后用过滤器过滤、水洗，母液压滤后产生废水(W_{1-1})并得到H酸滤饼，滤饼经32%液碱溶解后回用至离析工段。洗涤后的物料送下步干燥工序。

10. 干燥

来自过滤器的物料进入料仓，再由螺旋进料机送入闪蒸干燥主机中。风经过空气滤器过滤，再经鼓风机送入空气加热器加热，然后进入干燥主机中。

物料经旋风分离器分离后，大部分粉状料进入分离器底部输送小料仓，再送至成品仓库大料仓，得成品H酸。产生的废气经布袋除尘处理后回收部分粉状料，以最大限度保证成品量。此工段会产生废气[G_{1-10}(粉尘、水、甲醇)]。

4.2.3 原辅材料和能源消耗情况

H酸生产过程中原辅材料消耗见表3.6。

表3.6 H酸原辅材料及能源消耗一览表

原辅料名称	规格/%	单耗/(t/a)	年用量/t	包装方式	运输方式	储存位置
固萘	99	0.015	300.000	袋装	汽运	原料仓库
液萘	99.5	0.575	11 500.000	储罐	汽运	甲类罐区
硫酸	100	1.520 64	30 412.800	储罐	汽运	酸碱罐区
硫酸	98	1.057 39	21 147.800	储罐	汽运	酸碱罐区
发烟硫酸	65	1.589	31 780.400	储罐	汽运	酸碱罐区
硝酸	68	0.535	10 702.400	储罐	汽运	酸碱罐区
三辛胺	100	0.003	62.800	桶装	汽运	原料仓库
十二烷基苯	100	0.000 01	0.200	桶装	汽运	原料仓库
液碱	32	2.220	44 402.990	储罐	汽运	酸碱罐区
液碱	48	2.709	54 177.600	储罐	汽运	酸碱罐区
活性炭	—	0.005	100.000	袋装	汽运	原料仓库
雷尼镍	100	0.018	360.000	桶装、水封	汽运	原料仓库
氢气	—	0.027	530.000	—	管道或汽运	甲醇制氢装置发生
木质素	—	0.001	27.800	袋装	汽运	原料仓库
消泡剂	100	0.000 1	2	桶装	汽运	原料仓库
涂易乐	95	0.000 1	2	桶装	汽运	原料仓库
五乙烯六胺	100	0.000 25	5	桶装	汽运	原料仓库
硝酸钠	100	0.028	560.000	袋装	汽运	原料仓库
甲醇	100	0.200	4 000.000	储罐	汽运	甲类罐区
水	100	7.770	155 389.866	—	—	—
蒸汽	—	0.050	990.800	—	—	—
硫酸钠	100	0.010	200.000	袋装	汽运	原料仓库

注：1. H酸生产为连续生产，不分批次进行，故本表仅体现年用量；
2. 本表中储存位置均位于一号厂区；
3. 消泡剂及涂易乐均为消泡剂，仅在实际生产中出现泡沫较多的情况下添加，且不与物料发生反应，年用量也较小，故不在物料平衡中体现；五乙烯六胺仅为设备防腐剂，故也不在物料平衡中体现。

4.2.4　物料平衡

H 酸物料平衡见表 3.7。

表 3.7　H 酸(1-氨基-8-萘酚-3-磺酸基-6-磺酸钠)物料平衡表　　单位：t/a

序号	投入		产出				
	物料名称	数量	物料名称				数量
1	固萘	300.000	H 酸		19 999.967	1-氨基-8-萘酚-3-磺酸基-6-磺酸钠	17 000.434
2	液萘	11 500.000				水	799.532
3	硫酸	51 560.600				硫酸钠	200.000
4	发烟硫酸	31 780.400				杂质	2 000.000
5	硝酸	10 702.400	废气	G_{1-1}	0.172	萘	0.172
6	三辛胺	62.800		G_{1-2}	161.149	萘	0.587
7	十二烷基苯	0.200				硫酸雾	160.562
8	液碱	98 580.590		G_{1-3}	20.840	硫酸雾	19.990
9	活性炭	100.000				氮氧化物	0.850
10	雷尼镍	360.000		G_{1-4}	1 495.795	二氧化氮	620.078
11	氢气	530.000				一氧化氮	404.399
12	木质素	27.800				氧气	431.359
13	硝酸钠	560.000				硫酸雾	39.960
14	甲醇	4 000.000		G_{1-5}	4.045	氢气	4.045
15	水	155 389.866		G_{1-6}	78.293	水蒸气	78.293
16	蒸汽	990.800		G_{1-7}	1 390.961	氨气	94.961
17	硫酸钠	200.000				二甲醚	1 296.000
18	—	—		G_{1-8}	5 582.133	二氧化硫	5 582.133
19	—	—		G_{1-9}	300.040	水蒸气	300.040
20	—	—		G_{1-10}	4 966.051	粉尘	1.000
21	—	—				水	4 964.940
22	—	—				甲醇	0.111
23	—	—	废水	W_{1-1}	331 751.942	水	235 964.816
24	—	—				甲醇	2 196.759
25	—	—				硫酸	16 029.380
26	—	—				硫酸钠	64 647.007
27	—	—				硝酸钠	560.000
28	—	—				1-氨基-8-萘酚-3-磺酸基-6-磺酸钠	2 892.861
29	—	—				杂质	9 461.120

续 表

序号	投入		产出				
	物料名称	数量	物料名称				数量
30	—	—	固废	S_{1-1}	1.500	水	1.200
31	—	—				甲基萘	0.300
32	—	—		S_{1-2}	198.233	活性炭	75.000
33	—	—				水	35.754
34	—	—				三辛胺	31.400
35	—	—				十二烷基苯	0.100
36	—	—				1-硝基-3,6,8-萘三磺酸	42.664
37	—	—				1-硝基-3,5,7-萘三磺酸	8.865
38	—	—				1-硝基-4,6,8-萘三磺酸	3.324
39	—	—				1,3,6-萘三磺酸	0.384
40	—	—				1,3,7-萘三磺酸	0.080
41	—	—				1,3,5-萘三磺酸	0.030
42	—	—				1,3,5,7-萘四磺酸	0.604
43	—	—				7-甲基-2-萘磺酸	0.028
44	—	—		S_{1-3}	67.804	活性炭	25.000
45	—	—				水	11.304
46	—	—				三辛胺	31.400
47	—	—				十二烷基苯	0.100
48	—	—		S_{1-4}	626.529	镍	360.000
49	—	—				水	238.729
50	—	—				木质素	27.800
51	合计	366 645.456	合计				366 645.456

4.3 污染源分析

4.3.1 大气污染物产生及排放情况

技改项目废气主要为工艺废气、污水处理站废气、罐区废气和无组织排放的气体等。

1. 有组织废气产生及排放情况

(1) 工艺废气。

根据物料衡算，技改项目工艺废气的产生情况见表 3.8。

表 3.8 技改项目工艺废气的产生情况一览表

车间	中间体/产品	废气编号	污染源	设备	污染物	生产时间/(h/年)	产生速率/(kg/h)	产生量/(t/a)	收集方式	收集效率/%	治理措施
701	H 酸	G_{1-1}	熔萘	熔萘釜	萘	7 200	0.024	0.172	管道收集	99.99	二级浓硫酸吸收+一级丝网除雾+一级活性炭+一级碱吸收
		G_{1-2}	磺化	磺化釜	萘	7 200	0.082	0.587			
					硫酸雾	7 200	22.300	160.562			
		G_{1-3}	硝化	硝化釜	硫酸雾	7 200	2.776	19.990			三级尿素吸收+二级碱吸收
					氮氧化物	7 200	0.118	0.850			
		G_{1-4}	脱硝	脱硝塔	二氧化氮	7 200	86.122	620.078			
					一氧化氮	7 200	56.166	404.399			
					硫酸雾	7 200	5.550	39.960			
		G_{1-7}	碱熔	碱熔物闪蒸釜	氨气	7 200	13.189	94.961			二级水吸收+二级稀硫酸吸收+二级水吸收+TO
					二甲醚	7 200	180.000	1 296.000			
		G_{1-8}	离析	离析釜	二氧化硫	7 200	723.610	5 209.991			一级浓硫酸吸收+一级丝网除雾
		G_{1-10}	干燥	旋风分离器	粉尘	7 200	0.139	1.000			一级旋风除尘+一级布袋除尘
					甲醇	7 200	0.015	0.111			
	副产亚硫酸钠	G_{1-1}	碱喷淋	四级碱吸收塔	二氧化硫	7 200	48.241	347.333	—	99.99	四级碱吸收

注:H 酸车间为连续化生产,基本不产生无组织废气,收集效率取 99.99%;固体粉末状物料通过绞龙投料,废气通过集气罩收集,收集效率 90%。

(2) 污水处理站废气。

技改项目废水依托二号厂区现有污水处理站处理,物化处理采用"均质+铁碳微电解+芬顿氧化+中和+沉淀+脱钙+二沉+气浮"工艺,生化处理采用"升流式厌氧污泥床(UASB)+一级 A/O+二级 A/O+沉淀+二氧化氯氧化(臭氧氧化,备用)"工艺,厌氧池废气通过 1 套二级碱吸收装置处理后与均质池、芬顿氧化池废气合并通过 1 套二级碱吸收装置处理后接至 FQ600205 排气筒排放。

技改前后,企业全厂水质差别不大,因而本项目污水站有组织废气源强类比现有污水站实测数据(2018 年 9 月例行监测数据)进行核算,即 H_2S 0.003 kg/h,NH_3 0.012 kg/h。

(3) 罐区废气。

技改项目采用了平衡管、氮封控制废气的挥发,本次评价只考虑储罐的小呼吸废气。

一号厂区萘储罐呼吸废气经"二级浓硫酸吸收+一级丝网除雾+一级活性炭吸附+一级碱洗塔"处理,接入 H 酸生产工段,呼吸废气不外排;甲醇储罐为内浮顶罐,同时采用氮封,呼吸废气外排量很低;硫酸挥发性弱,蒸汽压低,一般不考虑其挥发,同时高浓度硫酸储罐增加碱封,进一步减少了呼吸气的产生;一号厂区浓硝酸、烟酸分别采用水封、"98 酸吸收+碱封"处理,呼吸废气外排量很低。除一号厂区甲醇储罐外,本项目其他储罐均为固定顶。

固定顶罐的呼吸排放可用下式估算其污染物的排放量:

$$L_B = 0.191 \times M[P/(100\,910 - P)]^{0.68} \times D^{1.73} \times H^{0.51} \times T^{0.45} \times F_P \times C \times K_C \qquad (3.1)$$

式中：L_B——固定顶罐的呼吸排放量(kg/a)；

M——储罐内蒸气的分子量；

P——在大量液体状态下，真实的蒸气压力(kPa)；

D——罐的直径(m)；

H——平均蒸气空间高度(m)；

T——一天之内的平均温度差(℃)；

F_P——涂层因子(无量纲)，根据油漆状况取值在 1～1.5；

C——用于小直径罐的调节因子(无量纲)；直径在 0～9 m 的罐体，$C=1-0.0123(D-9)^2$；罐径大于 9 m 的，$C=1$；

K_C——产品因子(石油原油取 0.65，其他的有机液体取 1.0)。

(4) 废气焚烧尾气。

技改项目废气焚烧尾气来源于一号厂区 1 台 TO 炉，均采用天然气作为助燃燃料，会新增排放一定量的天然气燃烧废气，其产生源强详见表 3.9。

表 3.9 本项目废气焚烧炉天然气燃烧废气源强表

设备名称	燃料	消耗速率/(m^3/h)	运行时间	消耗量/(m^3/a)	污染物指标	产污系数/(kg/万 m^3)	产生量/(t/a)
TO 炉	天然气	10	7 200	72 000	颗粒物	2.86	0.021
					二氧化硫	4	0.029
					氮氧化物	18.71	0.135

技改项目有组织废气产生、处理及排放汇总表格略。项目大气污染物有组织排放量核算表略。

2. 无组织排放

技改项目废气主要采用管道收集、密闭收集等方式，未捕集部分以无组织的形式逸散。

(1) 车间废气。

技改项目各生产工段中尽可能采取了先进的生产工艺和设备密闭等技术措施对工艺废气进行有组织收集，但难免会有未有效收集的部分在车间以无组织形式散逸；此外，各设备密封点可能存在泄漏，设备动静密封点排气参照《石化行业 VOCs 污染源排查工作指南》进行核算。

(2) 储罐区废气。

技改项目主要依托现有一号厂区罐区储存硫酸、各规格烟酸、醋酸、醋酐、丙烯腈、苯胺、氯化苄、氯丙烯、甲醛、硝酸、氨水等，储存、充装过程中未完全捕集的呼吸废气以无组织方式排放。

(3) 污水站、危险废物仓库废气。

技改项目污水站、危险废物仓库均对逸散的废气进行密闭收集，仍有未完全捕集的氨、硫化氢、有机物等以无组织方式排放。

4.3.2 水污染物产生及排放情况

本次废水源强仅考虑技改项目及其相关的公辅设施、污染防治设施等产生的废水，包括工艺废水、废气吸收塔废水、地面清洗废水、初期雨水、真空泵废水、生活污水等。

(1) 工艺废水。

技改项目工艺废水主要为压滤废水，送去蒸发浓缩(MVR)车间制副产硫酸钠。

(2) 废气吸收塔废水。

本项目各废气污染防治设施治理会产生碱洗废水、酸洗废水、水洗废水等，主要污染物为 COD、SS、氨氮、总氮、盐类等。

本项目一号厂区废气吸收塔数量为 17 台。

废气吸收塔吸收液需定期更换，以确保吸收效率，更换频率一般为每 2 天 1 次，一号厂区废气吸收塔更换量为每塔 2 m^3/次。

(3) 地面清洗废水。

车间定期对地面进行冲洗，产生地面冲洗水。本项目每年需清洗约 50 次，单位面积清洗废水按 2 L/次计，一号厂区需冲洗面积 43 258.94 m^2。

(4) 初期雨水。

参考《石油化工排雨水明沟设计规范》(SH 3094—2013)中第 5 条雨水量计算的规定，雨水设计流量应采用暴雨强度及雨水流量公式计算前 15 min 雨量。

根据《某市人民政府办公室关于公布某市暴雨强度公式的通知》，该市暴雨强度公式为：

$$i = 16.2936(1 + 0.9891 \lg P)/(t + 14.5565)^{0.7563} \tag{3.2}$$

其中：P——重现期(年)，取 2 年；

t——降雨历时(min)，取 15 min。

计算可得，i=1.632 9 mm/min，则降雨强度 q 为 272 L/(s·hm^2)。

雨水设计流量：

$$Q = \psi q F \tag{3.3}$$

其中：Q——雨水设计流量(L/s)；

ψ——设计径流系数，取 0.85；

F——设计汇水面积(hm^2)。

经计算，该化工公司雨水设计流量 Q=6 518 L/s，某市年平均暴雨次数按 5 次计，该化工公司初期雨水量为 58 665 m^3/a，主要污染物为 COD(400 mg/L)、SS(500 mg/L)。

(5) 真空泵废水。

根据建设单位运行经验，本项目真空泵废水量约 300 m^3/a，主要污染物为 COD(1 500 mg/L)、SS(200 mg/L)、盐类(10 000 mg/L)。

(6) 生活污水。

本项目员工 800 人，员工在厂区内洗浴，用水以 350 L/(人·d)计算，年工作时间为 300 天，则该项目生活用水为 84 000 m^3/a，排污系数取 0.8，则生活污水产生量为 67 200 m^3/a，废水中主要污染物为 COD(400 mg/L)、SS(250 mg/L)、NH_3-N(35 mg/L)、TN(50 mg/L)、TP(8 mg/L)。

技改项目水污染物产生及排放情况表略。

4.3.3　噪声产生及排放情况

技改项目主要噪声设备为各车间真空泵、离心机、风机等，噪声源强表略。

4.3.4　固体废物产生及处置状况

1. 固体废弃物产生情况分析

技改项目固体废物主要为废盐、废活性炭、滤渣、压滤残渣、废镍催化剂、废水处理污泥、废矿物油、废包装物、生活垃圾等。

(1) 废盐。

本项目MVR车间副产硫酸铵、副产硫酸钠、高盐废水预处理等环节均会产生废盐，根据相应物料衡算结果，委托有资质单位处置。

(2) 废活性炭。

(a) 工艺废活性炭：本项目一号厂区H酸萃取、反萃取工段均会产生工艺废活性炭，送四号厂区焚烧炉焚烧处置。

(b) 废气吸附活性炭：一号厂区仓储设施设置1套一级活性炭吸附装置用于处理有机废气，送四号厂区焚烧炉焚烧处置。

(3) 滤渣。

一号厂区H酸熔萘后过滤会产生少量滤渣，主要成分为甲基萘；副产硫酸钠湿式氧化工艺母液脱色、压滤过程中会产生滤渣，主要成分为活性炭、有机物，均送四号厂区焚烧炉焚烧处置。

(4) 压滤残渣。

根据物料衡算，副产硫酸钠湿式氧化工艺催化剂脱除工段会产生压滤残渣，主要成分为活性炭、硫化铜、有机物，委托有资质单位处置。

(5) 废镍催化剂。

一号厂区H酸催化加氢工段需添加雷尼镍作为催化剂，催化剂失活后作为危险废物委外处置，根据H酸物料衡算结果，废催化剂产生量为626.529 t/a。

(6) 废水处理污泥。

类比现有废水处理过程的污泥产生情况，本项目污水处理污泥产生量预计为4 000 t/a，含水率50%～60%，送四号厂区焚烧炉焚烧处置。

(7) 废矿物油。

本项目设备检修时会产生废矿物油，根据现有项目的运行情况，产生量为10 t/a，送四号厂区焚烧炉焚烧处置。

(8) 废包装物。

本项目各类非罐区贮存的原辅料会产生大量的包装袋、包装桶等，根据现有项目的运行情况，产生量为240 t/a，送四号厂区焚烧炉焚烧处置。

(9) 生活垃圾。

生活垃圾产生量以每人0.5 kg/d估算，本项目定员800人，则生活垃圾产生量为120 t/a。

2. 固体废弃物属性判定及污染防治

(1) 固体废物属性判定。

根据《固体废物鉴别标准 通则》(GB 34330—2017)的规定，判断每种副产物是否属于固体废物。

(2) 危险废物属性判定。

根据《国家危险废物名录(2021年版)》，判定建设项目的固体废物是否属于危险废物。

3. 固体废物排放情况分析

技改项目的固体废物均得到了妥善处置和利用。

4.4 环境风险识别

4.4.1 物质危险性识别

根据技改项目主要原辅材料、燃料、中间产品、产品、副产品、污染物、火灾和爆炸伴生/次生物等，按照附录B进行识别。

4.4.2　生产系统危险性识别

1. 危险单元划分

根据技改项目工艺流程和平面布置功能区划，结合物质危险性识别，将厂区划分成中间罐区、酸碱罐区、甲类罐区、危化品仓库、危险废物仓库、天然气管道、导热油炉、废水暂存区等危险单元。

2. 危险单元内危险物质最大存在量

按照附录B危险物质识别结果，危险单元内各危险物质最大存在量详见表3.10。

表3.10　技改项目危险单元内各危险物质最大存在量　　单位：t

序号	危险单元		危险物质	最大存在量
1	一号厂区	中间罐区	硫酸	108
2		酸碱罐区	硫酸	874.2
3			发烟硫酸	630
4			硝酸	306
5		甲类罐区	萘	200
6			甲醇	130
7		危化品仓库	雷尼镍	10
8		危险废物仓库	废镍催化剂(含雷尼镍)	50
9		天然气管道	甲烷	1.44×10^{-3}
10		导热油炉	导热油	20
11		废水暂存区	COD_{cr} 浓度≥10 000 mg/L的有机废液	960

3. 生产系统危险性识别

本项目一号厂区H酸磺化、硝化、加氢工艺属于高危生产工艺。

4.4.3　伴生/次伴生影响识别

技改项目生产所使用的原料均具有潜在的危害，在贮存、运输和生产过程中可能存在泄漏和火灾爆炸风险，部分化学品在泄漏和火灾爆炸过程中遇水、热或其他化学品等会产生伴生和次生的危害。

此外，堵漏过程中可能使用的大量拦截、堵漏材料，若在事故堵漏后随意丢弃、排放，将对环境产生二次污染。

4.4.4　危险物质环境转移途径识别

考虑可能发生的突发环境事件，事故类型主要有泄漏引发的次伴生污染、火灾爆炸引发的次伴生污染、环境风险防控设施失灵或非正常操作、非正常工况、污染治理设施非正常运行、运输系统故障等。污染物的转移途径主要有大气扩散、地表水漫流、土壤及地下水的渗透等。

4.4.5　风险识别结果

技改项目环境风险识别结果详见表3.11。

表 3.11 技改项目环境风险识别结果

厂区	危险单元	潜在风险源	危险物质	环境风险类型	环境影响途径	可能受影响的环境敏感目标
一号厂区	中间罐区	硫酸储罐	硫酸	泄漏	扩散、漫流、渗透、吸收	周边居民、地表水、地下水等
	酸碱罐区	硫酸储罐、发烟硫酸储罐、硝酸储罐	硫酸、发烟硫酸、硝酸	泄漏		
	甲类罐区	萘储罐、甲醇储罐	萘、甲醇	火灾、爆炸引发次伴生污染、泄漏		
	危化品仓库	雷尼镍包装桶	雷尼镍	火灾、爆炸引发次伴生污染		
	危险废物仓库	雷尼镍包装桶	雷尼镍	火灾、爆炸引发次伴生污染		
	天然气管道	天然气管道	甲烷	火灾、爆炸引发次伴生污染		
	导热油炉	导热油炉	导热油	火灾、爆炸引发次伴生污染		
	废水暂存区	废水暂存罐	COD_{Cr} 浓度≥10 000 mg/L的有机废液	泄漏		

【点评】

该案例技改项目工程分析编制规范、内容全面，清楚阐述了项目工艺流程、原理及产排污情况，充分说明了现有项目依托及改建内容，反应转化率、收率选取合理，物料衡算结论可信。在废水、废气源强核算过程中，既充分考虑了物料衡算结果，又根据现有项目、同类项目产排污情况进行了类比、校核，污染物源强计算过程合理、结果可信。

该案例中风险识别按照导则进行，识别过程细致合理，充分揭示了此类项目存在的环境风险主要在生产工艺、危险物质、次伴生影响等。

五、环境现状调查与评价(略)

六、环境影响预测与评价

6.1 大气环境影响预测与评价

6.1.1 气象特征概况(略)

6.1.2 预测模式选择

本项目大气评价等级为一级。技改项目污染源为点源和面源，排放方式为连续源，预测范围为局地尺度(≤50 km)，项目评价基准年内风速≤0.5 m/s 的时间未超过 72 h；近 20 年统计的全年静风(风速≤0.2 m/s)频率未超过 35%；技改项目不位于大型水体(海或湖)岸边 3 km 范围内，因而根据《环境影响评价技术导则 大气环境》(HJ 2.2—2018)，选取导则推荐的 AERMOD 模式系统进行预测。

6.1.3　预测内容及参数

根据污染源分析结果，项目有组织废气作为点源考虑，无组织废气作为面源考虑。在预测因子选取时，选取有环境质量标准的评价因子作为预测因子。本次预测方案及内容如下：

1. 预测因子

根据项目污染物类型，确定本次预测因子为：硫酸雾、氮氧化物、SO_2、甲醇、TVOC、PM_{10}、萘。

2. 预测范围

根据估算模式计算结果以及保护目标分布情况，本次大气预测以技改项目所在厂区为中心，以东西向设置 X 轴，南北向设置 Y 轴，以 5 km×5 km 的正方形区域作为技改项目的大气预测范围，并覆盖各污染物短期浓度贡献值占标率大于 10%的区域。

3. 预测周期

选取 2019 年连续 1 年作为评价基准年。

4. 预测方案及内容

本次预测方案设置见表 3.12。

表 3.12　技改项目预测方案设置

序号	污染源	排放形式	预测内容	评价内容
1	新增污染源	正常排放	短期浓度 长期浓度	最大浓度占标率
2	新增污染源	非正常排放	1 h 平均质量浓度	最大浓度占标率
3	新增污染源－“以新带老”污染源－区域削减污染源	正常排放	短期浓度 长期浓度	达标因子：评价叠加现状浓度后保证率日平均质量浓度和年平均质量浓度的占标率或短期浓度的达标情况。 不达标因子：评价年平均质量浓度变化率及削减源叠加前后敏感目标和网格点保证率日平均质量浓度和年平均质量浓度变化情况
4	大气环境防护距离（新增污染源－“以新带老”污染源）	正常排放	短期浓度	大气环境防护距离

5. 气象数据、地形数据、土地利用图（略）

6. 模型主要参数设置

（1）技改项目预测范围距离源中心小于 5 km，技改项目预测网格间距设置为 50 m。

（2）不考虑建筑物下洗，不考虑颗粒物干湿沉降和化学转化，不考虑光化学影响。

6.1.4　预测源强

根据工程分析，技改项目有组织、无组织废气排放源强及事故排放时废气源强见 4.3 章节。

6.1.5　预测结果

（1）根据《某县环境质量报告书（2016—2020 年度）》，技改项目所在区域环境空气质量达标，技改项目新增颗粒物拟通过减去某化工公司“以新带老”污染源以及区域削减源来实现。

（2）新增污染源正常排放下，污染物短期浓度贡献值的最大浓度占标率均≤100%。新增污染源正常排放下，污染物年均浓度贡献值的最大浓度占标率均≤30%。

（3）现状达标因子：技改项目现状达标因子叠加现状监测背景值后，各污染物浓度均符合环境质量标准。

(4) 该化工公司厂界浓度满足大气污染物厂界浓度限值，且厂界外大气污染物短期贡献浓度均未超过环境质量浓度限值，因而，技改项目不设置大气环境防护距离。

综上所述，本项目大气环境影响是可接受的。

6.1.6 大气环境影响评价自查情况(略)

6.2 地表水环境影响分析

技改项目废水为间接排放，地表水环境影响评价等级为三级 B。根据《环境影响评价技术导则 地表水环境》(HJ/T 2.3—2018)，水污染影响型三级 B 评价可不进行水环境影响预测。

6.2.1 废水排放地表水环境影响评价

技改项目废水经厂内预处理达接管标准后排入化工园区污水处理厂进行集中处理，处理后尾水排入深海。

本项目水环境影响评价拟引用化工园区污水处理厂环评中"4 万 t/a 尾水排入滨海中山河口特殊利用区海域的环境可行性预测分析结果"，具体结论如下：

(1) 排污区附近海域的潮流对 COD、硝基苯和无机氮有较强的稀释和扩散作用，排入水体的 COD、硝基苯和无机氮影响范围不大；

(2) 正常排放时，COD 的最大影响范围为 20.1 hm^2，硝基苯最大影响范围为 111 hm^2，无机氮的最大影响范围为 168 hm^2；事故排放时影响范围较大，最大影响范围分别为 336 hm^2、415 hm^2 和 339 hm^2。以上影响范围不会改变特殊利用区外的海水环境功能；

(3) 不同潮型下(大潮、中潮、小潮)，整潮的污水排放尾迹均远离响水盐场和新滩盐场取水口，污水排放对其水质现状无影响，不会改变其水质等级。

综上，从水环境保护的角度来说，污水处理厂 4 万 t/a 尾水排放具有环境可行性。

需要说明的是，前述引用的预测是在污水处理厂尾水排放量为 4 万 t/a、尾水排放标准为《化学工业主要水污染排放标准》(DB 32/939—2006)基础上的。现状污水处理厂尾水排放量为 2 万 t/a，尾水排放标准(COD、氨氮、总氮、总磷)已提标至《城镇污水处理厂污染物排放标准》(GB 18918—2002)一级 A 标准。因此，实际废水排放对水环境的影响情况将小于前述引用的预测结果。

6.2.2 地表水环境影响评价自查表(略)

6.3 声环境影响分析(略)

6.4 土壤环境影响预测与评价

土壤污染是指人类活动所产生的物质(污染物)，通过多种途径进入土壤，其数量和速度超过了土壤的容纳能力和净化速度的现象。土壤污染可使土壤的性质、组成及性状等发生变化，使污染物质的积累过程逐渐占据优势，破坏了土壤的自然动态平衡，从而导致土壤自然正常功能失调，土壤质量恶化，影响作物的生长发育，造成产量和质量的下降，并可通过食物链引起对生物和人类的直接危害，甚至形成对有机生命的超地方性的危害。

6.4.1　一号厂区土壤环境影响预测与评价

本项目一号厂区主要从事H酸的生产，不涉及废水处理，对土壤产生的污染影响类型主要为大气污染型：污染物质来源于被污染的大气，污染物质通过大气沉降累积在土壤表层，其主要污染物是大气中的挥发性有机物等，它们降落到地表可引起土壤酸化，破坏土壤肥力与生态系统的平衡。

1. 预测模式

本报告选取《环境影响评价技术导则　土壤环境（试行）》（HJ 964—2018）附录E推荐的方法预测评价一号厂区生产过程中的废气污染物沉降对附近土壤的影响。

（1）单位质量土壤中某种物质的增量用下式计算：

$$\Delta S = n(Is - Ls - Rs)/(\rho_b \times A \times D) \tag{3.4}$$

式中：ΔS——单位质量表层土壤中某种物质的增量，g/kg；

I_S——预测评价范围内单位年份表层土壤中某种物质的输入量，g；

L_S——预测评价范围内单位年份表层土壤中某种物质经淋溶排出的量，g；

R_S——预测评价范围内单位年份表层土壤中某种物质经径流排出的量，g；

ρ_b——表层土壤容重，kg/m^3；

A——预测评价范围，m^2；

D——表层土壤深度，一般取0.2 m；

n——持续年份，a。

$$Is = C \times V \times A \times T \tag{3.5}$$

式中：C——污染物浓度，$\mu g/m^3$；

V——污染物沉降速率，cm/s；

A——预测评价范围，m^2；

T——一年内污染物沉降时间，s。

（2）单位质量土壤中某种物质的预测值根据其增量叠加现状值进行计算，如下式：

$$S = S_b + \Delta S \tag{3.6}$$

式中：S_b——单位质量土壤中某种物质的现状值，g/kg；

S——单位质量土壤中某种物质的预测值，g/kg。

2. 预测内容与参数

（1）预测因子。

一号厂区工艺废气中含有的硫酸雾、萘、二甲醚、甲醇、氨、VOCs、氮氧化物、烟尘等污染物，随排放的废气进入环境空气中，最后沉降在周围的土壤中，有可能对土壤环境中挥发性有机物的含量产生影响。废气中的挥发性有机物进入土壤环境主要表现为累积效应。考虑到前述废气中仅有萘具有相关土壤环境质量标准，因此本次选取萘的累积影响进行预测。

（2）预测范围。

本项目一号厂区土壤环境影响评价等级为一级，根据《环境影响评价技术导则　土壤环境（试行）》（HJ 964—2018），一级评价项目土壤评价范围为项目占地范围及占地范围外1 km的范围。因此一号厂区土壤环境影响预测范围为一号厂区（68 466.7 m^2）及厂区外1 km的范围，合计约5 190 300 m^2。

（3）预测参数。

根据建设单位提供的岩土工程勘察报告，技改项目所在地土壤平均容重约为920 kg/m^3，萘沉降速率取0.01 cm/s。技改项目土壤环境影响预测参数详见表3.13。

表 3.13 土壤环境影响预测参数

污染物	L_S/mg	R_S/mg	表层土壤容重 ρ_b/(kg/m³)	表层土壤深度 D/m	污染物浓度/(mg/m³)	沉降速率/(cm/s)
萘	0	0	920	0.2	5.39×10^{-4}	0.01

3. 预测结果

表 3.14 不同年份工业用地土壤中污染物累积情况

污染物	年均最大落地浓度增值/(mg/m³)	土壤现状监测最大值/(mg/kg)	年输入量 I_S/mg	10 年累积量 W_{10}/(mg/kg)	20 年累积量 W_{20}/(mg/kg)	30 年累积量 W_{30}/(mg/kg)	建设用地土壤筛选值(第二类用地)/(mg/kg)
萘	5.39×10^{-4}	0.045	7.250×10^{3}	4.508×10^{-2}	4.515×10^{-2}	4.523×10^{-2}	70

注:萘的土壤现状监测结果为未检出,检出限为 0.09 mg/kg,本次预测按检出限的一半计。

由表可知,随着时间的延长,萘在土壤中的累积量逐步增加,但累积增加量很小,项目营运 30 年后周围影响区域工业用地土壤中萘累积量低于《土壤环境质量 建设用地土壤污染风险管控标准(试行)》(GB 36600—2018)建设用地土壤(第二类用地)污染风险筛选值。因此,技改项目废气中萘进入土壤环境造成的累积量是有限的,在可接受范围内。

6.4.2 土壤污染控制措施

(1) 控制项目"三废"排放。大力推广闭路循环、清洁工艺,以减少污染物质;控制污染物排放量和浓度,使之符合排放标准和总量要求。

(2) 在今后的生产过程中做好对设备的维护、检修,切实杜绝"跑、冒、滴、漏"现象发生,同时,应加强关键部位的安全防护、报警措施,以便及时发现事故隐患,采取有效的应对措施以防事故的发生。

6.4.3 土壤环境影响评价自查表(略)

6.5 地下水环境影响预测与评价(略)

6.6 环境风险预测与评价

6.6.1 风险事故情形设定

1. 概率分析

容器、管道、泵体、压缩机、装卸臂和装卸软管等的泄漏频率分析采用《建设项目环境风险评价技术导则》(HJ 169—2018)中的附录 E.1 中的数值。

2. 最大可信事故设定

考虑到风险物质的储量以及泄漏后的环境危害等因素,本次环境风险预测与评价选取一号厂区发烟硫酸储罐破裂泄漏事故作为最大可信事故。

6.6.2 源项分析

考虑一号厂区发烟硫酸储罐破裂泄漏事故的发生频率及影响,假设发烟硫酸储罐 10 min 内泄漏完进行预测,采用质量蒸发(具体计算公式详见风险导则附录 F)计算蒸发速率,各参数选取及计算结果详见表

3.15 和表 3.16。技改项目罐区设置了紧急隔离系统，故根据 HJ 169—2018，厂区泄漏时间设定为 10 min，作为事故排放时间。

表 3.15　发烟硫酸储罐液体泄漏事故源项分析表

液体泄漏系数	0.65	裂口面积	6×10^{-5} m^2
泄漏液体密度	1 840 kg/m^3	容器内介质压力	101 325 Pa
环境压力	101 325 Pa	重力加速度	9.81 m/s^2
裂口之上液位高度	1 m	液体泄漏速度	0.32 kg/s
泄漏时间	600 s	泄漏量	190.71 kg

表 3.16　技改项目风险事故情形源强一览表

序号	风险事故情形描述	危险单元	危险物质	影响途径	释放或泄漏速率/(kg/s)	释放或泄漏时间/s	最大释放或泄漏量/kg
1	一号厂区发烟硫酸储罐破裂泄漏事故	原料罐区	发烟硫酸	扩散	0.32	600	190.71

6.6.3　风险预测与评价

1. 预测模型筛选

根据《建设项目环境风险评价技术导则》(HJ 169—2018)，采用理查德森数判断，泄漏的发烟硫酸的扩散计算采用 AFTOX 模型。

预测模型主要参数详见表 3.17。

表 3.17　预测模型主要参数

参数类型	选项	参数	
基本情况	事故源经度/°	120.044	
	事故源纬度/°	34.296	
	事故源类型	发烟硫酸泄漏	
气象参数	气象条件类型	最不利气象	最常见气象
	风速/(m/s)	1.5	2.3
	环境温度/℃	25	14.3
	相对湿度/%	50	75
	稳定度	F	D
其他参数	地面粗糙度/m	0.03	
	是否考虑地形	—	
	地形数据精度/m	—	

2. 预测计算

采用 AFTOX 模型计算事故影响。发烟硫酸泄漏后在不同气象条件下(最不利气象条件、发生地最常见气象条件)、不同距离处有毒有害物质最大浓度略。

由预测结果可知，发烟硫酸泄漏在最不利气象条件下到达毒性终点浓度-1 的最远影响距离为 6 610 m、到达毒性终点浓度-2 的最远影响距离为 850 m，主要影响××社区(1.2 km、182 人)、××社区(1.5 km、130 人)、××社区(4 km、4 950 人)、××村(3.1 km、240 人)；发生地最常见气象条件下到达毒性终点浓度-1 的最远影响距离为 1 750 m，到达毒性终点浓度-2 的最远影响距离为 300 m，主要影响××社区（1.2 km、182 人）和××社区（1.5 km、130 人）。突发环境事件发生时，应根据实际事故情形、发生时的气象条件等进行综合判断，采取洗消等应急措施减小环境影响，必要时要求周边居民采取防护措施，或及时疏散。

6.6.4　生态风险评价

技改项目在生产过程中可能发生设备、管道、储罐等破损，造成原辅料、中间体或产品泄漏等事故，会对人群健康和生态环境造成一定的影响和损害。其中，甲苯低毒，有刺激性，列入了《优先控制化学品名录（第二批）》（公告 2020 年第 47 号）。苯会对人体造血产生损害，具有致癌、导畸作用，且具有基因毒性。苯胺会引起高铁血红蛋白血症和肝、肾及皮肤损害。丙烯腈具有刺激性、致突变性、致畸性、致癌性。苯酚对皮肤、黏膜有强烈的腐蚀作用，可抑制中枢神经或损害肝、肾功能。环氧乙烷易燃，有毒，为致癌物，具刺激性，具致敏性。溴素对皮肤、黏膜有强烈刺激作用和腐蚀作用等。

因此，技改项目生产过程涉及的原辅料、中间体及产品会对人群健康和生态环境造成一定的影响和损害，某化工公司应做好生产过程、储存环节、污染防治措施等生产全流程风险防范，降低泄漏、非正常工况等发生的概率。

6.6.5　环境风险评价自查表（略）

【点评】

项目所在区域为环境空气质量不达标区，环境影响预测应重点关注分析区域达标规划年的保证率日均浓度和年均浓度，关注区域削减源的环境影响，另外，还应考虑评价范围内其他排放同类污染物的在建、拟建项目，叠加其环境影响。

6.7　碳排放评价

本项目碳排放相关评价内容主要根据《碳排放权交易管理办法（试行）》（生态环境部 部令〔2021〕第 19 号）、《关于加强企业温室气体排放报告管理相关工作的通知》（环办气候〔2021〕9 号）、《关于加强高耗能、高排放建设项目生态环境源头防控的指导意见》（环环评〔2021〕45 号）及《中国化工生产企业温室气体排放核算方法与报告指南（试行）》等文件编制。

6.7.1　建设项目碳排放分析

1. 核算边界

核算边界即与建设项目生产经营活动相关的碳排放范围。本项目建设内容是对 H 酸生产工艺、设备及配套公辅工程、污染防治设施进行提升改造。因此，本次评价的核算边界为：一号厂区 TO 炉、导热油炉。

2. 碳排放源

参照《中国化工生产企业温室气体排放核算方法与报告指南（试行）》，化工生产企业核算的排放源类别主要包括燃料燃烧排放、工业生产过程排放、CO_2 回收利用量、净购入的电力和热力消费引起的 CO_2 排放等，温室气体种类主要为 CO_2，还包括工业生产过程中排放的 N_2O 等。

（1）燃料燃烧排放。指化石燃料在各种类型的固定或移动燃烧设备中（如锅炉、燃烧器、涡轮机、加热器、焚烧炉、煅烧炉、窑炉、熔炉、烤炉、内燃机等）与氧气充分燃烧生成的 CO_2。本项目主要包括 TO 炉、

RTO 炉、活性炭再生炉、导热油炉、固废焚烧炉燃烧天然气产生的 CO_2。

（2）工业生产过程排放。主要指化石燃料和其他碳氢化合物用作原材料产生的 CO_2，包括放空的废气经火炬处理后产生的 CO_2；以及碳酸盐使用过程（如石灰石、白云石等用作原材料、助熔剂或脱硫剂）产生的 CO_2；如果存在硝酸或己二酸生产过程，还应包括这些生产过程的 N_2O 排放。

（3）CO_2 回收利用量。主要指报告主体回收燃料燃烧或工业生产过程产生的 CO_2 并作为产品外供给其他单位从而应予扣减，那部分 CO_2 不包括企业现场回收自用的部分。本项目不涉及。

（4）净购入的电力和热力消费引起的 CO_2 排放。该部分排放实际上发生在生产这些电力或热力的企业，但由报告主体的消费活动引发，此处依照规定也计入报告主体的排放总量中。本项目涉及购入电力及热力。

6.7.2　碳排放预测

1. *碳排放计算方法*

碳排放计算主要依据《中国化工生产企业温室气体排放核算方法与报告指南(试行)》。

（1）排放总量。

本项目二氧化碳排放总量等于核算边界内燃料燃烧的 CO_2 排放加上工业生产过程的 CO_2 当量排放，减去企业回收且外供的 CO_2 量，再加上企业净购入的电力和热力消费引起的 CO_2 排放量，按公式(3.7)计算：

$$E_{GHG} = E_{CO_2-\text{燃烧}} + E_{GHG-\text{过程}} - R_{CO_2-\text{回收}} + E_{CO_2-\text{净电}} + E_{CO_2-\text{净热}} \tag{3.7}$$

式中：E_{GHG} 为报告主体的温室气体排放总量，单位为 tCO_2 当量；

$E_{CO_2-\text{燃烧}}$ 为企业边界内化石燃料燃烧产生的 CO_2 排放；

$E_{GHG-\text{过程}}$ 为企业边界内工业生产过程产生的各种温室气体 CO_2 当量排放；

$R_{CO_2-\text{回收}}$ 为企业回收且外供的 CO_2 量；

$E_{CO_2-\text{净电}}$ 为企业净购入的电力消费引起的 CO_2 排放；

$E_{CO_2-\text{净热}}$ 为企业净购入的热力消费引起的 CO_2 排放。

（2）燃料燃烧排放核算。

燃料燃烧的 CO_2 排放量主要基于分品种的燃料燃烧量、单位燃料的含碳量和碳氧化率计算得到，公式如下：

$$E_{CO_2-\text{燃烧}} = \sum_i \left(AD_i \times CC_i \times OF_i \times \frac{44}{12} \right) \tag{3.8}$$

$$CC_i = NCV_i \times EF_i \tag{3.9}$$

式中：$E_{CO_2-\text{燃烧}}$ 为企业边界内化石燃料燃烧的 CO_2 排放量，单位为 t；

i 为化石燃料的种类；

AD_i 为化石燃料品种 i 明确用作燃料燃烧的消费量，对固体或液体燃料以 t 为单位，对气体燃料以万 Nm^3 为单位；

CC_i 为化石燃料 i 的含碳量，对固体和液体燃料以 t 碳/t 燃料为单位，对气体燃料以 t 碳/万 Nm^3 为单位；

OF_i 为化石燃料 i 的碳氧化率，单位为%。

NCV_i 为化石燃料品种 i 的低位发热量，对固体和液体燃料以 GJ/t 为单位，对气体燃料以 GJ/万 Nm^3 为单位；

EF_i 为燃料品种 i 的单位热值含碳量，单位为 t 碳/GJ。

本项目一号厂区 TO 炉、导热油炉年度天然气使用量分别为 7.2 万 Nm^3、230.4 万 Nm^3。天然气的 EF_i 为 15.3×10^{-3} tC/GJ，NCV_i 为 389.31 GJ/万 Nm^3，OF_i 为 99%。

表 3.18　本项目各装置年度天然气使用量统计表　　单位：万 Nm^3

装置	TO 炉	一号厂区导热油炉
天然气用量	7.2	230.4

注：《中国化工生产企业温室气体排放核算方法与报告指南(试行)》未涉及固废焚烧炉相关固废燃烧产生的二氧化碳，故参考《中国发电企业温室气体排放核算方法与报告指南(试行)》，仅核算固废焚烧炉中使用化石燃料(如燃煤)产生的二氧化碳。

(3) 工业生产过程排放及回收利用的 CO_2 量的核算。

不涉及。

(4) 净购入的电力和热力消费引起的 CO_2 排放核算。

企业净购入的电力消费引起的 CO_2 排放以及净购入的热力消费引起的 CO_2 排放分别按公式(3.10)和(3.11)计算：

$$E_{CO_2-净电}=AD_{电力}\times EF_{电力} \tag{3.10}$$

$$E_{CO_2-净热}=AD_{热力}\times EF_{热力} \tag{3.11}$$

式中：$E_{CO_2-净电}$ 为企业净购入的电力消费引起的 CO_2 排放，单位为 t；

$E_{CO_2-净热}$ 为企业净购入的热力消费引起的 CO_2 排放，单位为 t；

$AD_{电力}$ 为企业净购入的电力消费量，单位为 MWh；

$AD_{热力}$ 为企业净购入的热力消费量，单位为 GJ；

$EF_{电力}$ 为电力供应的 CO_2 排放因子，单位为 tCO_2/MWh；

$EF_{热力}$ 为热力供应的 CO_2 排放因子，单位为 tCO_2/GJ。

本项目外购电力为 84.4 MWh，根据《2019 年度减排项目中国区域电网基准线排放因子》中华东区域(覆盖某省)电网的 EF 数据，某省的 $EF_{电力}$ 取 792.1×10^{-3} MWh，一号厂区用电量为 84.4 MWh，故计算得 $E_{CO_2-净电}$ 为 $6\ 685.3\times10^{-2}$ t/a。

根据建设单位提供的资料，一号厂区总外购蒸汽量为 $28\ 852\ 674.4\times10^{-2}$ GJ，根据《中国化工生产企业温室气体排放核算方法与报告指南(试行)》，$EF_{热力}$ 为 0.11 t CO_2/GJ，故计算得 $E_{CO_2-净热}$ 为 31 737.941 t/a。

2. 碳排放计算结果

本项目碳排放量计算结果汇总见表 3.19。

表 3.19　本项目碳排放量计算结果汇总　　单位：t/a

项目	数值
燃料燃烧产生的 CO_2 排放量	18 196.981
工业生产过程排放及回收利用的 CO_2 量	17 896.516
净购入的电力消费引起的 CO_2 排放	66.853
净购入的热力消费引起的 CO_2 排放	31 737.941
本项目 CO_2 排放量合计	67 898.291

6.7.3　碳减排潜力分析及建议

化工行业属高耗能、高排放行业类别，建议以清洁生产国际水平严格要求化工项目，并充分结合现有产业形成循环经济产业链，降低化工产业入驻对区域温室气体排放的影响。同时，化工项目应采用高标准进行设计，有效控制污染物排放，在达到超低排放的基础上，通过技术升级与改造，改进高耗能工艺，提高能源综合利用效率，实施碳减排工程，尽可能地实现比其环评承诺更加严格的排放要求，同时生态环境主管部门应加强对化工项目污染物排放控制的监管，确保化工项目达标排放。

建议优化区域内大宗物料运输结构，采用海运、内河、铁路和公路运输相结合的方式实现清洁运输，建议建设单位的大宗物料和产品采用铁路、水路、管道或管状带式输送机等清洁方式运输，厂内大宗物料采取封闭式皮带输送。企业推广应用新能源汽车，努力实现运输工具的低碳化。

本项目应积极响应国家及地方生态环境主管部门对碳强度考核、碳市场交易、碳排放履约、排污许可与碳排放协同管理等方面的相关要求。

【点评】

该案例根据《碳排放权交易管理办法(试行)》(生态环境部 部令〔2021〕第 19 号)、《关于加强企业温室气体排放报告管理相关工作的通知》(环办气候〔2021〕9 号)、《关于加强高耗能、高排放建设项目生态环境源头防控的指导意见》(环环评〔2021〕45 号)及《中国化工生产企业温室气体排放核算方法与报告指南(试行)》以及地方碳排放技术指南的要求，从碳排放、碳预测、碳减排潜力分析及建议等方面，对项目碳排放核算边界进行定义，并按化工企业碳排放源核定其碳排放量及碳排放潜力。

建议企业加强清洁生产，通过积极改造高能耗工艺、优化大宗物料运输结构、结合现有产业形成循环经济产业链等措施满足达标排放要求，促进碳减排乃至实现超低排放。

七、环境保护措施及其可行性论证

7.1　废水污染防治措施技改情况评述

7.1.1　现有污水处理措施概述(略)

7.1.2　污水处理措施技改情况概述

本次技改项目污水处理主要依托原有污水处理设施，根据技改内容对现有污水处理措施进行了部分调整，具体情况如下。

(1) 技改项目工艺废水和现有项目工艺废水水质相似，可以依托现有废水处理措施进行处理，其中高含盐工艺废水根据所含盐分种类分别进入对应的 MVR 装置蒸发处理，其他工艺废水直接进入污水站均质池。

(2) 本次技改项目将一号厂区产生的经“一级浓硫酸吸收＋一级丝网除雾”预处理后的二氧化硫在三号厂区制硫酸装置开启时通入三号厂区制备硫酸，在三号厂区制硫酸装置不开启时通入 701 车间制备副产亚硫酸钠，以达到资源有效利用的目的，MVR 蒸出水进入污水处理站处理达标后接管至园区污水处理厂集中处理。

7.1.3 技改后污水处理设施评述

1. 技改后废水产生情况

技改项目建成后，根据水质情况，一号厂区废水可分为含萘废水、高含盐废水、低含盐高浓度废水和低浓度废水，具体情况如下。

(1) 含萘废水：主要为一号厂区 H 酸生产过程中产生的废水，废水中主要含有萘、硫酸、硫酸钠、甲醇等污染物，其中硫酸和硫酸钠含量较高，难以直接进入污水站处理。

(2) 高含盐废水：主要为一号厂区副产亚硫酸钠工艺废水，高含盐废水含有较高浓度的盐分和毒性物质，成分复杂，对活性污泥处理系统会产生抑制作用，可能会影响污水站的正常运行。

(3) 低含盐高浓度废水：主要为 MVR 装置蒸出水和其他各分厂的地面清洗废水、真空泵废水和废气吸收塔废水等，含有难降解、高毒性的有机污染物，对生化系统会产生抑制作用。

(4) 低浓度废水：主要包括各分厂的生活污水和初期雨水，污染物浓度相对较低，可生化降解。

为提升污水站运行效率，有效处理各分厂产生的废水，技改项目按照“分类收集、分质处理”的原则，对厂内含萘废水、高含盐废水等难处理、高浓度废水进行预处理。

2. 综合废水处理可行性评述

(1) 综合废水产生情况。

综合废水主要包括 MVR 装置蒸出水、低含盐高浓度工艺废水、地面清洗废水、真空泵废水、废气吸收塔废水和初期雨水、生活污水等废水。

本项目产生的 MVR 装置蒸出水、低含盐高浓度工艺废水、地面清洗废水、真空泵废水、废气吸收塔废水等低含盐废水，因 COD 较高或可能含有有毒有害物质而无法直接进入生化系统处理，所以本项目低含盐废水先进入污水站均质池调节水质、水量，再进行物化预处理，然后进入后续生化工段进行处理，最终达标接管至园区污水处理厂集中处理。

本项目初期雨水、生活污水等低浓度废水因可生化性相对较好，所以直接进入污水站 A/O 池处理，污水站处理达标后接管至园区污水处理厂集中处理。

(2) 综合废水处理工艺。

本项目综合废水处理主要依托二号厂区现有污水处理站进行。

(a) 污水处理站情况。

二号厂区污水处理站原处理工艺(2019 年之前)为物化(收集池＋铁碳微电解＋芬顿氧化＋中和混凝＋气浮)处理系统＋生化(UASB＋好氧＋终沉池)处理系统＋强氧化(二氧化氯氧化)处理系统，设计处理能力为 5 000 t/d(其中物化处理系统处理能力为 2 400 t/d，生化、强氧化处理系统处理能力为 5 000 t/d)。

(b) 污水处理工艺流程。

本项目产生的 MVR 蒸出水、低含盐高浓度工艺废水、地面清洗废水、真空泵废水、釜清洗废水、废气吸收塔废水等低含盐废水进入均质池调节水质、水量后，经过铁碳微电解、芬顿氧化系统进行物化预处理，减少部分 COD、色度及有毒有害组分后，加石灰混凝沉淀，进入脱钙池脱钙，再经过二沉池、气浮池、提升池后，进入 UASB 进行厌氧反应。处理后的废水与生活污水、初期雨水汇总后，通过 A/O 池、沉淀池、强氧化处理后，达标接管至园区污水处理厂。

污水站具体废水处理工艺流程详见图 3.3。

(c) 污水处理工艺流程说明。

① 均质池。

均质池将各厂区排放的各类低浓度高盐废水收集后，在气提搅拌的作用下，完成污水的均质，克服了污水排放的不均匀性，均衡调节污水的水质、水量、水温，储存盈余、补充短缺，使物化处理设施的进水量稳

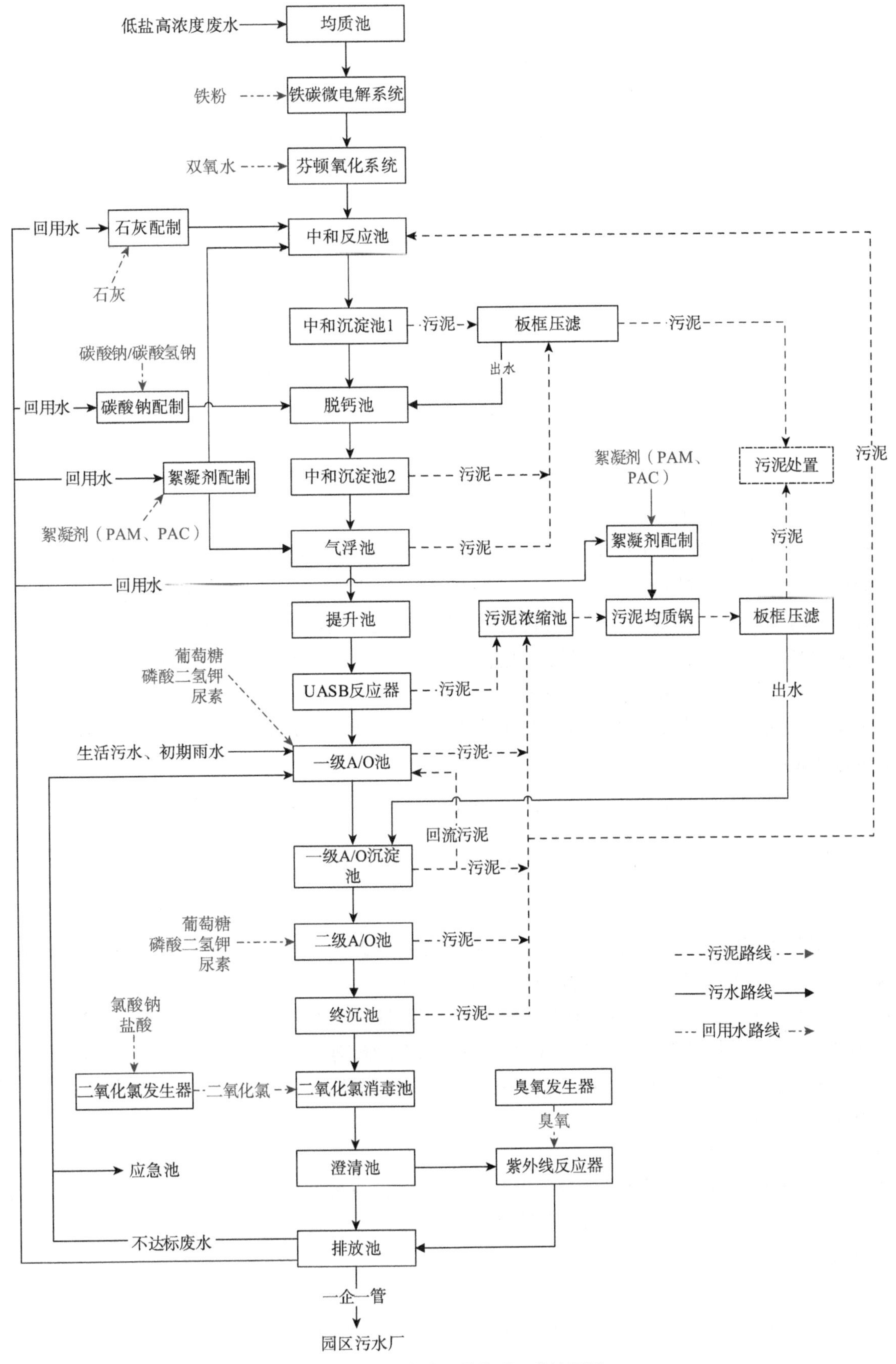

图 3.3　污水处理站处理工艺流程图

定，从而降低污水浓度波动对后续生物处理设施的冲击。

② 铁碳微电解工序。

该工序是利用铁离子的混凝作用，在废水中加入一定量铁粉，使铁离子与带微弱负电荷的微粒异性相吸，形成比较稳定的絮凝物，从而去除水中污染物。

微电解技术利用铁—碳颗粒之间存在电位差而形成无数个细微原电池的原理，这些细微电池是以电位低的铁为阴极，电位高的碳作阳极，在含有酸性电解质的水溶液中发生电化学反应，反应的结果是铁受到腐蚀变成二价的铁离子进入溶液。水中的铁离子具有混凝作用，它能与污染物中带微弱负电荷的微粒异性相吸，形成比较稳定的絮凝物(也叫铁泥)，之后通过沉淀去除水中污染物。

当废水与铁—碳接触后发生如下电化学反应：

$$\text{阳极:}Fe-2e^{-}\longrightarrow Fe\quad Eo(Fe/Fe)=0.4$$

$$\text{阴极:}2H^{+}+2e^{-}\longrightarrow H_2\quad Eo(H^{+}/H_2)=0\ V$$

当有氧存在时，阴极反应如下：

$$O_2+4H^{+}+4e^{-}\longrightarrow 2H_2O\quad Eo(O_2)=1.23\ V$$

③ 芬顿(Fenton)氧化工序。

在铁碳反应后加 H_2O_2，阳极反应生成的 Fe^{2+} 可作为后续催化氧化处理的催化剂，即 Fe^{2+} 与 H_2O_2 构成 Fenton 试剂氧化体系。阴极反应生成的新生态[H]能与废水中许多组分发生氧化还原反应，破坏染料中间体分子中的发色基团(如偶氮基团)，使其脱色。其原理是向废水中投加适量的 H_2O_2 溶液，其与废水中的 Fe^{2+} 组成 Fenton 试剂，它具有极强的氧化能力，特别适用于难降解有机废水的治理。Fenton 试剂之所以具有极强的氧化能力，是由于 H_2O_2 被 Fe^{2+} 催化分解产生·OH(羟基自由基)。

Fenton 氧化法的反应式如下，所产生·OH 的氧化能力在所有氧化剂中排第二，仅次于氟。产生的三价铁盐可去除总磷。

$$H_2O_2+Fe^{2+}\longrightarrow \cdot OH+OH^{-}+Fe^{3+}\rightarrow Fe(OH)_3\downarrow$$

$$Fe^{3+}+PO_4{}^{3-}\longrightarrow FePO_4\downarrow$$

④ 脱钙系统。

Fenton 氧化系统的出水为酸性，需加碱中和，同时为了降低水中盐含量，采用石灰配制中和。但是石灰引入的钙离子易结垢，易造成后续管道堵塞从而运行停顿，UASB 装置 B/C 数据逐渐下降。

为降低中和反应后水中硬度(钙离子浓度)，在中和沉淀池 1 与中和沉淀池 2 中间设有脱钙装置，通过投加配置的碳酸钠来降低废水中的钙离子含量，之后投加絮凝药剂进行絮凝，脱钙装置出水进入中和沉淀池 2 进行沉淀。中和沉淀池 2 的上清液进入下道污水处理工序处理，中和沉淀池 2 的底部污泥沉淀浓缩后送压滤机进行压滤。

⑤ 中和沉淀＋絮凝剂混凝工序。

该工序是在水中加入适量石灰乳液进行中和，在 pH 中性或偏碱性条件下，加入药剂进行絮凝，沉淀后的上层清水进行下一道工序，下层污泥至压滤机进行抽滤。

⑥ 气浮工序。

该工序是在水中通入大量微细气泡，使空气以高度分散的微小气泡形式附着在悬浮物颗粒上，使其密度小于水，利用浮力原理使其浮在水面，从而实现固—液分离。表面和底部的污泥送至压滤机抽滤，上层清水进入下一道工序。

⑦ 升流式厌氧污泥床(UASB)工序。

该工序是利用水中的有机物与厌氧微生物接触,使大部分有机污染物被降解去除。水通过布水器打入厌氧池底部,经过三相分离器后,泥水分开,上层清水进入下一道工序,池内污泥停留在厌氧池内继续反应。排泥时,厌氧污泥可通过排泥管道排至好氧池、好氧沉淀池、污泥浓缩池、中和反应池或物化段压滤机。产生的废气经四级碱吸收后,进入厂区有机废气总管。

升流式厌氧污泥床(UASB)反应器是由 Lettinga 在二十世纪七十年代开发的。UASB 反应器是目前应用最为广泛的厌氧反应器。该反应器内维持有较高浓度的厌氧污泥(20～30 g/L),废水从反应器底部向上通过污泥床的过程中,废水中的有机物与厌氧微生物接触。由于微生物的生物化学作用,大部分有机污染物被降解去除。UASB 反应器除了废水的提升外,不需要耗用其他的能源,是高浓度废水处理的首选工艺。

⑧ 两级 A/O 工序。

为增加脱氮效果,污水站设有两级 A/O 工序,好氧工艺采用 A/O 工艺,A 段为缺氧段,该段需保持较高的污泥浓度及足够的碳源;缺氧段溶解氧含量较低,有利于缺氧状态下反硝化的顺利进行。O 段为好氧段,溶解氧含量高,活性污泥增殖迅速,大量降解废水中的有机物,同时将废水中的氨氮转化为硝态氮和亚硝态氮。同时为保证脱氮效果,采用较大的污水回流比,回流量可灵活调节。

末端 A/O 池采用移动床生物膜反应器工艺,通过在普通 A/O 池中投加特定的悬浮填料,提高污水处理容积负荷率和出水指标,强化系统对高盐度、有毒有害化合物的耐受性。

⑨ 强氧化工序。

强氧化工序分为二氧化氯氧化工序和臭氧氧化工序,其中二氧化氯氧化为常规工序,两级 A/O 工序的出水经过二氧化氯氧化后,进入澄清池,若达到接管标准则直接进入排放池,若达不到接管标准则经过臭氧氧化进一步处理。

- 二氧化氯氧化工序。

该工序是利用二氧化氯的氧化作用,将水中的有机物进一步氧化,使出水达标。二氧化氯是一种很强的氧化剂,其有效氯是氯气的 2.6 倍左右。二氧化氯可以与大多数的有害有机化合物发生反应,例如酚类化合物、多环芳烃化合物、有机硫化物、胺类、丙烯腈、醇、醛、碳水化合物等。一方面确保有机物达标排放,另一方面实现对色度方面的末端把关工作。

- 臭氧氧化工序。

为强化强氧化工序,在排放池前端设置臭氧氧化反应器。臭氧单独作为氧化剂项目,臭氧在催化剂的作用下形成的羟基自由基与有机物的反应速率更高、氧化性更强,几乎可以氧化所有的有机物,可以有效去除苯胺、色度等特征污染因子,保证出水相关污染物稳定达标。同时,将结合系统运行数据来确定相对应的强氧化工序,例如,当苯胺$\leqslant$1.6 mg/L 时达标排放,当苯胺$>$1.6 mg/L 时运行臭氧催化氧化系统,以保证废水达标排放。

出水进入排放池,通过专管泵送至园区污水处理厂集中处理。

⑩ 出水回用工序。

该工序是利用好氧沉淀池上层清水回用至水处理系统前段,来满足前段药剂配置、喷淋的需求,保证水处理系统不额外进入清水。回用后,一部分作为喷淋水,用在芬顿塔顶和中和反应池上,在泡沫较多的情况下进行喷淋;一部分作为石灰乳配置水,用于石灰乳配置;一部分作为絮凝药剂配置水,用于中和反应池絮凝工序和污泥均质锅污泥浓缩工序,当二沉池、气浮池等出现悬浮物量大的情况时,也可用于二沉池、气浮池的污泥絮凝。

(d) 污水处理系统设备情况。

现有二号厂区综合污水处理站废水处理能力为 5 000 t/d,污水处理站建构筑物情况略。

(e) 污水处理站运行情况。

二号厂区污水处理站于2020年3月完成提升改造,因某化工公司各分厂均处于停产状态,暂无实际废水运行数据。二号厂区污水站提标改造主要是在原有污水处理工艺基础上,改造并增加部分处理工艺以强化COD、氨氮、总氮、总磷、苯胺类等污染物处理效果,因此,本次评价可以根据原有污水站处理效果类比推测提升改造后项目污水的处理效果。

根据某化工公司污水例行监测数据和在线监测数据可知,二号厂区现有污水处理站在提升改造前,处理后的废水中各污染物浓度均低于污水处理厂的新接管标准(总氮因提升改造前未纳入接管标准指标,所以无相关数据),符合园区污水处理厂进水要求。相关监测数据具体见表3.20。

表3.20 污水站提升改造前废水接管水质例行监测数据 单位:mg/L

项目		pH*	COD	SS	氨氮	总磷	苯胺类	挥发酚	锌
园区污水处理厂废水新接管标准		6～9	350	400	35	2	2	2	5
现有项目废水接管水质	2016年1月14日	8.11	117	11	42.10	ND	0.68	0.62	0.10
	2016年9月27日	6.97	79	10	43.20	0.26	1.70	0.80	0.07
	2017年2月28日	7.54	85	16	14.20	0.36	0.43	0.13	ND
	2017年6月5日	7.33	114	37	10.30	0.15	0.98	ND	ND
	2017年12月27日	7.12	65	—	1.62	0.22	0.29	ND	ND

注:2018年后,某化工公司各分厂生产均处于不稳定状态,无日常例行监测数据。
* pH无量纲。

企业污水排口安装有COD、水量、pH及氨氮在线监测设施,对废水水质进行在线监测,监测数据能达到园区新接管标准。相关监测数据具体见表3.21。

表3.21 污水处理站提升改造前废水在线监测数据 单位:mg/L

项目		pH*	COD	氨氮
二号厂区污水处理站在线监测水质	2017年10月	7.03～7.56	55.64～205.73	0.08～5.98
	2017年11月	6.90～7.56	92.99～180.40	1.63～17.80
	2017年12月	6.89～7.37	52.52～145.91	0.47～15.22
园区污水处理厂废水新接管标准		6～9	350	35
是否达标		达标	达标	达标

* pH无量纲。

根据2019年3月15日监测单位出具的《某化工公司废水委托性检测报告》可知,某化工公司污水站出水中pH、COD、氨氮、总磷、悬浮物、苯胺类、硝基苯类、挥发酚、全盐量、锌、苯、石油类、硫化物、铜以及丙烯腈浓度均符合园区污水处理厂接管标准,详见下表3.22。

表3.22 污水处理站提升改造前废水监督性监测数据 单位:mg/L

采样日期	因子名称	监测结果	接管标准	监测结果
2019年3月6日	pH*	6.85	6～9	达标
	COD	124	≤350	达标
	氨氮	8.12	≤35	达标
	总磷	0.11	≤1.00	达标
	悬浮物	50	≤400	达标
	苯胺类	0.29	≤2.00	达标

续　表

采样日期	因子名称	监测结果	接管标准	监测结果
	硝基苯类	0.37	≤2.00	达标
	锌	0.27	≤2.00	达标
	挥发酚	0.20	≤0.50	达标
	全盐量	1 320	≤5 000	达标
	苯	ND	≤0.10	达标
	硫化物	ND	≤1.00	达标
	铜	ND	≤0.50	达标
	丙烯腈	ND	≤2.00	达标
	石油类	0.10	≤20	达标

* pH 无量纲。

本次技改项目产生的废水水质和污水站改造前项目产生的废水水质情况类似，类比可知，技改项目产生的废水经过改造后的污水站处理后，COD、SS、氨氮、总磷、苯胺类、挥发酚、硝基苯类、丙烯腈等污染物能够实现达标排放。

(3) 综合废水处理可行性分析。

(a) 设备能力分析。

技改后进入污水站处理的总废水量为 656 441.864 t/a，以年运行 300 d 计，废水产生量为 2 188.14 t/d，现污水处理站处理能力为 5 000 t/d，可满足本项目的废水处理需求。

(b) 处理效果分析。

铁碳微电解法＋Fenton 氧化法常作为工业废水处理的前处理工艺，破坏废水中大分子有机物的结构，缓解后续处理单元的负荷。根据《微电解- Fenton 氧化法处理染料废水及其降解历程的研究》(王全喜，东北大学博士学位论文，2011 年)，在最佳条件下，利用微电解- Fenton 氧化法处理直接桃红 12B 染料、活性艳橙 X - GN 染料、活性艳蓝 X - BR 染料等生产工艺的废水，COD、色度的去除效率可达到 81.6%～85.9%、91.2～95.2%。

根据《Fenton/生化组合工艺降解农药中间体废水苯系物》(涂保华、黄鑫、张晟等，《中国给水排水》2018 年 20 期)，采用铁碳微电解＋Fenton 氧化＋混凝沉淀＋UASB 反应器＋A/O 组合工艺处理三嗪聚羧酸、吡唑解草酯、炔草酯等农药生产的废水，在进水 COD 7 267 mg/L、甲苯 100 mg/L、二甲苯 10.2 mg/L、苯胺类 80 mg/L、挥发酚 252 mg/L 的情况下，稳定运行阶段出水 COD＜1 000 mg/L、甲苯＜0.1 mg/L、二甲苯＜0.4 mg/L、苯胺类＜0.5 mg/L、挥发酚＜0.5 mg/L，去除率分别大于 86.2%、99.9%、96.0%、79.0%、99.8%。

根据上述文献报告，微电解- Fenton 氧化法可有效降解废水中苯系物、苯胺类、挥发酚等有毒有害、难降解有机污染物，提高废水的可生化性，同时可同步降低废水中 COD、色度，适用于本项目高浓低盐废水的预处理。

根据《染料工业废水治理工程技术规范》(HJ 2036—2013)，染料生产工艺废水处理单元处理效率可参考表 4 废水脱色处理单元处理效率、表 6 中间体废水治理单元处理效率、表 7 综合废水处理单元处理效率，详见表 3.23、表 3.24。

表 3.23　中间体废水治理单元处理效率

废水种类	处理工艺	主要工艺环节	COD_{cr} 去除率/%	B/C
中间体生产工艺废水	湿式氧化	调节 pH、投加药剂、固液分离	80～90	0.5

表 3.24　综合废水处理单元处理效率

<table>
<tr><th rowspan="2">处理程度</th><th rowspan="2">处理工艺</th><th rowspan="2">主要工艺环节</th><th colspan="4">处理效率/%</th></tr>
<tr><th>悬浮物(SS)</th><th>化学需氧量(COD_{cr})</th><th>五日生化需氧量(BOD_5)</th><th>氨氮</th></tr>
<tr><td rowspan="2">一级处理</td><td>自然沉淀</td><td>格栅、沉砂池、废水调节池、初沉池、综合调节池</td><td>45～65</td><td>40～50</td><td>30～45</td><td>—</td></tr>
<tr><td>混凝沉淀</td><td>格栅、废水调节池、混凝沉淀池、综合调节池</td><td>60～90</td><td>50～75</td><td>45～65</td><td>—</td></tr>
<tr><td rowspan="4">二级处理</td><td>传统推流式活性污泥法</td><td>生化反应池、二沉池</td><td>70～90</td><td>70～90</td><td>85～95</td><td>50～95</td></tr>
<tr><td>序批式活性污泥(SBR)法</td><td>SBR 生化塔</td><td>80～90</td><td>70～90</td><td>85～95</td><td>50～95</td></tr>
<tr><td>生物接触氧化法</td><td>生物膜反应法、二沉池</td><td>80～90</td><td>75～90</td><td>85～95</td><td>50～95</td></tr>
<tr><td>膜生物反应器(MBR)法</td><td>MBR 池</td><td>80～99</td><td>80～99</td><td>85～99</td><td>60～95</td></tr>
<tr><td rowspan="4">三级处理</td><td>过滤</td><td>过滤</td><td>50～60</td><td>10～20</td><td>10～15</td><td>—</td></tr>
<tr><td>混凝法</td><td>混凝沉淀池、过滤池</td><td>50～70</td><td>15～30</td><td>15～25</td><td>—</td></tr>
<tr><td>活性炭吸附法</td><td>过滤＋活性炭吸附</td><td>>80</td><td>>40</td><td>>40</td><td>—</td></tr>
<tr><td>化学氧化法</td><td>氧化装置</td><td>>80</td><td>>40</td><td>>40</td><td>—</td></tr>
</table>

根据《某化工公司污水处理提标改造工程方案》小试试验报告，二级 A/O 对某化工公司污水处理站 UASB 出水中 COD、氨氮、总氮的处理情况如表 3.25 所示。

表 3.25　二级 A/O 对 UASB 出水中 COD、氨氮、总氮的处理情况

<table>
<tr><th colspan="2">类别</th><th>COD 浓度/(mg/L)</th><th>氨氮浓度/(mg/L)</th><th>总氮浓度/(mg/L)</th><th>总氮去除率</th></tr>
<tr><td rowspan="2">一级 A/O</td><td>进水</td><td>600～1 400</td><td>55～155</td><td>60～160</td><td rowspan="2">45%～75%</td></tr>
<tr><td>出水</td><td>250～700</td><td>5～75</td><td>18～65</td></tr>
<tr><td rowspan="2">二级 A/O</td><td>进水</td><td>250～700</td><td>5～75</td><td>18～65</td><td rowspan="2">25%～32%</td></tr>
<tr><td>出水</td><td>250～550</td><td>2～33</td><td>10～48</td></tr>
</table>

注：因小试试验报告以曲线图给出各污染物处理情况，未给出准确数字，表格中数据按照图中点位估算得到。

由上表可知，某化工公司污水处理站 UASB 出水 COD、氨氮、总氮经二级 A/O 处理后，已能够稳定达到园区污水处理厂现行接管标准。

综上所述，结合企业之前污水站实际运行数据，对比园区污水处理厂现行接管标准，某化工公司综合废水经现污水处理站处理后，各污染因子可满足接管标准要求。

(c) 二次污染。

综合污水处理站二次污染为污泥及污水处理站恶臭污染物，其中污泥作为危险废物送往四号厂区危险废物焚烧炉焚烧处置，超出焚烧炉处置能力的委托有资质单位处置。污水处理站厌氧池封闭收集的废气经“二级碱吸收”装置处理后再经总管的“二级碱吸收”装置处理后通过 FQ600205 排放。污水站均质池、芬顿氧化池等封闭收集的废气经“二级碱吸收”装置处理后再经总管的“二级碱吸收”装置处理后通过 FQ600205 排放。

本项目技改前后，某化工公司进入污水处理站处理的污水水质差别不大，参考污水站设计文件，类比现有废水处理站污泥产生情况，本项目污水处理污泥产生量预计为 4 000 t/a。

本项目污水站有组织废气源强类比现有污水站实测数据(2018 年 9 月例行监测数据)进行核算，即 H_2S 0.016 kg/h、NH_3 0.038 kg/h。污水处理站综合废水治理二次污染产生情况详见表 3.26。

表 3.26　污水处理站综合废水治理二次污染产生情况　　单位：t/a

类别	产生量	污染物	污染物去向
污泥	4 000	污泥、有机物等	作为危险废物管理，输送至四号厂区焚烧炉进行处置，超出四号厂区焚烧炉处置能力外的污泥，委外处置
废气	0.115	H_2S	由管道送入二级碱喷淋装置进行处理
	0.274	NH_3	

注：污水站废气吸收塔废水已在工程分析章节统一核算，详见 4.3.2 节，本章不再重复计算。

7.1.4　废水接管可行性分析、废水措施经济可行性分析（略）

7.2　废气污染防治措施评述

7.2.1　废气处理措施技改情况概述

本技改主要依托现有生产装置及配套污染防治设施进行，其中废气污染防治措施技改主要集中在一号厂区，废气污染防治措施基本保持不变。对比现有情况，技改项目废气污染防治措施调整情况如下。

本次技改，一号厂区仅 H 酸产品生产工艺发生微调，产污环节基本保持不变，各股工艺废气处理均依托现有污染防治设施进行。

此外，为达到离析工段产生的二氧化硫资源有效利用的目的，技改项目增加副产亚硫酸钠制备工序，制备过程中产生的废气通过“四级碱吸收”处理后通过 FQ600202 排气筒排放。

7.2.2　有组织废气防治措施评述

某化工公司坚持“源头控制、循环利用、综合治理、稳定达标、总量控制、持续改进”的原则，本次技改时进一步从源头控制废气污染物的产生，并对现有废气治理设施进行改进。

1. 一号厂区有组织废气防治措施

(1) 废气产生源强。

一号厂区有组织废气主要为生产工艺废气、储罐区呼吸废气、车间废水储罐呼吸废气、TO 焚烧炉废气等。

(2) 废气收集系统。

一号厂区按照“应收尽收、分质收集”的原则对厂区废气进行收集，对厂区各反应釜、储罐、废水暂存区、真空泵尾气等废气进行了分类收集、分质处理。

一号厂区废气收集系统收集方式如下：

表 3.27　一号厂区各股废气收集方式一览表

序号	车间	工序/产污设备	污染因子	废气收集方式	收集效率/%
1	701 车间	熔萘	萘	管道收集	>99.99
		磺化	硫酸雾、萘	管道收集	>99.99
		硝化	硫酸雾、NO_x	管道收集	>99.99
		脱硝	NO_2、NO、硫酸雾	管道收集	>99.99
		催化加氢	H_2	管道收集	>99.99

续 表

序号	车间	工序/产污设备	污染因子	废气收集方式	收集效率/%
		碱熔	氨、二甲醚	管道收集	>99.99
		离析	SO_2	管道收集	>99.99
		成品干燥	粉尘、甲醇	管道收集	>99.99
		副产亚硫酸钠	SO_2	管道收集	>99.99
2	甲醇制氢	解吸排口	CO	管道收集	>99.99
3	罐区	液萘储罐	萘	氮封+管道收集	>99
		65 烟酸罐	硫酸雾、氮氧化物	98 酸吸收	>99
		98 硫酸罐	硫酸雾	直排	—
		100 硫酸罐	硫酸雾	98 酸吸收	—
4	厂区西南	导热油炉	烟尘、NO_x、SO_2	管道收集	100
5	废水暂存区	母液储罐	非甲烷总烃	管道收集	>99
6	701 车间	水环真空泵	VOCs	加盖密闭+管道收集	>90

收集效率可达性分析：技改项目采用连续化生产，各工艺废气通过与生产装置相连的废气管道收集，收集效果较好，收集率取 99.99%以上；罐区废气采用管道收集，考虑到装卸过程可能存在的废气，收集率取 99%以上；水环真空泵采用加盖密闭收集，收集率取 90%以上。收集效率设置合理可行。

(3) 废气治理工艺选择。

本次技改，一号厂区甲醇制氢装置、导热油炉、罐区、废水暂存区等不涉及技改内容，其产废情况和废气处理措施与现有情况保持一致。

根据企业现有 701 项目废气处理设施运行情况，废气经现有工艺处理可达标排放，因此技改后 H 酸项目废气治理体系总体仍采用现有工艺路线。

一号厂区具体各废气治理设施如表 3.28 所示，收集和治理工艺流程详见图 3.4。

(4) 废气治理工艺说明。

(a) 旋风除尘。

旋风除尘器由进气管、排气管、圆筒体、圆锥体和灰斗组成。含尘气体由进气管进入旋风除尘器后，沿圆筒体、圆锥体外壁自上而下作螺旋形旋转运动，尘粒通过离心力作用与气体分离，沿内壁收集进入灰斗。旋风除尘器属于中效除尘器，除尘效率一般为 50%～60%，其结构简单，易于制造、安装和维护管理，设备投资和操作费用都较低，可用于高温烟气净化，多应用于锅炉烟气除尘、多级除尘及预除尘。

(b) 布袋除尘。

布袋除尘器由上部箱体、中部箱体、下部箱体(灰斗)、清灰系统和排灰机构等部分组成。含尘气体由除尘器下部进气管道，经导流板进入灰斗时，由于导流板的碰撞和气体速度的降低等作用，粗粒粉尘落入灰斗中，其余细小颗粒粉尘随气体进入滤袋室，由于滤料纤维及织物的惯性、扩散、阻隔、钩挂、静电等作用，粉尘被阻留在滤袋内，净化后的气体逸出袋外，经排气管排出。滤袋上的积灰用气体逆洗法去除，清除下来的粉尘下到灰斗，经双层卸灰阀排到输灰装置。滤袋上的积灰也可以采用喷吹脉冲气流的方法去除，从而达到清灰的目的，清除下来的粉尘由排灰装置排走。布袋除尘器属于高效除尘器，结构简单，维护操作方便，除尘效率高，一般在 99%以上，除尘器出口气体含尘浓度在数十毫克/立方米之内，对亚微米粒径的细尘有较高的分级效率。

表 3.28　技改后一号厂区废气治理工艺及排气情况一览表

<table>
<tr><th>车间</th><th>治理设施位置</th><th>废气产生工序</th><th>污染因子</th><th colspan="2">治理设施</th><th>排气筒</th><th>备注</th></tr>
<tr><td rowspan="10">701 车间</td><td rowspan="3">车间二楼</td><td>磺化</td><td>硫酸雾、萘</td><td rowspan="3">二级浓硫酸吸收＋一级丝网除雾</td><td rowspan="3">一级活性炭吸附＋一级碱吸收</td><td rowspan="4">H:25 m
φ:0.7 m
编号:FQ600201
风量:20 000</td><td rowspan="4">—</td></tr>
<tr><td>熔萘</td><td>萘</td></tr>
<tr><td>液萘储罐</td><td>萘</td></tr>
<tr><td>车间楼顶</td><td>碱熔</td><td>氨、二甲醚</td><td>二级水吸收＋二级稀硫酸吸收＋二级水吸收</td><td>TO 炉焚烧</td></tr>
<tr><td rowspan="2">车间楼顶</td><td rowspan="2">离析工段</td><td rowspan="2">二氧化硫</td><td rowspan="2">一级浓硫酸吸收＋一级丝网除雾</td><td colspan="3">通入三号厂区作为硫酸装置原料</td></tr>
<tr><td colspan="3">制亚硫酸钠副产</td></tr>
<tr><td>车间楼顶</td><td>硝化</td><td>硫酸雾、NO_x</td><td rowspan="2">三级尿素吸收＋二级碱吸收</td><td rowspan="4">—</td><td rowspan="4">H:25 m
φ:0.9 m
编号:FQ600202
风量:39 000</td><td rowspan="4">—</td></tr>
<tr><td>车间楼顶</td><td>脱硝</td><td>硫酸雾、一氧化氮、二氧化氮</td></tr>
<tr><td>车间楼顶</td><td>干燥</td><td>粉尘、甲醇</td><td>一级旋风除尘＋一级布袋除尘</td></tr>
<tr><td>车间楼顶</td><td>副产亚硫酸钠制备</td><td>二氧化硫</td><td>四级碱吸收</td></tr>
<tr><td>甲醇制氢车间</td><td>甲醇制氢</td><td>解吸排口</td><td>CO</td><td>直接排放</td><td>—</td><td>H:30 m
φ:0.2 m
编号:FQ600203
风量:10 000</td><td>—</td></tr>
<tr><td>导热油炉房</td><td>导热油炉</td><td>—</td><td>烟尘、NO_x、SO_2</td><td>直接排放</td><td>—</td><td>H:15 m
φ:0.6 m
编号:FQ600204
风量:73 000</td><td>—</td></tr>
<tr><td colspan="3">废水暂存区、水环泵废气</td><td>VOCs</td><td>—</td><td>一级活性炭吸附＋一级碱吸收</td><td>H:25 m
φ:0.7 m
编号:FQ600201
风量:12 000</td><td>—</td></tr>
<tr><td colspan="3">甲类罐区</td><td>甲醇</td><td>氮封</td><td>—</td><td>—</td><td>—</td></tr>
<tr><td colspan="3">厂区南罐区(酸碱罐区)</td><td>硫酸雾、氮氧化物</td><td>98 酸吸收</td><td>—</td><td>—</td><td>—</td></tr>
</table>

(c) 浓硫酸吸收。

浓硫酸吸收塔由外壳、填料、填料支承、液体分布器、中间支承和再分布器、气体和液体进出口接管等部件组成，属两相逆向流填料吸收塔。气体从塔体下方进气口进入净化塔，在通风机的动力作用下，迅速充满进气段空间，然后均匀地通过均流段上升到填料吸收段。在填料的表面上，气相中污染物(主要为萘、NH_3)与 98%的浓硫酸发生中和反应，生成硫酸铵，随吸收液流入下部贮液槽。未完全吸收的气体继续上升进入喷淋段。在喷淋段中吸收液从均布的喷嘴高速喷出，形成无数细小雾滴与气体充分混合、接触，继续发生化学反应。在喷淋段及填料段两相接触的过程也是材质与传热的过程。通过控制空塔流速、停留时间、液气比等技术参数保证这一过程的充分与稳定。废气则由塔体(逆向流)达到气液接触之目的。此处理方式可冷却、干燥废气，去除颗粒及净化气体，适用于处理碱性气体、强还原性气体、气态 SO_3 和水蒸气等。塔体的最上部设有除雾段，气体中所夹带的吸收液雾滴在这里被清除下来，经过处理后的洁净空气从洗涤塔上端排入大气中。

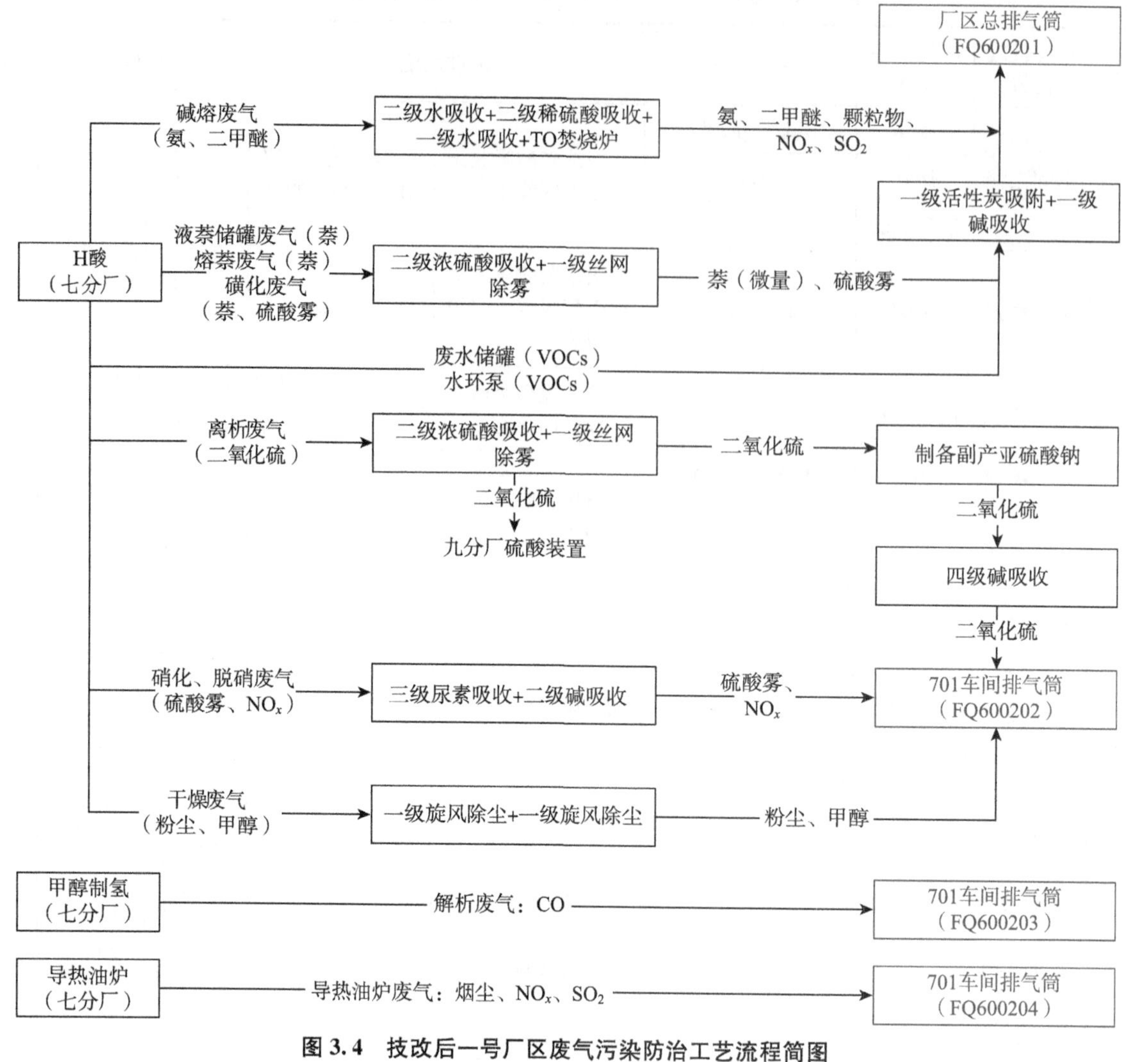

图 3.4　技改后一号厂区废气污染防治工艺流程简图

本项目浓硫酸吸收塔后均配备有丝网除雾装置,用于去除浓硫酸吸收塔产生的细小雾滴。

(d) 碱、尿素吸收。

碱、尿素吸收塔由外壳、填料、填料支承、液体分布器、中间支承和再分布器、气体和液体进出口接管等部件组成,属两相逆向流填料吸收塔。气体从塔体下方进气口进入净化塔,在通风机的动力作用下,迅速充满进气段空间,然后均匀地通过均流段上升到填料吸收段。在填料的表面上,气相中的污染物(主要为硫酸雾、硝酸雾和氮氧化物,均可溶于水,且能和碱液、尿素溶液中的氢氧化钠、尿素发生中和反应)被液相接触吸收后随吸收液流入下部贮液槽(送入二号厂区污水处理站)。

(e) 水吸收。

水吸收塔由外壳、填料、填料支承、液体分布器、中间支承和再分布器、气体和液体进出口接管等部件组成,属两相逆向流填料吸收塔。气体从塔体下方进气口进入净化塔,在通风机的动力作用下,迅速充满进气段空间,然后均匀地通过均流段上升到填料吸收段。在填料的表面,气相中的污染物(主要为甲醛、二甲醚等污染物,均可溶于水)被液相接触吸收后随吸收液流入下部贮液槽(送入二号厂区污水处理站)。

(f) 活性炭吸附。

本项目活性炭吸附装置主要由箱体、活性炭层和承托层等组成。活性炭具有发达的空隙、巨大的比表面积,其分子力对各类有机物质具有很高的吸附能力。本项目主体装置采用三个吸附箱分别进行 A 吸附、B 再吸附、C 解析和干燥工作,运行时循环相互切换,共用一套管路系统。A 吸附箱进行吸附,同时 B

吸附箱将 A 吸附箱排出的气体进行再吸附，C 吸附箱则进行解析和干燥，定时切换。运行时，尾气由吸附箱下部进入，其中的有机组分被活性炭吸附下来，净化后的气体从吸附箱上部排出。

(g) TO 焚烧。

TO 焚烧系统由 TO 焚烧炉、热交换器(余热锅炉和省煤器)、自控系统、点火燃烧系统、送风系统等组成。废气经管道输送至 TO 焚烧炉，通过蒸汽喷射泵吸入炉内，蒸汽、废气混合气体经阻火器后，进入燃烧室进行高温燃烧，通过调节补风量使系统焚烧温度维持在 1 100℃左右，根据焚烧“3T”原则将废气中的有机物完全氧化破坏。

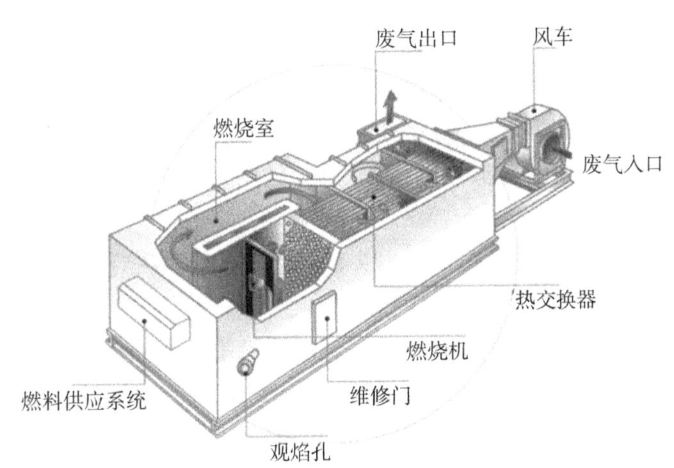

图 3.5　一号厂区直燃炉工作原理图

焚烧产生的高温烟气通过余热锅炉和省煤器进行余热回收，产生的 1.2 MPaG 的饱和蒸汽由厂内回用，待系统稳定时并入买方的 0.9 MPaG 饱和蒸气管网。焚烧烟气经余热回收后，温度下降至 160℃以下，再经排气筒(FQ600201)高空排放至大气。

废气进气采用安全防护措施，废气及蒸汽管路各装有气动切断阀，炉体加装火焰检知器、防爆口，可对燃烧系统的安全性起到双重保护作用。阻火器具有反吹清洗功能，防止丝网堵塞，保证焚烧设备的正常运行。焚烧炉出口处设有热电偶，及时反映炉内温度。如有意外可自动开启买方废气管路紧急排放阀门，并联锁控制燃烧器、进气切断阀，确保系统的焚烧安全。

焚烧炉系统根据工艺要求，采用现场手动控制和自动控制相结合的方式。自动控制系统完全遵循“工艺必需、先进实用、维护简便”的原则进行设计和实施，采用中央控制监视系统，数据处理、通信系统和计算机辅助输出管理系统等先进技术。系统安装停电保护、过载保护、线路故障保护和误操作保护等安全保护装置，所有电气设备均可靠接地，电气连线外有金属软管保护，保证系统在特殊状态下的安全性(在相对湿度 80%时，电器回路绝缘电阻不小于 24 MΩ)。作业线设备设有大功率电机变频控制，启动时不会对供电系统造成冲击。

(5) 技术可行性分析。

(a) 粉尘废气处理可行性。

一号厂区粉尘废气主要来源于干燥工段，主要成分为 H 酸粉尘和挥发的少量有机溶剂(甲醇)。根据粉尘废气的性质、产生浓度，一号厂区依托原旋风除尘、布袋除尘装置进行串联处理，本次技改未对该废气治理设施进行改造。干燥工段产生的少量有机溶剂(甲醇)废气，产生速率为 0.015 kg/h，对周边环境影响较小，因此，本项目不单独对其进行处理，与粉尘废气一起经“旋风除尘＋袋式除尘”后通过排气筒(FQ600202)直接排放。

工程实例：参考现有一号厂区粉尘废气的例行监测数据可知，技改项目粉尘废气经“旋风除尘＋袋式除尘”工艺处理后，甲醇、颗粒物均可达标排放，因此工艺是可行的。

根据现有项目运行效果可知，旋风除尘及布袋除尘运行效果良好，粉尘去除效率选择 99%具有可行性。

(b) 含萘废气处理可行性。

本次技改后，一号厂区萘储罐、701 车间熔萘和磺化工序均会产生含萘废气，废气主要污染物为萘、硫酸雾。

萘理化性质如下：萘为白色易挥发晶体，有温和的芳香气味，熔点 80.1℃，沸点 217.9℃，蒸汽压 0.13 kPa/52.6℃，闪点 80℃，较易挥发；易燃，有较大火灾爆炸危险性，其爆炸极限为 28～38 mg/m^3；萘不溶于水，但溶于无水乙醇、醚、苯。萘与浓硫酸在 80℃以下可发生磺化反应，生成 α-萘磺酸和水。

含萘废气中的硫酸雾及萘主要来源于磺化工序，磺化过程温度较高，约 150℃，同时反应过程需滴加一定量的发烟硫酸，故上述污染物不可采用冷凝法或活性炭吸附法进行处理，否则将造成废气管道、冷却设备或净化设备发生结晶、堵塞。根据萘、硫酸雾的特性，首先采用“两级浓硫酸吸收”去除萘，然后通过“一级丝网除雾”过滤去除尾气中的硫酸雾，最后通入总管经“一级活性炭吸附＋一级碱吸收”处理后通过排气筒(FQ600201)排放。

相关资料显示，专门的硫酸雾过滤器对 2 μm 以上的硫酸雾颗粒具有较为优越的去除效率，净化效率可达 99%以上，参考《污染源源强核算技术指南 电镀》(HJ 984—2018)表 F1 电镀废气污染治理技术及效果，喷淋中和塔(10%碳酸钠和氢氧化钠溶液中和)对硫酸雾的去除率可达 90%以上。另外，根据《某化工公司 4 万 t/年 H 酸技术改造项目环境影响报告书》分析，“两级浓硫酸吸收＋一级丝网除雾＋一级活性炭吸附”工艺对萘、硫酸雾综合处理效率可分别达 99.95%、99.7%，本项目保守估算，萘、硫酸雾去除效率分别取 98%、99.6%基本可信。

(c) 酸性废气处理可行性。

本项目酸性废气来源于硝化、脱硝、离析、副产亚硫酸钠制备等工段，主要污染物为硫酸雾、氮氧化物(二氧化氮、一氧化氮等)、二氧化硫，其中离析工段产生的二氧化硫通过“一级浓硫酸吸收＋一级丝网除雾”去除水蒸气后，通入 701 车间制备副产亚硫酸钠。本项目硫酸雾、氮氧化物废气拟依托原有酸性废气吸收处理装置，采用“三级尿素吸收＋二级碱吸收”工艺去除，副产亚硫酸钠制备工段产生的二氧化硫废气通过“四级碱吸收”工艺去除。

根据《环境工程技术手册 废气处理工程技术手册》(北京工业出版社 2013 年)，采用尿素溶液吸收去除氮氧化物不需要高温，反应产物为 N_2、CO_2、H_2O，去除率可达 99.95%以上。因此本次技改，在企业确保吸收塔规范有效运行的情况下，该“三级尿素吸收＋二级碱吸收”工艺对氮氧化物的综合处理效率取 99.7%基本可信。

参考《污染源源强核算技术指南 电镀》(HJ 984—2018)的表 F1 电镀废气污染治理技术及效果，喷淋中和塔(10%碳酸钠和氢氧化钠溶液中和)对硫酸雾酸性废气的去除率≥90%。技改项目采用“三级尿素吸收＋二级碱吸收”工艺处理硫酸雾废气，其理论去除率可达 99.9%，本次评价去除率取 99.6%基本可信。

根据《环境工程技术手册 废气处理工程技术手册》(北京工业出版社 2013 年)，在保证吸收碱液 pH 大于 8 的情况下，采用钠碱法吸收去除二氧化硫，效率可达 90%以上。技改项目采用“四级碱吸收”工艺处理二氧化硫废气，在按时添加碱液的情况下(确保碱吸收液 pH 大于 10)，其理论去除率可达 99.9%，本次评价去除率取 99%基本可信。

综上，酸性废气采用“三级尿素吸收＋二级碱吸收”“四级碱吸收”工艺处理是可行的。

(d) 含氨、有机物废气处理可行性。

一号厂区含氨、有机物废气主要来源于碱熔工段，污染物主要为氨、二甲醚。根据第 4.3 章节的污染源分析可知碱熔废气污染物以二甲醚为主，因此，该股废气需以处理有机物为主。

二甲醚理化性质如下：二甲醚为无色气体，有醚类特有的气味，熔点 －141℃，沸点 －24.8℃，蒸汽压 533.2 kPa/20℃，闪点 －41℃，易燃，有较大火灾爆炸危险性；溶于水、乙醇、乙醚。

技改项目含氨、有机物废气的成分较为简单，气量较少，热值较高，正常燃烧不需要补充辅助燃料，且燃烧过程可通过加热蒸汽回收部分热能。因此，技改项目拟依托原有“二级水吸收＋二级稀硫酸吸收＋二级水吸收”装置对废气进行预处理，先行去除废气中的氨气，然后通过 TO 燃烧炉对剩余二甲醚和微量氨气进行焚烧处理，同时回收部分热能。

本项目碱熔废气气量约为 500 m^3/h，一号厂区现有一台设计能力为 500 Nm^3/h 的 TO 燃烧炉，可满足该股废气焚烧处理需求。

碱熔废气成分主要为二甲醚(85.787%)，为气态易燃物质，浓度为 180 kg/h，热值较高，无须外加辅助燃料，宜采用燃烧法处理。为节省燃料，减少运行成本，同时有效回收热量，技改项目拟利用一号厂区现有直燃式废气焚烧炉(TO 焚烧炉)焚烧处理碱熔废气。

项目采用的 TO 焚烧炉炉膛温度控制在 850～1 100℃，废气停留时间在 6 s 以上，污染物去除效率能保证在 99.9%以上，有机污染物可稳定达标排放。因此，本次对 NH_3、二甲醚综合处理效率分别取 99%、99.5%基本可信。

本项目焚烧的有机物只含有 C、H、O 及少量的 N(氨气中含有的)等元素，因此，焚烧烟气中的氮氧化物主要为空气中的氮气在高温下氧化产生的热力型氮氧化物，其生成量取决于温度。当 $T<1\ 500$℃时，NO 的生成量很少，而当 $T>1\ 500$℃时，T 每增加 100℃，反应速率增大 6～7 倍。因有关 TO 炉类比的有效资料较少，本次评价将 TO 炉氮氧化物产排情况类比焚烧温度及废气量类似的蓄热式热力焚化炉(RTO)。

根据《某制药有限公司生产废气 RTO 治理项目竣工环境保护验收监测报告》(报告编号：JNWAHY2018028)，某制药有限公司南院 20 000 m^3/h 的 RTO 炉焚烧系统采用“RTO＋二级碱喷淋”处理乙醇、丙酮等废气，炉膛温度为 760～920℃，氮氧化物排放浓度为 25～36 mg/m^3，据研究，“碱喷淋”对氮氧化物的去除效率随尾气的氧化度差别很大，效率在 20%～80%之间，本次评价以 50%计，折算出其“RTO” 氮氧化物产生浓度约为 50～72 mg/m^3，可满足《大气污染物综合排放标准》(DB 32/4041—2021)表 1 中氮氧化物 200 mg/m^3 的最高允许排放浓度限值。

此外，为确保 TO 焚烧炉燃烧产生的氮氧化物稳定达标排放，本次技改拟对现有 TO 焚烧炉进行低氮燃烧技术改造，以减少氮氧化物的产生。

因此，本项目碱熔废气采用“二级水吸收＋二级稀硫酸吸收＋二级水吸收”＋“TO 焚烧炉”的组合工艺进行处理是可行的。

7.2.3　无组织废气防治措施评述

本项目无组织废气主要为车间工艺废气、污水站废气、罐区废气、未收集废气以及车间投料、装卸、生产、包装过程中“跑、冒、滴、漏”等产生的无组织废气。

项目所使用的化学原料如氨、甲醇等带有特殊的气味，在原料的运输、装卸、进出料、管道泄漏等情况下均会散发出异味气体，对周边环境空气造成一定的影响。

因此，本次技改按照满足《挥发性有机物无组织排放控制标准》(GB 37822—2019)、《某省化学工业挥发性有机物无组织排放控制技术指南》《关于印发某省化工行业废气污染防治技术规范的通知》等文件的要求，加强对无组织废气的防治。

通过采取控制措施，各物质挥发的无组织气体外界最高浓度可满足《大气污染物综合排放标准》(DB 32/4041—2021)、《恶臭污染物排放标准》(GB 14554—93)、《挥发性有机物无组织排放控制标准》(GB 37822—2019)、《化学工业挥发性有机物排放标准》(DB 32/3151—2016)中的无组织排放监控浓度限值要求，可达标排放。

7.2.4　恶臭气体污染防治措施评述

本项目在生产过程中会产生氨、甲醇等气体，污水处理站会产生硫化氢、氨等。针对异味气体，本项目拟采取以下防治措施：

针对异味气体，拟建项目拟采取以下防治措施：

(1) 化学品储罐配备回收系统或废气收集、处理系统，沸点较低的有机物料储罐设置保温和氮封装置，装卸过程采用平衡管技术。

(2) 在车间内，在每个车间的固体物料的进料口、出料口设置集气罩，减少了粉尘等异味气体的排放量。反应釜等产生的废气经管道收集后，送入废气处理装置进行处理，减少了异味气体的排放量。

(3) 在库区，原料取用后密封包装桶，并将废弃的包装桶统一密封后由供应商回收利用，减少桶内残存物料挥发产生的废气量。

(4) 脱水后的污泥中均含有大量有机质，易腐败发酵产生恶臭，建设单位将污泥收集后及时清运，减少在厂区的滞留时间；并在污泥贮存场所定期喷撒漂白粉，消除异味。

厂区污泥通过专用车辆进行运输，采用封闭式运输方式，减少恶臭气体的无组织排放量。

(5) 污水站周围设置绿化隔离带，吸收有害气体，减轻废气污染。

通过以上处理措施处理后，厂区的异味可得到有效的处理。

7.2.5 非正常废气治理措施评述

本项目非正常排放情况主要是废气处理装置出现故障或处理效率降低时废气排放量突然增大的情况，拟采取以下处理措施进行处理：

(1) 提高设备自动控制水平，生产线上尽量采用自动监控、报警装置；并加强废气处理装置的管理，防止废气处理装置出现故障造成非正常排放的情况。

(2) 加强生产的监督和管理，对可能出现的非正常排放情况制订预案或应急措施，出现非正常排放时及时妥善处理。

(3) 开车过程中，应先运行废气处理装置，后运行生产装置；停车过程中，应先停止生产装置，后停止废气处理装置，在确保废气有效处理后再停止废气处理装置。

(4) 检修过程中，应与停车的操作规程一致，先停止生产装置，后停止废气处理装置，确保废气送至废气处理装置处理后再通过排气筒排放。

(5) 停电时，应立即手动关闭原料的进料阀，停止向反应釜中供应原料；立即启用备用电源，在备用电源启用后，应先将废气送至废气处理装置处理后通过排气筒排放，然后再运行反应装置。

(6) 加强喷淋设施、活性炭吸附等处理装置的管理和维修，及时更换喷淋水和活性炭，确保废气处理装置的正常运行。

(7) 应考虑设置废气处理装置的备用系统，一旦发生废气非正常排放的情况，可将非正常排放的废气切换至备用系统进行处理，确保废气的有效处理。

通过以上处理措施处理后，本项目非正常排放的废气可得到有效的控制。

7.2.6 废气处理装置投资和运行成本(略)

7.3 噪声防治措施评述

本次技改项目主要噪声设备为各车间真空泵、离心机、风机等，本次环评分厂区给出项目噪声源强。生产中采取的噪声污染防治措施主要包括：

(1) 重视设备选型，采用减振措施：尽量选用加工精度高、运行噪声低的生产设备，底座安装减振材料等。

(2) 装置区合理布置：装置区内高噪声设备应设置在独立的隔声间或封闭式围护结构内，形成噪声屏障,阻碍噪声传播。

(3) 风机防治措施及对策:风机应考虑加装消声器,风机管道之间采取软边接防振等措施,以减少风机振动对周围环境的影响。

(4) 废气处理风机噪声:对每个风机加装隔声罩,对从罩内引出的排风烟道采取隔声阻尼包扎。

(5) 加强厂区绿化,建立绿化隔离带。此外,在厂界周围种植乔灌木绿化围墙,起吸声降噪作用。

(6) 加强管理:加强噪声防治管理,降低人为噪声。

从管理方面看,应加强以下几个方面工作,以减少对周围声环境的污染:

(a) 建立设备定期维护、保养的管理制度,以防止设备故障形成的非正常生产噪声,同时确保环保措施发挥最有效的功能。

(b) 加强职工环保意识教育,提倡文明生产,防止人为噪声。

经过以上治理措施后,本次技改项目各噪声设备均可降噪 20～25 dB。由噪声环境影响预测结果表明,采取降噪措施后,厂界噪声叠加现状噪声值后,厂界噪声能够达标。

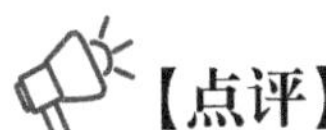

【点评】

该案例编制时《环境影响评价技术导则 声环境》(HJ 2.1—2021)尚未发布实施,案例中仍参照老导则进行评价。新导则实施后,在噪声防治对策措施章节应补充关于噪声防治措施的一般性原则和防治途径控制措施等,给出噪声防治措施位置、类型和规模,估算噪声防治投资,新增声环境保护目标与项目的关系分析,以及噪声防治措施的平面布置图等图表内容。

7.4 固废污染防治措施评述(略)

7.5 地下水和土壤污染防治措施评述

技改项目在生产、储运、废水处理、输送过程中涉及有毒有害化学物质,这些污染物的"跑、冒、滴、漏"均有可能污染地下水及土壤。因此,技改项目建设过程中必须考虑地下水和土壤的保护问题,采取防渗措施。

7.5.1 加强源头控制

实现厂区各类废物循环利用的具体方案,减少污染排放量;对工艺、管道设备、污水储存及处理构筑物采取有效的污染控制措施,将污染物"跑、冒、滴、漏"降到最低限。

7.5.2 做好分区防控和过程防控

(1) 现状情况:根据现有项目环境问题调查情况可知,某化工公司部分生产车间防渗层渗透系数不符合要求,部分地面开裂,需按照技改项目的要求进行防渗改造。

(2) 按照《石油化工工程防渗技术规范》(GBT 50934—2013)和《环境影响评价技术导则 地下水环境》(HJ 610—2016)的要求做好分区防控,一般情况下应以水平防渗为主,对难以采取水平防渗的场地,采用垂直防渗为主、局部水平防渗为辅的防控措施。

(3) 技改项目涉及的污水处理站及其地下污水管线(二号厂区)等区域须按照《危险废物填埋污染控制标准》(GB 18598—2019)做好防渗。

(4) 技改项目涉及的危废仓库(一号厂区)须按照《危险废物贮存污染控制标准》(GB 18597—2001)及《关于发布〈一般工业固体废物贮存、处置场污染控制标准〉(GB 18599—2001)等3项国家污染物控制标准修改单的公告》(环保部公告2013年第36号)做好防渗。

(5) 技改项目涉及的各分厂生产车间及其装置区、成品仓库、原料仓库、储罐区、废水收集池、事故应急池、初期雨水池、废气处理装置区、导热油炉房、给水处理区等可能涉及土壤及地下水污染的区域须按照《生活垃圾填埋场污染控制标准》(GB 16889—2008)做好防渗。

(6) 技改项目涉及的各厂区门卫、非生产区、道路、配电间、供氢站、五金仓库、消防泵房、生产辅助用房等不涉及土壤及地下水污染的区域,采用一般地面硬化。

技改项目其他区域按照场地天然包气带防污性能、污染控制难易程度和污染物特性进行分区防控。

企业应该严格要求做好所有区域的防渗措施,强化日常监管,杜绝生产区域"跑、冒、滴、漏",完善防渗措施维护制度,落实地下水和土壤环境的自行监测要求,以降低项目生产对区域地下水和土壤环境的影响。

(7) 建设项目根据行业特点与占地范围内的土壤特性,按照相关技术要求采取过程阻断、污染物削减和分区防控措施。涉及大气沉降影响的,占地范围内应采取绿化措施,以种植具有较强吸附能力的植物为主;涉及地面漫流影响的,应根据建设项目所在地的地形特点优化地面布局,必要时设置地面硬化、围堰或围墙;涉及入渗途径影响的,应根据相关标准规范要求,对设备设施采取相应的防渗措施。

7.5.3 加强地下水和土壤环境的监控、预警

(1) 建立地下水环境监测管理体系,包括制订地下水环境影响跟踪监测计划、建立地下水环境影响跟踪监测制度、配备先进的监测仪器和设备,以便及时发现问题,采取措施。

(2) 技改项目应按照地下水导则(HJ 610—2016)的相关要求于项目场地、上下游各布设1个地下水监测点位,分别作为地下水环境影响跟踪监测点、背景值监测点和污染扩散监测点,每年开展1次监测工作。在主导风向的上下风向厂界、主要生产装置区附近设置土壤环境跟踪监测点,每5年开展1次监测工作。

7.5.4 制订地下水环境跟踪监测与信息公开计划

(1) 该化工公司是监测报告编制的责任主体。

(2) 地下水环境跟踪监测报告的内容,一般应包括:

① 建设项目所在场地及其影响区地下水环境跟踪监测数据,排放污染物的种类、数量、浓度。

② 生产设备、管廊或管线、贮存与运输装置、污染物贮存与处理装置、事故应急装置等设施的运行状况、"跑、冒、滴、漏"记录、维护记录。

(3) 信息公开计划应至少包括建设项目特征因子的地下水环境监测值。

7.5.5 制订地下水污染应急响应预案

制订地下水污染应急响应预案,明确污染状况下应采取的控制污染源、切断污染途径等措施。

7.5.6 加强环境管理

(1) 加强厂区巡检,对"跑、冒、滴、漏"做到及时发现、及时控制;做好厂区危废堆场、装置区地面防渗等的管理,防渗层破裂后及时补救、更换。

(2) 建立土壤环境隐患排查制度,保证持续有效防止有毒有害物质渗漏、流失、扬散。

(3) 拆除生产设施设备、构筑物和污染治理设施,要事先制订残留污染物清理和安全处置方案,并报所在地县级环境保护、工业和信息化部门备案;要严格按照有关规定实施安全处理处置,防范拆除活动污染土壤的风险。

在全厂采取了正确的防渗保护措施的前提下，正常情况下污水收集池和污水管网的污水不会发生渗漏，技改项目对土壤、地下水水质产生的影响较小，在可接受的范围内。

7.6　环境风险管理

7.6.1　环境风险防范措施

1. 大气环境风险防范措施

(1) 大气环境风险的防范、减缓措施和监控要求。

(a) 防范措施及监控要求。

① 企业已建项目建构筑物布置和安全距离符合相关设计要求。企业后续生产过程中应严格按照《建筑设计防火规范》(GB 50016—2014)(2018 修订)和《石油化工企业设计防火标准》(GB 50160—2018)中相应防火等级和建筑防火间距的要求来规范各生产装置及罐区、建构筑物之间的防火间距。

② 某化工公司生产过程涉及的高危工艺为磺化工艺、硝化工艺、加氢工艺、裂解工艺等。现有项目已按照高危工艺要求设置集散控制系统(DCS)、电视监控设施、自动联锁装置等。技改项目应根据《首批重点监管的危险化工工艺目录的通知》(安监总管三〔2009〕116 号文)、《国家安全监管总局关于公布第二批重点监管危险化工工艺目录和调整首批重点监管危险化工工艺中部分典型工艺的通知》(安监总管三〔2013〕3 号文)的要求落实风险防范和监控措施。其他工艺过程也应严格执行安全技术规程和生产操作规程，设置 DCS 控制系统、电视监控设施、自动联锁装置等。

③ 在厂区施工及检修等过程中，应在施工区设置围挡，严禁动火，如确需采取焊接等动火工艺的，应向公司总经理申请，经总经理批准并将车间内的其他生产装置停产后，方可施工；施工过程中，应远离车间内的生产设备，如反应釜、中间储罐、接收罐等，远离物料输送管线、廊道等设施，防止发生连锁风险事故。

④ 储罐采用 1.5 m 左右的钢混基础，罐区周围已设置符合要求的围堰，围堰采用钢筋混凝土结构；已设置安装液位上限报警装置和可燃气体报警仪，按规程操作；已设置安装防静电和防感应雷的接地装置，罐区内电气装置符合防火防爆要求；严格按照存储物料的理化性质保障贮存条件；储罐区设置自动探测装置，若易燃易爆物质的浓度超过允许浓度，则开启报警装置。

⑤ 危险废物暂存场所必须严格按照国家标准和规范进行设置。在常温常压下易爆、易燃及排出有毒气体的危险废物必须进行预处理，使之稳定后贮存，否则按易爆、易燃危险品贮存；必须设置防渗、防漏、防腐、防雨等防范措施；危险废物暂存场所设置便于对泄漏的危险废物收集处理的设施；在暂存场所内，各危险废物种类必须分类储存，并设置相应的标签，标明危废的来源、具体的成分、主要成分的性质和泄漏、火灾等的处置方式，不得混合储存，各储存分区之间必须设置相应的防护距离，防止发生连锁反应；危险废物运输过程中应委托专业运输公司进行运输，加强对车辆、罐体以及包装材料质量的检查监管，使其规范化，以保证运输安全；根据危险废物产生情况合理设置暂存周期，定期转运，避免暂存场所不够导致危险废物在厂区内不规范暂存情况。

(b) 减缓措施。

① 密闭空间内发生的泄漏等突发环境事故引发的大气污染，首先应通过车间内废气处理措施予以收集。

② 敞开空间内的泄漏事故发生时，应首先查找泄漏源，及时修补容器或管道，以防污染物更多的泄漏；为降低物料向大气中的蒸发速度，可用泡沫或其他覆盖物品覆盖外泄的物料，在其表面形成覆盖层，抑制其蒸发，以减小对环境空气的影响。极易挥发的物料(如氨等)发生泄漏后，应对扩散至大气中的污染物采用洗消等措施，减小对环境空气的影响。

③ 火灾、爆炸等事故发生时，应使用水、干粉或二氧化碳灭火器扑救，同时对邻近储罐进行冷却降温，

以降低相邻储罐发生联锁爆炸的可能性。同时对扩散至空气中的未燃烧物、烟尘等污染物进行洗消，以减小对环境空气的影响。

(c) 工程措施。

① 管道泄漏后，主要采取的工程措施为室内外消防水喷淋吸收，并利用车间外管沟、厂区事故池，对事故废水集中收集处理，并通知厂内职工和可能受影响的下风向居民做好个人防护，用湿毛巾捂住口鼻，疏散至紧急避难所。

② 一号厂区发烟硫酸储罐破裂泄漏后，主要采取的工程措施为利用罐区围堰、备用罐进行倒罐收集，对围堰内残液等进行吸收或洗消，废吸收剂作为危废处置，洗消废水经围堰内收集池收集后，送事故池处理；一旦泄漏并引发火灾，主要采取的工程措施为罐区消防水喷淋洗消，并通知厂内职工和可能受影响的下风向居民做好个人防护，必要时疏散至紧急避难所。环氧乙烷储罐泄漏后，主要采取的工程措施为启动储罐上方的喷淋头进行洗消。

(2) 基本保护措施和防护方法。

呼吸系统防护：疏散过程中应用衣物捂住口鼻，如条件允许，应该佩戴自吸过滤式防毒面具(半面罩)。

眼睛防护：戴化学安全防护眼镜。

身体防护：尽可能减少身体暴露，如有可能，穿防毒物渗透的工作服。

手防护：戴橡胶耐酸碱手套。

其他防护：根据泄漏影响程度，周边人员可选择在室内避险，关闭门窗，等待污染影响消失。

2. 事故废水环境风险防范

(1) 构筑环境风险三级(单元、项目和园区)应急防范体系。

(a) 第一级防控体系的功能主要是将事故废水控制在事故风险源所在区域单元，该体系主要是由储罐区防火墙、装置区围堰、车间内废水收集池以及收集沟和管道等配套基础设施组成，防止污染雨水和轻微事故泄漏造成的环境污染。

(b) 第二级防控体系必须建设厂区应急事故水池、拦污坝及其配套设施(如事故导排系统)，防止单套生产装置(罐区)较大事故泄漏物料和消防废水造成环境污染；

事故应急池应在突发事故状态下拦截和收集厂区范围内的事故废水，避免其危害外部环境致使事故扩大化，因此事故应急池被视为企业的关键防控设施。事故应急池必须具备以下基本属性：专一性，禁止他用；自流式，即进水方式不依赖动力；池容足够大；地下式，防蚀防渗。

(c) 第三级水环境风险防控体系是针对企业厂内防范能力有限而导致事故废水可能外溢出厂界的应急处理方式。可根据实际情况实现企业自身事故池与化工园区公共事故应急池连通，或与其他临近企业实现资源共享和救援合作，增强事故废水的防范能力；同时可开发利用厂区外界的滩涂地、池塘等天然屏障，极端水环境事故状态下使其具备事故缓冲池的功能，防止事故废水进入环境敏感区。

(2) 事故废水设置及收集措施。

本次技改不涉及新建车间，储罐区面积不新增，所涉及车间均已设置废水收集池以及收集沟等，现有罐区均设置了符合规范的围堰。目前，某化工公司各分厂厂区均设置事故池，其中一号厂区设有 1 座事故池，有效容积为 1 400 m^3。各分厂池容均满足应急要求，无须重新核算事故池的尺寸。

注意事项：

(a) 可采取的工程措施：厂区应在发生储罐爆炸后，及时做好拦截(通过围堰、围墙、雨水沟渠等)措施，将消防废水引入事故池，从而杜绝消防废水进入地表水和地下水环境；流入地表水体后可采用筑坝、投加活性炭等工程措施，减少对地表水体的影响。

(b) 消防废水应根据火灾发生的具体物料及消防废水监测浓度，将消防废水及时引入厂内废水处理站处理，做到达标接管，厂内无法处理该废水时，委托其他单位处理。

(c) 如厂区污水处理站发生风险事故，可将超标废水引入污水站事故池，待污水处理站风险事故处理后，可将事故废水按照一定比例泵入污水处理系统重新进行处理，达标后排放，厂内无法处理该废水至达标时，委托其他单位处理。

(d) 如事故废水超出厂区，流入周边河流，应进行实时监控，启动相应的园区/区域突发环境事件应急预案，减少对周边河流的影响，并进行及时修复。

3. 土壤及地下水环境风险防范措施

(1) 加强源头控制，做好分区防渗。实现厂区各类废物循环利用的具体方案，减少污染排放量；工艺、管道设备、污水储存及处理构筑物采取有效的污染控制措施，将污染物"跑、冒、滴、漏"降到最低限。

按照《石油化工工程防渗技术规范》(GB/T 50934—2013)和《环境影响评价技术导则　地下水环境》(HJ 610—2016)的要求做好分区防控，一般情况下应以水平防渗为主，对难以采取水平防渗的场地，采用垂直防渗为主、局部水平防渗为辅的防控措施。

(2) 加强地下水环境的监控、预警。建立地下水环境影响跟踪监测制度，配备先进的监测仪器和设备，以便及时发现问题，采取措施。应按照地下水导则(HJ 610—2016)的相关要求于建设项目场地、上下游各布设 1 个地下水监测点位，分别作为地下水环境影响跟踪监测点、背景值监测点和污染扩散监测点。

(3) 加强环境管理。加强厂区巡检，对"跑、冒、滴、漏"做到及时发现、及时控制；做好厂区危废堆场、装置区地面防渗等的管理，防渗层破裂后及时补救、更换。

(4) 制订事故应急减缓措施。首先控制污染源，切断污染途径，其次，对受污染的地下水根据污染物种类、受污染场地地质构造等因素，采取抽提技术、气提技术、空气吹脱技术、生物修复技术、渗透反应墙技术、原位化学修复技术等进行修复。

(5) 可采取的工程措施：消防废水冲出围堰后，应及时做好拦截(通过围堰、围墙、雨水沟渠等)，将消防废水引入事故池，从而杜绝消防废水进入地下水环境；下渗入地下水体后可采用抽提、气提、生物修复、原位化学修复等工程措施，减少对地下水体的影响。

4. 风险监控及应急监测系统

(1) 风险监控。

(a) 对于生产车间设置高危工艺反应釜温度和压力的报警和联锁系统、反应物料的比例控制和联锁系统、紧急冷却系统、气相氧含量监控联锁系统、紧急送入惰性气体的系统、紧急停车系统、安全泄放系统、可燃和有毒气体检测报警装置等；

(b) 对于焚烧装置区焚烧炉线设置温度、压力、急冷装置循环冷却水流量报警和联锁系统，配备可燃气体、有毒气体探测报警仪，感烟、感温探头等；

(c) 对于储罐区安装液位上限报警装置和可燃气体报警仪等；

(d) 地下水设置监测井进行跟踪监测；

(e) 全厂配备视频监控等。

(2) 应急监测系统。

某化工公司现有的应急监测仪器主要有 COD 测定仪、pH 计、VOC 检测仪、可燃气体检测仪等，其他监测均委托专业监测机构，当监测能力均无法满足监测需求时应当及时向专业监测机构寻求帮助，做到对污染物的快速应急监测、跟踪。

应急监测人员应该做好安全防护措施，配备必要的防护器材，如防毒面具、空气呼吸器、阻燃防护服、气密型化学防护服、安全帽、耐酸碱鞋靴、防护手套、防腐蚀液护目镜以及应急灯等。

(3) 应急物资和人员要求。

某化工公司根据事故应急抢险救援需要，配备消防、堵漏、通讯、交通、应急照明、防护、急救等各类所需的应急抢险装备器材。建立健全厂区环境污染事故应急物资装备的储存、调拨和紧急配送系统，确保应急物资、设备性能完好，随时备用。应急结束后，加强对应急物资、设备的维护、保养以及补充，加强对储备物资的管理，防止储备物资被盗用、挪用、流散和失效。必要时，可依据有关法律、法规，及时动员和征用社会物资。

应配备完善的厂区应急队伍，做好人员分工和应急救援知识的培训，进行演练，与周边企业建立良好的应急互助关系，在较大事故发生后，相互支援。厂区需要外部援助时可第一时间向园区环保分局、园区公安局求助，还可以联系该市生态环境局、消防、医院、公安、交通、应急管理局以及各相关职能部门，请求救援力量、设备的支持。

5. 建立与园区对接、联动的风险防范措施

该化工公司应建立与园区对接、联动的环境风险防范体系。可从以下几个方面进行建设：

(1) 某化工公司应建立厂内各生产车间的联动体系，并在预案中予以体现。一旦某车间发生燃爆等事故，相邻车间乃至全厂可根据事故的性质、大小，决定是否需要立即停产，是否需要切断污染源、风险源，防止造成连锁反应甚至多米诺骨牌效应。

(2) 建设畅通的信息通道，该化工公司应急指挥部必须与周边企业、园区管委会保持 24 小时的电话联系。一旦发生风险事故，可在第一时间通知相关单位组织居民疏散、撤离。

(3) 某化工公司所使用的危险化学品种类及数量应及时上报园区救援中心，并将可能发生的事故类型及对应的救援方案纳入园区风险管理体系。

(4) 园区救援中心应建立入区企业事故类型、应急物资数据库，一旦区内某一家企业发生风险事故，可立即调配其余企业的同类型救援物资进行救援，构筑"一家有难，集体联动"的防范体系。

(5) 极端事故风险防控及应急处置应结合所在园区/区域环境风险防控体系统筹考虑，按分级响应要求及时启动园区/区域环境风险防范措施，实现厂内与园区/区域环境风险防控设施及管理有效联动，有效防控环境风险。

6. 次生、伴生风险防范措施

(1) 泄漏或者火灾爆炸事故发生时，应根据各风险物质的理化性质及其次伴生物质选取合适的喷淋洗消或灭火介质，遇水反应的物料泄漏时应使用覆土、砂石等材料覆盖，灭火时采用泡沫灭火等形式，避免用水直接喷淋。

易燃液体化学品发生火灾时一般可采用泡沫灭火；不能用泡沫灭火时，则应选择干粉、水泥、砂土、二氧化碳等灭火剂进行灭火。

(2) 火灾爆炸发生时应第一时间采取灭火等措施，并对周边罐体进行降温，迅速移走火灾区边界易燃可燃物尤其是危险化学品，减少着火时间，控制火灾区域，减少燃烧产生的次生、伴生物质，如氯化氢、一氧化碳等对环境空气造成的影响。

(3) 灭火产生的消防废水应收集至事故池内，事故结束后，分批由泵打入厂内污水处理站进行处理。

(4) 废灭火剂、废黄沙以及其他拦截、堵漏材料等在事故后统一收集，送有资质单位进行处理。

7.6.2 突发环境事件应急预案编制要求

为了在发生突发环境事件时，能够及时、有序、高效地实施抢险救援工作，最大限度地减少人员伤亡和财产损失，尽快恢复正常工作秩序，建设单位应按照《企业事业单位突发环境事件应急预案备案管理办法(试行)》(环发〔2015〕4 号)、《企业事业单位突发环境事件应急预案编制导则》(DB 3795—2020)等文件的要求完善全厂突发环境事件应急预案，并进行备案。

7.7 环保措施投资(略)

【点评】

该案例分析了废水、废气治理设施的有效性和达标可行性，并结合污染源技改后的变化情况，分析了

污染治理设施的依托及改建情况，从工艺原理、工艺操作过程、理论去除效率及工程实例等方面，分析项目废水、废气治理措施的合理性。

本项目性质为改扩建，现有项目工程分析章节已明确指出土壤及地下水污染防治措施存在的问题，需要进一步整治、提升，该案例在污染防治措施章节重点分析了防腐防渗措施的相关建设要求。

八、环境影响经济损益分析（略）

九、环境管理与监测计划

9.1　环境管理

9.1.1　环境管理机构

根据我国有关环保法规的规定，企业内应设置环境保护管理机构，配备专职人员和必要的监测仪器。其基本任务是负责企业的环境管理、环境监测和事故应急处理；并逐步完善环境管理制度，以便使环境管理工作走上正规化、科学化的轨道。专职管理人员的主要职责是：

(1) 贯彻执行环境保护法规和标准。

(2) 组织制订和修改企业的日常环境管理制度并负责监督执行。

(3) 制订并组织实施企业环境保护规划和计划。

(4) 开展企业日常的环境监测工作，负责整理和统计企业污染源资料、日常监测资料，并及时上报地方环保部门。

(5) 检查企业环境保护设施的运行情况。

(6) 做好污染物产排、环保设施运行等环境管理台账。

(7) 落实企业污染物排放许可。加强对污染治理设施、治理效果以及治理后的污染物排放状况的监测检查。

(8) 组织开展企业的环保宣传工作及环保专业技术培训，用以提高全体员工环境保护意识及素质水平。

目前，该化工公司现有项目已配备了3名专职环境管理人员，履行环境管理的职责，负责日常的环境管理、环境监测等工作。本项目不再新增专职环境管理人员，日常环境管理依托现有专职环境管理人员。

9.1.2　环境管理制度

企业应建立健全环境管理制度体系，将环保纳入考核体系，确保在日常运行中将环保目标落到实处。

1. 报告制度

企业应定期向当地政府环保部门报告污染治理设施运行情况、污染物排放情况以及污染事故、污染纠纷等情况，便于环保部门和企业管理人员及时了解企业污染动态，利于采取相应的对策措施。若企业排污情况发生重大变化、污染治理设施改变或企业改、扩建等，都必须按《建设项目环境保护管理条例》等文件要求，向当地环保部门申报，并请有审批权限的环保部门审批。企业产量和生产原辅料发生变化时也应及时向环保部门报告。

2. 污染治理设施的管理、监控制度

本项目建成后，必须确保污染治理设施长期、稳定、有效地运行，不得擅自拆除或者闲置尾气处理装置和污水治理设施等，不得故意不正常使用污染治理设施。污染治理设施的管理必须与生产经营活动一起纳入公司日常管理工作的范畴，落实责任人、操作人员、维修人员、运行经费、设备的备品备件和其他原辅材料。同时要建立健全岗位责任制，制订正确的操作规程，建立管理台账。

3. 固体废物环境保护制度

(1) 建设单位应通过"某省危险废物动态管理信息系统"(某省环保厅网站)进行危险废物申报登记。将危险废物的实际产生、贮存、利用、处置等情况纳入生产记录，建立危险废物管理台账和企业内部产生和收集、贮存、转移以及部门内部危险废物交接制度。

(2) 明确建设单位为固体废物污染防治的责任主体，要求企业建立风险管理及应急救援体系，执行环境监测计划、转移联单管理制度及国家和省有关转移管理的相关规定、处置过程安全操作规程、人员培训考核制度、档案管理制度、处置全过程管理制度等。

(3) 规范建设危险废物贮存场所并按照要求设置警告标志，危废包装、容器和贮存场所应按照《危险废物贮存污染控制标准》(GB 18597—2001)及其修改单有关要求张贴标识。

4. 环保奖惩条例

企业应加强宣传教育，提高员工的污染隐患意识和环境风险意识；制订员工参与环保技术培训的计划，提高员工技术素质水平；设立岗位实责制，制订严格的奖、罚制度。建议企业设置环境保护奖励条例，纳入人员考核体系。对爱护环保设施、节能降耗、改善环境者实行奖励；对环保观念淡薄、不按环保管理要求，造成环保设施损坏、环境污染及资源和能源浪费者一律处以重罚。

5. 环境管理台账制度

做好污染物产排、环保设施运行等环境管理台账。主要包括：主要污染源情况、环保设施及运行记录、环保检查台账、环境事件台账、非常规"三废"排放记录、环保考核与奖惩台账、外排废水检测台账、车间废水外排口检测台账、外排尾气(烟气)监测台账、噪声监测台账、固体废物台账等。

6. 排污许可证制度

企业必须按期持证排污、按证排污，不得无证排污。企业应及时申领排污许可证，对申请材料的真实性、准确性和完整性承担法律责任，承诺按照排污许可证的规定排污并严格执行；落实污染物排放控制措施和其他各项环境管理要求，确保污染物排放种类、浓度和排放量等达到许可要求；明确单位负责人和相关人员环境保护责任，不断提高污染治理和环境管理水平，自觉接受监督检查。

7. 环境公开制度

企业应依法开展自行监测，安装或使用监测设备应符合国家有关环境监测、计量认证规定和技术规范，保障数据合法有效，保证设备正常运行，妥善保存原始记录，建立准确完整的环境管理台账，安装在线监测设备的应与环境保护部门联网。企事业单位应如实向环境保护部门报告排污许可证制度执行情况，依法向社会公开污染物排放数据并对数据真实性负责。

9.1.3 环境管理

1. 施工期环境监测与管理

技改项目在企业现有装置区内新增设备安装等，在施工过程中，建设单位应采取以下环境监测和管理措施：

(1) 工程项目的施工承包合同中，应包括环境保护的条款。其中应包括施工中在环境污染预防和治理方面对承包的具体要求，如施工噪声污染，废水、扬尘和废气等的排放治理，施工垃圾处理处置等内容。

(2) 建设单位应设置兼职环保员参加施工场地的环境监测和环境管理工作。重点关注施工过程中对地下管线和现有构筑物的保护和避让、施工过程中储罐管线的铺设等操作。

(3) 加强对施工人员的环境保护宣传教育，增强施工人员环境保护和劳动安全意识，杜绝人为引发环境污染事件的发生。

(4) 定时监测施工场地和附近地带大气中总悬浮颗粒物和飘尘的浓度，定时检查施工现场污水排放情况和施工机械的噪声水平，以便及时采取措施，减少环境污染。

(5) 施工期，专职环境管理人员应记录以下资料：

(a) 施工前的环境质量现状监测数据；

(b) 施工过程中各项环保措施的落实情况，特别是扬尘、噪声防治措施的落实情况；

(c) 施工过程中对厂区内现有管线、储罐、绿地、其他构筑物等的保护、避让措施及落实情况；

(d) 施工过程中的风险防范、应急措施及落实情况。

2. 运营期环境管理

技改项目在现有厂区内建设，建设单位现已配备了 3 名专职环境管理人员，不新增专职环境管理人员，依托现有组织机构和管理人员，但在工作过程中，专职环境管理人员应熟悉技改项目的工艺和操作方式、污染防治措施及运行情况，将技改项目的环境管理工作纳入日常的管理工作中。

运行期环境管理应做好以下工作：

(1) 加强固体废物在厂内堆存期间的环境管理；加强对危险固废的收集、储存、运输等措施的管理；要加强原辅材料在储存期间的管理，防止发生渗水乃至大量挥发等事故。

(2) 加强管道、设备的保养和维护。安装必要的用水监测仪表，减少跑、冒、滴、漏，最大限度地减少用水量。

(3) 加强原料及产品的储运管理，防止事故的发生。

(4) 针对各工序建立污染源档案管理制度，具体包括以下内容：

(a) 反应原理及操作步骤、操作条件；

(b) 污染源的产生节点、种类、产生量及对应的产生方式、时间、具体的污染物成分及含量等内容；

(c) 污染源治理措施、设计参数、运行条件、处理效率、排放方式；

(d) 各治理措施的运行成本记录，特别是活性炭的更换周期等内容；

(e) 治理措施的维修记录，不良运行记录及造成的原因；

(f) 各污染源处理后的例行监测、验收监测等监测数据；

(g) 各污染源及治理措施的风险事故、影响范围及应急措施、预案的落实情况，事故总结和后处理结果等内容。

(5) 按照“三同时”的要求落实各污染防治措施，并定期进行维护，确保各项污染防治措施的正常运行和达标排放，防止发生污染防治措施的事故性排放。

(6) 加强技改项目的环境管理和环境监测。按报告书的要求认真落实环境监测计划；各排污口的设置和管理应按《某省排污口设置及规范化整治管理办法》的有关规定执行。

(7) 加强全厂职工的安全生产和环境保护知识的教育。落实、检查环保设施的运行状况，配合当地环保部门做好本厂的环境管理、验收、监督、检查和排污申报等各项工作。

3. 退役期环境管理

退役后，其环境管理应做好以下工作：

(1) 制订退役期的环境治理和监测计划、应急措施、应急预案等。

(2) 根据计划落实生产设备、车间拆除过程中的污染防治措施，特别是设备内残留废气、废渣、清洗废水的治理措施以及车间拆除期扬尘、噪声的治理措施。

(3) 加强固体废物在厂内堆存期间的环境管理；加强对危险固废的收集、储存、运输等措施的管理；落实具体去向，并记录产生量，保存处置协议、危废单位的资质、转移五联单等内容。

(4) 明确设备的去向，保留相关协议及其他证明材料。

(5) 委托监测退役后地块的地下水、土壤等环境质量现状，并与建设前的数据进行比对，分析达标情况和前后的对比情况，如超标，应制订土壤和地下水的修复计划，进行土壤和地下水的修复，并鉴定其修复结果。所有监测数据、修复计划、修复情况、修复结果均应存档备查。

9.1.4 排污口规范化设置

根据《某省排污口设置及规范化整治管理办法》的要求设置与管理排污口(指废水排放口、废气排气筒和固废临时堆放场所)。在排污口附近醒目处按规定设置环保标志牌，排污口的设置要合理，便于采集监测样品，便于监测计量。

(1) 废水及清下水排口：技改项目在现有厂区内建设，利用厂区内现有污水接管口和雨水排放口，不新增废水及雨水排口。

(2) 废气排放口：技改项目排气筒均依托现有。各排气筒均应设置环保图形标志牌，设置便于采样监测的平台、采样孔，其总数目和位置须按《固定污染物源排气中颗粒物与气态污染物采样方法》(GB/T 16157—1996)的要求设置。并按照相关规范，设置焚烧炉烟气在线监测装置等。

(3) 地下水：监测井设明显标识牌，井(孔)口应高出地面 0.5～1.0 m，井(孔)口安装盖(保护帽)，孔口地面应采取防渗措施，井周围应有防护栏。建立地下水防渗措施检漏系统，并保持系统有效运行。

(4) 固废：技改项目生活垃圾委托环卫部门处置，技改项目建成后依托现有危废暂存场，委托有资质单位进行处置。所有固体废物实现零排放。

(5) 噪声：技改项目新增高噪声设备时需按照要求设置高噪声源的标志，采取隔声等降噪措施，使噪声排放达到《工业企业厂界环境噪声排放标准》(GB 12348—2008)3 类标准。

建设单位应根据环保的要求，在各排污口设置与当地环保部门联网的自动监测系统，并设置视频监控系统。

9.2 污染物排放清单(略)

9.3 环境监测计划

监测计划主要包含污染源监测、环境质量监测以及环境应急监测等，监测因子、布点、频次、监测数据采集、处理、采样分析等方法按照《排污单位自行监测技术指南 总则》(HJ 819—2017)、《排污许可证申请与核发技术规范 涂料、油墨、颜料及类似产品制造业》(HJ 1116—2020)、《排污许可证申请与核发技术规范 危险废物焚烧》(HJ 1038—2019)、《排污单位自行监测技术指南 火力发电及锅炉》(HJ 820—2017)、《关于进一步规范我省危险废物集中焚烧处置行业环境管理工作的通知》(苏环规〔2014〕6 号文)、《挥发性有机物无组织排放控制标准》(GB 37822—2019)、《危险废物焚烧污染控制标准》(GB 18484—2020)等文件的要求进行。

【点评】

该案例在环境管理与监测计划章节细致对照了相关行业的管理要求，为建设单位制订系列环境管理制度提供了参考，并分施工期、运营期及退役期有针对性地提出管理建议，详细对照了排污单位自行监测技术指南及行业排放标准的要求，充分将环评与排污许可管理制度相衔接。

十、环境影响评价结论(略)

【案例分析】

该案例项目产品属于染料中间体，属于C26化学原料和化学制品制造业中的C2645染料制造业。由于化工行业生产原料、工艺、产品相对较为多样、复杂，原料和产品具有毒性高、危险性大、降解困难等特点，近年来对化工产品尤其是医药、农药及染料中间体的环境管理愈发趋紧。因该案例项目的技改内容(H酸中间体)市场来源不稳定、可获得性差等原因，在现有项目的基础上对其生产线进行改建，在案例分析中充分说明了项目建设背景及项目建设必要性，并通过项目主要环境问题及环境影响的分析，明确了项目环境影响评价的主要结论。项目符合国家和地方的产业政策，在落实报告书提出的各项污染治理、环境管理措施和风险防范措施的情况下，项目的建设是具备可行性的。

项目属于“两高”(高耗能、高排放)项目，该案例编制较规范、内容较全面，周边环境特征阐述基本清楚，污染防治措施取向合理，内容符合导则要求，评价结论可信，可有效为审批部门提供参考。

合成树脂（聚苯醚）篇

☞ 合成树脂是制造合成纤维、涂料、塑料、胶黏剂、绝缘材料等的基础原料，通常可分为通用树脂和专用树脂，是世界三大合成材料之一。聚苯醚是近二十年来迅速发展的一种重要热塑性工程塑料，属于五大专用树脂之一。聚苯醚合金具有耐热、耐高温蠕变性、难燃和自熄等优良的化学、物理和机械性能，用途极为广泛，在汽车工业、电子电器等行业具有极其广阔的市场发展前景。由于聚苯醚的聚合机理和工艺流程相对复杂，属于高污染、高能耗与高环境风险项目，其环评工作技术性强，要求高。该类项目环评重难点主要包含：选址可行性分析的全面性，评价因子与评价标准选择的合理性，工程分析的准确性，污染防治措施的可行性，环境风险及防范措施的可靠性，等。

案例四　某材料有限公司年产 10 425 t 聚苯醚及 5 000 t 邻甲酚项目环境影响评价

一、前　言

1.1　项目由来

聚苯醚(Polyphenylene Ether，PPE)是近二十年来迅速发展的一种重要热塑性工程塑料，由于聚苯醚的聚合机理和工艺流程相对复杂，长期以来，满足客户需求、质量稳定的工业化生产技术始终被国外所垄断，目前我国仍有 90%的聚苯醚产品依赖进口。

某公司根据 PPE 的市场需求拟在某化工园区建设年产 10 425 t 聚苯醚及 5 000 t 邻甲酚项目。

本项目环评开展时间段为 2018 年 3 月至 2020 年 3 月，评价采用的导则、标准、技术规范等均为该时间段内施行的版本。

1.2　项目特点

拟建项目位于专业化工园区，项目主要特点有：

(1) 本项目生产聚苯醚，包括 2,6 -二甲酚单体合成和单体聚合两个工段，其中 2,6 -二甲酚单体合成工段产生有机废水，聚合工段产生含盐废水。本项目新建 1 座焚烧炉，包括废气、有机废水焚烧装置和含盐废水焚烧装置。

(2) 本项目设置 1 座导热油炉和 1 座熔盐炉，其中导热油炉燃烧天然气，熔盐炉采用电加热，导热油炉用于精馏系统加热，熔盐炉用于烷基化反应器加热。

(3) 项目生产过程使用甲醇、甲苯、苯酚等危险化学品，在生产、贮存等过程有一定的环境风险。

1.3　项目初筛分析

表 4.1　项目初步筛查情况分析

序号	分析项目	分析结论
1	报告类别	根据《建设项目环境影响评价分类管理名录》(2017 年及 2018 年修改单)，本项目属于“36、合成材料制造，除单独混合和分装外的，应编制环境影响报告书”的类别
2	园区产业定位及规划相符性	项目产品主要为聚苯醚(PPE)，属于初级形态塑料及合成树脂制造[C2651]，属于新型化工材料行业，位于某园区绿色化工材料产业组团，符合某园区的产业定位，且项目所在地为第三类工业用地，因此项目与园区规划相符
3	法律法规、产业政策及行业准入条件	本项目符合《产业结构调整指导目录(2019 年本)》等地方产业政策的要求，属于允许类；本项目生产过程中不含有《部分工业行业淘汰落后生产工艺装备和产品指导目录(2010 年本)》中列出的淘汰设备

续 表

序号	分析项目	分析结论
4	环境承载力及影响	监测期间，项目所在区域的环境空气、声环境、地表水、地下水、土壤的环境质量均较好，均可达到相应的环境功能区划要求；经预测，项目污染治理措施正常运行时，本项目的建设对周围环境的影响较小，不会改变区域环境质量现状的要求
5	总量指标合理性及可达性分析	废气污染物排放总量在该市总量范围内平衡；生产废水、生活污水经厂区预处理后接管至某污水处理厂，总量纳入该污水处理厂总量控制指标；固废排放量为零
6	园区基础设施建设情况	本项目所在园区目前有配套的给水、供电、供热等设施，基础设施基本完善，可以满足项目运营需求
7	与园区规划环评审查意见相符性分析	项目不属于某园区规划范围内生态环境准入负面清单中禁止准入及限制准入的项目，生产工艺、设备、污染治理技术，以及产品能耗、污染物排放和资源利用率达到国内先进水平。项目以厂界为边界设置 150 m 环境防护距离，该范围内无居民点等敏感目标，项目与规划环评审查意见相符
8	与“三线一单”对照分析	本项目所在地不在生态保护红线范围内，符合某省生态保护红线的要求；项目所在区域的环境空气、声环境、地表水、地下水、土壤的环境质量均较好，均可达到相应的环境功能区划要求；本项目营运过程中用水主要为生活用水、生产用水，本项目不超出当地资源利用上线；对照某园区生态环境准入负面清单，项目不属于某园区规划范围内禁止准入及限制准入的项目。本项目符合开发区环境准入要求

【点评】

该项目在前言部分介绍了项目由来，阐述了项目特点，并重点从报告类别、园区产业定位及规划相符性、法律法规、产业政策及行业准入条件、环境承载力及影响、总量指标合理性及可达性分析、园区基础设施建设情况、与园区规划环评审查意见相符性分析、与“三线一单”对照分析等八个方面进行了项目初筛分析，给出了项目环保可行性初步分析结论。

项目属于化工行业，项目生产过程涉及甲醇、甲苯、苯酚等危险化学品的使用，项目需重点关注环境风险、VOCs 全过程控制与工艺废水的处理。

二、总　论

2.1　编制依据(略)

2.2　评价因子与评价标准

2.2.1　环境影响评价因子

根据对本项目的工程分析和环境影响识别，确定本项目主要的评价因子，见表 4.2。

表 4.2　本项目主要评价因子表

环境类别	现状评价因子	影响预测评价因子	总量控制因子
大气	SO_2、NO_2、PM_{10}、$PM_{2.5}$、CO、O_3、甲苯、甲醇、酚类、非甲烷总烃、氨、硫化氢、二噁英	SO_2、NO_2、PM_{10}、CO、甲苯、甲醇、酚、非甲烷总烃、NH_3、H_2S	VOCs、烟（粉）尘、SO_2、NO_x
地表水	pH、COD、SS、氨氮、总磷、石油类	—	COD、氨氮
地下水	K^+、Na^+、Ca^{2+}、Mg^{2+}、CO_3^{2-}、HCO_3^-、Cl^-、SO_4^{2-}、pH、氨氮、硝酸盐、亚硝酸盐、挥发性酚类、氰化物、砷、汞、总硬度、铅、氟、镉、铁、锰、溶解性总固体、高锰酸盐指数、硫酸盐、氯化物、铬（六价）、铜、甲苯	COD、苯酚、甲苯	—
声环境	等效连续 A 声级	等效连续 A 声级	—
固体废物	—	—	固体废物排放量
土壤环境	pH、砷、镉、铬(六价)、铜、铅、汞、镍、四氯化碳、氯仿、氯甲烷、1,1-二氯乙烷、1,2-二氯乙烷、1,1-二氯乙烯、顺-1,2-二氯乙烯、反-1,2-二氯乙烯,二氯甲烷、1,2-二氯丙烷、1,1,1,2-四氯乙烷、1,1,2,2-四氯乙烷、四氯乙烯、1,1,1-三氯乙烷、1,1,2-三氯乙烷、三氯乙烯、1,2,3-三氯丙烷、氯乙烯、苯、氯苯、1,2-二氯苯、1,4-二氯苯、乙苯、苯乙烯、甲苯、间二甲苯+对二甲苯、邻二甲苯、硝基苯、苯胺、2-氯酚、苯并[a]蒽、苯并[a]芘、苯并[b]荧蒽、苯并[k]荧蒽、䓛、二苯并[a,h]蒽、茚并[1,2,3-cd]芘、萘	甲苯	—

2.2.2　污染物排放标准

1. 大气环境污染物排放标准

项目所在地属于执行大气污染物特别排放限值的地域范围，运行期的有组织工艺废气除单体生产装置废气外执行《合成树脂工业污染物排放标准》(GB 31572—2015)中表 5 大气污染物特别排放限值，单体生产装置废气执行《石油化学工业污染物排放标准》中表 5 大气污染物特别排放限值及表 6 废气中有机特征污染物及排放限值，恶臭污染物执行《恶臭污染物排放标准》(GB 14554—93)中新扩改建项目的二级排放标准，锅炉废气执行《锅炉大气污染物排放标准》(GB 13271—2014)中表 3 大气污染物特别排放限值。

本项目无组织排放执行《石油化学工业污染物排放标准》(GB 31571—2015)中表 7 企业边界大气污染物浓度限值、《合成树脂工业污染物排放标准》(GB 31572—2015)中表 9 企业边界大气污染物浓度限值、《大气污染物综合排放标准》(GB 16297—1996)中表 2 无组织排放监控浓度限值等。

2. 水环境污染物排放标准

根据《合成树脂工业污染物排放标准》(GB 31572—2015)、《石油化学工业污染物排放标准》(GB 31571—2015)，废水进入园区(包括各类工业园区、开发区、工业集聚地等)污水处理厂执行间接排放标准，未规定限值的污染物项目由企业与园区根据污水处理能力商定相关标准。本项目污染因子于《合成树脂工业污染物排放标准》(GB 31572—2015)中均未规定间接排放标准，挥发酚、总铜、甲苯参照执行《石油化学工业污染物排放标准》(GB 31571—2015)中的间接排放标准。pH、COD、SS、氨氮、总磷执行污水处理厂接管标准。

经污水处理厂处理后，尾水排放执行《城镇污水处理厂污染物排放标准》(GB 18918—2002)一级 A 标准。污水处理厂接管标准及排放标准详见表 4.3。

表 4.3　污水接管及排放标准

序号	污染因子	单位	接管标准	标准来源	污水处理厂排放标准
1	pH	—	6～9	污水处理厂接管标准	6～9
2	COD	mg/L	≤300		50
3	SS	mg/L	≤400		10
4	氨氮	mg/L	≤25		5(8)*
5	总磷	mg/L	≤3		0.5
6	盐分	mg/L	—		—
7	甲醇	mg/L	—		—
8	挥发酚	mg/L	≤0.5	《石油化学工业污染物排放标准》(GB 31571—2015)表 2 中的间接排放标准	0.5(一级 A 选择控制项目)
9	总铜	mg/L	≤0.5		0.5(一级 A 选择控制项目)
10	甲苯	mg/L	≤0.1	《石油化学工业污染物排放标准》(GB 31571—2015)表 3	0.1(一级 A 选择控制项目)

注：* 括号外数值为水温>12℃时的控制指标，括号内数值为水温≤12℃时的控制指标。

3. 噪声排放标准(略)

4. 固体废物排放标准(略)

2.3　评价工作等级及评价重点

项目评价等级为：大气一级、地表水三级 B、声环境三级、地下水二级、生态环境三级、环境风险一级(大气环境风险一级、地表水环境风险一级、地下环境风险二级)、土壤环境一级。

评价工作的重点为：工程分析、污染防治措施及其可行性论证、大气环境影响预测评价、地下水环境影响预测评价、环境风险事故后果预测及分析。

2.4　评价范围及敏感区

2.4.1　评价范围

根据建设项目污染物排放特点及当地气象条件、自然环境状况，结合各导则的要求确定各环境要素评价范围，见表 4.4。

表 4.4　本项目评价范围表

评价内容	评价范围
大气	以建设项目厂址为中心，边长为 5 km 的区域范围
地表水	A 河：污水处理厂排污口上游 0.5 km 至下游入 B 河 B 河：A 河入 B 河口处上游 0.5 km 至下游 1.5 km 范围
地下水	周边 20 km^2 水文地质单元
噪声	项目厂界外 0.2 km 的范围
生态	同大气环境评价范围一致
土壤	项目占地范围内及占地范围外 1 km 的范围

续　表

评价内容	评价范围
风险评价	大气风险评价范围是以建设项目为中心，边长为 10 km 的区域范围； 地表水风险评价范围同地表水评价范围一致，地下水风险评价范围同地下水评价范围一致

2.4.2　环境保护目标

本项目主要环境保护目标包含 18 处大气环境保护目标、2 处水环境保护目标、1 处声环境保护目标、7 处土壤环境保护目标等。

2.5　规划相符性

包括产业政策、规划及规划环评、当地建设项目环境准入要求、生态红线、《国务院关于印发〈打赢蓝天保卫战三年行动计划〉的通知》(国发〔2018〕22 号)、《长三角地区 2019—2020 年秋冬季大气污染综合治理攻坚行动方案》(环大气〔2019〕97 号)等环保政策的符合性。

【点评】

本案例企业位于合规化工园区内，不涉及产业控制带和搬迁问题，项目建设符合产业政策、规划及规划环评、当地环境准入要求、生态保护红线、VOCs 管控要求等环保政策要求。

本案例在评价因子识别中，识别了大气、地表水、地下水、声环境与土壤环境的现状评价因子、影响评价因子与总量控制因子，遗漏了环境风险评价因子的识别。

根据《生态环境标准管理办法》(生态环境部部令第 17 号)，“同属国家污染物排放标准的，行业型污染物排放标准优先于综合型和通用型污染物排放标准”。本案例产品聚苯醚属于《合成树脂工业污染物排放标准》(GB 31572—2015)附录 A 中的合成树脂，因此本案例污染物排放标准执行 GB 31572—2015 中相应的限值要求，需要注意的是，本案例涉及单体生产装置，根据 GB 31572—2015，“合成树脂企业内的单体生产装置执行《石油化学工业污染物排放标准》”，本案例单体生产装置执行《石油化学工业污染物排放标准》(GB 31571—2015)中相应的限值要求。

三、建设项目工程分析

3.1　建设项目概况

3.1.1　项目名称、性质、建设地点、项目总投资

建设单位：某材料有限公司；

项目名称：年产 10 425 t 聚苯醚及 5 000 t 邻甲酚项目；

项目性质：新建；

行业类别：初级形态塑料及合成树脂制造[C2651]；

项目投资：总投资××万元，其中环保投资××万元，占项目总投资的 4.9%；

项目地址：化工园区；

占地面积：全厂占地面积×× m^2，绿化面积×× m^2，绿化率15%；
职工人数：本项目定员180人；
工作制度：年生产340天，实行三班工作制，每班8 h，年工作时间8 160 h；
建设工期：工程建设期12个月。

3.1.2 产品方案

表4.5 拟建项目产品方案

产品类型	产品名称	设计能力	备注
产品	聚苯醚	10 425 t/a	企业标准
副产品	邻甲酚	5 000 t/a	执行国家标准：GB/T 2279—2008《焦化甲酚》

表4.6 聚苯醚质量指标

项目	指标
特性黏度	30～55
有机挥发物含量	≤1.1%
铜含量	≤0.99 ppm
异物	≤0.19 mm的≤18个，≥0.19的≤4个

表4.7 邻甲酚质量指标

项目	指标	
	优等品	一等品
外观	白色至浅黄褐色结晶	
水分(质量分数)	不大于0.3%	不大于0.5%
中性油试验(浊度法)	不大于2%	—
苯酚含量(质量分数)	—	不大于2.0%
邻甲酚含量(质量分数)	不小于99.0%	不小于96.0%
2,6-二甲酚含量(质量分数)	—	不大于2.0%

注：邻甲酚液体状态时外观为无色或略有颜色的透明液体。

3.1.3 建设内容

拟建项目建设内容组成一览见表4.8。

表4.8 拟建项目建设内容组成一览表

工程类别	工程名称	建设内容
主体工程	2,6-二甲酚装置	新建1条2,6-二甲酚生产线(同时副产邻甲酚)，主要设备为烷基化反应器、脱轻塔、分离塔、邻甲酚塔、苯酚回收塔、产品塔等
	聚合装置(大)	新建1条聚苯醚生产线，主要设备为配料釜、聚合釜、热处理釜、沉淀釜、萃取釜、洗涤釜、离心机、干燥机、包装机、废水分离塔、甲醇分离塔、甲苯分离塔等
	聚合装置(小)	新建1条聚苯醚生产线，主要设备为配料釜、聚合釜、热处理釜、沉淀釜、萃取釜、洗涤釜(其他设备依托大装置)

续　表

工程类别	工程名称	建设内容
公辅工程	供水	新鲜水用量×× m^3/a(×× m^3/d)
	脱盐水制备系统	在生产车间新建 1 套脱盐水制备系统，采用“砂滤＋活性炭过滤＋二级反渗透”工艺，设计能力 5 t/h
	循环冷却水系统	新建 2 座循环冷却塔，循环冷却系统水量 2 000 m^3/h
	排水	本项目废水主要为焚烧炉废气处理废水、车间及设备冲洗水、生活污水、罐区夏季降温废水、初期雨水、循环冷却水排水、脱盐水制备系统浓水等，经过厂区污水处理站预处理后接管至慈湖污水处理厂，尾水达到城镇一级 A 标准后排放至慈湖河
	供电	本项目采用 10 kV 电压等级的双重电源供电，拟设置 1 座 10 kV 全厂变电所
	供汽	年用量×× t/h，由园区集中供热
	消防系统	本项目设置稳高压消防给水系统，稳高压消防水来自本项目新建消防水泵站，消防水泵站包括消防水罐、消防水泵及所需的消防设备，消防水罐储水量约为 1 620 m^3，设置消防水罐 2 座，单罐 810 m^3
储运工程	原料储罐	2 个甲醇储罐(单个容积×× m^3)、2 个苯酚储罐(单个容积约×× m^3)、1 个 2,6－二甲酚储罐(容积×× m^3)、1 个邻甲酚储罐(容积×× m^3)、1 个甲苯储罐(容积×× m^3)、1 个丁醇储罐(容积×× m^3)、1 个醋酸丁酯储罐(容积×× m^3)、1 个二丁胺储罐(容积 40 m^3)、1 个备用罐(容积×× m^3)
	中间储罐	1 个甲醇回收罐(容积×× m^3)、1 个甲苯回收罐(容积×× m^3)、1 个苯酚回收罐(容积×× m^3)、1 个丁醇和醋酸丁酯回收罐(容积×× m^3)、1 个萃取液储罐(容积×× m^3)、1 个工艺水回收罐(容积×× m^3)
	化学品库	新建 1 座化学品库，位于综合仓库，占地面积 90 m^2
	成品库	新建 1 座成品库，位于综合仓库，占地面积 198 m^2
环保工程	废气治理	聚合工段热处理、沉淀工序有机废气，储罐及中间罐呼吸废气，废活性炭暂存间废气经过 1 套二级活性炭吸附装置处理后于 1 根 15 m 高排气筒(1＃)达标排放；其他工艺有机废气、有机废水、含盐废水经焚烧炉焚烧后于 1 根 50 m 高排气筒(2＃)达标排放；包装粉尘通过 1 套布袋除尘装置处理后于 1 根 15 m 高排气筒(3＃)达标排放；导热油炉(天然气锅炉)烟气通过 1 根 15 m 高排气筒(4＃)达标排放；厂区污水站臭气经 1 套生物滤池除臭装置处理后于 1 根 15 m 高排气筒(5＃)达标排放
	废水治理	本项目焚烧炉废气处理废水、车间及设备冲洗水、生活污水、罐区夏季降温废水、初期雨水、循环冷却水排水、脱盐水制备系统废水等经过厂区污水处理站预处理后接管至慈湖污水处理厂，尾水达到城镇一级 A 标准后排至慈湖河
	噪声治理	采取减振隔声措施
	固废处理处置	危险废物暂存场所占地面积 60 m^2，位于综合仓库内；另外新建 1 座空桶库、1 座废活性炭暂存库、1 座泥饼库(按照危废暂存场所要求建设)，占地面积分别为 45 m^2、45 m^2、81 m^2，分别用于存放废桶、废活性炭、污水站污泥；危险废物委托有资质单位处置，生活垃圾由环卫清运，不外排，不造成二次污染
	地下水、土壤防治措施	分区防渗
	环境风险	厂区新建 1 座容积为 1 932 m^3 的事故池($L\times B\times H$＝23 m×14 m×6 m)和 1 座容积为 756 m^3 的初期雨水收集池($L\times B\times H$＝14 m×9 m×6 m)

3.2 工艺流程及产污环节

本项目规模为年产 10 425 万 t 聚苯醚和 5 000 t 邻甲酚，聚苯醚的生产过程包括 2,6-二甲基苯酚单体合成、单体聚合两个步骤。

3.2.1 第一步 2,6-二甲酚单体合成（烷基化反应）

1. *反应原理*

烷基化过程使用的催化剂不含镉、汞、砷、铅、铬、镍等重金属。

$$\text{苯酚(OH)} + 2CH_3OH \longrightarrow \text{2,6-二甲基苯酚} + 2H_2O$$

苯酚 94　　甲醇 64　　2,6-二甲基苯酚 122　　水 36

2. *工艺流程及产污环节*

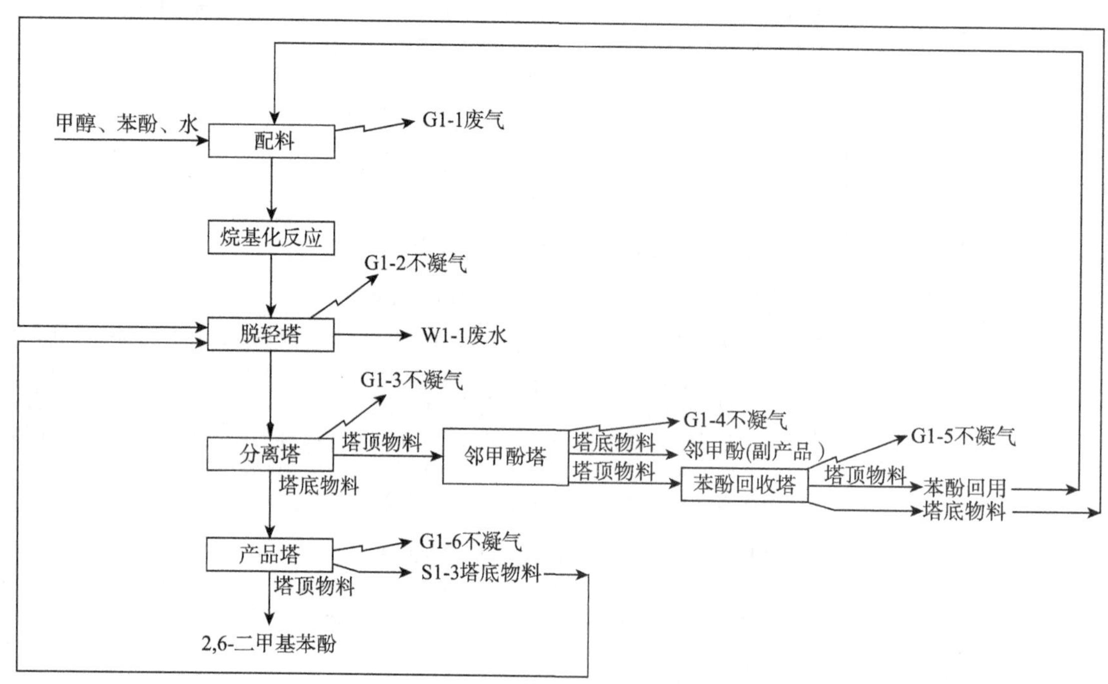

图 4.1 2,6-二甲酚装置工艺流程及产污环节

将甲醇、苯酚（套用或补加）、水按照一定比例投入配料釜中，混合后泵入烷基化反应器，甲醇与苯酚进行烷基化反应生成 2,6-二甲酚，同时发生副反应，生成邻甲酚、苯甲醚、2,4-二甲基苯酚、2,4,6-三甲基苯酚、间甲酚、对甲酚。同时高温下甲醇发生分解，产生 CO、H_2、CO_2、CH_4 等。烷基化反应产物经精制后得到中间产品 2,6-二甲基苯酚及副产品邻甲酚。此过程为连续进料生产，年生产时间 7 560 h。精馏系统利用导热油炉供热。

3.2.2　第二步 单体聚合

1. 反应原理

$$n\,\text{(2,6-}(CH_3)_2C_6H_3OH) + n/2\,O_2 \longrightarrow \left[\text{O-}C_6H_2(CH_3)_2\right]_n + nH_2O$$

2,6-二甲基苯酚 122n　氧气 16n　　聚苯醚 120n　水 18n

2. 工艺流程及产污环节

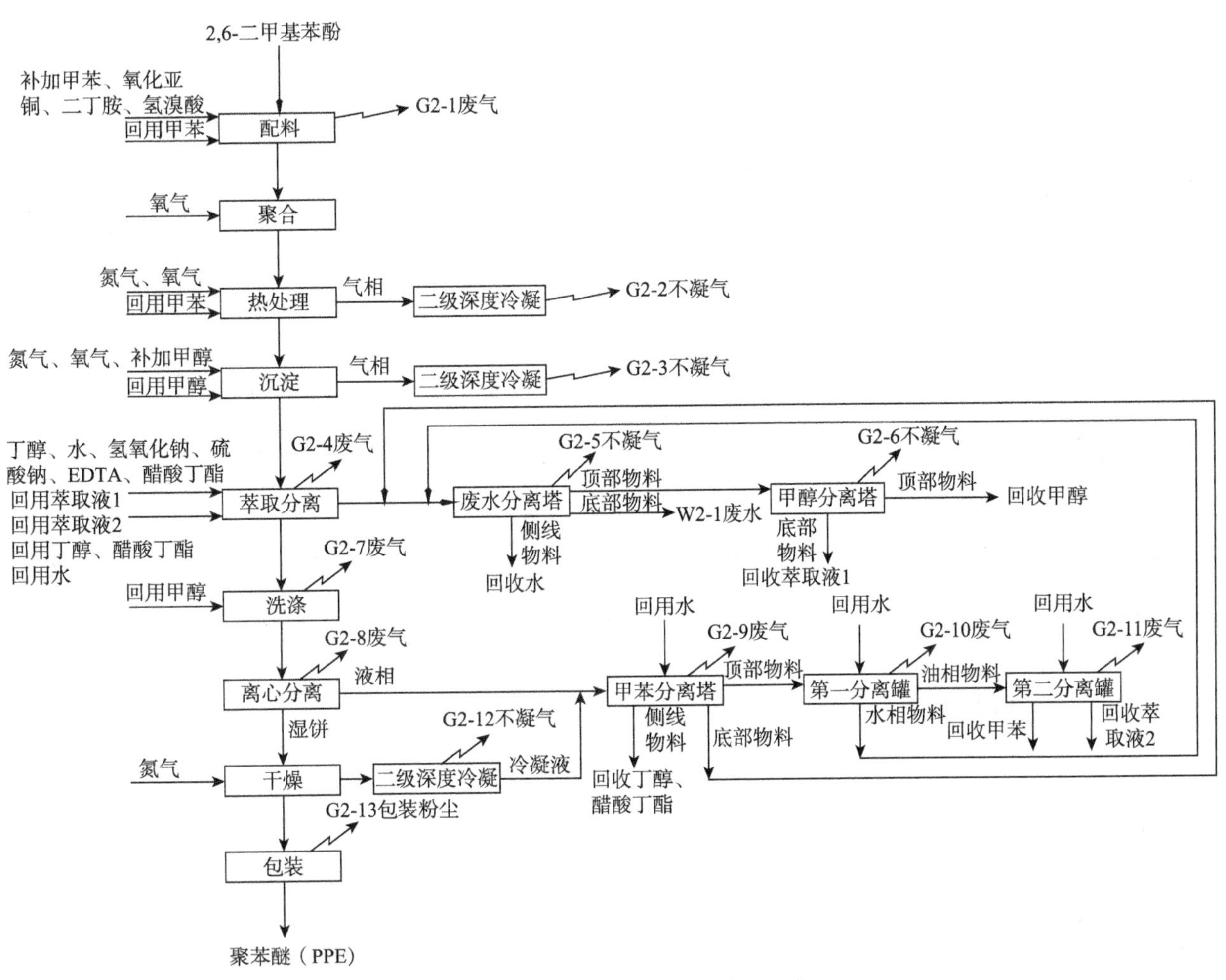

图 4.2　聚合装置工艺流程及产污环节

工艺流程描述：

将甲苯、2,6-二甲基苯酚单体与催化剂按一定比例投入配料釜中，混合后泵入聚合釜，2,6-二甲基苯酚单体发生聚合反应生成聚苯醚，聚合后的产物直接进入热处理釜进一步发生聚合反应，热处理后的物料、回收的甲醇以定速加入沉淀釜，同时按一定比例通入氧气和氮气，补充少量甲醇，剩余的 2,6-二甲酚进一步发生聚合反应，且聚合物在釜内发生沉淀。沉淀釜内的物料泵入萃取釜进行萃取，萃取后物料分为油相、水相，油相进入后续的洗涤釜，水相进入废水分离塔＋甲醇分离塔。洗涤后包含聚苯醚粒料的油相混合物送入离心机，使聚苯醚粉末和液相分离，分离后的聚苯醚湿饼送入干燥工序，得到成品聚苯醚，分离出的气相（含溶剂）经二级深度冷凝后进入溶剂回收系统，不凝气进入焚烧炉焚烧处理。

3.3 原辅材料消耗及理化性质

本项目原辅材料消耗情况详见表 4.9。

表 4.9 主要原辅材料消耗情况表

物料名称	形态	规格	用量/(t/a)	最大储存量/t	储存位置	包装方式	来源及运输方式
苯酚	液	≥99.98%	13 043.600	475.2	罐区、中间罐	储罐	国内、槽罐车
甲醇	液	≥99%	12 811.530	527.8	罐区、中间罐	储罐	国内、槽罐车
甲苯	液	≥99%	70.953	136.2	罐区、中间罐	储罐	国内、槽罐车
氧化亚铜	固	≥98%	0.571	0.1	化学品库	袋装，25 kg/袋	国内、危化品车
氢溴酸	液	水溶液，HBr≥36%	1.667	0.2	化学品库	桶装，200 kg/桶	国内、危化品车
二丁胺	液	≥98%	5.064	27.4	罐区	储罐	国内、危化品车
氧气	气	—	2 711.668	—	—	—	氮氧站
氮气	气	—	25 015.625	—	—	—	氮氧站
丁醇	液	≥99%	160.217	73.0	罐区	储罐	国内、槽罐车
氢氧化钠	固	≥98%	252.239	20	化学品库	袋装，25 kg/袋	国内、危化品车
硫酸钠	固	≥98%	5.636	0.5	化学品库	袋装，25 kg/袋	国内、汽运
乙二胺四乙酸(EDTA)	固	≥98%	23.337	2.0	化学品库	袋装，25 kg/袋	国内、汽运
醋酸丁酯	液	≥99%	19.554	79.4	罐区	储罐	国内、槽罐车
铁基催化剂	固	主要成分为 Fe_2O_3	22	11	生产装置区烷基化反应器内	—	国内、汽运
碳酸氢钠	固	≥99.5%	510	50	化学品库	袋装，25 kg/袋	国内、汽运
水	液	—	4 475.456	—	—	—	—

3.4 主要设备及公辅工程(略)

【点评】

本案例从主体工程、公辅工程、储运工程、环保工程四个方面列出了项目组成，本案例的项目为以污染影响为主要环境影响类别的项目，本案例明确了项目组成、建设地点、原辅料、生产工艺、主要生产设备、产品方案、平面布置、建设周期、总投资及环境保护投资等，符合《建设项目环境影响评价技术导则总纲》(HJ 2.1—2016)对建设项目概况内容的要求。

3.5 污染源分析

3.5.1 废气污染源

1. 有组织废气产生及排放情况

本项目有组织废气包括工艺废气、焚烧炉焚烧含盐废水和有机废水产生的废气(包括脱硝过程氨逃逸废气)、储罐大小呼吸废气、废活性炭暂存间废气、天然气锅炉(导热油炉)废气、厂区污水站臭气。

(1) 工艺废气

本项目工艺废气包括 2,6 -二甲酚单体合成工段废气、缩合工段废气，废气产生情况见表 4.10。其中包装粉尘(G2 - 13)由集气罩收集进入布袋除尘装置处理，集气罩收集效率以 95%计；热处理釜、沉淀釜废气(G2 - 2～G2 - 3)含有大量氧气和氮气，不宜进入焚烧炉，因此经密闭管道收集后进入二级活性炭吸附装置处理后于 1 根 15 m 高排气筒(1＃)排放；其他工艺废气经密闭管道收集后进入焚烧炉焚烧处理后于 1 根 50 m 高排气筒(2＃)排放。工艺为连续生产，其中 2,6 -二甲酚单体合成工段年生产时间 7 560 h，单体聚合工段年生产时间为 8 000 h(两个工段配料釜年配料时间均为 1 000 h)。

表 4.10　有组织工艺废气产生情况

废气编号	污染源	污染物	产生速率/(kg/h)	产生量/(t/a)
G1 - 1	配料釜	酚类	1.448	1.448
		甲醇	3.766	3.766
G1 - 2	脱轻塔	酚类	0.527	3.986
		甲醇	0.007	0.051
		苯甲醚	0.110	0.832
		CO	26.774	202.408
G1 - 3	分离塔	酚类	0.232	1.753
		甲醇	0.005	0.039
		苯甲醚	0.110	0.828
G1 - 4	邻甲酚塔	酚类	0.101	0.763
		甲醇	0.005	0.038
		苯甲醚	0.109	0.823
G1 - 5	苯酚回收塔	酚类	0.101	0.761
		甲醇	0.005	0.038
G1 - 6	产品塔	酚类	0.286	2.163
G2 - 1	配料釜	酚类	1.081	1.081
		甲醇	0.088	0.088
		甲苯	3.330	3.330
		丁醇	0.238	0.238
		醋酸丁酯	0.366	0.366
		二丁胺	0.001	0.001
G2 - 2	热处理釜	酚类	0.038	0.306
		甲醇	0.016	0.131
		甲苯	0.623	4.987
		丁醇	0.045	0.358
		醋酸丁酯	0.069	0.549
		二丁胺	1.250×10^{-4}	0.001
G2 - 3	沉淀釜	酚类	1.250×10^{-4}	0.001
		甲醇	0.562	4.497

续 表

废气编号	污染源	污染物	产生速率/(kg/h)	产生量/(t/a)
		甲苯	0.642	5.135
		丁醇	0.045	0.358
		醋酸丁酯	0.069	0.549
		二丁胺	1.250×10^{-4}	0.001
G2-4	萃取釜	酚类	1.250×10^{-4}	0.001
		甲醇	0.832	6.652
		甲苯	0.643	5.144
		丁醇	0.230	1.841
		醋酸丁酯	0.370	2.956
		二丁胺	1.250×10^{-4}	0.001
G2-5	废水分离塔	酚类	1.250×10^{-4}	0.001
		甲醇	5.746	45.965
		甲苯	0.158	1.265
		丁醇	0.096	0.771
		醋酸丁酯	0.134	1.071
G2-6	甲醇分离塔	甲醇	4.589	36.710
		甲苯	0.158	1.264
		丁醇	0.002	0.017
		醋酸丁酯	0.003	0.023
G2-7	洗涤釜	酚类	1.250×10^{-4}	0.001
		甲醇	0.577	4.613
		甲苯	0.648	5.180
		丁醇	0.217	1.734
		醋酸丁酯	0.349	2.792
G2-8	离心机	酚类	1.250×10^{-4}	0.001
		甲醇	0.576	4.611
		甲苯	0.647	5.179
		丁醇	0.217	1.734
		醋酸丁酯	0.349	2.792
G2-9	甲苯分离塔	甲醇	2.881	23.048
		甲苯	3.236	25.889
		丁醇	0.318	2.544
		醋酸丁酯	0.612	4.894
G2-10	第一分离罐	甲醇	0.575	4.603
		甲苯	0.647	5.173
		丁醇	0.064	0.508
		醋酸丁酯	0.122	0.978

续　表

废气编号	污染源	污染物	产生速率/(kg/h)	产生量/(t/a)
G2-11	第二分离罐	甲醇	0.056	0.450
		甲苯	0.623	4.984
		丁醇	0.059	0.475
		醋酸丁酯	0.116	0.927
G2-12	干燥机	酚类	2.500×10^{-4}	0.002
		甲醇	0.301	2.409
		甲苯	0.338	2.706
		丁醇	0.113	0.906
		醋酸丁酯	0.182	1.458
G2-13	包装	颗粒物	1.174	9.392

(2) 焚烧炉焚烧含盐废水和有机废水产生的废气。

本项目设置 1 座焚烧炉，包括 1 套废气—有机废水焚烧系统和 1 套含盐废水焚烧系统，共设置 2 个炉膛。本项目有机废水(W1-1)进入焚烧炉的废气—有机废水焚烧系统处理；含盐废水(W2-1)经碳酸氢钠中和后，进入含盐废水处理系统处理。其中含盐废水焚烧系统废气经“选择性非催化还原法(selective non-catalytic reduction，SNCR)脱硝＋急冷＋文丘里除尘碱洗＋湿电除尘”后排放。废水—有机废水焚烧系统的废气经“SNCR 脱硝＋急冷＋活性炭、消石灰喷射＋高效袋式除尘”后排放。焚烧炉 2 个焚烧系统共用 1 根 50 m 高排气筒(2＃)。

表 4.11　本项目待焚烧工艺废水　　单位：t/a

污染源	废水量	组成	产生量
有机废水	5 448.762	杂质	49.803
		水	4 865.517
		甲醇	1.182
		苯酚	1.393
		2,6-二甲酚	187.609
		邻甲酚	5.955
		苯甲醚	163.741
		2,4-二甲酚	3.721
		2,4,6-三甲基苯酚	164.843
		间甲酚	0.113
		对甲酚	0.098
		CO_2	4.787
含盐废水(W2-1 采用碳酸氢钠中和后)[1]	5 166.133	2,6-二甲基苯酚	10.456
		丁醇	147.099
		水	4 106.676
		二丁胺	4.954
		杂质	40.400
		低聚物	184.480
		碳酸钠	639.326
		硫酸钠	5.523
		乙二胺四乙酸铜	2.755

续 表

污染源	废水量	组成	产生量
		乙二胺四乙酸二钠	23.701
		溴化钠	0.763

注:[1]含盐废水采用碳酸氢钠中和氢氧化钠,生成碳酸钠和水,得到本表中含盐废水的组分,主要盐分为碳酸钠、硫酸钠等。

(a) 废气—有机废水焚烧系统。

有机废水主要含 C、H、O,这些物质在高温下会燃烧产生 CO_2、氮氧化物等污染物。根据项目拟焚烧的废气、有机废水和燃料(天然气)的成分,并类比同类焚烧炉企业的实际运行情况,确定焚烧炉废气的产生情况,污染物为 SO_2、NO_x、烟尘、未分解完全的有机废气等。

根据焚烧炉设计方案,废气—有机废水焚烧系统天然气用量为 25 Nm^3/h(合 20 万 Nm^3/a),焚烧炉年运行时间为 8 000 h。天然气燃烧时,工业废气量产污系数为 139 854.28 Nm^3/万 m^3 燃料气,二氧化硫产污系数为 0.02S kg/万 m^3 燃料气(S 取值 200),氮氧化物产污系数为 18.71 kg/万 m^3 燃料气。烟尘的产污系数参考《环境保护实用数据手册》中天然气燃烧废气的排污系数进行核算,排污系数为 2.40 kg/万 m^3 燃料气。则天然气燃烧废气量为 2 797 085.60 Nm^3/a(合 350 Nm^3/h),二氧化硫量为 0.08 t/a,氮氧化物量为 0.374 t/a;待焚烧的有机废水中有机物含量约为 578 t/a,参考轻油的排污系数,工业废气量产污系数为 26 018.03 Nm^3/t 原料,氮氧化物为 3.67 kg/t 原料,计算得到有机废水燃烧产生的废气量约 13 754 561.65 Nm^3/a(合 1 720 Nm^3/h)、氮氧化物量为 1.940 t/a。有机废气量约为 5 000 m^3/h。根据设计方案,废气—有机废水焚烧系统风量为 9 300 m^3/h,略大于天然气燃烧废气、有机废水焚烧废气、有机废气量的总和(7 070 m^3/h),设计较合理,因此废气—有机废水焚烧系统的废气量以焚烧炉设计方案中的 9 300 m^3/h 计。

(b) 含盐废水焚烧系统。

含盐废水主要成分是盐分和有机物,主要含 C、H、O、N,这些物质在高温下会燃烧产生 CO_2、氮氧化物、颗粒物等污染物。根据拟焚烧的含盐废水和燃料(天然气)的成分,并类比同类焚烧炉的实际运行情况,确定焚烧炉废气的产生情况,污染物为 SO_2、NO_x、烟尘、未分解完全的有机废气等。

根据焚烧炉设计方案,含盐废水焚烧系统天然气用量为 120 Nm^3/h(合 96 万 Nm^3/a),天然气燃烧时,工业废气量产污系数为 139 854.28 Nm^3/万 m^3 燃料气,二氧化硫产污系数为 0.02S kg/万 m^3 燃料气(S 取值 200),氮氧化物产污系数为 18.71 kg/万 m^3 燃料气。烟尘的产污系数参考《环境保护实用数据手册》中天然气燃烧废气的排污系数进行核算,排污系数为 2.40 kg/万 m^3 燃料气。则天然气燃烧废气量为 13 426 010.88 Nm^3/a(合 1 678 Nm^3/h),二氧化硫量为 0.384 t/a,氮氧化物量为 1.796 t/a;待焚烧的含盐废水中有机物含量约为 400 t/a,参考轻油的排污系数,工业废气量产污系数为 26 018.03 Nm^3/t 原料,氮氧化物为 3.67 kg/t 原料,计算得到含盐废水燃烧产生的废气量约 10 767 431.60 Nm^3/a(合 1 346 Nm^3/h)、氮氧化物量 1.519 t/a。根据设计方案,含盐废水焚烧系统风量为 11 000 m^3/h,大于天然气燃烧废气、有机废水焚烧废气量的总和(3 024 Nm^3/h),设计较合理,因此含盐废水焚烧系统的废气量以焚烧炉设计方案中的 11 000 m^3/h 计。

(c) 氨逃逸。

废气—有机废水焚烧设施和含盐废水焚烧设施均采用浓度为 25% 的氨水作为还原剂进行脱硝,类比安徽长江钢铁股份有限公司烧结机脱硫脱硝系统工程环评报告,氨的逃逸比例为 3×10^{-6},则逃逸氨的产生浓度 $=M/22.4\times3\times10^{-6}=(17/22.40\times3)\ mg/m^3=2.28\ mg/m^3$,焚烧炉总烟气量为 20 300 m^3/h,则氨的排放量为 0.37 t/a,排放速率为 4.63×10^{-2} kg/h。

(3) 储罐、车间中间罐呼吸废气。

项目新建储罐区,车间设置中间罐,其中甲醇、甲苯、丁醇、二丁胺、醋酸丁酯储罐为内浮顶罐,苯酚、2,6-二甲基苯酚、邻甲酚储罐为固定顶罐,中间罐均为拱顶罐,产生的废气按照“大小呼吸”排放量计算公式计算。呼吸废气产生量计算结果汇总见表 4.12。

表 4.12　储罐和生产车间中间储罐呼吸废气产生量计算结果　　单位:kg/a

位置	序号	储罐名称	物质名称	大呼吸	小呼吸	合计	采取的治理措施
公用罐区	1	甲醇储罐	甲醇	845.559	455.259	1 300.817	管道收集后进入焚烧炉
	2	苯酚储罐	苯酚	62.390	141.723	204.112	
	3	2,6-二甲基苯酚储罐	2,6-二甲基苯酚	63.950	75.057	139.004	
	4	邻甲酚储罐	邻甲酚	28.090	56.351	84.441	
	5	甲苯储罐	甲苯	5.619	200.119	205.738	
	6	丁醇储罐	丁醇	15.862	21.157	37.019	
	7	二丁胺储罐	二丁胺	0.567	10.580	11.147	
	8	醋酸丁酯储罐	醋酸丁酯	1.936	81.349	83.285	
生产车间中间罐	1	甲醇回收罐	甲醇	1 376.450	118.029	1 494.479	
	2	甲苯回收罐	甲苯	1 402.490	191.330	1 593.823	
	3	苯酚回收罐	苯酚	3.920	3.805	7.721	
合计			酚类	—		435.278	
			甲醇			2 795.296	
			甲苯			1 799.561	
			丁醇			37.019	
			醋酸丁酯			83.285	
			二丁胺			11.147	
			VOCs			5 161.586	

储罐呼吸废气经密闭管道收集后进入二级活性炭吸附装置。

(4) 废活性炭暂存间废气。

本项目废活性炭暂存于厂区东北侧的废活性炭暂存间,废活性炭暂存过程中可能会脱附出少量的有机废气,参考同类项目,有机废气量约为 0.5 t/a。拟对废活性炭暂存间进行密闭,同时负压抽风,收集率 95%,则 VOCs 有组织产生量为 0.45 t/a,进入二级活性炭吸附装置。

(5) 天然气锅炉废气。

本项目新建 1 套导热油炉,使用天然气作为燃料,锅炉运行产生 SO_2、NO_x、烟尘。锅炉天然气使用量为 770 Nm^3/h(616 万 Nm^3/a),根据《第一次全国污染源普查 工业污染源产排污系数手册》(第十分册)工业锅炉(热力生产和供应行业)产排污系数表,燃气锅炉燃烧时,废气排污系数为 136 259.17 Nm^3/万 m^3 燃料气,二氧化硫为 0.02S kg/万 m^3 燃料气(S 取值 200),氮氧化物为 18.71 kg/万 m^3 燃料气。烟尘的产污系数参考《环境保护实用数据手册》中天然气燃烧废气的排污系数进行核算,排污系数为 2.4 kg/万 m^3 燃料气。锅炉采用低氮燃烧装置,氮氧化物去除率以 70%计。锅炉尾气于 1 根 15 m 高的排气筒排放。

(6) 污水站臭气。

本项目污水站正常运行期间,恶臭主要来源于调节池、厌氧池、污泥浓缩池、污泥压滤间。恶臭主要成分为硫化氢、氨、甲硫醇、三甲胺等,最常见的是硫化氢和氨。参考《城镇污水处理厂臭气处理技术规程》(CJJ/T 243—2016),臭气浓度取 NH_3 0.5 mg/m^3,H_2S 1.0 mg/m^3,风量为单位水面 5 $m^3/(m^2 \cdot h)$,相关构筑物面积约 500 m^2,计算得到 NH_3、H_2S 的产生量分别为 0.01 t/a、0.02 t/a。拟对污水站产生恶臭的构筑物进行封闭,同时负压抽风,收集率 95%(则 NH_3、H_2S 的有组织产生量分别为 9.5×10^{-3} t/a、1.9×10^{-2} t/a),恶臭气体经收集后进入生物滤池除臭装置。

本项目有组织废气产生及排放情况见表 4.13。

表 4.13　项目建成后有组织废气产排情况

排气筒	编号	污染物名称	产生状况			排气量/(m^3/h)	治理措施	污染物	去除率	排放状况			执行标准		排放源参数	是否达标
			浓度/(mg/m^3)	速率/(kg/h)	产生量/(t/a)					浓度/(mg/m^3)	速率/(kg/h)	排放量/(t/a)	浓度/(mg/m^3)	速率/(kg/h)		
1#	工艺废气G2-2～G2-3、储罐及中间罐呼吸废气、废活性炭暂存间废气	酚类	15.500	0.093	0.742	6 000	二级活性炭吸附	酚类	95%	0.833	0.005	0.037	20	—	高度15 m，内径0.4 m，废气出口温度20℃	是
		甲醇	154.667	0.928	7.423			甲醇		7.667	0.046	0.371	50	—		是
		甲苯	248.333	1.490	11.922			甲苯		12.500	0.075	0.596	15	—		是
		丁醇	15.667	0.094	0.753			丁醇		0.833	0.005	0.038	—	—		—
		醋酸丁酯	24.667	0.148	1.181			醋酸丁酯		1.167	0.007	0.059	—	—		—
		二丁胺	0.042	2.500×10^{-4}	0.002			二丁胺		0.000	0.000	1.000×10^{-4}	—	—		—
		非甲烷总烃	468.167	2.809	22.473			非甲烷总烃		23.333	0.140	1.124	60	—		是
2#	工艺废气G1-1～G1-6、G2-1、G2-4～G2-12	酚类	406.083	3.777	11.961	9 300	焚烧炉（废气—有机废水焚烧系统焚烧后，经“SNCR脱硝＋急冷＋活性炭、消石灰喷射＋高效袋式除尘”处理）	酚类	99.9%	5.295	0.049	0.376	—			
		甲醇	2 151.461	20.009	133.081			甲醇	99.9%	2.167	0.020	0.134				
		甲苯	1 121.290	10.428	60.114			甲苯	99.9%	1.121	0.010	0.060				
		丁醇	167.124	1.554	10.768			丁醇	99.9%	0.167	0.002	0.011				
		醋酸丁酯	279.825	2.602	18.257			醋酸丁酯	99.9%	0.280	0.003	0.018				
		苯甲醚	35.316	0.328	2.483			苯甲醚	99.9%	2.236	0.021	0.166				
		二丁胺	0.271	2.520×10^{-3}	1.310×10^{-2}			二丁胺	99.9%	2.710×10^{-4}	2.520×10^{-6}	1.310×10^{-5}				
		非甲烷总烃	4 161.370	38.701	236.677			非甲烷总烃	99.9%	11.267	0.105	0.765				
		CO	2 878.876	26.774	202.408			CO	99.9%	2.879	0.027	0.202				
	有机废水	杂质	—	6.225	49.803			SO_2	—	1.075	0.010	0.080				
		水		608.190	4 865.517			NO_x	—	31.105	0.289	4.254				
		甲醇		0.148	1.182			烟尘	—	0.645	0.006	0.048				
		苯酚		0.174	1.393			二噁英	—	0.027 ng—TEQ/m^3	0.250 μg—TEQ/h	0.002 g—TEQ/a				

续　表

排气筒	编号	污染物名称	产生状况			排气量/(m^3/h)	治理措施	污染物	去除率	排放状况			执行标准		排放源参数	是否达标
			浓度/(mg/m^3)	速率/(kg/h)	产生量/(t/a)					浓度/(mg/m^3)	速率/(kg/h)	排放量/(t/a)	浓度/(mg/m^3)	速率/(kg/h)		
		2,6-二甲酚		23.451	187.609			—								
		邻甲酚		0.744	5.955											
		苯甲醚		20.468	163.741											
		2,4-二甲酚		0.465	3.721											
		2,4,6-三甲基苯酚		20.605	164.843											
		间甲酚		0.014	0.113											
		对甲酚		0.012	0.098											
	含盐废水	2,6-二甲基苯酚	—	1.307	10.456	11 000	焚烧炉(含盐废水焚烧系统焚烧后经“炉内SNCR脱硝+急冷罐急冷+文丘里除尘碱洗+湿电除尘”处理)	SO_2	—	4.364	0.048	0.384	—			
		丁醇		18.387	147.099			NO_x	—	37.672	0.414	3.315				
		水		499.764	3 998.111			烟尘	—	2.618	0.029	0.230				
		二丁胺		0.619	4.954			酚类	99.90%	0.119	0.001	0.010				
		杂质		5.050	40.400			丁醇	99.90%	1.672	0.018	0.147				
		低聚物		23.060	184.480			二丁胺	99.90%	0.056	0.001	0.005				
		氢氧化钠		30.157	241.255			非甲烷总烃	99.90%	1.847	0.020	0.163				
		硫酸钠		0.690	5.523			—								
		乙二胺四乙酸铜		0.344	2.755											
		乙二胺四乙酸二钠		2.963	23.701											
		溴化钠		0.095	0.763											

续 表

排气筒	编号	污染物名称	产生状况			排气量/(m³/h)	治理措施	污染物	去除率	排放状况			执行标准		排放源参数	是否达标
			浓度/(mg/m³)	速率/(kg/h)	产生量/(t/a)					浓度/(mg/m³)	速率/(kg/h)	排放量/(t/a)	浓度/(mg/m³)	速率/(kg/h)		
	工艺废气(G1－1～G1－6、G2－1、G2－4～G2－12)、有机废水、含盐废水合计					20 300	焚烧炉(包含废气—有机废水焚烧系统和含盐废水焚烧系统)	SO_2	—	2.860	0.058	0.464	50	—	高度 50 m，内径 0.8 m，烟气出口温度 100℃	是
								NO_x		34.660	0.704	5.629	100	—		是
								烟尘		1.710	0.035	0.278	20	—		是
								酚类		2.490	0.051	0.386	20	—		是
								甲醇		0.990	0.020	0.134	50	—		是
								甲苯		0.510	0.010	0.060	15	—		是
								丁醇		0.980	0.020	0.158	—	—		—
								醋酸丁酯		0.130	0.003	0.018	—	—		—
								苯甲醚		1.020	0.021	0.166	—	—		—
								二丁胺		0.030	0.001	0.005	—	—		—
								非甲烷总烃		6.160	0.125	0.928	60	—		是
								CO		1.320	0.027	0.202	—	—		—
								氨		2.280	0.046	0.370	—	55		是
								二噁英		0.012 ng—TEQ/m³	0.250 μg—TEQ/h	0.002 g—TEQ/a	0.100 ng—TEQ/m³	—		是
3＃	G2－13	颗粒物	391.313	1.174	9.392	3 000	布袋除尘	颗粒物	99%	3.910	0.012	0.094	30	—	高度 15 m，内径 0.25 m	是

续　表

排气筒	编号	污染物名称	产生状况			排气量/(m^3/h)	治理措施	污染物	去除率	排放状况			执行标准		排放源参数	是否达标
			浓度/(mg/m^3)	速率/(kg/h)	产生量/(t/a)					浓度/(mg/m^3)	速率/(kg/h)	排放量/(t/a)	浓度/(mg/m^3)	速率/(kg/h)		
4#	天然气锅炉废气	烟尘	17.595	0.185	1.478	10 500	低氮燃烧	烟尘	—	17.595	0.185	1.478	20	—	高度15 m，内径0.6 m，烟气出口温度105℃	是
		SO_2	29.333	0.308	2.464			SO_2	—	29.333	0.308	2.464	50	—		是
		NO_x	137.262	1.441	11.530			NO_x	70%	41.180	0.430	3.460	50	—		是
5#	污水站臭气	NH_3	0.240	1.190×10^{-3}	0.009 5	5 000	生物滤池除臭装置	NH_3	70%	0.071	3.560×10^{-4}	2.850×10^{-3}	—	4.9	高度15 m，内径0.35 m	是
		H_2S	0.480	2.380×10^{-3}	0.019			H_2S	70%	0.143	7.130×10^{-4}	5.700×10^{-3}	—	0.33		是

注：非甲烷总烃包括酚类、甲醇、甲苯、丁醇、醋酸丁酯、苯甲醚、二丁胺，下同；树脂单位产品非甲烷总烃排放量 = 2.052 t/10 425 t = 0.197 kg/t，符合《合成树脂工业污染物排放标准》(GB 31572—2015)中特别排放标准限值 0.3 kg/t 产品。

2. 无组织废气产生及排放情况

项目建成后，罐区甲醇、苯酚、甲苯、丁醇、醋酸丁酯、二丁胺等直接用计量泵通过密闭管道泵入反应釜中，固态物料通过自动加料装置加入配料釜或反应釜，各反应釜之间转料、放料通过管道密闭进行。

本项目无组织废气主要为包装粉尘未被收集的部分、储罐及中间罐少量未被收集的废气、废活性炭暂存间少量未被收集的废气、装卸平台废气、设备动静密封点泄漏的废气、污水站未被收集的臭气。

拟建项目无组织废气产生情况汇总见表 4.14。

表 4.14　拟建项目无组织排放情况

污染源	污染物名称	产生速率/(kg/h)	产生量/(t/a)	长度/m	宽度/m	高度/m
生产车间（含中间罐区）	颗粒物	0.130	1.044	68	38	8
	酚类	1.930×10^{-5}	1.540×10^{-4}			
	甲醇	0.004	0.030			
	甲苯	0.004	0.032			
	VOCs	0.237	1.893			
储罐区	酚类	0.002	0.009	50	30	8
	甲醇	0.003	0.026			
	甲苯	0.001	0.004			
	丁醇	9.250×10^{-5}	0.001			
	醋酸丁酯	2.080×10^{-4}	0.002			
	二丁胺	2.790×10^{-5}	2.230×10^{-4}			
	VOCs	0.006	0.042			
废活性炭暂存间	VOCs	6.250×10^{-3}	0.050	9	5	5
装卸平台	VOCs	1.250×10^{-2}	0.100	20	9	3
污水站	NH_3	6.250×10^{-5}	0.000 5	25	20	3
	H_2S	1.250×10^{-4}	0.001			

3. 交通运输移动源废气

本项目原辅材料及产品主要采用汽运的方式，根据本项目原辅材料及产品使用情况，本项目新增运输量 42 351.368 t/a，按照重型柴油货车运输约新增 2 118 次/a，在项目评价范围区域内增加的总运输距离约 21 180 km。本项目交通运输移动源废气产生情况见表 4.15。

表 4.15　本项目交通运输移动源废气产生情况

项目	污染物排放速率/(g/km)	污染物排放量/kg
NO_x	5.554	117.630
CO	2.200	46.600
HC	0.129	2.730
颗粒物	0.060	1.270

4. 非正常工况下废气产生及排放情况

非正常排放主要是正常的开停车、设备检修，或工艺设备、环保设施达不到设计规定指标运行时的排污。针对本项目而言，发生非正常排放主要为以下情形：

当遇开车、停车、检修、故障等非正常情况时，以废气短时间(以 1 h 考虑)内处理效率下降 50%作为非正常排放。

非正常工况下排放的废气源强表略。

3.5.2　废水污染源

根据工艺技术分析，建设项目生产中的主要废水包括：废气处理废水、设备及地面冲洗水、生活污水、喷淋降温废水、循环冷却系统排水、脱盐水制备系统浓水与初期雨水。

本项目废水产生及排放情况详见表 4.16。

表 4.16　拟建项目废水产生及排放情况表

名称	废水量/(t/a)	污染物产生量			治理措施	污染物接管量			接管标准/(mg/L)
		污染物名称	浓度/(mg/L)	产生量/(t/a)		污染物名称	浓度/(mg/L)	接管量/(t/a)	
焚烧炉废气处理废水	20 000	COD	800	16	—	—			
		SS	1 000	20					
		总铜	25	0.500					
		盐分	32 000	640					
设备及地面冲洗水	554.88	COD	1 200	0.666					
		SS	800	0.444					
		甲苯	10	0.006					
		甲醇	10	0.006					
		挥发酚	10	0.006					
		总铜	5	0.003					
喷淋降温废水	240	COD	1 200	0.288					
		SS	800	0.192					
		甲苯	10	2.400×10^{-3}					
		甲醇	10	2.400×10^{-3}					
初期雨水	12 940	COD	1 200	15.528					
		SS	800	10.352					
		甲苯	10	0.129					
		甲醇	10	0.129					
		挥发酚	10	0.129					
合计	33 734.88	COD	962.860	32.482	厂内污水处理站处理(芬顿氧化+pH 调节+混凝沉淀+A/O 生化+二沉池)	COD	127.900	4.315	—
		SS	918.570	30.988		SS	95.630	3.226	—
		盐分	18 971.460	640.000		盐分	18 971.460	640.000	—
		甲醇	4.070	0.137		甲醇	0.330	0.011	—
		甲苯	3.910	0.132		甲苯	0.310	0.011	—
		挥发酚	4.000	0.135		挥发酚	0.320	0.011	—
		总铜	14.900	0.503		总铜	1.340	0.045	—

续 表

名称	废水量/(t/a)	污染物产生量			治理措施	污染物接管量			接管标准/(mg/L)
		污染物名称	浓度/(mg/L)	产生量/(t/a)		污染物名称	浓度/(mg/L)	接管量/(t/a)	
生活污水	4 896	COD	400	1.958	厂内污水处理站的 A/O 生化+二沉池	COD	160.000	0.783	
		SS	300	1.469		SS	90.000	0.441	
		氨氮	30	0.147		氨氮	12.000	0.059	
		总磷	5	0.024		总磷	2.000	0.010	
循环冷却系统排水	81 600	COD	40	3.264	进入厂区污水站排放水池	COD	40	3.264	—
		SS	40	3.264		SS	40	3.264	—
		盐分	2 000	163.200		盐分	2 000	163.200	
脱盐水制备系统	1 491.82	COD	50	0.075	进入厂区污水站排放水池	COD	50	0.075	
		SS	50	0.075		SS	50	0.075	
		盐分	2 500	3.730		盐分	2 500	3.730	
总计	121 722.7	COD	310.370	37.779	—	COD	69.310	8.437	≤300
		SS	294.080	35.796		SS	57.560	7.006	≤400
		氨氮	1.210	0.147		氨氮	0.480	0.059	≤25
		总磷	0.200	0.024		总磷	0.080	0.010	≤3
		盐分	6 629.240	806.930		盐分	6 629.240	806.930	—
		甲醇	1.130	0.137		甲醇	0.090	0.011	—
		甲苯	1.080	0.132		甲苯	0.090	0.011	≤0.1
		挥发酚	1.110	0.135		挥发酚	0.090	0.011	≤0.5
		总铜	4.130	0.503		总铜	0.370	0.045	≤0.5

3.5.3 噪声

本项目建成后正常工况下增加的主要噪声源为风机、空压机、各类泵等。各类设备的噪声在 85 dB(A)左右。

3.5.4 固体废物

固体废物包括废活性炭、废催化剂、焚烧炉飞灰和炉渣、污水站污泥、氢溴酸废桶、废包装袋、生活垃圾等。

本项目营运后固体废物产生情况汇总见表 4.17。

表 4.17 本项目营运期固体废物产排“三本账”情况表

单位:t/a

序号	固废名称	产生工序	分类编号	性状	含水率*	产生量	削减量		排放量	方式
							利用量	处置量		
1	废活性炭	有机废气处理	HW49 (900—039—49)	固	—	71.20	0	71.20	0	委托有资质单位处置
2	废催化剂	烷基化反应	HW39 (261—071—39)	固	—	22	0	22	0	

续　表

序号	固废名称	产生工序	分类编号	性状	含水率*	产生量	削减量		排放量	方式
							利用量	处置量		
3	焚烧炉飞灰和炉渣	焚烧炉焚烧废水	HW18 (772—003—18)	固	—	10	0	10	0	
4	废包装袋	聚合工段	HW49 (900—041—49)	固	—	0.10	0	0.10	0	
5	污水站污泥	污水处理	HW13 (265—104—13)	半固	80	20	0	20	0	
6	氢溴酸废桶	聚合工段	HW49 (900—041—49)	固	—	0.01	0	0.01	0	
7	生活垃圾	生活	99	固	20	30.60	0	30.60	0	环卫清运
合计						153.91	0	153.91	0	—

注：* 含水率单位为%。

3.6　环境风险识别

3.6.1　物质危险性识别

拟建项目涉及的危险物质主要有苯酚、甲醇、甲苯、氧化亚铜、二丁胺、氢溴酸、丁醇、氢氧化钠、醋酸丁酯、2,6-二甲基苯酚、邻甲酚等，其易燃易爆、有毒有害危险特性详见表 4.18。

表 4.18　拟建项目危险物质易燃易爆、有毒有害危险特性表

名称	分布	燃烧爆炸性	毒性毒理
苯酚	罐区	爆炸极限为 1.3%～9.5%，遇明火、高温、强氧化剂可燃；燃烧产生刺激性烟雾	LD_{50}:317 mg/kg(大鼠经口)
甲醇	罐区	爆炸极限为 6%～36.5%，与空气混合可爆，遇明火、高温、氧化剂易燃；燃烧产生刺激性烟雾	LD_{50}:5 628 mg/kg(大鼠经口) LC_{50}:83 776 mg/m^3，4 小时(大鼠吸入)
甲苯	罐区	爆炸极限为 1.2%～7.1%，易燃，遇明火、高温能引起燃烧爆炸，与氧化剂能发生强烈反应；遇火源会着火回燃	LD_{50}:500 mg/kg(大鼠经口) LC_{50}:10 000 mg/m^3(4 小时，小鼠吸入)
氧化亚铜	化学品库	本品不燃，与浓过氧甲酸发生爆炸性反应；与铝加热时发生剧烈反应	LD_{50}:470 mg/kg(大鼠经口)
二丁胺	罐区	爆炸极限为 0.6%～6.8%，遇明火、高温、强氧化剂可燃；燃烧排放有毒氮氧化物烟雾	LD_{50}:189 mg/kg(大鼠经口)
氢溴酸	化学品库	遇 H 发孔剂可燃，遇氰化物产生有毒的氰化氢气体，受热分解产生有毒的溴化物气体	LC_{50}:2 858 PPM(1 小时，大鼠吸入)
丁醇	罐区	爆炸极限为 1.4%～11.3%，遇明火、高温、氧化剂易燃；遇热放出刺激性烟雾	LD_{50}:790 mg/kg(大鼠经口)
氢氧化钠	化学品库	本品不燃烧，遇水和水蒸气大量放热，形成腐蚀性溶液，与酸发生中和反应并放热；具有强腐蚀性	LD_{50}:40 mg/kg(小鼠腹膜腔) LC_{50}:50 mg/m^3，24 小时(家兔经皮)
硫酸钠	化学品库	本品不燃	LD_{50}:5 989 mg/kg(小鼠经口)

续 表

名称	分布	燃烧爆炸性	毒性毒理
EDTA	化学品库	有尘爆的可能性，火灾时可能会产生有害的燃烧性气体或蒸气，在火灾时可能会有含氮气体产生	LD_{50}：2 580 mg/kg(大鼠经口)
醋酸丁酯	罐区	爆炸极限为 1.4%～7.5%，遇明火、高温、氧化剂易燃；燃烧产生辛辣刺激性烟雾；与特丁基氧化钾接触可自燃	LD_{50}：10 768 mg/kg(大鼠经口)
2,6-二甲基苯酚	罐区	遇高热、明火或氧化剂有引起燃烧的危险，有腐蚀性	LD_{50}：50 980 mg/kg(大鼠经口) LD_{50}：920 mg/kg(大鼠经皮) LD_{50}：700 mg/kg(兔经皮)
邻甲酚	罐区	遇明火、高热可燃，高腐蚀性	LD_{50}：121 mg/kg(大鼠经口) LD_{50}：890 mg/kg(兔经皮)

3.6.2 风险识别结果

拟建项目环境风险识别结果详见表 4.19。

表 4.19 拟建项目环境风险识别结果

危险单元	潜在风险源		危险物质	环境风险类型	环境影响途径	可能受影响的环境敏感目标
生产车间及中间罐区	2,6-二甲酚单体合成工段	配料釜(250～350℃，常压)	甲醇、苯酚、2,6-二甲酚、邻甲酚	泄漏	扩散、漫流、渗透、吸收	周边居民、地表水、地下水等
				火灾、爆炸引发次伴生	扩散，消防废水漫流、渗透、吸收	周边居民、地表水、地下水等
		烷基化反应器(300～400℃，常压)	甲醇、苯酚、2,6-二甲酚、邻甲酚	泄漏	扩散、漫流、渗透、吸收	周边居民、地表水、地下水等
				火灾、爆炸引发次伴生	扩散，消防废水漫流、渗透、吸收	周边居民、地表水、地下水等
		脱轻塔(常压)	甲醇、苯酚、2,6-二甲酚、邻甲酚	泄漏	扩散、漫流、渗透、吸收	周边居民、地表水、地下水等
				火灾、爆炸引发次伴生	扩散，消防废水漫流、渗透、吸收	周边居民、地表水、地下水等
		分离塔(常压)	甲醇、苯酚、2,6-二甲酚、邻甲酚	泄漏	扩散、漫流、渗透、吸收	周边居民、地表水、地下水等
				火灾、爆炸引发次伴生	扩散，消防废水漫流、渗透、吸收	周边居民、地表水、地下水等
		邻甲酚塔(常压)	甲醇、苯酚、2,6-二甲酚、邻甲酚	泄漏	扩散、漫流、渗透、吸收	周边居民、地表水、地下水等
				火灾、爆炸引发次伴生	扩散，消防废水漫流、渗透、吸收	周边居民、地表水、地下水等
		苯酚回收塔(常压)	甲醇、苯酚、2,6-二甲酚、邻甲酚	泄漏	扩散、漫流、渗透、吸收	周边居民、地表水、地下水等
				火灾、爆炸引发次伴生	扩散，消防废水漫流、渗透、吸收	周边居民、地表水、地下水等
		产品塔(常压)	甲醇、苯酚、2,6-二甲酚、邻甲酚	泄漏	扩散、漫流、渗透、吸收	周边居民、地表水、地下水等
				火灾、爆炸引发次伴生	扩散，消防废水漫流、渗透、吸收	周边居民、地表水、地下水等

续　表

危险单元	潜在风险源		危险物质	环境风险类型	环境影响途径	可能受影响的环境敏感目标
	聚合工段	配料釜(常温,常压)	2,6-二甲基苯酚、甲苯、甲醇、丁醇、醋酸丁酯、二丁胺、氧化亚铜、氢溴酸	泄漏	扩散、漫流、渗透、吸收	周边居民、地表水、地下水等
				火灾、爆炸引发次伴生	扩散,消防废水漫流、渗透、吸收	周边居民、地表水、地下水等
		聚合釜(30℃,常压)	2,6-二甲基苯酚、甲苯、甲醇、丁醇、醋酸丁酯、氧化亚铜、氢溴酸、二丁胺	泄漏	扩散、漫流、渗透、吸收	周边居民、地表水、地下水等
				火灾、爆炸引发次伴生	扩散,消防废水漫流、渗透、吸收	周边居民、地表水、地下水等
		热处理釜(40～50℃,常压)	2,6-二甲基苯酚、甲苯、甲醇、丁醇、醋酸丁酯、氧化亚铜、二丁胺	泄漏	扩散、漫流、渗透、吸收	周边居民、地表水、地下水等
				火灾、爆炸引发次伴生	扩散,消防废水漫流、渗透、吸收	周边居民、地表水、地下水等
		沉淀釜(常温,常压)	2,6-二甲基苯酚、甲苯、甲醇、丁醇、醋酸丁酯、二丁胺	泄漏	扩散、漫流、渗透、吸收	周边居民、地表水、地下水等
				火灾、爆炸引发次伴生	扩散,消防废水漫流、渗透、吸收	周边居民、地表水、地下水等
		萃取釜(常温,常压)	2,6-二甲基苯酚、甲苯、甲醇、丁醇、醋酸丁酯、二丁胺	泄漏	扩散、漫流、渗透、吸收	周边居民、地表水、地下水等
				火灾、爆炸引发次伴生	扩散,消防废水漫流、渗透、吸收	周边居民、地表水、地下水等
		洗涤釜(常温,常压)	2,6-二甲基苯酚、甲苯、甲醇、丁醇、醋酸丁酯、二丁胺	泄漏	扩散、漫流、渗透、吸收	周边居民、地表水、地下水等
				火灾、爆炸引发次伴生	扩散,消防废水漫流、渗透、吸收	周边居民、地表水、地下水等
		离心机	2,6-二甲基苯酚、甲苯、甲醇、丁醇、醋酸丁酯、二丁胺	泄漏	扩散、漫流、渗透、吸收	周边居民、地表水、地下水等
				火灾、爆炸引发次伴生	扩散,消防废水漫流、渗透、吸收	周边居民、地表水、地下水等
		干燥机	2,6-二甲基苯酚、甲苯、甲醇、丁醇、醋酸丁酯、二丁胺	泄漏	扩散、漫流、渗透、吸收	周边居民、地表水、地下水等
				火灾、爆炸引发次伴生	扩散,消防废水漫流、渗透、吸收	周边居民、地表水、地下水等
		废水分离塔(常压)	甲苯、甲醇、丁醇、醋酸丁酯、2,6-二甲基苯酚、二丁胺、氢氧化钠	泄漏	扩散、漫流、渗透、吸收	周边居民、地表水、地下水等
				火灾、爆炸引发次伴生	扩散,消防废水漫流、渗透、吸收	周边居民、地表水、地下水等
		甲醇分离塔(常压)	2,6-二甲基苯酚、甲苯、甲醇、丁醇、醋酸丁酯	泄漏	扩散、漫流、渗透、吸收	周边居民、地表水、地下水等
				火灾、爆炸引发次伴生	扩散,消防废水漫流、渗透、吸收	周边居民、地表水、地下水等

续 表

危险单元	潜在风险源		危险物质	环境风险类型	环境影响途径	可能受影响的环境敏感目标
		第一分离罐(常温,常压)	2,6-二甲基苯酚、甲苯、甲醇、丁醇、醋酸丁酯	泄漏	扩散、漫流、渗透、吸收	周边居民、地表水、地下水等
				火灾、爆炸引发次伴生	扩散,消防废水漫流、渗透、吸收	周边居民、地表水、地下水等
		第二分离罐(常温,常压)	2,6-二甲基、苯酚、甲苯、甲醇、丁醇、醋酸丁酯	泄漏	扩散、漫流、渗透、吸收	周边居民、地表水、地下水等
				火灾、爆炸引发次伴生	扩散,消防废水漫流、渗透、吸收	周边居民、地表水、地下水等
		甲苯分离塔(常压)	2,6-二甲基苯酚、甲苯、甲醇、丁醇、醋酸丁酯	泄漏	扩散、漫流、渗透、吸收	周边居民、地表水、地下水等
				火灾、爆炸引发次伴生	扩散,消防废水漫流、渗透、吸收	周边居民、地表水、地下水等
	中间罐区	甲醇、甲苯、苯酚等中间罐及管道	甲醇、甲苯、苯酚等	泄漏	扩散、漫流、渗透、吸收	周边居民、地表水、地下水等
				火灾、爆炸引发次伴生	扩散,消防废水漫流、渗透、吸收	周边居民、地表水、地下水等
原料罐区	甲醇储罐、苯酚储罐、2,6-二甲基苯酚储罐、邻甲酚储罐、甲苯储罐、丁醇储罐、二丁胺储罐、醋酸丁酯储罐		甲醇、苯酚、2,6-二甲基苯酚、邻甲酚、甲苯、丁醇、二丁胺、醋酸丁酯	泄漏	扩散、漫流、渗透、吸收	周边居民、地表水、地下水等
				火灾、爆炸引发次伴生	扩散,消防废水漫流、渗透、吸收	周边居民、地表水、地下水等
化学品库			氧化亚铜、氢溴酸、氢氧化钠	泄漏	扩散、漫流、渗透、吸收	周边居民、地表水、地下水等
				火灾、爆炸引发次伴生	扩散,消防废水漫流、渗透、吸收	周边居民、地表水、地下水等
危废暂存库			废催化剂、焚烧炉飞灰和炉渣、废包装袋	泄漏	扩散、漫流、渗透、吸收	周边居民、地表水、地下水等
				火灾、爆炸引发次伴生	扩散,消防废水漫流、渗透、吸收	周边居民、地表水、地下水等
天然气锅炉(导热油炉)			天然气	泄漏	扩散、漫流、渗透、吸收	周边居民、地表水、地下水等
				火灾、爆炸引发次伴生	扩散,消防废水漫流、渗透、吸收	周边居民、地表水、地下水等
污水处理站(含泥饼库)			焚烧炉废气处理废水、设备及地面冲洗水、生活污水、喷淋降温废水、初期雨水、循环冷却系统排水、脱盐水制备系统浓水等废水,污水站污泥	泄漏、废水事故排放	扩散、漫流、渗透、吸收	周边居民、地表水、地下水等
废活性炭暂存间、空桶区			废活性炭、废桶	泄漏	扩散、漫流、渗透、吸收	周边居民、地表水、地下水等

续　表

危险单元	潜在风险源	危险物质	环境风险类型	环境影响途径	可能受影响的环境敏感目标
废气处理设施	二级活性炭吸附装置、布袋除尘装置	酚类、甲醇、甲苯、丁醇、醋酸丁酯、二丁胺、非甲烷总烃、颗粒物	废气事故排放	扩散	周边居民
	焚烧炉及尾气处理装置	酚类、甲醇、甲苯、丁醇、醋酸丁酯、苯甲醚、二丁胺、非甲烷总烃、CO、SO_2、NO_x、烟尘			
	生物滤池除臭装置	NH_3、H_2S			

3.7　清洁生产(略)

3.8　“三废”产排量汇总

根据工程分析的结果，统计拟建项目污染物“三本帐”排放量，见表 4.20。

表 4.20　拟建项目污染物排放情况表　　**单位:t/a**

种类		污染物名称	产生量	削减量	接管量	排放量*
废气	有组织	SO_2	2.928	0	—	2.928
		NO_x	17.159	8.070		9.089
		颗粒物	11.148	9.298		1.850
		酚类	12.703	12.280		0.423
		甲醇	140.504	139.999		0.505
		甲苯	72.036	71.380		0.656
		丁醇	11.521	11.325		0.196
		醋酸丁酯	19.438	19.361		0.077
		苯甲醚	2.483	2.317		0.166
		二丁胺	1.510×10^{-2}	0.010		5.100×10^{-3}
		VOCs	259.151	257.099		2.052
		CO	202.408	202.206		0.202
		NH_3	0.380	6.650×10^{-3}		0.373
		H_2S	0.019	1.330×10^{-2}		5.700×10^{-3}
		二噁英	0.002 g—TEQ/a	0		0.002 g—TEQ/a
	无组织	颗粒物	1.044	0		1.044
		酚类	9.150×10^{-3}	0		9.150×10^{-3}
		甲醇	0.056	0		0.056
		甲苯	0.036	0		0.036

续 表

种类		污染物名称	产生量	削减量	接管量	排放量*
		丁醇	0.001	0		0.001
		醋酸丁酯	0.002	0		0.002
		二丁胺	2.230×10^{-4}	0		2.230×10^{-4}
		VOCs	1.935	0		1.935
		NH_3	0.000 5	0		0.000 5
		H_2S	0.001	0		0.001
废水		废水量	121 722.700	0	121 722.700	121 722.700
		COD	37.779	29.342	8.437	6.086
		SS	35.796	28.790	7.006	1.217
		氨氮	0.147	0.088	0.059	0.059
		总磷	0.024	0.014	0.010	0.010
		盐分	806.930	0	806.930	806.930
		甲醇	0.137	0.126	0.011	0.011
		甲苯	0.132	0.121	0.011	0.011
		挥发酚	0.135	0.124	0.011	0.011
		总铜	0.503	0.458	0.045	0.045
固废		危险废物	123.310	123.310	—	0
		生活垃圾	30.600	30.600		0

注：* 水污染物最终排放量以该污水处理厂尾水达到《城镇污水处理厂污染物排放标准》(GB 18918—2002)一级 A 标准计算。

【点评】

本案例对项目工艺原料和工艺流程介绍清晰，内含流程图，对苯酚、甲醇等回用系统和有机废气处理系统做了很好的说明。

本案例根据产品质量标准、反应转化率、物料回收率等进行了物料平衡核算，通过产品产排污系数进一步核算了项目有组织废气产排情况，但本案例对数据来源分析较弱，应进一步补充源强核算系数选择。由于安徽省未发布石化行业 VOCs 排放量计算方法，无组织排放中动静密封点的 VOCs 产生量参照《上海市石化行业 VOCs 排放量计算方法》中设备动静密封点泄漏的 VOCs 产生量的计算方法进行计算。随着 VOCs 管理精细化，建议可在环评工作中提醒企业请设计单位提前介入，相对准确地进行连接组件的预计，这样可减少估算误差，利于与排污许可证和后续管理衔接。

该案例工艺废水主要包含有机废水与含盐废水，进入焚烧系统处理，不外排；废气处理废水、喷淋降温废水等进厂内污水处理站处理，废水中主要特征污染物为甲醇、甲苯、挥发酚、总铜等，采用芬顿氧化、混凝沉淀与生化处理，可有效去除废水中特征污染物。

该案例对非正常工况分析了开车、停车、检修、故障等情形，但未说明生产过程中可能存在聚合物黏结的风险，需在启动、停止过程中按需进行清洗操作，并提出对应的环保措施。

该案例识别了生产车间及中间罐区、原料罐区、化学品库、危废暂存库、锅炉、污水处理站、危废暂存场所、废气处理设施等危险单元的潜在风险源、危险物质、环境风险类型、环境影响途径与可能受影响的环境敏感目标，风险识别较全面。

四、环境现状调查与评价(略)

五、环境影响预测与评价

5.1　大气环境影响预测与评价

5.1.1　气象特征(略)

5.1.2　预测模式

本项目大气环境影响评价等级为一级，对照《环境影响评价技术导则 大气环境》(HJ 2.2—2018)附录 A 中推荐的模型，本次评价的大气环境影响预测采用 AERMOD 模型。使用软件的版本为 2018 年推出的 EIAProA2018 大气环评专业辅助系统。

5.1.3　预测内容和预测因子

根据污染源分析结果，项目有组织废气作为点源考虑，无组织废气作为面源考虑。选取本项目排放的污染物作为预测因子。本次预测方案及内容如下：

1. 预测因子

根据项目污染物类型，确定本次预测因子为：SO_2、NO_2、PM_{10}、CO、甲苯、甲醇、酚、非甲烷总烃、NH_3、H_2S。

2. 预测范围

根据估算模式计算结果以及保护目标分布情况，本次大气预测以该公司化工厂区为中心，以东西向设置 X 轴，南北设置 Y 轴，以 2.5 km×2.5 km 的长方形区域作为本次项目的大气环境影响预测范围。

3. 预测网格

本次评价设置 100 m×100 m 的网格。

4. 预测方案及内容

本次预测方案设置见表 4.21。

表 4.21　建设项目预测方案设置

序号	污染源	排放形式	预测内容	评价内容
1	新增污染源	正常排放	短期浓度 长期浓度	最大浓度占标率
2	新增污染源	非正常排放	1 h 平均质量浓度	最大浓度占标率
3	新增污染源－区域削减污染源＋其他在建、拟建污染源	正常排放	短期浓度 长期浓度	评价其叠加现状浓度后保证率日平均质量浓度和年平均质量浓度的占标率或短期浓度的达标情况，评价年平均质量浓度变化率

5. 预测参数

表 4.22 观测气象数据信息

气象站名称	气象站编号	气象站等级	气象站坐标/m(UTM 坐标)		相对距离/km	海拔高度/m	数据年份	气象要素
			X	Y				
某市站	58 336	基本站	643 698	3 515 553	6.6	80	2018	风向、风速、总云、低云、干球温度
南京站	58 238	基本站	660 897	3 547 341	43	35.2	2018	气压、离地高度、干球温度

5.1.4 预测结果及评价

(1) 新增污染源的污染物酚类、甲醇、甲苯、非甲烷总烃、CO、SO_2、NO_x、颗粒物、NH_3、H_2S、二噁英类正常排放情况下短期浓度贡献值的最大浓度占标率均≤100%。

(2) 新增污染源的污染物 PM_{10}、CO、SO_2、NO_x、二噁英正常排放情况下年均浓度贡献值的最大浓度占标率均≤30%。

(3) 现状不达标因子：本项目 PM_{10} 在所有网格点上的年平均贡献浓度的算术平均值 $=7.09\times10^{-1}$ μg/m³，区域削减源在所有网格点上的年平均贡献浓度的算术平均值 $=6.51\times10^{3}$ μg/m³，实施削减后预测范围的年平均浓度变化率 $k=-99.99\%$，浓度变化率 $k\leqslant-20\%$，因此区域环境质量整体改善。现状达标因子：本项目酚类、甲醇、甲苯、SO_2、NO_x、非甲烷总烃、CO、NH_3、H_2S、二噁英类等叠加后浓度均符合相应的环境质量标准。

(4) 结合大气防护距离、卫生防护距离及风险防护距离计算，确定拟建项目建成后，以厂界为执行边界设置 150 m 环境防护距离。经调查，该范围内无居民住宅、学校、医院等敏感目标。

综上所述，本项目大气环境影响是可接受的。

5.2 地表水影响预测与评价(略)

5.3 地下水环境影响预测与评价

项目已参照《石油化工工程防渗技术规范》(GB/T 50924—2013)的要求采取防渗措施，根据 HJ 610—2016 可不进行正常状况情景下的预测。评价选取污水处理站调节池发生渗漏作为事故类型，考虑废水经包气带进入潜水含水层。

在上述设定的泄漏情景下，10 000 天后厂区地下水中 COD 污染羽中心浓度为 77.21 mg/L，最大迁移距离为 136.23 m，污染晕主要沿着厂区的西南方向扩散，未到达 A 河边界，对 A 河水质影响较小。由于评价区西南部边界受 A 河控制，COD 污染物扩散仅仅会影响厂区及周边局部范围的地下水水质，对区域地下水水质影响较小。

为了避免工厂生产对地下水产生污染危害，应采取相应的防渗及检漏措施，及时排查泄漏点和实施相应补救措施。

5.4 噪声环境影响预测与评价(略)

5.5　固体废物环境影响分析

本项目产生的固体废物均得到了妥善处置和利用，实现零排放，对外环境的影响可减至最低程度，不会产生二次污染，对环境影响较小。

另外要求固体废物在厂内暂时存放期间应加强管理，严格执行《危险废物贮存污染控制标准》(GB 18597—2001)以及《关于发布〈一般工业固体废物贮存、处置场污染控制标准〉(GB 18599—2001)等 3 项国家污染物控制标准修改单的公告》的相关要求。在清运过程中，要求做好密闭措施，防止固废散发出臭味或抛撒遗漏而导致污染扩散，对沿途环境造成一定的环境影响。

5.6　土壤环境影响分析

本项目土壤污染以废气污染型为主。主要特征污染物为甲苯、酚类等有机废气。

根据《环境影响评价技术导则 土壤环境(试行)》，本次对于甲苯的累积影响参照该导则中附录 E 的方法一进行预测。根据预测结果，随着外来气源性甲苯输入时间的延长，甲苯在土壤中的累积量逐步增加。项目运营 30 年后周围影响区域工业用地土壤中甲苯的累积量远低于《土壤环境质量 建设用地土壤污染风险管控标准(试行)》(GB 36600—2018)中建设用地土壤(第二类用地)的污染风险筛选值。在考虑淋溶、径流排出及生物降解的情况下，甲苯在土壤中的累积量将更小，因此，本项目排放的废气中甲苯污染物进入土壤环境造成的累积量是有限的，在可接受范围内。

5.7　风险环境影响分析

5.7.1　风险事故情形设定

甲醇、苯酚、甲苯具有毒性，同时不完全燃烧可次伴生有毒有害的一氧化碳，对环境空气影响较大，未完全燃烧的苯酚、甲苯进入消防废水，对地表水体、地下水体影响较大。因而选取甲醇储罐泄漏及火灾爆炸次伴生事故、苯酚储罐泄漏及火灾爆炸次伴生事故、甲苯储罐泄漏及火灾爆炸次伴生事故作为最大可信事故进行定量预测。

5.7.2　源项分析(略)

5.7.3　风险预测与评价

1. 大气环境风险预测与评价

由于甲醇烟团初始密度未大于空气密度，不计算理查德森数。扩散计算建议采用 AFTOX 模型。采用理查德森数判断，甲醇火灾爆炸次伴生的一氧化碳采用 SLAB 模型预测影响。

苯酚泄漏和苯酚未完全燃烧均采用 AFTOX 模型计算事故影响，苯酚火灾爆炸次伴生的一氧化碳采用 SLAB 模型预测影响。

由于甲苯烟团初始密度未大于空气密度，不计算理查德森数。扩散计算建议采用 AFTOX 模型。采用理查德森数判断，甲苯火灾爆炸次伴生的一氧化碳采用 SLAB 模型预测影响。

2. 地表水环境风险预测与评价

根据《环境影响评价技术导则　地表水环境》(HJ 2.3—2018)，采用长江二维非稳态水量水质数学模型。预测范围为 B 河××段至××段，全长约 40 km。

根据 HJ 2.3—2018 的要求，风险预测考虑 B 河水动力较强的状况，选用近期 B 河丰水年最大月流量水文条件作为本次的设计条件，对应的典型时期为 2016 年 7 月。

本次构建的模型糙率参数引用构建长江大通—上海吴淞模型的成果。长江大通—上海吴淞模型利用 2013 年长江实测地形构建，依据《水文年鉴》，利用 2013 年潮位资料对芜湖、马鞍山、南京、镇江、江阴、天生港桥、徐六泾进行率定，率定得到长江糙率系数为 0.016～0.043、风拖曳系数为 0.001～0.01。根据率定结果可知，各率定点位计算值与实测值拟合较好，满足《海岸与河口潮流泥沙模拟技术规程》要求。

本次预测的预测因子为苯酚，水质标准参照《地表水环境质量标准》(GB 3838—2002)中Ⅲ类水标准限值(挥发酚浓度 0.005 mg/L)。

3. 地下水环境风险预测与评价

根据《建设项目环境风险评价技术导则》(HJ 169—2018)，假设苯酚与甲苯发生泄漏，遇明火、高热或达爆炸极限发生火灾爆炸，苯酚与甲苯储罐泄漏后采取倒罐等措施进行收容，后期未完全收容的苯酚/甲苯遇到明火发生了火灾爆炸。发生火灾时，开启罐区消火栓进行灭火，此时如果火灾爆炸导致围堰损坏，消防废水漫流冲出围堰后，由于围堰右侧为绿地及空地，污染物有可能通过渗透、吸收污染地下水，受污染地块面积约为 1 500 m^2(50 m×30 m)，水量约为 43.2 t，苯酚浓度约为 6.04 mg/L，甲苯浓度约为 38.4 mg/L。

预测风险事故情景下，污染物迁移 100 天、1 000 天、10 000 天后的浓度分布范围。苯酚污染羽边界浓度达地下水Ⅲ类水标准，为 0.002 mg/L。甲苯污染羽边界浓度达地下水Ⅲ类水标准，为 0.7 mg/L。

5.7.4 源强及预测结果汇总

由上述分析可知，拟建项目事故源强及事故后果基本信息详见表 4.23～4.25。

表 4.23 拟建项目事故源强及事故后果基本信息表(甲醇储罐甲醇泄漏事故及火灾爆炸次伴生事故)

<table>
<tr><td colspan="9">风险事故情形分析</td></tr>
<tr><td colspan="2">代表性风险事故情形描述</td><td colspan="7">甲醇储罐发生甲醇泄漏事故，遇明火、高热或达爆炸极限会发生火灾爆炸，火灾爆炸将次伴生一氧化碳等污染物以及伴随未完全燃烧的甲醇的挥发</td></tr>
<tr><td colspan="2">泄漏设备类型</td><td>储罐</td><td colspan="2">操作温度/℃</td><td>常温</td><td colspan="2">操作压力/MPa</td><td>常压</td></tr>
<tr><td colspan="2">泄漏危险物质</td><td>甲醇</td><td colspan="2">最大存在量/kg</td><td>249 400</td><td colspan="2">泄漏孔径/mm</td><td>10</td></tr>
<tr><td colspan="2">泄漏速率/(kg/s)</td><td>0.6</td><td colspan="2">泄漏时间/min</td><td>10</td><td colspan="2">泄漏量/kg</td><td>360</td></tr>
<tr><td colspan="2">泄漏高度/m</td><td>12.4</td><td colspan="2">泄漏液体蒸发量/kg</td><td>24.6</td><td colspan="2">泄漏频率</td><td>1.0×10^{-4}/a</td></tr>
<tr><td colspan="2">质量蒸发速率/(kg/s)</td><td>4.1×10^{-2}</td><td colspan="2"></td><td></td><td colspan="2"></td><td></td></tr>
<tr><td rowspan="6">大气</td><td rowspan="2">危险物质</td><td rowspan="2">指标</td><td colspan="3">最不利气象条件</td><td colspan="3">发生地最常见气象条件</td></tr>
<tr><td>浓度值/(mg/m^3)</td><td>最远影响距离/m</td><td>到达时间/min</td><td>浓度值/(mg/m^3)</td><td>最远影响距离/m</td><td>到达时间/min</td></tr>
<tr><td rowspan="2">甲醇(泄漏事故)</td><td>毒性终点浓度-1
(9 400 mg/m^3)</td><td>—</td><td>—</td><td>—</td><td>—</td><td>—</td><td>—</td></tr>
<tr><td>毒性终点浓度-2
(2 700 mg/m^3)</td><td>—</td><td>—</td><td>—</td><td>—</td><td>—</td><td>—</td></tr>
<tr><td rowspan="2">甲醇(火灾爆炸事故)</td><td>毒性终点浓度-1
(9 400 mg/m^3)</td><td>—</td><td>—</td><td>—</td><td>—</td><td>—</td><td>—</td></tr>
<tr><td>毒性终点浓度-2
(2 700 mg/m^3)</td><td>—</td><td>—</td><td>—</td><td>—</td><td>—</td><td>—</td></tr>
</table>

续　表

	危险物质	指标	最不利气象条件			发生地最常见气象条件		
			浓度值/(mg/m³)	最远影响距离/m	到达时间/min	浓度值/(mg/m³)	最远影响距离/m	到达时间/min
大气	一氧化碳(火灾爆炸事故)	毒性终点浓度-1(380 mg/m³)	384.20	40	15.78	—	—	—
		毒性终点浓度-2(95 mg/m³)	95.56	150	17.93	111.57	50	15.38

表 4.24　拟建项目事故源强及事故后果基本信息表(苯酚储罐苯酚泄漏事故及火灾爆炸次伴生事故)

风险事故情形分析					
代表性风险事故情形描述	苯酚储罐发生苯酚泄漏事故,遇明火、高热或达爆炸极限会发生火灾爆炸,火灾爆炸将次伴生一氧化碳等污染物以及伴随未完全燃烧的苯酚的挥发				
泄漏设备类型	储罐	操作温度/℃	常温	操作压力/MPa	常压
泄漏危险物质	苯酚	最大存在量/kg	455 200	泄漏孔径/mm	10
泄漏速率/(kg/s)	2.32×10^{-1}	泄漏时间/min	10	泄漏量/kg	417.60
泄漏高度/m	12.70	泄漏液体蒸发量/kg	0.52	泄漏频率	1.00×10^{-4}/a
质量蒸发速率/(kg/s)	2.90×10^{-4}				

	危险物质	指标	最不利气象条件			发生地最常见气象条件		
			浓度值/(mg/m³)	最远影响距离/m	到达时间/min	浓度值/(mg/m³)	最远影响距离/m	到达时间/min
大气	苯酚(泄漏事故)	毒性终点浓度-1(770 mg/m³)	—	—	—	—	—	—
		毒性终点浓度-2(88 mg/m³)	—	—	—	—	—	—
	苯酚(火灾爆炸事故)	毒性终点浓度-1(770 mg/m³)	—	—	—	—	—	—
		毒性终点浓度-2(88 mg/m³)	83.07	90	1	117.69	30	0.21
	一氧化碳(火灾爆炸事故)	毒性终点浓度-1(380 mg/m³)	—	—	—	—	—	—
		毒性终点浓度-2(95 mg/m³)	—	—	—	—	—	—

	危险物质	地表水环境影响			
地表水	苯酚	受纳水体名称	最远超标距离/m		最远超标距离达到时间/h
		长江	—		—
		敏感目标名称	达到时间/h	超标时间/h	超标持续时间/h	最大浓度/(mg/L)
		国家环境监测点	0.53	—	—	4.68×10^{-4}

续 表

<table>
<tr><td rowspan="6">地下水</td><td>危险物质</td><td colspan="5">地下水环境影响</td></tr>
<tr><td rowspan="5">苯酚</td><td>厂区边界</td><td>到达时间/d</td><td>超标时间/d</td><td>超标持续时间/d</td><td>最大浓度/(mg/L)</td></tr>
<tr><td>西南厂区边界</td><td>98</td><td>98</td><td>9 902</td><td>2.30×10^{-2}</td></tr>
<tr><td>敏感目标名称</td><td>到达时间/d</td><td>超标时间/d</td><td>超标持续时间/d</td><td>最大浓度/(mg/L)</td></tr>
<tr><td>无</td><td>—</td><td>—</td><td>—</td><td>—</td></tr>
</table>

表 4.25 拟建项目事故源强及事故后果基本信息表(甲苯储罐甲苯泄漏事故及火灾爆炸次伴生事故)

<table>
<tr><td colspan="8">风险事故情形分析</td></tr>
<tr><td colspan="2">代表性风险事故情形描述</td><td colspan="6">甲苯储罐发生甲苯泄漏事故，遇明火、高热或达爆炸极限会发生火灾爆炸，火灾爆炸将次伴生一氧化碳等污染物以及伴随未完全燃烧的甲苯的挥发</td></tr>
<tr><td colspan="2">泄漏设备类型</td><td>储罐</td><td>操作温度/℃</td><td colspan="2">常温</td><td>操作压力/MPa</td><td>常压</td></tr>
<tr><td colspan="2">泄漏危险物质</td><td>甲苯</td><td>最大存在量/kg</td><td colspan="2">94 000</td><td>泄漏孔径/mm</td><td>10</td></tr>
<tr><td colspan="2">泄漏速率/(kg/s)</td><td>0.46</td><td>泄漏时间/min</td><td colspan="2">10</td><td>泄漏量/kg</td><td>276</td></tr>
<tr><td colspan="2">泄漏高度/m</td><td>6.10</td><td>泄漏液体蒸发量/kg</td><td colspan="2">10.80</td><td>泄漏频率</td><td>1.00×10^{-4}/a</td></tr>
<tr><td colspan="2">质量蒸发速率/(kg/s)</td><td>0.18</td><td></td><td colspan="2"></td><td></td><td></td></tr>
</table>

<table>
<tr><td rowspan="8">大气</td><td rowspan="2">危险物质</td><td rowspan="2">指标</td><td colspan="3">最不利气象条件</td><td colspan="3">发生地最常见气象条件</td></tr>
<tr><td>浓度值/(mg/m^3)</td><td>最远影响距离/m</td><td>到达时间/min</td><td>浓度值/(mg/m^3)</td><td>最远影响距离/m</td><td>到达时间/min</td></tr>
<tr><td rowspan="2">甲苯(泄漏事故)</td><td>毒性终点浓度-1(14 000 mg/m^3)</td><td>—</td><td>—</td><td>—</td><td>—</td><td>—</td><td>—</td></tr>
<tr><td>毒性终点浓度-2(2 100 mg/m^3)</td><td>—</td><td>—</td><td>—</td><td>—</td><td>—</td><td>—</td></tr>
<tr><td rowspan="2">甲苯(火灾爆炸事故)</td><td>毒性终点浓度-1(14 000 mg/m^3)</td><td>—</td><td>—</td><td>—</td><td>—</td><td>—</td><td>—</td></tr>
<tr><td>毒性终点浓度-2(2 100 mg/m^3)</td><td>—</td><td>—</td><td>—</td><td>—</td><td>—</td><td>—</td></tr>
<tr><td rowspan="2">一氧化碳(火灾爆炸事故)</td><td>毒性终点浓度-1(380 mg/m^3)</td><td>—</td><td>—</td><td>—</td><td>—</td><td>—</td><td>—</td></tr>
<tr><td>毒性终点浓度-2(95 mg/m^3)</td><td>101.47</td><td>70</td><td>16.37</td><td>—</td><td>—</td><td>—</td></tr>
</table>

<table>
<tr><td rowspan="5">地表水</td><td>危险物质</td><td colspan="4">地表水环境影响</td></tr>
<tr><td rowspan="4">苯酚</td><td>受纳水体名称</td><td colspan="2">最远超标距离/m</td><td colspan="2">最远超标距离达到时间/h</td></tr>
<tr><td>长江</td><td colspan="2">—</td><td colspan="2">—</td></tr>
<tr><td>敏感目标名称</td><td>达到时间/h</td><td>超标时间/h</td><td>超标持续时间/h</td><td>最大浓度/(mg/L)</td></tr>
<tr><td>国家环境监测点</td><td>0.53</td><td>—</td><td>—</td><td>2.03×10^{-4}</td></tr>
</table>

续　表

	危险物质	地下水环境影响				
地下水	苯酚	厂区边界	到达时间/d	超标时间/d	超标持续时间/d	最大浓度/(mg/L)
		西南厂区边界	100	100	9 900	1.12
		敏感目标名称	到达时间/d	超标时间/d	超标持续时间/d	最大浓度/(mg/L)
		无	—	—	—	—

综上，甲醇、甲苯、苯酚储罐发生泄漏或火灾爆炸后，甲醇、甲苯、苯酚及次生一氧化碳的大气毒性终点浓度-1的最大影响范围为40 m，大气毒性终点浓度-2的最大影响范围为150 m，影响范围周边无环境敏感目标。根据预测结果，甲苯、苯酚火灾爆炸后消防废水对地表水、地下水影响较小。

5.7.5　环境风险评价结论

拟建项目拟从大气、事故废水、地下水、危化品运输等方面采取防止危险物质进入环境及进入环境后的控制、消减、监测等措施，建立风险监控及应急监测系统，建立与园区对接、联动的风险防范体系。根据企业提供的安全评价报告，“本项目防火间距符合《建筑设计防火规范》(GB 50016—2014)(2018年修订)、《石油化工企业设计防火标准》(GB 50160—2008)(2018年修订)等标准的要求”，储罐区按照《石油化工企业设计防火标准》(GB 50160—2008)(2018年修订)的要求设置内部防火间距及防火堤。

根据风险预测结果，甲醇发生火灾爆炸次伴生的一氧化碳，在最不利气象条件下到达毒性终点浓度-1的最远影响距离为40 m，到达毒性终点浓度-2的最远影响距离为150 m；发生火灾爆炸未完全燃烧的苯酚，在最不利气象条件下，最大浓度低于毒性终点浓度-1，到达毒性终点浓度-2的最远影响距离为90 m；甲苯发生火灾爆炸次伴生的一氧化碳，在最不利气象条件下，最大浓度低于毒性终点浓度-1，到达毒性终点浓度-2的最远影响距离为70 m。本项目按照毒性终点浓度-2的最远影响距离设置环境风险防护距离，即本项目设置以厂区为边界的150 m的环境风险防护距离。

本次评价最大可信事故为甲醇、苯酚、甲苯泄漏及火灾爆炸事故等，经预测，对周边环境影响在可接受范围内，因此在严格落实环境风险防控措施的前提下，环境风险可控。

【点评】

本案例所在区域环境空气质量为不达标区，不达标因子为PM_{10}、$PM_{2.5}$、O_3，案例涉及颗粒物排放，环评文件仅对PM_{10}进行预测分析，计算了年均浓度变化率，未对$PM_{2.5}$进行预测分析。

环评文件已要求项目参照《石油化工工程防渗技术规范》(GB/T 50924—2013)的要求采取防渗措施，根据HJ 610—2016，可不进行正常状况情景下的地下水环境影响预测，非正常工况选取污水调节池泄漏的情形，地下水环境风险评价考虑了甲苯、苯酚以及甲醇储罐泄漏对地下水的影响分析，考虑较全面。

六、环境保护措施及其经济、技术论证

6.1 大气环境污染物防治措施评述

6.1.1 有组织废气

1. 有组织废气源强及处理工艺分析

废气处理工艺流程示意见图 4.3。

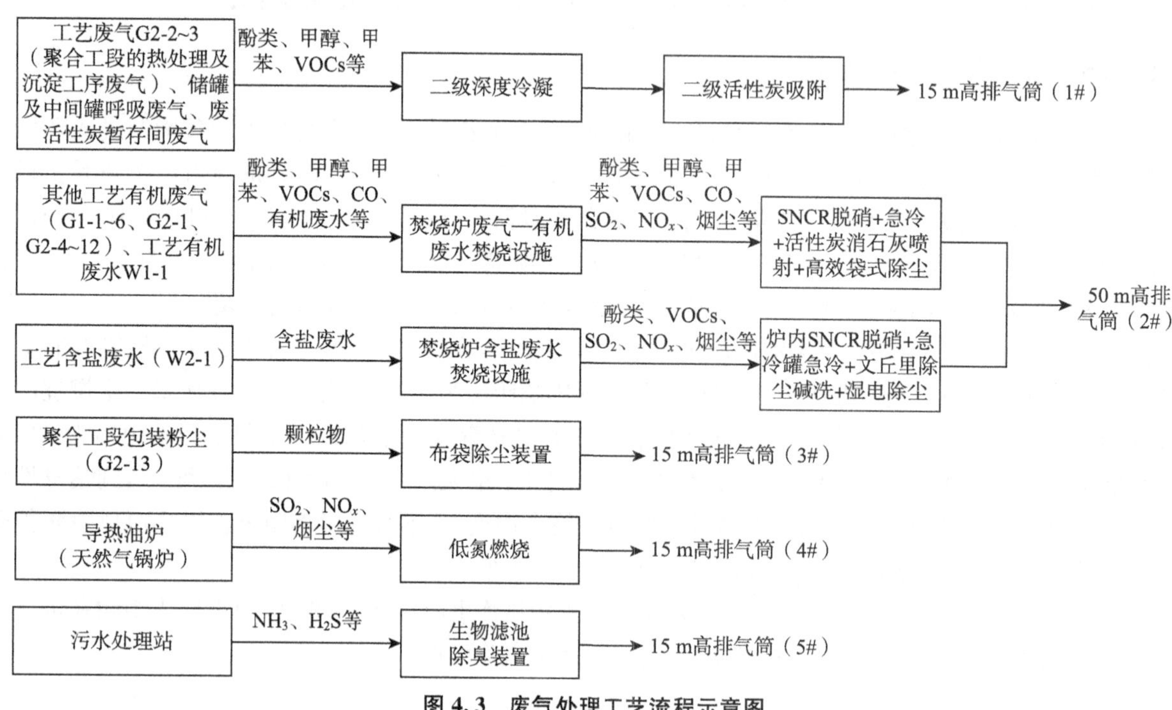

图 4.3 废气处理工艺流程示意图

2. 废气处理工艺评述

(1) 焚烧炉。

(a) 废气—有机废水焚烧设施。

废水—废气焚烧装置包含燃烧器、废气废水焚烧炉、废水雾化控制系统、送风机等。烟气净化处理系统包括 SNCR，半干急冷塔，活性炭消石灰喷射装置，布袋除尘器等，工艺流程见图 4.4。有机废水设计处理能力 800 kg/h。

根据焚烧炉设计方案(根据本项目废气—有机废水源强设计)，废气—有机废水焚烧系统的天然气用量为 25 Nm^3/h(合 20 万 Nm^3/a)，焚烧炉设计时已综合考虑了废气、有机废水、补燃天然气的热值，可满足废气—有机废水焚烧系统的需要。此外，焚烧系统设置了废水缓冲罐，可合理调配废水热值，保持焚烧炉性能的稳定，不至出现大的波动。

脱硝、除尘：完全燃烧后产生的烟气进入脱硝区，多点均匀喷入 25%氨水，使其和烟气混合均匀，将烟气中的氮氧化物还原为氮气和水。将脱硝后的烟气送入换热器回收余热，并将烟气温度降至 500℃，烟气随后进入半干急冷塔，急冷液调节好流量压力，经雾化器雾化，喷洒于塔内各个角度，与烟气充分接触，迅速将烟气温度降低至 200℃。来自急冷系统的烟气进入活性炭、消石灰喷射装置，在罗茨风机高压风的作

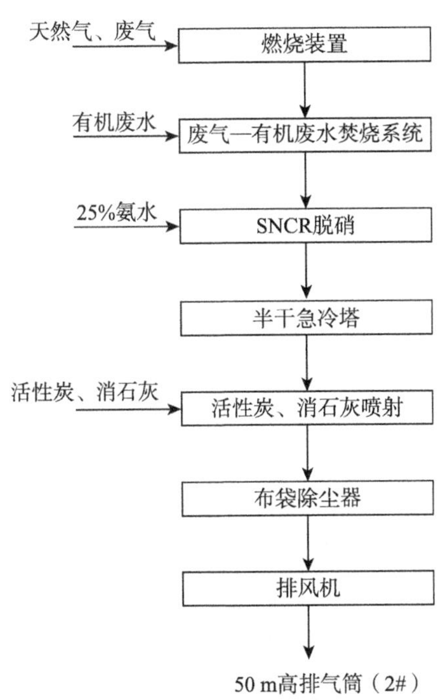

图 4.4　废气—有机废水焚烧设施工艺流程图

用下，喷入处理后的高比表面积的 $Ca(OH)_2$ 和活性炭，其在混合室内充分与烟气混合，吸收烟气中残留的酸性气体、二噁英等有毒有害气体。经活性炭、消石灰喷射处理后的烟气再进入高效布袋除尘器除尘，尾气经排风机于 1 根 50 m 高排气筒排放。

二噁英的控制：根据二噁英的生成机理及化学形态，本装置在工艺设计中采取了抑制二噁英产生及净化的措施。采用直接焚烧工艺，燃烧的完全程度高，飞灰量低；点燃天然气预热炉膛，废气进料，炉内温度稳定后，有机废水开始雾化；进料燃烧，炉内燃烧温度维持在 1 100℃的高温下，滞留时间 2 s，二噁英在 850℃以上即发生分解；急冷塔 1 s 内急速将烟气温度降低至 200℃，快速跨越二噁英再生成的温度区间；采用活性炭进行吸附；使用高效率布袋除尘器进行捕集。

(b) 含盐废水焚烧设施。

含盐废水焚烧设施包含燃烧器、焚烧炉、废水雾化控制系统、SNCR 系统、送风机等。含盐废水设计处理规模为 800 kg/h。烟气净化处理系统包括急冷罐、文丘里洗涤塔、碱性塔、湿电除尘等，工艺流程见图 4.5。

焚烧装置：专业针对高含盐、高 COD 废水设计，传统的废水焚烧炉在处理以上废水时，往往由于无机盐熔点低，炉膛内高温造成无机盐熔融结壁，不易出灰，甚至随烟气进入后续工段，影响后段设备的使用，排风机故障率高，设备不能稳定运行。本装置采用正压方式，在 1 100℃高温下熔融的无机盐会在高压风下顺着炉壁由上往下流至急冷罐中，被急冷罐中的冷却水带走，不会出现无机盐堆积、结壁现象，且除酸效率高。配套的急冷罐本体采用碳钢内衬高品质天然硬质橡胶，急冷效率高，将 1 000℃的烟气瞬间急冷至 100℃以下，急速跨过二噁英生成的温度区间。

燃烧器的作用主要为：开停机时炉膛升温，废水热值波动时用来提高或者保证炉膛的温度。燃烧装置有火焰检测、点火、灭火保护、故障报警等功能。燃烧装置自动点火，配备火焰实时监测控制系统，一旦火焰熄灭，报警器自动报警，并且启动联锁控制系统，自动切断进料阀，起到安全保护作用。燃烧器内供风系统设置配风旋流叶片，设置喉口对助燃风进行约束，助燃风以一定速度的旋流状态与燃料气枪喷出的高速射流在火道发生强烈混合，边混合边燃烧，旋转燃烧的气流带动整个焚烧室的烟气湍流，充分保证炉膛内烟气混合效果，使焚烧更充分。燃烧器的操作弹性较大，可在要求负荷的范围内安全和平稳操作。

脱硝：本项目采用低氮燃烧技术和 SNCR 脱硝。

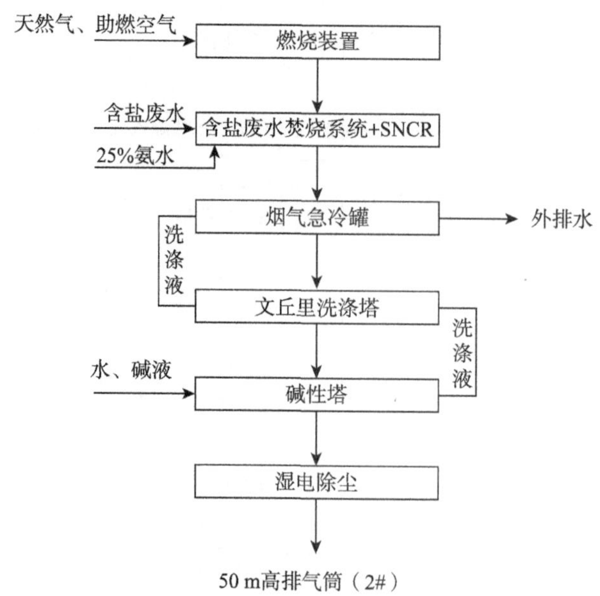

图 4.5 含盐废水焚烧设施工艺流程图

低氮燃烧技术：将燃烧用的空气以较高的旋流强度送入燃烧器，一方面保证燃料气燃尽，另一方面在火焰周围形成氧化性气氛，降低火焰温度，避免局部高温区的生成，降低 NO_x 浓度。

SNCR 脱硝：SNCR 脱硝区位于燃烧室下段，将还原剂氨喷入 1 000℃左右的炉膛区域，在高温下，还原剂迅速与烟气中的 NO_x 进行还原反应生成氮气和水。

为提高脱硝效率，最佳温度区在 900～1 000℃，当温度超过此温度时，氨容易直接被氧气氧化，当温度低于此温度时，氨则不完全反应而逃逸，本项目进入 SNCR 脱硝区的烟气温度在最佳温度范围内；增加停留时间，还原反应进行得比较完全，NO_x 脱除效率提高，本项目脱硝停留时间设计为 1 s；本项目选用高效雾化装置，在压缩空气作用下粒径小，比表面积大，角度合理，使还原剂均匀分布，同时多区域多角度布置雾化器，提高还原剂和烟气的混合程度，提高脱硝效率。

高效急冷罐：本体采用碳钢内衬高品质天然硬质橡胶，急冷效率高，将 1 000℃的烟气瞬间冷却至 100℃之下，有效抑制二噁英生成；重要部件烟气诱导管采用防腐钛材。

洗涤塔：喷淋洗涤塔采用填料结构。碱液通过循环泵送至塔内液体分布器，全面覆盖整个塔体截面，并与自下而上的烟气逆向对流充分接触来完成传质过程，达到净化烟气的目的。根据烟气含酸量、脱酸效率等，在洗涤塔内布置液体分布器，增加传质表面积，延长液滴在塔内停留时间。喷淋洗涤塔的优点为阻力较小，脱酸效率较高，洗涤塔的设计符合脱酸反应传质要求，有利于抑制副反应（吸收二氧化碳），有利于系统控制（包括 pH、液气比、钠硫比调节），酸性气体可达标排放。

二噁英的抑制：根据二噁英的生成机理及化学形态，本装置在工艺设计中采取了抑制二噁英产生及净化的措施。采用直接焚烧工艺，燃烧的完全程度高，飞灰量低；点燃天然气预热炉膛，炉内温度稳定后，含盐废水开始雾化；进料燃烧，炉内燃烧温度维持在 1 100℃的高温下，滞留时间 2 s，二噁英在 850℃以上即发生分解；脱硝后的烟气通过诱导管进入高效烟气瞬间急冷装置，1 000℃的烟气瞬间冷却至 100℃以下，避开了二噁英再生成的温度区间。

含盐废水焚烧处置可行性分析：

本项目含盐废水焚烧处理设施工艺流程为“焚烧炉＋SNCR 脱硝＋烟气急冷罐＋文丘里洗涤塔＋碱性塔＋湿电除尘”。

本项目含盐废水量（中和后）为 5 166.13 t/a，含盐废水焚烧装置年运行时间为 8 000 h，为连续运行，含盐废水连续进料，因此本项目含盐废水进水速度为 645.77 kg/h，小于含盐废水焚烧装置的设计处理能力(800 kg/h),因此含盐废水焚烧装置可接纳本项目含盐废水量。

焚烧炉内温度不低于 1 100℃,使其充分燃烧,通过炉内烟道容积的设计保证燃烧烟气在炉内的停留时间大于 2 s;通过控制助燃空气的量,使得焚烧炉出口烟气中氧含量在 6%～10%(干烟气)。使整体焚烧过程满足烟气充分焚烧的"3T＋1E"原则,即保证足够的温度、足够的停留时间、足够的扰动、足够的过剩氧气,以使焚烧处理系统满足《危险废物焚烧污染控制标准》(GB 18484—2001)中的工艺技术要求,从而使得废水中的有机物能够达到 99.99%的焚烧去除率。

(c) 二级活性炭吸附装置。

活性炭微孔结构发达,具有很大的比表面积,由表面效应所产生的吸附作用是活性炭吸附最明显的特征之一。活性炭是非极性的吸附剂,能选择吸附非极性物质;活性炭是疏水性的吸附剂,在有水或水蒸气存在的情况下仍能发挥作用;活性炭孔径分布广,能够吸附分子大小不同的物质;活性炭的化学稳定性和热稳定性优于硅胶等其他吸附剂。活性炭吸附法工艺成熟,效果可靠,广泛地应用于化工、喷漆、印刷等行业的有机废气治理。

参照同类企业的实际运行经验,活性炭吸附处理技术较为成熟并被广泛使用,二级活性炭吸附处理效率在 95%以上,吸附装置中的活性炭定期更换,保证有机废气的达标排放。根据《吸附法工业有机废气治理工程技术规范》(HJ 2026—2013)的要求,固定式吸附装置采用颗粒状吸附剂时,气体流速宜低于 0.6 m/s。本环评要求建设单位通过控制活性炭吸附装置的横截面积,使气体流速达到规范的要求,通过初步计算,设计风量为 6 000 m^3/h,活性炭过滤装置横截面积≥3 m^2 时,气体流速≤0.56 m/s,能使活性炭吸附装置充分吸附,满足《吸附法工业有机废气治理工程技术规范》(HJ 2026—2013)要求。

本项目需进入二级活性炭吸附装置处理的废气为工艺废气(G2－2～3)、储罐及中间罐呼吸废气、废活性炭暂存间废气,VOCs 产生量为 22.47 t/a,二级活性炭吸附效率不低于 95%,则有机废气去除量为 21.35 t/a,活性炭对有机废气的平均吸附量约 0.3 g(有机废气)/g(活性炭),则活性炭消耗量为 71.2 t/a,活性炭装填量约为 17.8 t/a(两级活性炭合计),更换周期为平均每 3 个月更换一次。

(d) 污水站臭气处理措施。

本项目污水站臭气主要污染物为 NH_3、H_2S,经加盖密闭收集,通过 1 套生物滤池除臭装置处理后于 1 根 15 m 高排气筒(5＃)排放,收集效率以 95%计,废气处理效率为 70%,系统风量为 5 000 m^3/h,NH_3、H_2S 排放执行《恶臭污染物排放标准》(GB 14554—1993)表 2 的标准。

生物除臭处理工艺及原理:

生物脱臭是利用微生物细胞对恶臭物质的吸附、吸收和降解功能,对臭气进行处理的一种工艺。其具体过程是:先将人工筛选的特种微生物菌群固定于填料上,在污染气体经过填料表面的初期,可从污染气体中获得营养源的那些微生物菌群,在适宜的温度、湿度、pH 等条件下,将会得到快速生长、繁殖,并在填料表面形成生物膜,当臭气通过其间,有机物被生物膜表面的水层吸收后被微生物吸附和降解,得到净化再生的水被重复使用。

污染物去除的实质是臭气作为营养物质被微生物吸收、代谢及利用。这一过程是微生物相互协调的过程,比较复杂,它由物理、化学、物理化学以及生物化学反应所组成。

生物除臭可以表达为:污染物＋O_2→细胞代谢物＋CO_2＋H_2O。

污染物的转化机理可用下图表示:

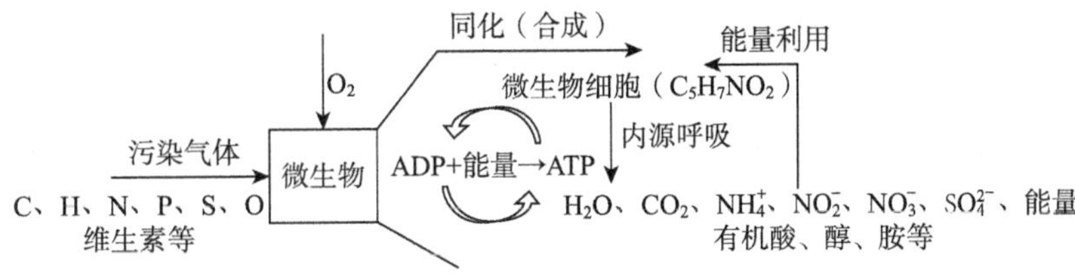

图 4.6　生物脱臭原理示意图

《重点使用技术》中的论文《污水处理厂生物滤池除臭技术》提到："采用生物滤池除臭，在确保 pH 长期保持在 6～8，对 NH_3、H_2S、甲硫醇等恶臭成分的去除率稳定达到 95%～99%。"《通用机械》2009 年第 11 期中的论文《生物滤塔在污水处理厂的应用》提到："生物滤塔的硫化氢去除率达 100%。"《环境科技》2009 年第 22 卷第 1 期中的《生物滤塔除臭技术在污水处理厂的应用》提到："在温度为 22℃，湿度>95%，pH 为 6.6 左右且进气流量及浓度稳定的情况下，生物滤塔的除臭效率可达 96%以上，平均净化效率达 85%以上。"《恶臭对环境的污染及防治》(王小妍)一文提到，天津塘沽区南排河南岸某污水处理厂设计建设两套生物滤池除臭工艺，根据其实际运行效果，该工艺对 H_2S 的去除效率在 93%以上，对 NH_3 的去除效率在 90%以上。

以上文献资料表明，生物滤池除臭在国内已经应用较为成熟，且对污染物去除效率较高，本次保守估计对 H_2S、NH_3 等物质的去除率达 70%以上是完全可行的，因此本项目采用该工艺是具有技术可行性的。

3. 废气达标可行性分析

(1) 颗粒物达标可行性分析。

本项目包装粉尘(G2－13)通过密闭管道收集后，进入布袋除尘装置，收集效率为 95%，废气处理系统风量为 3 000 m^3/h，除尘效率不低于 99%，经处理后，颗粒物排放浓度满足《合成树脂工业污染物排放标准》(GB 31572—2015)表 5 中的大气污染物特别排放限值。

(2) 有机废气达标可行性分析。

本项目聚合工段热处理和沉淀工序产生的有机废气(G2－2～3)主要污染物为酚类、甲醇、甲苯、非甲烷总烃等，含氮气、氧气量较多，有机废气污染物较低，若用热力焚烧法则耗能较大，储罐及中间罐呼吸废气、废活性炭暂存间废气有机污染物浓度较低，因此采用二级活性炭吸附法处理，之后于 1 根 15 m 高排气筒(1＃)排放。二级活性炭装置处理效率不低于 95%，系统风量为 6 000 m^3/h，经处理后，酚类、甲醇、甲苯、非甲烷总烃排放浓度、速率满足《合成树脂工业污染物排放标准》(GB 31572—2015)表 5 中的大气污染物特别排放限值、《石油化学工业污染物排放标准》(GB 31571—2015)表 6 中的废气中有机特征污染物排放限值等相关标准。

本项目其他工艺有机废气(G1－1～6、G2－1、G2－4～12)的有机污染物浓度较高，适合采用热力焚烧法，此外，本项目 2,6－二甲酚单体合成工段产生有机废水(W1－1)，聚合工段产生含盐废水(W2－1)。本项目新建 1 座焚烧炉，包括 1 套废气—有机废水焚烧系统和 1 套含盐废水焚烧系统，两个系统的尾气共用 1 个 50 m 高排气筒(2＃)排放，总烟气量为 20 300 m^3/h。本项目工艺废气(G1－1～6、G2－1、G2－4～12)、有机废水(W1－1)进入废气—有机废水焚烧系统焚烧后，尾气经"SNCR 脱硝＋急冷＋活性炭、消石灰喷射＋高效袋式除尘"处理后高空排放；含盐废水(W2－1)经中和后进入含盐废水焚烧系统焚烧后，尾气经"SNCR 脱硝＋急冷罐急冷＋文丘里除尘＋碱洗＋湿电除尘"处理后高空排放。酚类、甲醇、甲苯、非甲烷总烃、SO_2、NO_x、烟尘、二噁英、氨等排放速率和浓度满足《石油化学工业污染物排放标准》(GB 31571—2015)、《合成树脂工业污染物排放标准》(GB 31572—2015)表 5、表 6 标准中的特别排放限值以及《恶臭污染物排放标准》(GB 14554—93)表 2 中的二级排放标准等。

(3) 污水站恶臭达标可行性分析。

本项目污水站臭气主要污染物为 NH_3、H_2S，经加盖密闭收集，通过 1 套生物滤池除臭装置处理后于 1 根 15 m 高排气筒(5＃)排放，收集效率以 95%计，废气处理效率为 70%，系统风量为 5 000 m^3/h，NH_3、H_2S 排放可满足《恶臭污染物排放标准》(GB 14554—93)表 2 中的标准。

4. 排气筒设置合理性分析

本项目设置 5 根排气筒，1＃、3＃、5＃排气筒高度均为 15 m，天然气锅炉(导热油炉)排气筒(4＃)高度为 15 m，焚烧炉排气筒(2＃)高度为 50 m。

(1) 高度合理性分析。

本项目焚烧炉的有机废水设计处理能力为 800 kg/h，含盐废水设计处理能力为 800 kg/h，合计设计处理能力为 1 600 kg/h，根据《危险废物焚烧污染控制标准》(GB 18484—2001)的要求，排气筒高度至少为 35 m，且高出周边 200 m 范围内的建筑 5 m，因此，焚烧炉配套设置 1 根 50 m 高的排气筒是符合标准要求的。

(2) 数量可行性分析。

项目排气筒严格按照车间和工段分布来布置，为减少排气筒数量，车间各工段废气按照“分类收集处理，统一排放”的原则布置排气筒。生产车间二级活性炭吸附装置、布袋除尘装置各单独设置 1 根排气筒，导热油炉、焚烧炉、污水处理站生物滤池除臭装置各单独设置 1 根排气筒。

(3) 出口风速合理性分析。

项目所在地年平均风速 2.38 m/s，各排气筒烟气排放速率在 10～20 m/s，且项目设置的排气筒出口风速均大于年均风速，废气污染物能够较快地扩散。

从以上的分析可知，建设项目的排气筒设置是合理可行的。

5. 废气处理经济可行性分析

本项目废气处理系统(包括 1 套二级活性炭吸附装置、1 座焚烧炉、1 座天然气锅炉、1 套布袋除尘装置、1 套生物滤池除臭装置及配套设施)投资需 1 100 万元，约占项目总投资的 3.6%；根据可研报告，拟建项目建成投产后年均利润总额 5 937.06 万元，项目建成投产后废气装置运行费用合计约 550 万元/年，仅占项目投产后年净利润的 9.3%。从项目的经济成本角度分析，建设单位是有能力接受的。

6.1.2　无组织废气防治措施

建设单位采用密闭管道收集等方式对车间废气、储罐呼吸废气等进行收集，但仍有少部分未捕集废气。另外生产过程中设备、管道、阀门老化而引起的跑、冒、滴、漏等因素仍可造成少量无组织废气排放。为此，针对项目的特点和《挥发性有机物无组织排放控制标准》(GB 37822—2019)的要求，本项目拟针对无组织废气采取的主要措施有：

(1) 挥发性有机储罐主要为甲醇、甲苯、苯酚等储罐，罐体应保持完好，对储罐开口(孔)除检查、维护和其他正常活动外，应密闭；

(2) 减少原料输送过程的无组织废气，原料尤其是挥发性物质尽量采用密闭管道输送，涉及 VOCs 物料投加、生产等的过程均应密闭，收集的废气应排至 VOCs 废气收集处理系统；

(3) 装置内采用密封性能高的阀门和泵设备，有效地减少了原料和产品在输送过程中的逸散；

(4) 对设备、管道、阀门等易漏点应经常检查、检修，保持装置气密性良好；

(5) 在较长距离输送管道设有自动阀门控制系统，压力发生变化后，会自动关闭以减少泄漏量；

(6) 加强设备和管线组件的 VOCs 泄漏控制，记录泄漏检测时间；

(7) 加强操作工的培训和管理，所有操作严格按照既定的规程进行，以减少人为造成的对环境的污染。

此外，生产装置区周边浓度应满足《挥发性有机物无组织排放控制标准》(GB 37822—2019)表 A.1 中的特别排放限值。

通过采取以上无组织排放控制措施，各污染物质的周围外界最高浓度能够达到《石油化学工业污染物排放标准》(GB 31571—2015)、《合成树脂工业污染物排放标准》(GB 31572—2015)、《大气污染物综合排放标准》(GB 16297—1996)、《恶臭污染物排放标准》(GB 14554—93)等相关标准中无组织排放监控浓度的要求，无组织废气能够达标排放。

综上，本项目大气环境污染物防治措施是可行的。

6.1.3　废气治理政策符合性分析

本项目符合《关于落实大气污染防治行动计划严格环境影响评价准入的通知》(环办〔2014〕30 号)、《挥发性有机物(VOCs)污染防治技术政策》(公告 2013 年第 31 号)、《挥发性有机物无组织排放控制标准》(GB 37822—2019)与当地废气治理政策。

6.2 运营期水环境污染物防治措施评述

拟建项目工艺有机废水和含盐废水浓度较高，分别进入焚烧炉的有机废水焚烧系统和含盐废水焚烧系统处理，不进入污水站，焚烧炉废气处理系统定期排放废水。拟建项目废水包括焚烧炉废气处理废水、设备及地面冲洗水、生活污水、喷淋降温废水、初期雨水、循环冷却系统排水、脱盐水制备系统浓水等，废水量约为 38 630.88 m^3/a(除循环冷却系统排水、脱盐水制备系统浓水外)，合 113.62 m^3/d，厂区拟建设一座设计规模为 150 m^3/d 的污水处理站，处理工艺为“芬顿氧化＋pH 调节＋混凝沉淀＋A/O 生化＋二沉池”，处理后的废水和循环冷却系统排水、脱盐水制备系统浓水(合计 121 722.7 m^3/a，合 358.0 m^3/d)一并进入排放水池，达到接管标准后接管至污水处理厂进一步处理，尾水达到《城镇污水处理厂污染物排放标准》(GB 18918—2002)一级 A 标准后排入 A 河。

6.2.1 厂内污水处理站工艺可行性分析

1. 设计规模及工艺

厂区拟建一座污水处理站，处理工艺拟定为“芬顿氧化＋pH 调节＋混凝沉淀＋A/O 生化＋二沉池”，设计规模为 150 m^3/d。厂区污水站污水处理工艺流程见图 4.7。

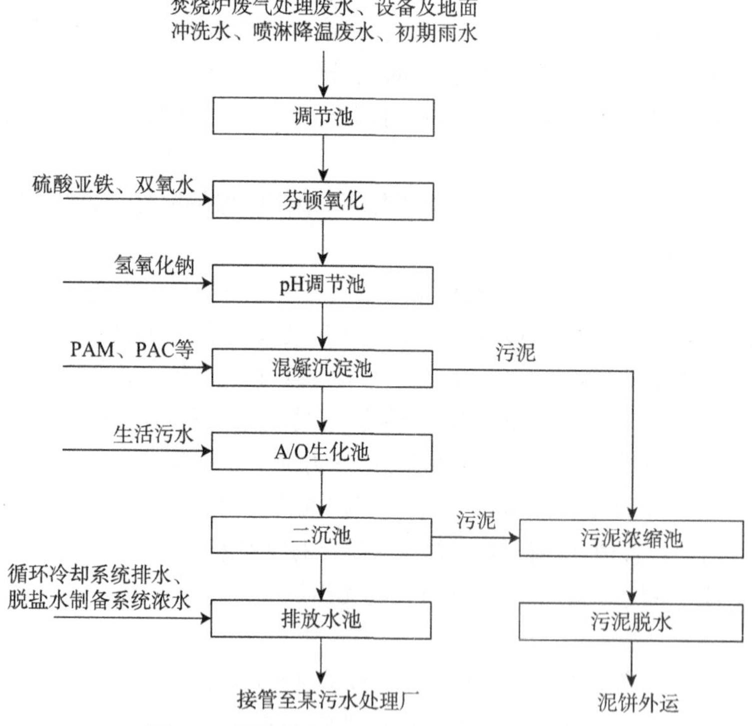

图 4.7 厂区污水处理站污水处理工艺流程图

工艺流程简述如下：

(1) 调节池。

拟建项目工艺有机废水和含盐废水(中和后)分别进入焚烧炉的有机废水焚烧系统和含盐废水处理系统，焚烧炉废气处理产生的废水与设备及地面冲洗水、喷淋降温废水、初期雨水等一起首先进入调节池，均匀水质水量，并利用硫酸调节 pH 至酸性(芬顿氧化需要在酸性条件下进行)。

(2) 芬顿氧化。

废水经混合调节后经进入芬顿高级氧化池，芬顿氧化法主要是通过投加芬顿试剂氧化废水中难生化降解的物质。芬顿试剂是由 H_2O_2 和 Fe^{2+} 混合而成的一种氧化能力很强的氧化剂。其氧化机理主要是在酸性条件下(一般 pH<3.5),利用 Fe^{2+} 作为 H_2O_2 的催化剂,生成具有很强氧化电性且反应活性很高的 ·OH(羟基自由基),在水溶液中与难降解有机物发生反应,使之结构被破坏,最终氧化分解。同时 Fe^{2+} 被氧化成 Fe^{3+} 后产生混凝沉淀,大量有机物因凝结而被去除。

(3) pH 调节+混凝沉淀。

芬顿氧化处理后的废水进入 pH 调节池,投加氢氧化钠调节 pH 至碱性后(混凝沉淀需在碱性条件下进行),再进入混凝沉淀池,投加 PAM、PAC 等对废水进行混凝沉淀,主要去除废水中的铜、SS 等。

(4) A/O 生化池+二沉池。

混凝沉淀后的废水和生活污水一并进入 A/O 生化池+二沉池,包括缺氧池、好氧池、二沉池,主要去除废水中的 COD、SS、甲醇、甲苯等。

(5) 排放水池。

二沉池处理后的废水进入排放水池,与循环冷却系统排水、脱盐水制备系统浓水混合后,接管进入污水处理厂。

(6) 污泥浓缩、脱水。

混凝沉淀池和二沉池的污泥进入污泥浓缩池及污泥脱水工段,脱水后的污泥(含水率约 80%)作为危废委外处置。

(7) 分级去除效率。

表 4.26　分级处理效率

工段	进出水	COD	SS	氨氮	总磷	盐分	甲醇	甲苯	挥发酚	总铜
芬顿氧化	进水/(mg/L)	962.86	918.57	—	—	18 971.46	4.07	3.91	4.00	14.90
	出水/(mg/L)	385.14	918.57	—	—	18 971.46	0.81	0.78	0.80	14.90
	去除率/%	60	0	—	—	0	80	80	80	0
pH 调节+混凝沉淀	进水/(mg/L)	385.14	918.57	—	—	18 971.46	0.81	0.78	0.80	14.90
	出水/(mg/L)	308.11	321.50	—	—	18 971.46	0.81	0.78	0.80	1.49
	去除率/%	20	65	—	—	0	0	0	0	90
A/O 生化+二沉池(混凝沉淀池出水+生活污水)	进水/(mg/L)	319.76	318.78	3.80	0.63	18 971.46	0.81	0.78	0.80	1.49
	出水/(mg/L)	127.90	95.63	1.52	0.25	18 971.46	0.33	0.31	0.32	1.34
	去除率/%	60	70	60	60	0	60	60	60	10
二沉池出水+循环冷却系统排水+脱盐水制备系统浓水	出水/(mg/L)	69.31	57.56	0.48	0.08	6 629.24	0.09	0.09	0.09	0.37
接管标准/(mg/L)		≤300	≤400	≤25	≤3	≤10 000	≤3.0	≤0.1	≤0.5	≤0.5

由表 4.26 可知,本项目废水经厂区污水站预处理后可达到《石油化学工业污染物排放标准》(GB 31571—2015)间接排放标准及污水处理厂接管标准。

同类工程案例:① “石家庄方裕合成材料有限公司年产 28 000 t 氨基模树脂成型粉项目”于 2019 年 12 月 19 日通过了环保竣工验收,该项目主要生产氨基模树脂成型粉,项目废气处置装置排水、生活污水进入厂区污水站处理,污水站主体工艺为“调节池+芬顿氧化+生化+沉淀”,根据验收监测报告,污水站出水 COD 最大浓度为 184 mg/L(≤300 mg/L),SS 最大浓度为 23 mg/L(≤400 mg/L),满足接管要求。② “山东圣泉化工股份有限公司年产 20 万 t 酚醛树脂、2 万 t 特种环氧树脂项目(三期 9 万 t 酚醛树脂)”于 2019 年 9 月通过了环保竣工验收,项目生产废水经污水处理站“芬顿氧化+生化”处理后进入园区污水处理厂,根据验收监测报告,出水 pH 7.5、COD 25 mg/L、氨氮 0.916 mg/L、挥发酚 0.04 mg/L,满足接管要求。

6.2.2 废水接管可行性

本项目厂址位于某污水处理厂的服务范围内。该污水处理厂一期工程已于 2009 年建成运行。项目所在地厂区污水管网已铺设到位，本项目废水可直接通过现有规范排污口接入开发区污水管网。

该污水处理厂总设计处理规模为 8.0 万 m^3/d(一期工程设计处理规模为 4.0 万 m^3/d，目前已建成处理规模为 2.0 万 m^3/d)，根据污水处理厂 2018 年在线监测数据，2018 年实际处理水量为 3 628 221 m^3，平均日处理水量为 9 940.3 m^3，运行平稳，出水稳定达标。处理能力余量为 10 059.7 m^3/d，可满足拟建项目废水量(358.0 m^3/d)的处理要求。

本项目实施后，拟建项目废水经厂区污水站预处理后可达到《石油化学工业污染物排放标准》(GB 31571—2015)的间接排放标准及污水处理厂接管标准，其中苯酚≤0.5 mg/L，盐分主要为碳酸钠，对生化系统影响较小，不会对污水处理厂造成冲击，从水质上来说，依托可行。

因此，从时间，空间、位置、水质及水量上分析，本项目废水经厂内污水处理站处理后接管进入污水处理厂是可行的。

6.3 运营期噪声污染防治措施评述(略)

6.4 运营期固体废物处置措施评述

6.4.1 拟建项目固废产生与处理方式

本项目固体废物产生总量为 153.91 t/a，根据固废的不同类型，主要为危险废物(废活性炭、废催化剂、焚烧炉飞灰和炉渣、废包装袋、污水站污泥、氢溴酸空桶)和生活垃圾。

1. *危险废物*

本项目运营期产生的废活性炭、废催化剂、焚烧炉飞灰和炉渣、废包装袋、污水站污泥、氢溴酸空桶等根据《国家危险废物名录》，属于危险固废，产生量约 123.31 t/a，委托有资质企业处理。

某环保科技有限公司经营类别及方式为工业危险废物收集、贮存和处置(废物类别 HW01、HW02、HW03、HW04、HW05、HW06、HW08、HW09、HW11、HW12、HW13、HW14、HW16、HW17、HW18、HW21、HW22、HW23、HW31、HW32、HW33、HW34、HW35、HW36、HW37、HW38、HW39、HW40、HW42、HW45、HW46、HW48、HW49)，规模为 33 100 t/a(其中焚烧 10 000 t/a，物化处理 13 000 t/a，固化及稳定化 10 000 t/a，安全填埋 100 t/a)，本项目需委托处置的危险废物量为 143.71 t/a，废物类别属于 HW13、HW18、HW39、HW49，该公司现具有较大余量可以接纳本项目危险废物的处置。

2. *生活垃圾*

拟建项目产生生活垃圾 30.6 t/a，由环卫部门定期清运。

6.4.2 管理措施评述

拟建项目危险废物暂存场所需严格按照《危险废物贮存污染控制》(GB 18597—2001)及其修改单的要求进行设置和管理。采取的防渗措施需满足重点防渗区的要求。

在严格执行上述处置措施和管理措施的前提下，固体废物不会对环境产生二次污染。

6.5 地下水与土壤污染防治措施评述

项目在生产、储运、废水处理过程中涉及有毒有害化学品，这些污染物的“滴、漏、跑、冒”有可能污染地下水及土壤。因此，项目建设过程中必须考虑地下水和土壤的保护问题，按照“源头控制、分区防控、污染监控、应急响应”的原则加强管理，尽量减少污染物进入地下含水层的机会和数量，采取必要的工程防渗等污染物阻隔手段，防止污染物下渗含水层。

6.5.1　源头控制与分区防控

1. 污染防控分区

根据《环境影响评价技术导则 地下水环境》(HJ 610—2016)，结合污染控制难易程度，确定项目防渗分区，见表 4.27。

表 4.27　项目防渗分区

序号	装置、单元名称	污染防治区域及部位	污染防治区类别
1	生产车间(含中间罐区)	厂房、中间罐地面	重点
2	储罐区	环墙基础及罐底板	重点
		储罐到防火堤之间的地面及防火堤	重点
3	危废库、泥饼库、废活性炭暂存库、空桶库	室内地面	重点
4	事故池、初期雨水池	底板及壁板	重点
5	污水处理站	底板及壁板	重点
6	化学品库	室内地面	重点
7	成品库	室内地面	一般
8	循环水站、热媒站(天然气锅炉)、氮氧站等	室内地面	一般
9	综合楼、变电所	室内地面	简单

注：简单防渗即为一般地面硬化。

2. 防渗区设计方案

根据《石油化工工程防渗技术规范》(GBT 50934—2013)，一般污染防治区防渗层的防渗性能不应低于 1.5 m 厚渗透系数为 1.0×10^{-7} cm/s 的黏土层的防渗性能，重点污染防治区防渗层的防渗性能不应低于 6.0 m 厚渗透系数为 1.0×10^{-7} cm/s 的黏土层的防渗性能。危废暂存库按照《危险废物贮存污染控制标准》(GB 18597—2001)及其修改单的要求进行防渗。

(1) 地面防渗。

根据《石油化工防渗工程防渗规范》(GB/T 50934—2013)中污染防渗区划分的规定，本项目成品仓库等为一般防渗区域，生产车间(含中间罐区)、化学品库地面为重点防渗区域。

一般防渗区域：防渗层采用抗渗混凝土结构。防渗层的设计方案：原土夯实－垫层－基层－抗渗钢筋混凝土层(不小于 150 mm)。

重点防渗区域：防渗层采用抗渗混凝土结构。防渗层的设计方案：原土夯实－垫层－基层－抗渗钢筋混凝土层(不小于 150 mm)－水泥基渗透结晶型防渗涂层(大于 0.8 mm)。

(2) 水池防渗。

根据《石油化工防渗工程防渗规范》(GB/T 50934—2013)，混凝土水池、污水沟的耐久性应符合现行国家标准《混凝土结构设计规范》GB 50010 的有关规定，混凝土强度等级不宜低于 C30。

重点污染防治区水池应符合下列规定：结构厚度不应小于 250 mm；混凝土的抗渗等级不应低于 P8，且水池的内表面应涂刷水泥基渗透结晶型等的防水涂料，或在混凝土内掺加水泥基渗透结晶型防水剂；水泥基渗透结晶型防水涂料厚度不应小于 1.0 mm；当混凝土内掺加水泥基渗透结晶型防水剂时，掺加量宜为胶凝材料总量的 1%～2%。

根据《石油化工防渗工程防渗规范》(GB/T 50934—2013)中污染防渗区划分的规定，本项目的污水处理站、事故池、初期雨水池为重点污染防治区。拟采取的防渗设计方案如下：原土夯实－结构层－抗渗混凝土层(≥250 mm)－水泥基渗透结晶型防渗涂层(≥1 mm)。

(3) 罐区防渗。

环墙式罐基础的防渗层应符合下列规定：高密度聚乙烯(HDPE)膜的厚度不宜小于 1.50 mm；膜上、膜下应设置保护层，保护层可采用长丝无纺土工布，膜下保护层也可采用不含尖锐颗粒的砂层，砂层厚度不应小于 100 mm；HDPE 膜的铺设应由中心坡向四周，坡度不宜小于 1.5%。

环墙式罐基础的防渗层方案：原土夯实—膜下保护层(可采用长丝无纺土工布或 100 mm 砂层)—HDPE 土工膜(2 mm)—膜上保护层(可采用长丝无纺土工布)—砂垫层—沥青砂绝缘层。

罐区内地坪防渗设计方案：素土夯实—细砂保护层(20 cm)—土工布及土工膜层(1.5 mm HDPE)—3∶7 灰土层(150 mm)—抗渗混凝土层(150 mm)— 一道水泥浆(内掺建筑胶)—抗渗混凝土面层(40 mm)。

(4) 危废暂存库防渗设计。

根据《危险废物贮存污染控制标准》(GB 18597—2001)，危废暂存库基础防渗层为至少 1 米厚的黏土层(渗透系数≤10^{-7} cm/s)，或 2 mm 厚的高密度聚乙烯，或至少 2 mm 厚的其他人工材料(渗透系数≤10^{-10} cm/s)。本项目危废暂存库、泥饼库、空桶库防渗设计方案：原土夯实—垫层—基层—抗渗钢筋混凝土层(不小于 150 mm)—水泥基渗透结晶型防渗涂层(大于 0.8 mm)。

6.5.2 污染监控

建立厂区地下水环境监控体系，包括建立地下水监控制度和环境管理体系、制订监测计划、配备必要的检测仪器和设备，以便及时发现问题，及时采取措施。按照当地地下水流向，在厂区地下水上游(背景值监测点)、厂区地下水下游(污染扩散监测点)、厂区污水站(地下水环境影响跟踪监测点)各布设一个监测点位，监测频次为每年丰水期、枯水期各监测 1 次；监测层位为潜水含水层；采样深度为水位以下 1.0 m 之内；监测因子为 pH、氨氮、耗氧量(COD_{Mn} 法，以 O_2 计)、挥发性酚类、甲苯、铜等。

建立土壤跟踪监测制度，制订跟踪监测计划，以便及时发现问题，采取措施，监测点位布设在重点影响区和土壤环境敏感目标附近，监测项目为特征因子。本项目土壤环境评价等级为一级，应每 3 年开展 1 次监测工作。

6.5.3 应急响应

厂区内一旦发生污染泄漏事故，应尽快采取阻漏措施，控制污染物向包气带和地下水中扩散，同时加强监测井和下游村民饮用水井的水质监测。制定地下水污染应急响应方案，积极采取土壤及地下水修复措施，降低污染危害。

6.6 环境风险管理措施

6.6.1 环境风险防范措施

1. 大气环境风险防范(略)

2. 事故废水环境风险防范

(1) 构筑环境风险三级(单元、项目和园区)应急防范体系。

按照《中国石油天然气集团公司石油化工企业水污染应急防控技术要点》的要求，本项目设置环境风险事故水污染三级防控系统，防止环境风险事故造成水环境污染。

第一级防控：储罐区设置围堰，围堰容积能满足罐区最大罐泄漏物料的收集需要，罐区外设有导流沟，便于泄漏的物料和消防废水进入厂区事故池，将污染物控制在围堰内，防止进入雨水管网。

第二级防控：厂区雨水、污水总排口设置切断措施，防止事故情况下物料经雨水、污水管线外排。建设一定容积的事故应急池，在风险事故情况下，一级防控不能满足使用要求时，将物料及消防污水等引入事故应急池，本项目拟设置事故应急水池（1 932 m^3），以切断污染物与外部的通道，将收集的事故消防废水根据浓度逐步泵入污水处理站或委托处理，保证事故状态下污染物控制在厂内。事故应急水池与外部水体不设通道，杜绝高浓度废水未经处理达标直接排放。围堰应做好防腐、防渗，容积符合要求，应配有提升泵、独立电源，有管线而使污染自然流入厂区事故应急水池。事故应急池要做好防腐、防渗，容积符合要求，应配有提升泵、独立电源，有管线通往污水处理站。

第三级防控：园区设有污水处理厂，在风险事故情况下，二级防控不能满足要求时，将事故污染物控制在园区污水处理厂内，不进入园区外部的地表水体。

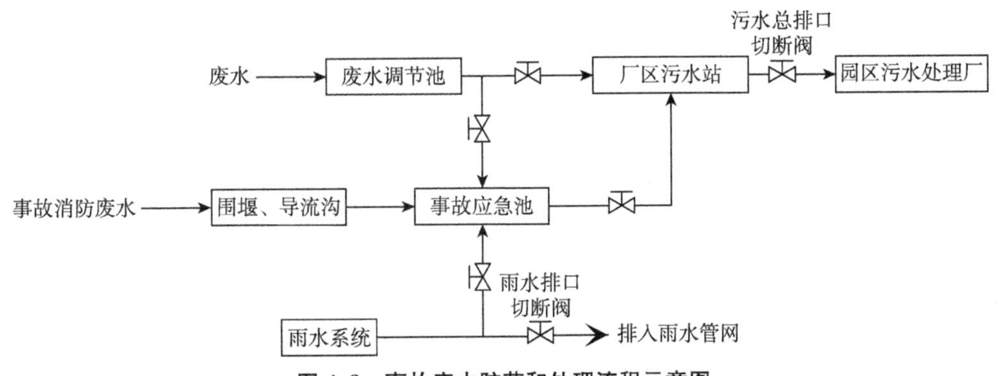

图 4.8 事故废水防范和处理流程示意图

3. 事故废水设置及收集措施

污水处理站旁设置了事故应急池等，罐区设置符合规范的围堰。

根据《化工建设项目环境保护设计规范》(GB 50483—2009)，计算应急事故废水时，装置区或贮罐区事故不考虑同时发生，取其中的最大值。因此本次分别计算装置区、贮罐区发生 1 次事故时产生的事故废水，取其最大值进行核算。

根据计算，本项目事故性排水合计约为 850.7 m^3。本项目的防控系统储存的事故污水的总容积为 3 732 m^3（含事故池 1 932 m^3，储罐区围堰容积 1 800 m^3），完全可以满足本项目水污染事故应急要求。

4. 地下水环境风险防范（略）

5. 危化品装卸运输风险防范措施

(1) 装运危险化学品应采用符合安全要求的专用运输工具。运输危险化学品的车辆，必须保持安全车速，保持车距，严禁超车、超速和强行会车。运输行车路线，必须事先经当地公安交通运输部门批准，按指定的路线和时间运输，不可在繁华街道行驶和停留。

(2) 装卸应配备专用工具，专用装卸器具的电器设备应符合防火防爆要求。运输易燃物品的机动车，其排气管应装阻火器，并悬挂"危险品"标志。

(3) 危险物品的运输必须严格执行《危险货物运输规则》和《汽车危险货物运输规则》中的有关规定。被装运的危险物品必须在其外包装的明显部位按《危险货物包装标志》(GB 190—90)的规定粘贴危险物品标志，包装标志要粘牢固、正确。具有易燃、有毒等多种危险特性的化学品，则应该根据其不同危险特性同时粘贴相应的几个包装标志，以便一旦发生问题，可以进行多种防护。

(4) 运输时运输车辆应配备相应品种和数量的消防器材及泄漏应急处理设备，夏季最好早晚运输。运输时所用的槽（罐）车应有接地链，槽内可设孔隔板以减少振荡产生静电。严禁与氧化剂、酸类、碱金属、食用化学品等混装混运。运输途中应防爆晒、雨淋、高温。中途停留时应远离火种、热源、高温区。装运该物品的车辆排气管必须配备阻火装置，禁止使用易产生火花的机械设备和工具装卸。公路运输时要按规定路线行驶，勿在居民区和人口稠密区停留。在危险品运输过程中，一旦发生意外，在采取应急处理的同时，迅速报告公安机关和环保等有关部门，疏散群众，防止事态进一步扩大，并积极协助前来救助的公安交通和消防人员抢救伤者和物资，使损失降低到最小范围。

(5) 运输有毒和腐蚀性物品的汽车驾驶员和押运人员，在出车前必须检查防毒、防护用品是否携带齐全和有效，在运输途中发现泄漏时应主动采取处理措施，防止事态进一步扩大，在切断泄漏源后，应将情况及时向当地公安机关和有关部门报告，若处理不了，应立即报告当地公安机关和有关部门，请求支援。

6. 风险监控及应急监测系统

(1) 风险监控。

(a) 对于生产车间设置高危工艺反应釜温度和压力的报警和联锁系统、反应物料的比例控制和联锁系统、紧急冷却系统、气相氧含量监控联锁系统、紧急送入惰性气体的系统、紧急停车系统、安全泄放系统、可燃和有毒气体检测报警装置等；

(b) 对于储罐区安装液位上限报警装置和可燃气体报警仪等；

(c) 对于地下水设置监测井进行跟踪监测；

(d) 全厂配备视频监控等。

(2) 应急监测系统。

本项目配备COD测定仪、pH计、可燃气体检测仪等应急监测设备，其他监测均委托专业监测机构，当监测能力均无法满足监测需求时应当及时向专业监测机构寻求帮助，做到对污染物的快速应急监测、跟踪。

应急监测人员做好安全防护措施，应该配备必要的防护器材，如防毒面具、空气呼吸器、阻燃防护服、气密型化学防护服、安全帽、耐酸碱鞋靴、防护手套、防腐蚀液护目镜以及应急灯等。

(3) 应急物资和人员要求。

根据事故应急抢险救援需要，厂区应配备消防、堵漏、通讯、交通、工具、应急照明、防护、急救等各类所需应急抢险装备器材。建立健全厂区环境污染事故应急物资装备的储存、调拨和紧急配送系统，确保应急物资、设备性能完好，随时备用。应急结束后，加强对应急物资、设备的维护、保养以及补充。加强对储备物资的管理，防止储备物资被盗用、挪用、流散和失效。必要时，可依据有关法律、法规，及时动员和征用社会物资。

应配备完善的厂区应急队伍，做好人员分工和应急救援知识的培训、演练。与周边企业建立良好的应急互助关系，在较大事故发生后，相互支援。厂区需要外部援助时可第一时间向园区环保分局、园区公安局求助，还可以联系市环保、消防、医院、公安、交通、安监局以及各相关职能部门，请求救援力量、设备的支持。

7. 建立与园区对接、联动的风险防范体系

(1) 风险防范措施的衔接。

(a) 风险报警系统的衔接。

① 企业消防系统与园区、该市消防站配套建设；厂内采用电话报警，火灾报警信号报送至厂内值班室，上报至园区、该市消防站。

② 本项目生产过程中所使用的危险化学品种类及数量应及时上报园区应急响应中心，并将可能发生的事故类型及对应的救援方案纳入园区风险管理体系。园区救援中心应建立入区企业事故类型、应急物资数据库，一旦区内某一家企业发生风险事故，可立即调配其余企业的同类型救援物资进行救援，构筑“一家有难，集体联动”的防范体系。

(b) 应急防范设施的衔接。

当风险事故废水超过企业能够处理的范围后，应及时向园区、市相关单位请求援助，收集事故废水，以免风险事故进一步扩大。

(c) 应急救援物资的衔接。

当企业应急救援物资不能满足事故现场的需求时，可在应急指挥中心或园区应急中心协调下向邻近企业请求援助，以免风险事故的扩大，同时应服从园区、该市调度，对请求援助的其他单位进行帮助。

(2) 风险应急预案的衔接。

(a) 应急组织机构、人员的衔接。

当发生风险事故时,企业应及时与当地区域或各职能管理部门的应急指挥机构联系,及时将事故发生情况及最新进展向有关部门汇报,并将上级指挥机构的命令及时向项目应急指挥小组汇报。

(b) 预案分级响应的衔接。

① 一般污染事故:在污染事故现场处置妥当后,经应急指挥小组研究确定后,向当地环保部门应急指挥中心报告处理结果。

② 较大或重大污染事故:应急指挥小组在接到事故报警后,及时向所在市应急指挥中心报告,并请求支援;应急指挥中心同时将有关进展情况向所在市应急指挥部汇报;污染事故基本控制稳定后,应急指挥中心将根据专家意见,迅速调集后援力量展开事故处置工作。当污染事故有进一步扩大、发展的趋势,或因事故衍生问题造成重大社会不稳定事态,应急指挥中心将根据事态发展,及时调整应急响应级别,发布预警信息,同时向市应急指挥部和省环境污染事故应急指挥部请求援助。

(c) 应急救援保障的衔接。

① 单位互助体系:建设单位和周边企业建立良好的应急互助关系,在重大事故发生后,相互支援。

② 公共援助力量:厂区还可以联系所在市公共消防队、医院、公安、交通、安监局以及各相关职能部门,请求救援力量、设备的支持。

③ 专家援助:企业建立风险事故救援安全专家库,在紧急情况下,可以联系获取救援支持。

(e) 应急培训计划的衔接。

企业在开展应急培训计划的同时,还应积极配合园区、所在市开展应急培训计划,在发生风险事故时,及时与园区应急组织取得联系。

(f) 信息通报系统。

建设畅通的信息通道,应急指挥部必须与周边企业、园区管委会及周边村庄村委会保持 24 小时的电话联系。一旦发生风险事故,可在第一时间通知相关单位组织居民疏散、撤离。

(g) 公众教育的衔接。

企业对厂内和附近地区公众开展教育、培训时,应加强与周边公众和园区相关单位的交流,如发生事故,可更好地疏散、预防污染。

6.6.2　突发环境事件应急预案

1. 应急预案编制要求

建设单位企业应按照《企业事业单位突发环境事件应急预案备案管理办法(试行)》(环发〔2015〕4 号)的要求编制突发环境事件应急预案。

2. 事故风险应急处置

(1) 化学品泄漏事故应急处理。

本项目化学品泄漏事故包括生产车间、储罐区、化学品库、危废暂存区等区域的泄漏事故,在发生泄漏事故后,泄漏区的员工首先应加强自身安全,采取以下个人安全防护措施:

泄漏区的员工应首先撤退到安全区域,进入事故现场的人员必须佩戴防毒面具、防护靴、防护服等必要的个人防护用具;严禁单独行动,要有监护人,必要时用水枪掩护。如果所泄漏的化学品是易燃易爆的,应急处理时,应严禁火种,并应使用防爆型工器具。

除此之外,可考虑针对不同的情况采取以下防范措施。

(a) 生产车间泄漏。

生产车间的化学品泄漏主要考虑反应釜破裂、变形等导致的釜液泄漏事故,在发生这类泄漏事故时,应采取以下措施进行处理。

① 一旦发生泄漏事故，应立即停止生产，并查询、确定泄漏点，立即将混合釜液按种类转移至其他空的储槽/桶内，并标明混合液的成分和来源。

② 如仅发生一种产品的反应釜泄漏，应根据釜外的泄漏量，考虑后续的处理方式：如量比较小，可用大量水冲洗，将冲洗废水排至污水处理站处理；如量比较大，应用泵将泄漏液转移至空的储槽/桶内，并检测其成分，如不能回用，作为危废委托处置。

③ 如发生多种产品的反应釜泄漏事故，应将泄漏液导流至事故池内，作为危废委托处置；然后用大量水清洗地面，根据成分情况将水送至污水处理站事故池，逐步调配送至污水处理站进行处理。

(b) 储罐区或化学品库泄漏。

① 迅速撤离泄漏污染区人员至上风向处，并进行隔离，严格限制出入。

② 切断火源，尽可能切断泄漏源，防止进入下水道等限制性空间。

③ 应急处理人员戴自给式呼吸器，穿消防防护服。

④ 易燃液体少量泄漏时可用砂土或其他不燃材料吸附或吸收；酸性腐蚀品少量泄漏时将地面撒上苏打灰，然后用大量水冲洗。

⑤ 易燃液体大量泄漏时需收集到事故池，用泡沫覆盖，降低蒸气灾害；酸性腐蚀品大量泄漏时采用喷雾状水冷却和稀释蒸气，把泄漏物稀释成不燃物，保护现场人员。

(2) 化学品火灾事故应急处理。

扑救危险化学品导致的火灾时应针对每一类危险化学品的性质，佩戴相应的防护用品，选择正确的灭火剂和灭火方法进行扑救。必要时要采取堵漏或隔离措施，预防灾害扩大，一般方法如下。

① 员工首先撤离至安全区域，并将事故发生情况用电话等方式详细报告给应急指挥部，由应急指挥部汇报给地方应急中心，并组织应急处理。

② 在确保安全的情况下，火灾区域内的人员应首先确认着火部位，并分析是否有化学品泄漏及扩散范围等情况，并尽可能采取措施进行灭火。

③ 扑救危险化学品导致的火灾应根据危险化学品的性质佩戴防毒面具、空气呼吸器、防护服等个人防护用品。

④ 火场存放腐蚀品或毒害品，用水扑救时，应尽量使用雾状水或低压水流，避免腐蚀品、毒害品溅出或禁忌物混合反应；对于酸类或碱类腐蚀品，最好能调制相应的中和剂稀释中和。

⑤ 在消防部门到位后，可将情况汇报给消防部门，并由消防部门协助进行灭火。

(3) 运输过程意外事故应急处理。

(a) 危险化学品运输事故应急处理。

本项目各种化学品由供应商运至厂内，为此建设单位应对供应商提出运输过程的环境风险应急要求，包括如下内容。

① 发生泄漏后应迅速通知当地环保、交通运输部门以及危险品处理部门，对泄漏事故和泄漏化学品进行妥善处理。

② 发生固态化学品抛撒、泄漏后，应及时将固体化学品收集，并清扫附近路面，避免有毒物质毒性残留；用水进行清洗后，严禁将废水排入附近土壤、地表水，引发环境风险事件。

③ 发生液态化学品泄漏后，应迅速使用运输车上的石灰、沙土等进行掩盖，初步削减其毒性并防止泄漏扩散，若运输车上的材料不够，则迅速在附近掘取沙土掩盖泄漏物；然后将受液态化学品污染的土壤作为危废委托处置。

④ 危险化学品的运输必须严格按照国家相关规范和要求进行，委托专业的运输单位进行运输，运输过程中需特别注意运输安全，并加强管理。

(b) 危险废物运输事故应急处理。

(1) 在危险废物运送过程中当发生翻车、撞车导致危险废物大量溢出、散落时，运送人员应立即和本单位应急事故小组取得联系，请求当地公安交警、环境保护或城市应急联动中心的支持。同时，运送人员应采取下述应急措施。

① 立即请求公安交通警察在受污染地区设立隔离区，禁止其他车辆和行人穿过，避免污染物扩散和对行人造成伤害；

② 对溢出、散落的危险废物迅速进行收集、清理和消毒处理，对于液体溢出物采用吸附材料吸收处理；

③ 清理人员在进行清理工作时须穿戴防护服、手套、口罩、靴等防护用品，清理工作结束后，用具和防护用品均须进行消毒处理；

④ 如果在操作中，清理人员的身体(皮肤)不慎受到伤害，应及时采取处理措施，并到医院接受救治；

⑤ 清洁人员还须对被污染的现场地面进行消毒和清洁处理。

(2) 对发生的事故采取上述应急措施的同时，处置单位必须向当地环保部门报告事故发生情况。事故处理完毕后，处置单位要向上述部门写出书面报告，报告包括以下内容。

① 事故发生的时间、地点、原因及其简要经过；

② 泄漏、散落危险废物的类型和数量，受污染的原因及危险废物产生单位的名称；

③ 危险废物泄漏、散落已造成的危害和潜在影响；

④ 已采取的应急处理措施和处理结果。

(3) 应急救援保障。

① 生产装置区、储罐区等：配备防火灾、爆炸事故的应急设施。设备与材料主要包括黄沙、防护堤、消防水池、消防器材(消火栓、干粉灭火器等)、消防服等，防止有毒有害物质外溢、扩散的设备主要是喷淋设备、自给式呼吸器、防毒服和一些土工作业工具，还有烧伤、中毒人员急救所用的一些药品，器材。

② 临界地区：烧伤、中毒人员急救所用的一些药品、器材。

③ 此外，还应配备应急通信系统、应急电源、应急照明设备。

所有应急设施平时要专人维护、保管、检验、更新，确保器材始终处于完好状态，保证能有效使用。

对传呼机等各种通信工具、警报及事故信号，平时必须做出明确规定，应有防爆功能；报警方法、联络号码和信号使用规定要置于明显位置，使每一位值班人员熟练掌握。

3. 风险应急监测

(1) 应急监测方案。

(a) 监测项目。

环境空气：根据事故类型和排放物质确定。本项目大气事故因子主要为酚类、甲醇、甲苯、非甲烷总烃、CO、SO_2、NO_x、颗粒物、NH_3、H_2S。

地表水：根据事故类型和排放物质确定。拟建项目地表水事故因子主要为 pH、COD、SS、NH_3、TP、甲苯、甲醇、挥发酚、铜等。

(b) 监测区域。

大气环境：本项目周边区域内的敏感点。

水环境：根据事故类型和事故废水走向，确定监测范围。主要监测点位为厂区清下水出口、厂区污水处理站进出口、周边河流及园区污水处理厂排口下游、取水口等。

(c) 监测频率。

环境空气：事故初期，采样 1 次/30 min；随后根据空气中有害物质浓度降低监测频率，按 1 h、2 h 等时间间隔采样。

地表水：采样 1 次/30 min。

(d) 监测报告。

事故现场的应急监测机构负责每小时向开发区管委会、该市环保局指挥部等提供分析报告，由该市环境监测站负责完成总报告和动态报告的编制、发送。

值得注意的是，事故后期需开展环境风险损害评估工作，对受污染的土壤、水体等进行环境影响评估。

风险事故发生后，应由专业队伍负责对事故现场进行侦察监测，若本单位监测能力不够，应立即请求环境监测中心站支援。

6.7 环保措施投资和“三同时”一览表(略)

【点评】

该案例分析了废气与废水治理设施的有效性和达标可行性，明确了是否属于可行技术，并通过同类案例论证了处理效率的可达性，同时分析了项目与《合成树脂工业污染物排放标准》《挥发性有机物(VOCs)污染防治技术政策》(公告2013年第31号)、《挥发性有机物无组织排放控制标准》(GB 37822—2019)及当地废气治理政策要求的符合性，项目所选废气与废水环保措施、无组织排放控制措施均具有针对性。

环评文件中土壤和地下水采取分区防控措施，结合污染控制难易程度，分别进行重点、一般与简单防渗，针对地面、水池、罐区、危废暂存库分别提出了相应防渗要求，同时提出了污染监控与应急响应要求。

环境风险防范措施中，提出了事故废水三级防控体系构筑要求，对各风险单元提出了防范措施及事故应急处理程序、应急联动等。该案例识别了生产车间及中间罐区、原料罐区、化学品库、锅炉、污水处理站、危废暂存场所、废气处理设施等危险单元的潜在风险源、危险物质、环境风险类型、环境影响途径与可能受影响的环境敏感目标，风险识别较全面。

七、环境影响经济损益分析(略)

八、环境管理与环境监测

8.1 环境管理要求(略)

8.2 污染源排放清单

8.2.1 污染源排放基本情况

表 4.28 废气产污节点、污染物及污染治理设施信息表

排气筒编号	生产设施名称	对应产污环节名称	污染物种类	排放形式	污染治理设施		
					污染治理设施工艺	是否为可行技术	污染治理设施其他信息
1#	聚合工段热处理釜、沉淀釜、生产车间及中间罐、储罐、废活性炭暂存间	聚合工段热处理废气、沉淀废气G2-2～3、储罐及中间罐呼吸废气、废活性炭暂存间废气	酚类、甲醇、甲苯、丁醇、醋酸丁酯、二丁胺、非甲烷总烃	有组织	1套二级活性炭吸附+15 m高排气筒	是	高度15 m、风量6 000 m^3/h、内径0.4 m

续　表

排气筒编号	生产设施名称	对应产污环节名称	污染物种类	排放形式	污染治理设施		
					污染治理设施工艺	是否为可行技术	污染治理设施其他信息
2#	焚烧炉	其他工艺有机废气(G1－1～6、G2－1、G2－4～12)、焚烧炉焚烧废水新增尾气	SO_2、NO_x、烟尘、酚类、甲醇、甲苯、丁醇、醋酸丁酯、苯甲醚、二丁胺、非甲烷总烃、二噁英	有组织	焚烧炉废气、有机废水焚烧系统尾气经“SNCR脱硝＋急冷＋活性炭、消石灰喷射＋高效袋式除尘”处理后排放，焚烧炉含盐废水焚烧系统尾气经“SNCR脱硝＋急冷罐急冷＋文丘里除尘碱洗＋湿电除尘”处理后排放，共用 1 根 50 m 高排气筒	是	高度 50 m、烟气量 20 300 m^3/h、内径 0.8 m
3#	聚合工段包装机	包装粉尘(G2－13)	颗粒物	有组织	1 套布袋除尘装置＋15 m 高排气筒	是	高度 15 m、风量 3 000 m^3/h、内径 0.25 m
4#	导热油炉	天然气燃烧尾气	烟尘、SO_2、NO_x	有组织	15 m 高排气筒排放	是	高度 15 m、烟气量 10 500 m^3/h、内径 0.6 m
5#	污水站	污水处理臭气	NH_3、H_2S	有组织	1 套“加盖密闭收集＋生物滤池除臭”装置处理后于 1 根 15 m 高排气筒排放	是	高度 15 m、风量 5 000 m^3/h、内径 0.35 m

表 4.29　废水产污节点、污染物及污染治理设施信息表

废水类别	污染物种类	排放规律	污染治理设施			排放口类型	其他信息	排放去向
			污染治理设施工艺	是否为可行技术	污染治理设施其他信息			
焚烧炉废气处理废水、设备及地面冲洗水、生活污水、夏季罐区喷淋降温废水、初期雨水	COD、SS、氨氮、总磷、盐分、甲醇、甲苯、挥发酚、总铜	间断排放	厂内污水处理站处理(芬顿氧化＋pH 调节＋混凝沉淀＋A/O 生化＋二沉池)其中生活污水直接进入 A/O 生化	是	—	主要排放口	—	污水处理厂
循环冷却系统排水、脱盐水制备系统排水	COD、SS	间断排放	进入厂区污水站排放水池	是	—			

表 4.30　本项目固体废物产污节点、污染物及污染治理设施信息表

产生工序	生产设施名称	固体废物名称	固体废物属性	固体废物类别及代码	产生量/(t/a)	厂内储存措施	处置方式	外排环境量/(t/a)
有机废气处理	二级活性炭吸附装置	废活性炭	危险废物	HW49 (900—039—49)	71.2	废活性炭暂存间	委托有资质企业处置	0
烷基化反应	2,6-二甲酚装置	废催化剂		HW39 (261—071—39)	22	危废暂存间		0
焚烧炉焚烧	焚烧炉	焚烧炉飞灰和炉渣		HW18 (772—003—18)	10			0

续 表

产生工序	生产设施名称	固体废物名称	固体废物属性	固体废物类别及代码	产生量/(t/a)	厂内储存措施	处置方式	外排环境量/(t/a)
聚合工段	聚合装置	废包装袋		HW49 (900—041—49)	0.10			0
污水处理	污水处理站	污水站污泥		HW13 (265—104—13)	20	泥饼库		0
聚合工段	聚合装置	氢溴酸废桶		HW49 (900—041—49)	0.01	空桶库		0
办公生活	—	生活垃圾	生活垃圾	99	3.06×10^{1}	垃圾桶	环卫清运	0

8.2.2 污染源排放清单

表 4.31 废气排放口基本信息

类型	排气筒编号	排放口位置	污染物种类	排气筒高度/m	排气筒出口内径/m	国家或地方污染物排放标准		排放量/(t/a)
						名称	排放浓度/(mg/m^3)	
废气	1#	生产车间	酚类	15	0.40	《石油化学工业污染物排放标准》(GB 31571—2015)表 6 中的废气中有机特征污染物排放限值、《合成树脂工业污染物排放标准》(GB 31572—2015)表 5 中的大气污染物特别排放限值	0.833	0.037
			甲醇				7.667	0.371
			甲苯				12.500	0.596
			丁醇				0.833	0.038
			醋酸丁酯				1.167	0.059
			二丁胺				0.000	1.000×10^{-4}
			非甲烷总烃				23.333	1.124
	2#	焚烧炉	SO_2	50	0.80	《石油化学工业污染物排放标准》(GB 31571—2015)中表 5 标准和表 6 的标准、《合成树脂工业污染物排放标准》(GB 31572—2015)中表 5 标准和表 6 标准中的特别排放限值、《恶臭污染物排放标准》(GB 14554—93)表 2 中的二级排放标准	2.860	0.464
			NO_x				34.660	5.629
			烟尘				1.710	0.278
			酚类				2.490	0.386
			甲醇				0.990	0.134
			甲苯				0.510	0.060
			丁醇				0.980	0.158
			醋酸丁酯				0.130	0.018
			苯甲醚				1.020	0.166
			二丁胺				0.030	0.005
			非甲烷总烃				6.160	0.928
			CO				1.320	0.202
			NH_3				2.280	0.370
			二噁英*				0.012	0.002

续　表

类型	排气筒编号	排放口位置	污染物种类	排气筒高度/m	排气筒出口内径/m	国家或地方污染物排放标准		排放量/(t/a)
						名称	排放浓度/(mg/m^3)	
	3#	生产车间	颗粒物	15	0.25	《合成树脂工业污染物排放标准》(GB 31572—2015)表 5 中的大气污染物特别排放限值	3.910	0.094
	4#	导热油炉(天然气锅炉)	烟尘	15	0.60	《锅炉大气污染物排放标准》(GB 13271—2014)中表 3 的大气污染物特别排放限值(其中氮氧化物根据“皖大气办〔2019〕5 号”的要求按 50 mg/m^3 执行)	17.595	1.478
			SO_2				29.333	2.464
			NO_x				41.180	3.460
	5#	污水站	NH_3	15	0.35	《恶臭污染物排放标准》(GB 14554—93)中的表 2 标准	0.071	2.850×10^{-3}
			H_2S				0.143	5.700×10^{-3}

注：* 二噁英排放浓度的单位是 ng－TEQ/m^3，排放量的单位是 g－TEQ/a。

表 4.32　废水排放口基本信息

污染物排放口名称	污染物	排放去向	排放规律	受纳自然水体信息		国家或地方污染物排放标准			排放总量/(t/a)
				名称	受纳水体功能目标	名称	单位	数值	
厂区污水排口	COD	污水处理厂	间断排放	A 河	V 类	《城镇污水处理厂污染物排放标准》(GB 18918—2002)中的一级 A 标准	mg/L	≤50	6.086
	SS						mg/L	≤10	1.217
	氨氮						mg/L	≤5	0.059
	总磷						mg/L	≤0.5	0.010
	盐分						mg/L	—	806.930
	甲醇						mg/L	—	0.011
	甲苯						mg/L	≤0.1	0.011
	挥发酚						mg/L	≤0.5	0.011
	总铜						mg/L	≤0.5	0.045

8.3　环境监测计划

8.3.1　施工期环境监测计划

对施工期的环境进行监测，便于了解施工过程对环境造成的影响程度，并采取相应措施使影响减至最少。

1. 水质监测

施工期对污水排放口水质进行监测，每季监测 1 次，连续监测 2 天。监测因子：COD、SS、氨氮、总磷、石油类。

2. 大气监测

在施工现场布置 2～3 个大气监测点，每季监测 1 次，连续监测 2 天。监测因子：TSP。

3. 噪声监测

在施工场地四周和施工车辆经过的道口共设置 5～6 个噪声监测点，每月监测 1 天，昼、夜间各监测 1

次，监测因子为等效 A 声级。

8.3.2 运营期环境监测计划

运营期建设单位应在加强环境管理的同时，定期进行环境监测，及时了解工程对周围环境的影响，以便采取相应措施，消除不利影响，减轻环境污染。

根据《排污单位自行监测技术指南 石油化学工业》(HJ 947—2018)、《排污许可证申请与核发技术规范 石化工业》(HJ 853—2017)制订运营期监测计划。

8.3.3 应急监测计划

1. 监测项目

环境空气：根据事故类型和排放物质确定。拟建项目大气事故因子主要为酚类、甲醇、甲苯、非甲烷总烃、CO、SO_2、NO_x、颗粒物、NH_3、H_2S。

地表水：根据事故类型和排放物质确定。拟建项目地表水事故因子主要为 pH、COD、SS、NH_3、TP、甲苯、甲醇、挥发酚、铜等。

2. 监测区域

大气环境：拟建项目周边区域内的敏感点。

水环境：根据事故类型和事故废水走向，确定监测范围。主要监测点位为：厂区雨水排口、厂区污水排口、周边河流及污水处理厂排口下游、取水口等。

3. 监测频率

环境空气：事故初期，采样 1 次/30 min；随后根据空气中有害物质浓度降低监测频率，按 1 h、2 h 等时间间隔采样。

地表水：采样 1 次/30 min。

4. 监测报告

事故现场的应急监测机构负责每小时向开发区管委会、市环保局指挥部等提供分析报告，由市环境监测站负责完成总报告和动态报告的编制、发送。

值得注意的是，事故后期需开展环境风险损害评估工作，对受污染的土壤、水体等进行环境影响评估。

若企业不具备上述污染源监测及环境质量监测的条件，可委托有资质的环境监测机构进行监测，监测结果以报表形式上报当地环境保护主管部门。

【点评】

该案例环境管理和监测计划较全面，提出了环境管理要求与施工期环境监测计划，根据《排污单位自行监测技术指南 石油化学工业》(HJ 947—2018)等规范提出了运营期环境监测计划，对与污染物排放监测配套的监测平台、采样口、监测井等明确了具体要求，并根据项目突发环境事件类型和排放物质，提出了应急监测计划。

九、环境影响评价结论(略)

【案例分析】

1. 本项目属于“两高”项目，现行《关于加强高耗能、高排放建设项目生态环境源头防控的指导意见》

（环环评〔2021〕45 号）明确："三、推进'两高'行业减污降碳协同控制（六）提升清洁生产和污染防治水平。新建、扩建'两高'项目应采用先进适用的工艺技术和装备，单位产品物耗、能耗、水耗等达到清洁生产先进水平，依法制订并严格落实防治土壤与地下水污染的措施。"根据现行管理要求，该类型项目需加强与细化清洁生产分析。

2. 在进行评价因子识别时，应将总量控制污染物、环境质量标准和所选污染物排放标准、大气导则附录 D、风险导则附录 B、有毒有害大气污染物与水污染物名录、一类污染物、消耗臭氧层（ODS）受控物质、国家危废名录与《重点行业挥发性有机物重点治理方案》等文件规范中的污染物对照。结合物料特性和环保要求，遵循上述原则进行评价因子识别和筛选，可避免遗漏需评价关注的污染物，同时由于项目生产过程涉及甲醇、甲苯、苯酚等危险化学品的使用，且石化行业也属于高环境风险行业，需重点关注环境风险评价因子的识别。

3. 本项目属于合成树脂生产，在标准执行顺序上，行业标准优先执行，本项目应执行《合成树脂工业污染物排放标准》（GB 31572—2015），根据 GB 31572—2015，"合成树脂企业内的单体生产装置执行《石油化学工业污染物排放标准》"，因此需关注合成树脂企业内的单体生产装置的执行标准。

4. 合成树脂行业生产过程中可能存在因聚合物黏结，需要在启动、停止过程中按需进行清洗操作的情况，因此在非正常工况分析时需分析上述情况的废气排放情况并提出对应的环保措施。

5. 本项目生产过程涉及副产物，针对有副产物产生的项目，需按照《固体废物鉴别标准 通则》（GN 34330—2017）的要求确定副产物属性，避免出现以副产物形式逃避监管而造成副产物使用过程的环境事故。

6. 对区域环境空气质量不达标的区域进行大气环境影响预测时，需充分考虑并对不达标因子进行预测分析，应分析区域达标规划年的保证率日均浓度和年均浓度，并计算年均浓度变化率，以说明区域环境质量的改善情况。

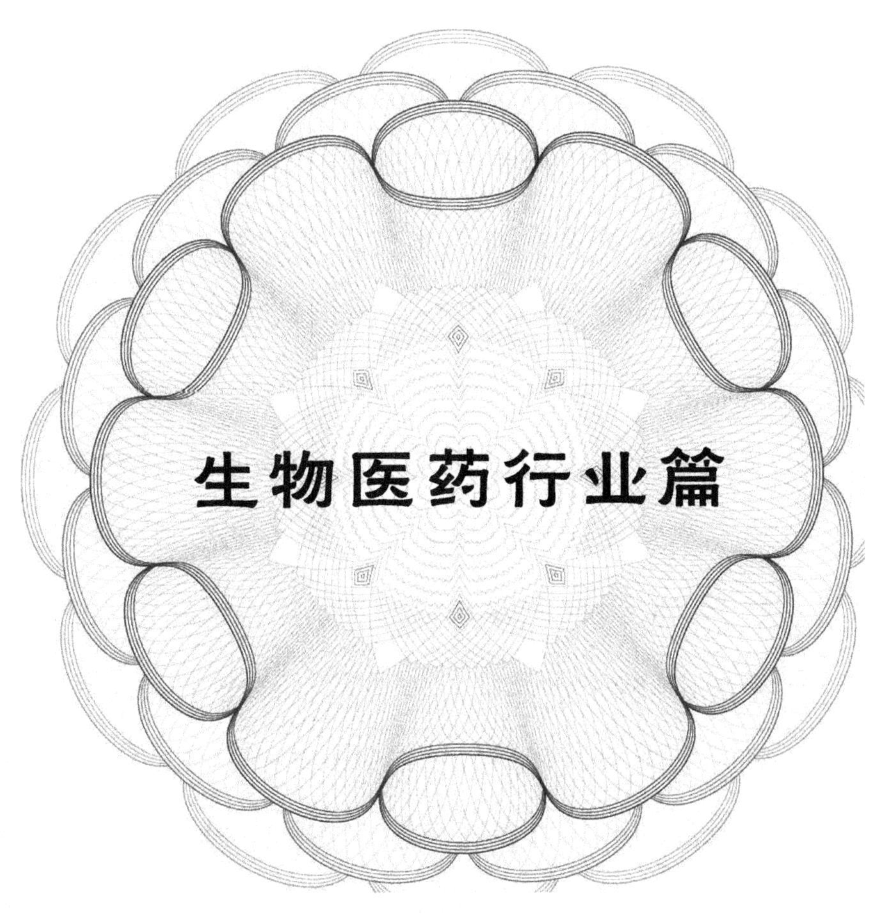

生物医药行业篇

☞ 医药与人民健康生活息息相关，兼具民生保障与技术壁垒。医药行业的发展在预防和应对公共卫生突发情况、预防重大突发疾病等方面具有重要的作用。医药是国民经济中的重要行业，具有明显的特殊性，即刚性需求和公益性强，但在环境保护的大背景下，医药企业面临生产污染重、污染治理任务严峻的局面，医药企业的发展面临着极大的挑战。

生物医药行业的典型生产工艺主要包括细胞复苏扩增培养、离心过滤、层析纯化等，工艺大同小异，关键因素控制不同，生物安全是该行业运行过程中重点关注的一点。本案例属于生物医药行业，采用先进的工艺、技术和设备进行蛋白质药物的研发及生产。案例中详细描述了企业技术来源、生产工艺流程及产污环节，准确识别并计算了各污染物的产生源强，并结合产污特点，在废水、废气的收集处理上做到分质分类处理；在环境风险方面，除了给出各化学物质可能造成的环境风险外，还描述了生物安全风险识别及防范措施，突出生物医药类项目的特点和风险防范重点，在此基础上采用科学合理的预测方法和模型，给出定量预测，能够准确体现项目的建设对周边环境的影响，可为其他生物医药类项目环评提供参考。

案例五　苏州某生物制药股份有限公司重组蛋白质药物生产项目环境影响评价

一、概　述

1.1　项目由来

苏州某生物制药股份有限公司成立于2009年3月，为外商投资企业，是一家专注于肿瘤、出血及血液疾病、肝胆疾病和免疫炎症性疾病等多个治疗领域的创新驱动型化学及生物新药研发和销售企业。于2012年10月搬迁至江苏省××镇，新建厂房（以下简称自有厂区）和增加经营范围"从事药品制剂的制造"，同时，公司在××工业技术研究院租赁厂房，设置了现有2#厂区。

根据产品扩大市场占有率的需求和企业自身发展的需要，公司拟新建厂区（以下简称"新建厂区"），建设"重组蛋白质药物生产项目"，最终形成"年产重组蛋白质药物2147万支"的产能。目前，项目已取得备案，并取得战略新兴产业支撑材料的认证。

根据《中华人民共和国环境保护法》《建设项目环境保护管理条例》《建设项目环境保护分类管理名录》的规定，项目属于"二十四、医药制造业47生物药品制品制造276"，应编制环境影响报告书，对项目产生的污染和环境影响情况进行详细评价，从环境保护角度评估项目建设的可行性。

1.2　项目特点

本项目属于生物医药行业。项目具有如下特点：

① 本项目主要利用哺乳动物细胞进行蛋白类药物生产，根据《国民经济行业分类》(GB/T 4754—2017)，行业类别为C[2761]生物药品制造，项目属于战略性新兴产业。

② 公司在××高新区已有"自有厂区"和"现有2#厂区"两个厂区。本项目为新建厂区项目，位于自有厂区东侧约215 m，现有2#厂区东北侧约400 m，本次新建厂区与现有两个厂区均无依托关系。

③ 现有2#厂区同步拟建设"外用重组人凝血酶及重组人促甲状腺激素生产项目"，环保手续与本项目同步申报，因本项目完工时间在现有2#厂区同步申报的项目之后，故为便于环保手续申报，按完工时间，本项目作为后置项目同步进行申报。

④ 属地备案主管部门要求，备案总投资要包含后续厂区建、构筑物投资费用，且对建筑面积按规划要求一次性备案。本次项目实际建设设备、工艺、原辅料、产品方案与备案内容一致，实际建筑面积33 685.40 m^2，对应投资100 000万元。后续建、构筑物及相应项目另行评价。

⑤ 本项目生产过程中需关注生物安全问题，各类涉及活性物质的废物均需灭活后再进行处置；项目运营中涉及乙醇、乙酸等危险化学品，在生产、贮存等过程有一定的环境风险，结合本项目涉及的物料特性，应进行相关的环境风险评价分析，提出相关的应急预案要求。

⑥ 项目产品先进。其中ZG08属于国内首家、全球第二家通过基因工程技术制备的凝血酶药物。属于《国家临床必需易短缺药品重点监测清单》中的品种。ZG01是国内首批取得用于甲状腺癌的辅助诊断

和治疗临床试验批件的新药，国内市场上尚未有重组人促甲状腺激素产品。

1.3 关注的主要环境问题

环境影响报告书中关注的主要环境问题如下：

① 项目与国家及地方产业政策和园区规划的相符性问题；

② 项目产生的废气、废水、固废、噪声等对环境的影响及治理问题；

③ 项目属于C[2761]生物药品制造行业，三废中涉及生物活性物质，需关注项目生物安全防护措施是否合理，项目的环境风险防范措施是否符合要求；

④ 项目建设地点位于××高新区，该地属于太湖流域三级保护区，重点关注项目生产性含氮、磷废水的接管排放可行性；

⑤ 关注建设项目主要污染物排放总量平衡途径。

1.4 环境影响评价报告书主要结论

项目属于生物医药行业，采用先进的工艺和设备，属于国家鼓励的产业和江苏省太湖流域战略性新兴产业，符合国家和江苏省、苏州市有关环境保护法律法规、标准、政策、规范及相关规划的要求；生产过程中遵循清洁生产理念，所采用的各项污染防治措施技术可行、经济合理，能保证各类污染物长期稳定达标排放；预测结果表明本项目所排放的污染物对周围环境和环境保护目标影响较小；通过采取有针对性的风险防范措施并落实应急预案，本项目的环境风险可接受；建设单位开展的公众参与结果表明公众对本项目建设表示理解和支持。

在落实本报告书中的各项环保措施以及主管部门管理要求的前提下，从环保角度分析，本项目具有环境可行性。同时，在设计、建设、运行全过程中还必须满足消防、安全、职业卫生等相关管理要求，进行规范化的设计、施工和运行管理。

【点评】

生物医药是当地重点发展的产业，本项目属于战略新兴产业，项目的实施能够进一步推动生物医药产业的发展及技术的不断更新，但项目位于太湖流域，需特别关注生产及生活过程中产生的含氮、磷的废水，需加强含氮、磷的废水的治理措施，严格控制含氮、磷的废水排放总量，同时生物医药行业在控制环境风险的基础上，更需严格按照生物安全的要求完善生物安全风险防控。

二、总　则

2.1　编制依据(略)

2.2　评价因子筛选

根据《环境影响评价技术导则 制药建设项目》(HJ 611—2011)、《排污许可证申请与核发技术规范 制药工业—生物药品制品制造》(HJ 1062—2019),对于制药建设项目评价因子,除废水、废气常规指标外,还应结合制药建设项目生产工艺特点识别特征污染因子,从而确定评价因子。

2.3　评价工作等级及评价范围

本项目环境影响评价范围见表5.1。

表5.1　项目环境影响评价范围表

评价内容	评价等级	评价范围
大气环境影响评价	二级	以项目厂址为中心点,评价范围边长取5 km
地表水环境影响评价	三级A	××泾清下水排放口上游0.5 km至下游1.5 km
噪声环境影响评价	三级	项目厂界外0.2 km范围内
风险评价	二级	大气:建设项目边界外5 km范围; 地表水:同地表水评价范围; 地下水:同地下水评价范围
地下水环境影响评价	二级	××港以东、××江以北,××泾以西的水文地质单元内
土壤环境影响评价	二级	项目外扩0.2 km包含的区域内
生态环境影响评价	三级	项目外扩0.2 km包含的区域内

2.4　评价标准及规划相符性分析(略)

三、现有项目回顾性评价

本项目为新厂区建设项目,与现有两个厂区均无依托关系,案例中简要回顾了现有两个厂区现有项目的环保手续、产品方案、实际建设和生产情况、现有污染防治措施、达标排放情况及现存在的环境问题、整改建议等内容,此处不做展开。

四、建设项目工程分析

4.1 建设项目概况

4.1.1 项目基本情况

(1) 项目名称:重组蛋白质药物生产项目;

(2) 建设单位:某生物制药股份有限公司;

(3) 项目性质:新建;

(4) 行业类别:C[2761] 生物药品制造;

(5) 建设地点:江苏省某高新区内;

(6) 投资总额:投资总额为 160 000 万元,本次建设项目投资 100 000 万元,其中环保投资 1 000 万元;

(7) 占地面积:厂区总占地面积 62 093.10 m^2,本项目占地面积 11 265.97 m^2,建筑面积 33 685.40 m^2;后续项目及建设内容本次不评价;

(8) 职工人数:新增职工 400 人;

(9) 工作制度:3 班制,每班 8 h,300 d/a,7 200 h/a。

4.1.2 产品方案

本项目产品产能见表 5.2。

表 5.2 本项目产品方案一览表

序号	项目名称	产品方案			生产线位置*	年运行时间/h	产品去向
		每批成品批量/支	年生产批次	设计规模/(万支·年$^{-1}$)			
1	ZG005	30 000	53	159	三楼 2 000 L 一次性生产线 1 条	7 200	外售
	ZGGS01	30 000	22	66			外售
2	ZGGS15	50 000	16	80			外售
3	ZGGS18	60 000	16	96	二楼 3 000 L 不锈钢生产线 1 条		外售
4	ZG08(外用重组人凝血酶药物)	300 000	50	1 500			外售
5	ZG01(注射用重组人促甲状腺激素)	30 000	7	21	三楼 200 L/500 L 一次性生产线 1 条		外售
6	ZG006	225 000	4	90			外售
	ZG016	225 000	4	90			外售
	ZGGS11	450 000	1	45			外售
合计		—	173	2 147	—	—	—

产品标准:

本项目产品质量标准经中试研究已确定,企业按照《中国药典》2020 版制订,按规定,投产前经相关部门审核后正式备案,本案例以 ZG005 为例,标准见表 5.3。

表 5.3　ZG005 质量标准

检测项目	执行标准
鉴别—iCIEF*	供试品主峰等电点与参比品主峰等电点相差应不超过 0.2 个 pI 单位
外观	白色至类白色固体或疏松体
颜色	复溶后应为无色至淡黄色液体，不深于 Y4(Ph. Eur)
澄清度	不高于 20.0 NTU
复溶时间	应不高于 5 min
不溶性微粒	每个容器中含 10 μm 及 10 μm 以上微粒数应不得超过 6 000 粒，每个容器中含 25 μm 及 25 μm 以上微粒数应不得超过 600 粒
渗透压摩尔浓度	310～370 mOsmol/kg
pH	4.8～5.8
水分	应不高于 3.0%
分子大小变异体—SEC—HPLC*	主峰含量应不低于 95.0%，报告聚合体含量，报告片段含量
分子大小变异体—nrCE—SDS*	主峰含量应不低于 90.0%
分子大小变异体—rCE—SDS*	重链与轻链含量之和应不低于 90.0%，非糖基化重链含量应不高于 5.0%
电荷变异体—CEX—HPLC*	主峰含量应不低于 60.0%，报告酸性峰含量，报告碱性峰含量
结合活性	双靶点，应为参比品的 70%～130%
蛋白质含量	(100 mg±10 mg)/瓶
细菌内毒素	应小于 10 EU/瓶
无菌	应无菌生长
异常毒性检查	无异常反应，动物健存，体重增加

注：企业参照《中国药典》2020 版制订企标，投产前经相关部门审核后正式备案。

* iCIEF：等电点异电聚焦电泳；SEC—HPLC：基于分子大小分离样品的高效液相色谱技术；nrCE—SDS：非还原十二烷基硫酸钠毛细管电泳；rCE—SDS：还原十二烷基硫酸钠毛细管电泳；CEX—HPLC：离子交换高效液相色谱法。

4.1.3　主体工程

1. 主体工程建设内容

本项目生产区为生产厂房 1，建筑面积 14 595.61 m^2，共建设三层，主要建设内容及功能分区见表 5.4。

表 5.4　生产厂房 1 建设内容及功能分区

生产线	位置	功能区
一楼：制剂线 1 条	一层	理瓶、上瓶间，洗瓶间，灌装、冻干间，轧盖间，灯检间，包装间，清洗灭菌间，胶塞清洗间，铝盖灭菌间，冻融间，准备间，称量间，配液间
二楼：3 000 L 不锈钢生产线 1 条	二层	接种间，细胞培养间，收获间，粗纯间，层析柱间，精纯间，缓冲液配制间，培养基配制间，清洗间，灭菌间
三楼：200 L/500 L 一次性生产线 1 条，2 000 L 一次性生产线 1 条，制剂线 1 条	三层	缓冲液配制间，培养基配制间，接种间，细胞培养收获间，粗纯间，精纯间，层析柱间，清洗间，灭菌间，洗瓶间，灌装、冻干间，轧盖间，灯检、包装间

4.1.4　公辅工程

本项目公辅工程均为新建，与现有厂区无依托关系。本项目公辅工程情况见表 5.5。

表 5.5　本项目公辅工程一览表

类别	建设名称		建设内容	备注
公用工程	供水（新鲜水）		项目新鲜水总用量约 462 439.869 m^3/a，主要为工艺用水、器具冲洗水、纯水系统用水、注射用水系统用水、软水系统用水、废气处理用水、生活用水、锅炉用水、循环冷却水等。用水来源于市政自来水管网	新建
	排水		采用雨污分流、清污分流排水方式；项目总排水量为 175 344.741 m^3/a，其中生产废水排放量为 40 882.407 m^3/a，公辅工程废水排放量为 89 342.334 m^3/a，生活污水排放量为 11 520 m^3/a，清下水排放量为 33 600 m^3/a	新建
	纯水		1 t/h＋25 t/h 纯水制备系统（RO 反渗透纯水制备机，制备效率 75%），本项目纯水用量为 67 818.079 m^3/a	新建
	注射用水		一台 10 t/h 注射用水制备系统，本项目注射用水用量为 49 804.298 m^3/a	新建
	供电		园区电网提供，电源采用双回路供电方式。本项目用电量 1 800 万 kwh/a	新建
	软水		3 台软水制备系统（仓库 1 台＋动力站 1 台＋锅炉 1 台），2 台为纯化水预处理端，软水制备能力 2 t/h＋50 t/h；1 台为锅炉前端软水，制备能力 20 t/h。锅炉软水用量为 42 840 m^3/a	新建
	循环冷却水		设置 6 个冷却塔[900 t/h＋4×950 t/h（4 用 1 备）＋380 t/h]，合计 5 080 m^3/h	新建
	供热		2 台燃气锅炉（8 t/h＋6 t/h），本项目蒸汽用量为 42 000 t/a	新建
	制冷		设置 4 台冷冻机组冷媒 R134a，总制冷能力为 6 262 kW	新建
储运工程	运输		原料运输外委社会运输单位，厂内运输采用手动叉车及手推车	
	储存	辅料库	设置 1 座 596.1 m^2 辅料库	甲类库
		仓库	最高 4 层，局部为高架库，建设面积 10 066.24 m^2	含称量间
		细胞库	设置 3 座 23.3 m^2、19.5 m^2、22.2 m^2 细胞库，位于仓库 1 楼	新建
		冷库	1. 生产厂房 1 设置 3 间冷库[1 间 44 m^2（2～8℃）位于 1 楼，1 间 44 m^2（2～8℃）位于 2 楼，1 间 48 m^2（2～8℃）位于 3 楼]，用途：中间品和填料的存储。 2. 仓库 9 间冷库[2 间 250 m^2、265 m^2（2～8℃）位于 1 楼，2 间 198 m^2、222 m^2（－40℃）和 1 间 39 m^2（2～8℃）位于 3 楼，3 间 268 m^2、269 m^2、206 m^2（－20℃）和 1 间 170 m^2（－40℃）位于 4 楼]，用途：原辅料、中间品和成品的存储。	新建
环保工程	废气治理		锅炉采用低氮燃烧装置＋DA001 排气筒（20 m）	新建
			废水处理设施＋2＃危废仓库设置碱喷淋＋除雾＋二级活性炭装置＋DA002 排气筒（20 m）	新建
			1＃危废仓库设置水喷淋＋除雾＋二级活性炭吸附装置＋DA003 排气筒（15 m）	新建
			仓库液体称量间称量罩负压收集，设置二级活性炭装置＋DA004 排气筒（25 m）	新建
			生产厂房 1 有机废气经洁净排风系统内置活性炭吸附后，屋顶无组织排放	新建
			对仓库固体、粉料设置称量罩称量，经设备高效过滤后车间内排放，后随车间洁净系统于楼顶无组织排放	新建
	废水治理		设置 1 座废水处理设施处理含氮、磷的废水，设计规模 480 m^3/d，处理工艺为“调节池＋MAP＋混凝沉淀＋A^2/O＋MBR 膜池＋氧化”	新建
			不含氮、磷的废水直接接管＋在线监测	新建
	噪声治理		选取低噪设备，合理布局；局部消声、隔音；厂房隔音；等	新建
	固体废物处理	一般固废库	设置 1 座 109.7 m^2 一般固废库，位于厂区南面的动力站 1 楼	新建
		危险固废库	设置 1＃危废仓库（液体）65 m^2，位于厂区的东南角辅料库内；2＃危废仓库（固体）112.5 m^2，位于厂区南面的动力站 1 楼	新建
	绿化		全厂绿化面积 9 316.96 m^2，绿化率 15%	新建

续　表

类别	建设名称	建设内容	备注
	消防	设置 1 800 m^3 消防水池	新建
	风险	厂区东南角，辅料库北侧地下，设置 450 m^3 事故应急池；动力站西侧地下建设 65 m^3 初期雨水池	新建

4.2　工程分析

本项目不同冻干粉针剂采用的中国仓鼠卵巢细胞(CHO)工作细胞种类和原辅料不同，主要工艺流程基本相同，主要分为 3 个工序，分别为准备工序(培养基、缓冲液配制)、生产工序(细胞培养及纯化)、制剂工序(成品灌装及冻干)。

由于本项目对产品质量要求较高，每批次各工序均需按要求完成清洗后方可进行，故同产品切换和不同产品切换产污均相同，不再单独说明，废水入 CIP 清洗废水中。

本次以 ZG005 为例进行工艺流程描述。

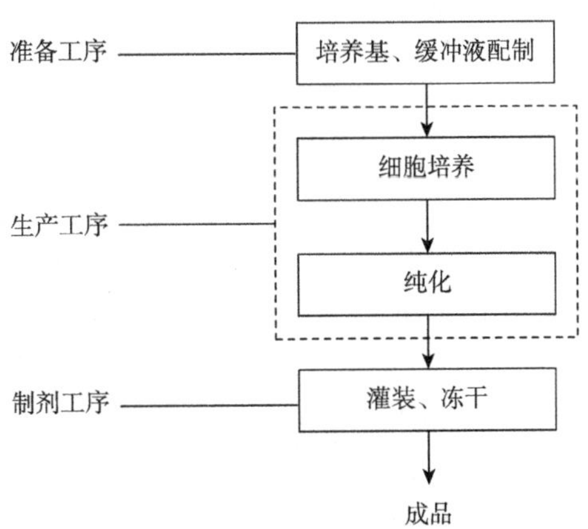

图 5.1　本项目主要工序流程示意图

4.2.1　ZG005 生产线

1. 工艺流程及产污环节分析

(1) 准备工序。

本产品准备工序分别配制培养基和缓冲液，生产工艺流程及产污节点见图 5.2。

本项目在仓库内设置称量间并采用负压称量罩，粉状料均在负压称量罩内人工拆包、称量后采用密闭配液袋转送配液间；液体料转移采用一次性管路，在确认正常连接后开启阀门，采用蠕动泵泵入。

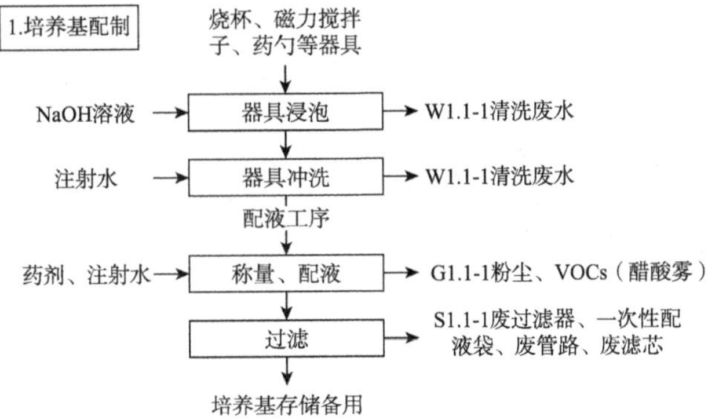

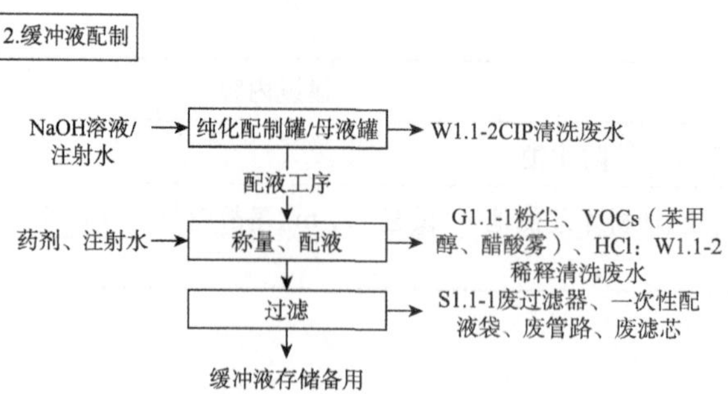

图 5.2　ZG005 准备工序工艺流程及产污节点示意图

（2）生产工序。

本产品生产采用的压缩空气、CO_2、O_2 气体主要用于细胞培养（细胞培养呼吸气体），气体储存在厂区南侧的储罐区气体储罐中，使用时，各类气体通过管道通入至反应器内；液体料转移采用一次性管路，在确认正常连接后开启阀门，采用蠕动泵泵入；过滤纯化过程的 CIP 废水纳入工艺废水。

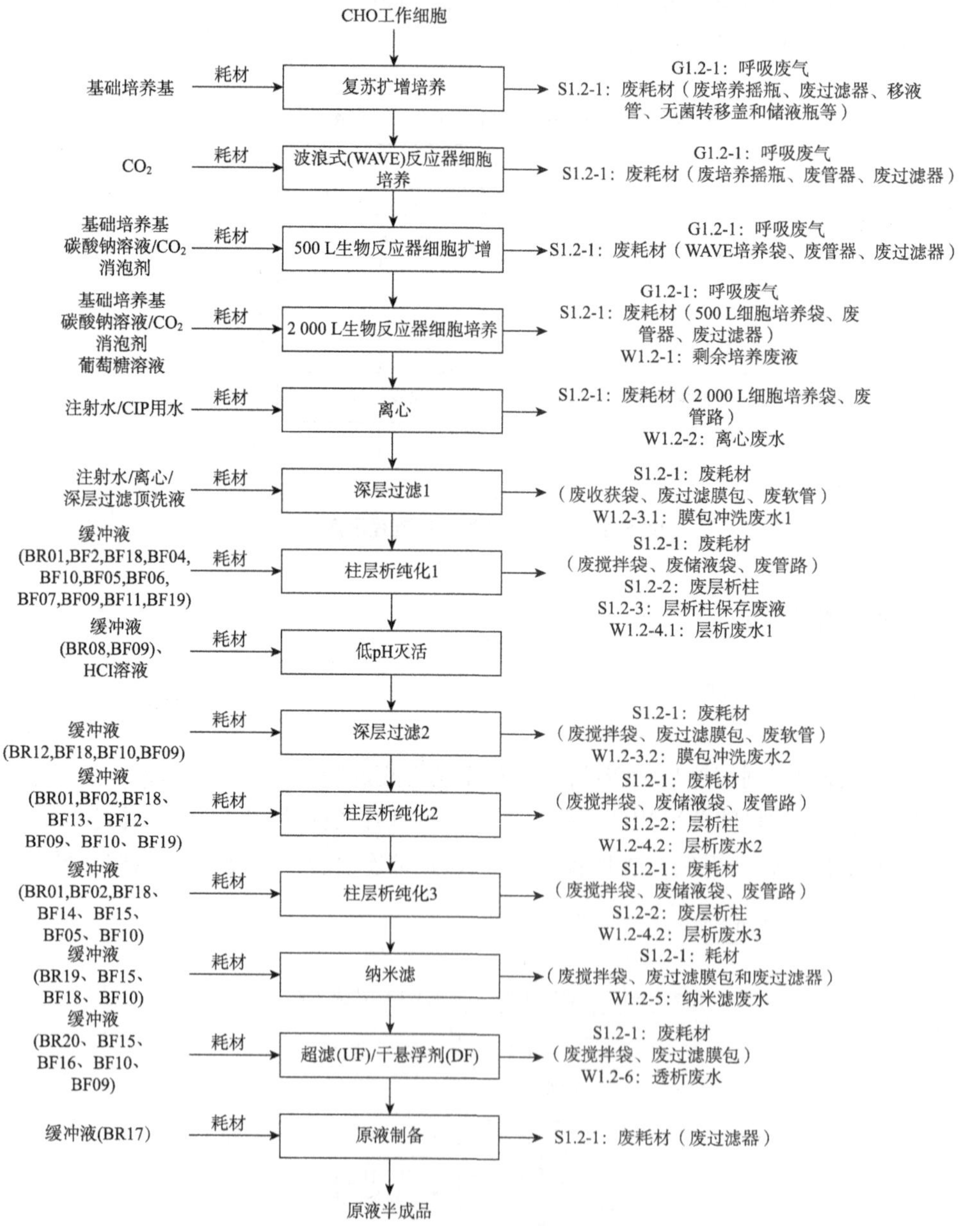

CHO工作细胞

基础培养基 —耗材→ 复苏扩增培养 → G1.2-1：呼吸废气；S1.2-1：废耗材（废培养摇瓶、废过滤器、移液管、无菌转移盖和储液瓶等）

CO_2 —耗材→ 波浪式(WAVE)反应器细胞培养 → G1.2-1：呼吸废气；S1.2-1：废耗材（废培养摇瓶、废管器、废过滤器）

基础培养基/碳酸钠溶液/CO_2/消泡剂 —耗材→ 500 L生物反应器细胞扩增 → G1.2-1：呼吸废气；S1.2-1：废耗材（WAVE培养袋、废管器、废过滤器）

基础培养基/碳酸钠溶液/CO_2/消泡剂/葡萄糖溶液 —耗材→ 2 000 L生物反应器细胞培养 → G1.2-1：呼吸废气；S1.2-1：废耗材（500 L细胞培养袋、废管器、废过滤器）；W1.2-1：剩余培养废液

注射水/CIP用水 —耗材→ 离心 → S1.2-1：废耗材（2 000 L细胞培养袋、废管路）；W1.2-2：离心废水

注射水/离心/深层过滤顶洗液 —耗材→ 深层过滤1 → S1.2-1：废耗材（废收获袋、废过滤膜包、废软管）；W1.2-3.1：膜包冲洗废水1

缓冲液(BR01,BF2,BF18,BF04,BF10,BF05,BF06,BF07,BF09,BF11,BF19) —耗材→ 柱层析纯化1 → S1.2-1：废耗材（废搅拌袋、废储液袋、废管路）；S1.2-2：废层析柱；S1.2-3：层析柱保存废液；W1.2-4.1：层析废水1

缓冲液(BR08,BF09)、HCl溶液 —耗材→ 低pH灭活

缓冲液(BR12,BF18,BF10,BF09) —耗材→ 深层过滤2 → S1.2-1：废耗材（废搅拌袋、废过滤膜包、废软管）；W1.2-3.2：膜包冲洗废水2

缓冲液(BR01,BF02,BF18、BF13、BF12、BF09、BF10、BF19) —耗材→ 柱层析纯化2 → S1.2-1：废耗材（废搅拌袋、废储液袋、废管路）；S1.2-2：层析柱；W1.2-4.2：层析废水2

缓冲液(BR01,BF02,BF18、BF14、BF15、BF05、BF10) —耗材→ 柱层析纯化3 → S1.2-1：废耗材（废搅拌袋、废储液袋、废管路）；S1.2-2：废层析柱；W1.2-4.2：层析废水3

缓冲液(BR19、BF15、BF18、BF10) —耗材→ 纳米滤 → S1.2-1：耗材（废搅拌袋、废过滤膜包和废过滤器）；W1.2-5：纳米滤废水

缓冲液(BR20、BF15、BF16、BF10、BF09) —耗材→ 超滤(UF)/干悬浮剂(DF) → S1.2-1：废耗材（废搅拌袋、废过滤膜包）；W1.2-6：透析废水

缓冲液(BR17) —耗材→ 原液制备 → S1.2-1：废耗材（废过滤器）

原液半成品

图 5.3　ZG005 生产工序工艺流程及产污节点示意图

（3）制剂工序。

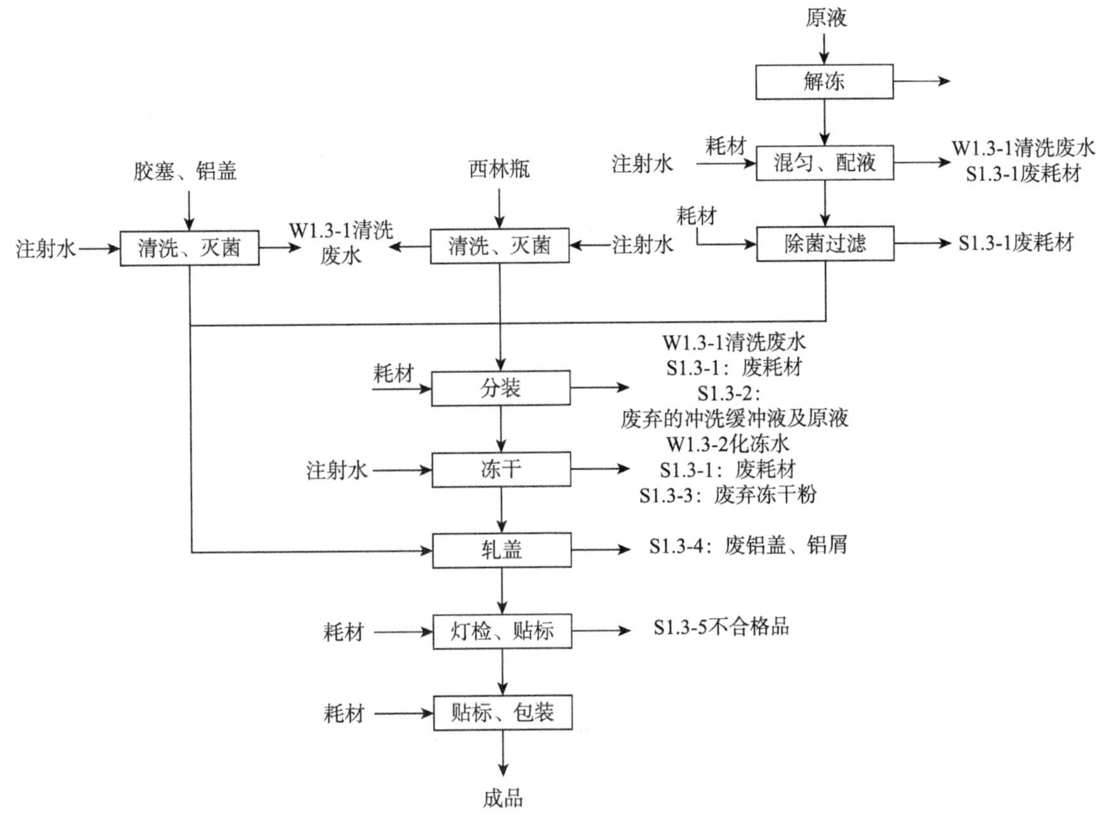

图 5.4　ZG005 制剂工序工艺流程及产污节点示意图

产污环节：

表 5.6　ZG005 生产工艺产污环节一览表

污染源		产污环节	主要污染物
废气	G1.1-1	称量	粉尘、VOCs(醋酸雾、苯甲醇，以非甲烷总烃计)、HCl
	G1.2-1	复苏培养、细胞培养、细胞扩增培养	二氧化碳、水
固废	S1.1-1	称重、配液	废耗材(废滤芯、废管路、一次性配液袋)
	S1.2-1	培养、离心、过滤、柱层析、UF/DF	废耗材(废培养摇瓶、废培养袋、废搅拌袋、废过滤膜包、废过滤器、移液管、无菌转移盖和储液瓶等)
	S1.2-2	柱层析	废层析柱
	S1.2-3	柱层析	层析柱保存废液
	S1.3-1	配置、过滤、分装、冻干	废耗材(废配液袋、废过滤器、废管路)。
	S1.3-2	分装	废弃的冲洗缓冲液及原液(装量不合格及冲洗管路药液)
	S1.3-3	冻干	压塞产生的废弃冻干粉
	S1.3-4	轧盖	废铝盖、铝屑
	S1.3-5	灯检、贴标	废不合格品
废水	W1.2-1	培养	培养剩余废液
	W1.2-2	离心	离心废水
	W1.2-3.1	深层过滤 1	膜包冲洗废水

续 表

污染源		产污环节	主要污染物
	W1.2-4.1	层析 1	层析废水
	W1.2-3.2	深层过滤 2	膜包冲洗废水
	W1.2-4.2	层析 2	层析废水
	W1.2-4.3	层析 3	层析废水
	W1.2-5	纳米滤	纳米滤废水
	W1.2-6	UF/DF	透析废水
	W1.3-1	西林瓶、胶塞等清洗	器具清洗废水
	W1.3-2	冻干	化冻水

4.2.2 中检

1. 工艺流程及产污环节分析

本项目中检主要用于各产品生产过程中细胞、微生物、分子的检测，项目涉及的检测步骤及污染物产生情况见表 5.7，污染物主要为固废，因此，不设置独立中检实验室，根据检测内容分别在各楼层就近检测。检测流程图见图 5.5：

表 5.7 中检步骤及污染物产生情况表

检测项目	使用的主要原辅料	实验步骤	废气	固废
细胞活率、密度、渗透压检测	细胞计数染料、生化测试仪缓冲液、磷酸盐缓冲液(PBS)、样品	取细胞样品，加入试剂，上机检测	无	实验耗材、中检废液

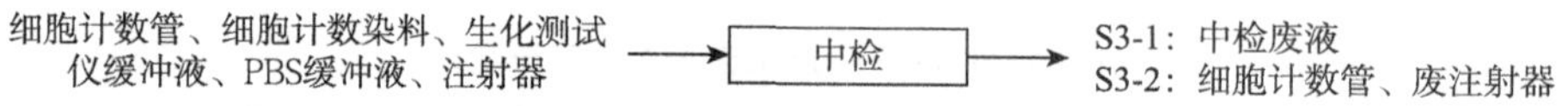

细胞计数管、细胞计数染料、生化测试仪缓冲液、PBS缓冲液、注射器 → 中检 → S3-1：中检废液；S3-2：细胞计数管、废注射器

图 5.5 中检检验流程示意图

2. 污染物产生情况

中检固废产生情况见表 5.8。

表 5.8 固废产生源强

序号	污染源位置或工序	污染物名称	分类编号	成分	产生量/(t/a)	处置方式
S7-1	中检	中检废液	HW49 900—047—49	样品、细胞计数染料、生化测试仪缓冲液、PBS 缓冲液	20	委托有资质单位处理
S7-2		废耗材	HW49 900—041—49	细胞计数管、废注射器	4	

4.3 水平衡及氮、磷平衡

4.3.1 水平衡

本项目工业用水和生活用水来自市政自来水管网，主要包括纯水系统用水(注射用水制备系统用水、生产工艺用水、西林瓶冲洗水)、锅炉用水、循环冷却水、废气处理系统用水、生活用水、绿化用水等，总用水

量 462 439.869 m^3/a。用水全部由自来水管网供给，目前供水系统运行稳定，可以满足供水要求。

本项目废水主要为工艺废水、冷却循环系统排水、CIP 系统清洗废水、化冻水、蒸汽灭活废水、废气处理系统废水、初期雨水、西林瓶清洗废水、纯水制备浓水、锅炉排水、间接蒸汽冷凝水和生活污水等。

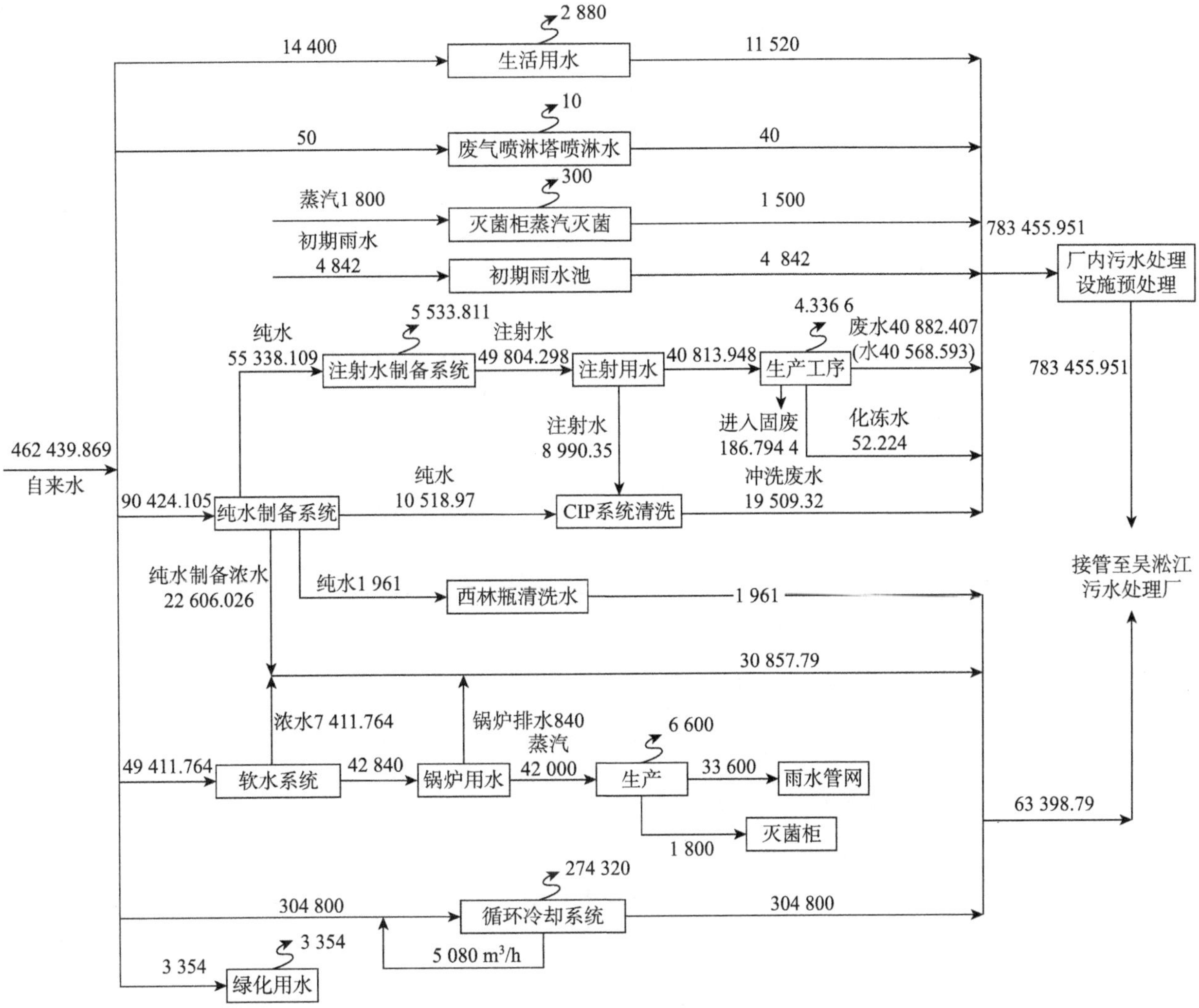

图 5.6　本项目水平衡图(单位:m^3/a)

4.3.2　蒸汽平衡

本项目热能系统为蒸汽，由 2 台天然气锅炉(8 t/h 与 6 t/h)提供。蒸汽从锅炉房管道管架敷设至使用点，蒸汽用量为 42 000 t/a。

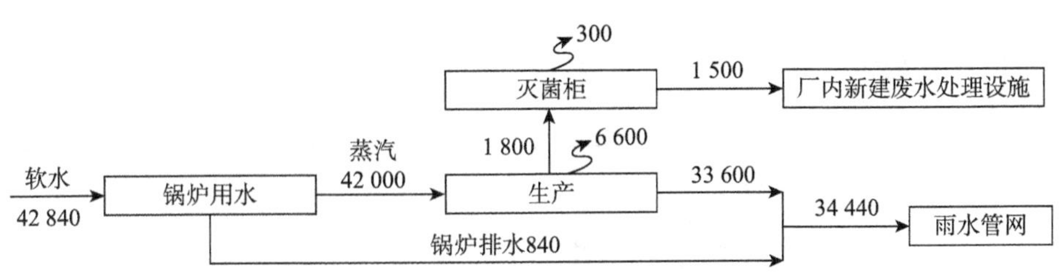

图 5.7　本项目蒸汽平衡图(单位:t/a)

4.3.3 氮、磷平衡

本项目使用的原辅料含氮、磷，根据物料平衡及源强核算，本项目氮平衡如表 5.9 和图 5.8。

表 5.9 项目 N 平衡表

单位：kg/a

入方				出方	
	来源	原料入方量	数量	去向	数量
原料带入	L-谷氨酰胺	1 109.599	212.800	废水	23 912
	三羟中基氨基甲烷(TRIS)	12 140.080	1 404.640	固废	43.950
	N-乙酰-D-甘露糖胺	380.499	24.100	产品中	0.120
	组氨酸盐酸	202.212	40.640	—	—
	硫酸铵	69 655.550	14 775.420	—	—
	咪唑	2 040	840.000	—	—
	乙二胺四乙酸	549	52.640	—	—
	重组人胰岛素	3.763×10^{-1}	0.060	—	—
	组氨酸	575.700	156.000	—	—
	培养基	21 499.236	6 449.770	—	—
合计			23 956.070	合计	23 956.070

原料带入
L-谷氨酰胺212.800
TRIS1 404.640
N-乙酰-D-甘露糖胺24.100
组氨酸盐酸40.640
硫酸铵14 775.420
咪唑840.0 乙二胺四乙酸52.640
重组人胰岛素0.060
组氨酸156
培养基6 449.770

凝血酶生产

进入产品
0.120

进入固废
43.950

进入废水
23 912

图 5.8 项目 N 平衡图(单位：kg/a)

本项目磷平衡如表 5.10 和图 5.9：

表 5.10 项目 P 平衡表

单位：kg/a

入方				出方	
	来源	原料入方量	数量	去向	数量
原料带入	磷酸三丁酯	220	25.640	废水	577.100
	磷酸二氢钠	751.533	194.150	固废	4.495
	磷酸氢二钠	180.158	39.330	产品中	0.005
	培养基	21 499.236	322.490	—	—
合计			581.600	合计	581.600

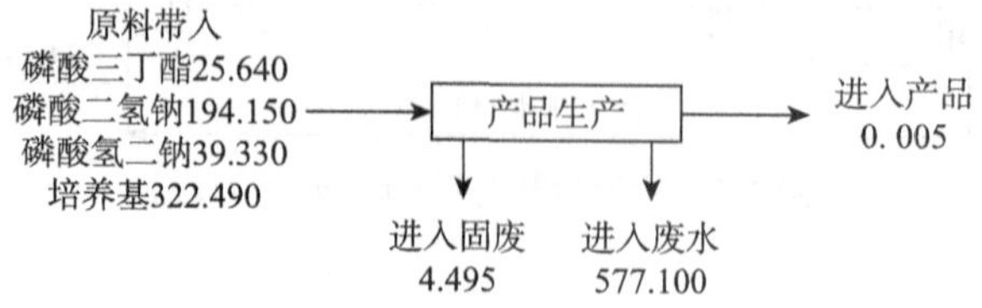

图 5.9 项目磷平衡示意图(单位：kg/a)

4.4　本项目污染源分析

4.4.1　废水污染源分析

根据工程分析结果，本项目废水主要为工艺废水、冷却循环系统排水、CIP系统清洗废水、化冻水、蒸汽灭活废水、废气处理系统废水、初期雨水、西林瓶清洗废水、纯水制备浓水、锅炉排水、间接蒸汽冷凝水和生活污水等。

含氮、磷的废水（工艺废水、CIP系统清洗废水、化冻水、初期雨水、废气处理系统废水和生活污水）共计78 345.951 m^3/a(261.15 m^3/d)，全部收集后经新建废水处理设施预处理达标后与不含氮、磷的废水（循环冷却废水、西林瓶清洗废水、锅炉排水、纯水制备浓水）一并接管至园区集中污水处理厂集中处理。

根据《生物制药行业水和大气污染物排放限值》(DB 32/3560—2019)表3中关于治疗性酶类的要求，废水基准排水量标准为200 m^3/kg产品。根据产品方案及物料平衡，项目粉针剂总产量约为2 232.368 kg/a，生产废水排放量为142 026.957 m^3/a，清下水排放量为33 600 m^3/a，经计算项目的基准排水量78.673 m^3/kg产品小于200 m^3/kg产品。因此本项目废水排放量能够满足基准排水量标准要求。

废水污染物源强按照《污染源源强核算技术指南 制药工业》(HJ 992—2018)及《排污许可证申请与核发技术规范 制药工业—生物药品制品制造》(HJ 1062—2019)，类比同类及原有项目污染物产排情况计算得到。

4.4.2　废气污染源分析

本项目生产过程的工艺废气主要为层析过程有机溶剂使用时产生的有机废气和培养过程的呼吸废气。本项目细胞培养在反应器或储液袋内进行，培养过程产生的呼吸废气中仅含水、CO_2、O_2 等无毒、无刺激的物质，参考现有项目生产情况，基本无异味产生，故不再进行分析。

本项目公辅工程产生的废气主要为称量过程产生的粉尘、苯甲醇、乙酸、乙醇、乙二醇、HCl，操作准备时使用含乙醇的抹布对试剂瓶、培养袋等消毒擦拭、车间消毒而产生的乙醇废气，辅料库产生的废气以及废水处理设施产生的废气。

1. 有组织废气

(1) 锅炉废气。

本项目采用8 t/h与6 t/h的天然气锅炉提供蒸汽，锅炉采用低氮燃烧器，燃料为天然气，在燃烧过程中会产生燃烧废气。天然气消耗量约280万 m^3/a，锅炉废气污染物主要为 SO_2、NO_x、颗粒物，烟气量、SO_2 按照《排放源统计调查产排污核算方法和系数手册》(公告2021年第24号)和《锅炉产排污量核算系数手册》中的燃气工业锅炉系数进行核算。

本项目锅炉燃烧器为低氮燃烧器，采用烟气再循环燃烧的原理，可减少 NO_x 的产生，与普通燃烧器相比，可有效减少 NO_x 排放。

颗粒物类比现有项目燃气锅炉监测报告，最大基准排放浓度为2.7 mg/m^3。则本项目锅炉废气污染物排放量为颗粒物0.081 5 t/a，SO_2 0.56 t/a，NO_x 0.848 7 t/a。

本项目锅炉所使用的燃料为天然气，属于清洁能源，燃烧废气产生后可直接由1根20 m高的排气筒(DA001)排放颗粒物、SO_2、NO_x，其排放浓度均低于排放标准限值，对环境影响较小。

(2) 废水处理设施产生的废气。

在废水处理过程中，恶臭主要来自调节池、生化池、污泥处置单元，伴随微生物的新陈代谢而产生恶臭污染物，主要成分有 H_2S、NH_3 等。

根据《城镇污水处理厂臭气处理技术规程》(CJJ/T 243—2016)和原有项目废水处理设施资料，各处理单元恶臭气体产污系数通过单位时间内单位面积散发量表征。

本项目废水处理设施池体采用加盖方式密闭收集，加盖部分的收集风管采用圆形风管，在末端支管设吸风口；末端支管的流速按 8～10 m/s 设计，主风管风速按 12～14 m/s 设计，池体换气强度按 10 m^3/m^2 计算，污泥处理区及污泥房按照 20 次/h 计算，考虑 10%漏风系数，则总气量为 12 989 m^3/h，按 13 000 m^3/h 设计。废气收集后经“碱喷淋＋除雾＋两级活性炭”装置处理，处理后由 1 根 20 m 高排气筒(DA002)排放。

表 5.11　废水处理设施恶臭废气收集情况表　　单位：t/a

产生工序	污染物名称	产生量	收集量	无组织排放量
调节池、水解酸化池、生化池、污泥处理及污泥房	氨	1.390×10^{-1}	1.251×10^{-1}	1.390×10^{-2}
	硫化氢	1.870×10^{-2}	1.683×10^{-2}	1.870×10^{-3}

(3) 危废仓库。

本项目设置 2 个危废仓库，1＃危废仓库(液体)位于辅料库内，2＃危废仓库(固体)位于动力站 1 层。

1＃危废仓库中含有机物危废约 171.784 t，由于上述危险废物在危废仓库内均采用密闭桶装，危废中有机物挥发系数取 0.12%，经危废仓库负压整体换风收集，收集率为 90%。收集的危废仓库废气采用“水喷淋＋除雾＋两级活性炭”装置处理后通过 15 m 高排气筒(DA003)排放(辅料库整体收集，合计风量 25 000 m^3/h)。根据计算，1＃危废仓库废气污染物排放量为非甲烷总烃 0.21 t/a(有组织 0.189 t/a，无组织 0.021 t/a)。

2＃危废仓库中危废含有机物约 10.582 t，其中，废耗材在危废仓库内采用压缩机压缩，压缩过程中收集废液约 9.688 t/a(作为危废再存入 1＃危废仓库)，危废中有机物挥发系数取 5%，经危废仓库负压整体换风收集，收集率为 90%。收集的危废仓库废气依托废水处理设施的废气处理装置“碱喷淋＋除雾＋两级活性炭”装置处理后通过排气筒(DA002)排放(合计风量 23 000 m^3/h)。根据计算，2＃危废仓库废气污染物排放量为非甲烷总烃 0.53 t/a(有组织 0.477 t/a，无组织 0.053 t/a)。

(4) 仓库称量区。

项目在仓库设置称量区，进行准备操作，根据物料统计，项目固体粉料、乙醇、乙二醇、苯甲醇、乙酸、盐酸用量分别为 286.89 t/a，32.47 t/a，0.27 t/a，1.176 6 t/a，16.32 t/a，0.48 t/a；根据企业称量损耗统计，预计粉尘产量约为 0.1%，挥发性废气产生量约为 0.5%，HCl 产生量约为 1%；则废气产生量分别为颗粒物 0.287 t/a，非甲烷总烃 0.25 t/a，HCl 0.004 8 t/a。称量间采用称量罩负压收集，收集效率 90%，经高效过滤后车间内排放；液体经专用房间内的称量罩称量，废气经称量罩负压收集并经活性炭吸附处理后，由 25 m 高排气筒(DA004)排放。

2. 无组织废气

(1) 生产厂房废气。

(a) 工艺废气。

本项目生产过程中，使用到大量配制好的缓冲液、顶洗液等溶液，根据溶液配方表，含挥发性成分较少，本次废气核算选出挥发性物质≥10%的溶液进行计算。根据物料衡算，污染物产生量为 VOCs(以非甲烷总烃计)37.20 kg/a[乙醇(G4.2－2)35.64 kg/a、乙醇(G5.2－2)1.02 kg/a、乙二醇(G5.2－2)0.539 kg/a]，排放量较小，且不含有毒害的成分，通过洁净车间通风系统排风口无组织排放。

(b) 消毒废气。

本项目生产环境消毒使用乙醇溶液、新洁尔灭或季铵盐等，其中设备表面采用 75%的乙醇溶液进行擦洗消毒，使用量约 4 t/a。类比《某生物制药(苏州)有限公司信达生物生产单克隆抗体的技术改造项目》及现有项目生产情况，擦洗过程中约 40%的乙醇挥发(剩余随一次性擦拭纸纳入废耗材，按危废处理)，则乙醇废气产生量约 1.2 t/a，通过洁净车间通风系统的密闭管道输送至排风机。排风机内置活性炭吸附装置，活性炭吸附处置效率按 75%计，则乙醇排放量为 0.3 t/a。排风系统排风口接至屋顶，最终经中效过滤后无组织排放。

(c) 药尘。

固体原辅料在称量间称量后装袋，车间内投料通过药剂袋接口密闭连接后进行，排放量可忽略不计，不进行定量计算。

(2) 仓库称量间。

本项目原辅料均需在仓库提前称量，收集效率为 90%，则废气产生量分别为颗粒物 2.883×10^{-2} t/a，非甲烷总烃 0.025 t/a，HCl 5.000×10^{-4} t/a，排放量较小，通过洁净车间通风系统中效过滤后无组织排放。

(3) 废水处理设施未收集废气。

厂区废水处理设施产生的废气加盖密闭收集，由风机通过管道引入废气处理装置，收集效率为 90%，未捕集的废气无组织排放，根据上文核算，无组织排放的氨 1.390×10^{-2} t/a，硫化氢 1.870×10^{-3} t/a。

(4) 危废仓库未收集废气。

危废仓库负压整体换风收集的收集率为 90%，未捕集的非甲烷总烃无组织排放，1＃危废仓库排放量 0.021 t/a，2＃危废仓库排放量 0.053 t/a。

4.4.3　固体废物污染源分析

(1) 产品生产过程产生的固废主要包括废耗材、废层析柱、层析保存废液、废耗材压缩废液、冲洗废液、消毒废液、废产品、废硫酸镍缓冲液、中检废液、废原料包装材料、废包装纸箱、废机油。

(2) 公辅工程固废包括废水处理污泥、软水制备废滤芯、纯水制备废 RO 膜、废 MBR 膜、洁净系统中效滤芯。

4.4.4　噪声污染源分析(略)

4.4.5　非正常工况下污染物产生与排放状况

非正常排放主要指营运过程中开停车、停电、检修、故障停车、洁净系统故障、管道系统破损泄漏、废气处理设施和废水处理设施发生故障时的污染物排放以及物料的无组织泄漏等。在无严格控制措施或污染控制措施失效的情况下，污染物的非正常排放往往成为环境污染的重要因素。

1. *废气非正常排放*

本项目非正常情况主要为：废气处理设施故障，导致处理能力下降，最坏情况为处理效率为 0 的情况下污染物直接排放。非正常工况下废气排放源强见表 5.12。

表 5.12　本项目非正常排放核算表

污染源	非正常排放原因	污染物名称	非正常排放浓度/(mg/m³)	非正常排放速率/(kg/h)	单次持续时间/h	年发生频次/次
废气处理设施	废气处理设备开、停车状态，检修状态	氨	1.34	0.017 4	0.5	0.1
		硫化氢	0.18	0.002 3		
2＃危废仓库	废气处理设备开、停车状态，检修状态	非甲烷总烃	6.63	0.066 3	0.5	0.1
1＃危废仓库	废气处理设备开、停车状态，检修状态	非甲烷总烃	1.05	0.026 3	0.5	0.1
称量间	废气处理设备开、停车状态，检修状态	非甲烷总烃	7.03	0.028 1	0.5	0.1

2. 废水非正常排放

本项目废水处理设施出水口安装在线分析仪，包括 pH 计、COD 检测仪等；这些仪器如果发现超标，则会联动控制，通过自动阀切换，将超标废水回流到前端，进行重新处理。同时发出警报，由排水组调查超标原因，处理故障。

突然停电、停车或者管道系统破损泄漏后，污染物及时调节到事故应急池，收纳事故排放情况下的废料及废水。

本项目可能发生的对环境影响较大的非正常排放情况主要为废气处理设施故障。

4.5 “三废”排放情况汇总

本项目污染物排放量情况如下：

表 5.13 本项目污染物排放量汇总情况[*]

单位：t/a

种类		指标	产生量	削减量	（接管）排放量	进入环境总量
废水	含氮、磷的废水	水量[**]	78 345.951	0	78 345.951	141 744.741
		COD	185.383 4	181.466 1	3.917 3	4.252 3
		BOD_5	74.534 9	73.594 7	0.940 2	0.940 2
		TOC	64.489 4	63.235 9	1.253 5	1.253 5
		SS	29.337 3	26.203 5	3.133 8	1.417 4
		氨氮	17.986 2	17.516 1	0.470 1	0.212 6
		总氮	23.830 4	22.655 2	1.175 2	1.175 2
		总磷	0.649 2	0.617 9	0.031 3	0.031 3
		盐分	81.765	0	81.765	131.083 2
	不含氮、磷的废水	水量[**]	63 398.79	0	63 398.79	—
		COD	3.139 1	0	3.139 1	—
		SS	2.501 5	0	2.501 5	—
		盐分	49.318 2	0	49.318 2	—
有组织废气		颗粒物	0.081 5	0	0.081 5	0.081 5
		二氧化硫	0.56	0	0.56	0.56
		氮氧化物	0.848 7	0	0.848 7	0.848 7
		氨	0.125 1	0.062 55	0.062 55	0.062 55
		硫化氢	0.016 83	0.008 415	0.008 415	0.008 415
		VOCs	0.868 5	0.781 65	0.086 85	0.086 85
		氯化氢	0.004 32	0	0.004 32	0.004 32
无组织废气		颗粒物	0.028 83	0	0.028 83	0.028 83
		氯化氢	0.000 5	0	0.000 5	0.000 5
		氨	0.013 9	0	0.013 9	0.013 9
		硫化氢	0.001 87	0	0.001 87	0.001 87
		VOCs	1.311 2	0.9	0.411 2	0.411 2

续　表

种类	指标	产生量	削减量	(接管)排放量	进入环境总量
固废	危险固废	900.36	900.36	0	0
	一般固废	42	42	0	0
	生活垃圾	120	120	0	0
噪声	等效 A 声级	厂界达标			

注:VOCs 包括苯甲醇、乙酸、乙醇、乙二醇等。
* 为确保研究数据的精度,不做小数点后位数的统一处理。
** 水量的单位是 m^3/a。

由于企业含氮、磷的废水和不含氮、磷的废水混合后排放,故外排环境量以混合后计算。混合废水浓度低于污水处理厂尾水外排浓度标准时按进水浓度核算。

本项目建成后三个厂区污染物排放汇总情况见下表:

表 5.14　本项目建成后全厂污染物排放情况表*　　单位:t/a

类别	污染物名称	原有项目许可排放量	同期申报项目排放量	同期申报项目"以新带老"削减量	自有厂区和小核酸厂区排放量	本项目排放量(接管量)	本项目外排环境量	全厂外排环境量
有组织废气	SO_2	0.727 6	0.2	0.389	0.538 6	0.56	0.56	1.098 6
	NO_x	3.164 6	0.303	1.510 4	1.957 2	0.848 7	0.848 7	2.805 9
	颗粒物	0.516 7	0.029 1	0.281	0.264 8	0.081 5	0.081 5	0.346 3
	NH_3	0.014 93	0.003 2	0.014 9	0.003 23	0.062 55	0.062 55	0.065 78
	H_2S	0.000 701	0.000 7	0.000 7	0.000 701	0.008 415	0.008 415	0.009 116
	VOCs	0.0103 9	0.000 1	0	0.010 49	0.086 85	0.086 85	0.097 34
	HCl	0.000 45	0	0	0.000 45	0.004 32	0.004 32	0.004 77
无组织废气	颗粒物	0.007 304	0.000 1	0	0.007 404	0.028 83	0.028 83	0.036 234
	HCl	0.004 945	0.000 02	0.004 2	0.000 765	0.000 5	0.000 5	0.001 265
	VOCs	0.182 88	0.300 5	0.122 8	0.360 58	0.411 2	0.411 2	0.771 78
	NH_3	0.000 29	0.000 9	0.000 033	0.001 157	0.013 9	0.013 9	0.015 057
	H_2S	0.000 012	0.000 2	0.000 002	0.000 21	0.001 87	0.001 87	0.002 08
废水	废水量	17 241	11 785.33	2 416.33	26 610	141 744.741	141 744.741	168 354.741
	COD	0.517 2	0.353 5	0.072 5	0.798 2	7.056 4	4.252 3	5.050 5
	SS	0.172 4	0.117 9	0.024 2	0.266 1	5.635 3	1.417 4	1.683 5
	氨氮	0.025 9	0.017 7	0.003 6	0.04	0.470 1	0.212 6	0.252 6
	总氮	0.172 4	0.117 9	0.024 2	0.266 1	1.175 2	1.175 2	1.441 3
	总磷	0.005 1	0.003 3	0.000 8	0.007 6	0.031 3	0.031 3	0.038 9
固废		0	0	0	0	0	0	0

* 为确保研究数据的精度,不做小数点后位数的统一处理。

4.6　清洁生产分析(略)

【点评】

1. 该项目是典型的生物医药研发类项目，涉及溶剂配置、生物细胞复苏、培养、纯化、精制等过程，工艺复杂、操作步骤多，产污环节多，案例中按照各生产线，分类、分别详细给出了各工序的工艺流程图及产污环节的识别，各生产线按照准备工序、生产工序、制剂工序三大方面进行梳理归纳，并对每一步工艺流程及产污环节进行详细描述及分析，能够准确识别各污染因子；

2. 案例明确给出了项目废水、废气及固废源强特点（废水主要为含氮、磷的废水，废气主要包括VOCs、颗粒物、HCl等因子，固废主要包括废耗材、各类废液、废包装等危险废弃物），为企业后续提供有效的污染防治措施奠定基础。

4.7 环境风险分析

4.7.1 风险识别

根据《建设项目环境风险评价技术导则》（HJ 169—2018）附录B，本项目涉及的重点关注的危险物质主要有乙醇、乙酸、盐酸、硫酸铵、硫酸镍、乙二醇等。

4.7.2 生产系统危险性识别

根据工艺流程和平面布置功能区划，结合物质危险性识别，项目主要涉及以下风险单元：

表 5.15 本项目危险单元一览表

序号	危险单元	备注
1	生产厂房 1	
2	辅料库	含 1＃危废仓库
3	废水处理设施	含 2＃危废仓库
4	废气处理设施	
5	锅炉房（含燃气管道）	

4.7.3 次生/伴生事故风险识别

本项目生产所使用的原料，部分具有潜在的危害，在贮存、运输和生产过程中可能发生泄漏和火灾爆炸，部分化学品在泄漏和火灾爆炸过程中遇水、热或其他化学品等会产生伴生和次生的危害。

若本项目涉及的可燃物质发生大量泄漏，极有可能引发火灾爆炸事故，产生次生、伴生污染物。其中，乙醇泄漏引发火灾，燃烧产生CO等有毒有害气体，硫酸铵火灾受热分解产生氨气等有毒有害气体，均会对大气环境产生影响。

事故应急救援中产生的消防废水将伴有一定的物料，若沿清水管网外排，将对受纳水体产生严重污染；堵漏过程中可能使用的大量拦截、堵漏材料，掺杂一定的物料，若事后随意丢弃、排放，将对环境产生二次污染。

为避免事故状况下泄漏的有毒物质及火灾爆炸期间的消防废水污染水环境，企业必须制订严格的排水规划，设置事故应急池、管网、切换阀等，使消防水排水处于监控状态，严禁事故废水排出厂外，造成水体污染。

4.7.4　危险物质向环境转移的途径识别

根据可能发生的突发环境事件，污染物的转移途径见表 5.16。

表 5.16　事故污染物转移途径

事故类型	事故位置	事故危害形式	污染物转移途径		
			大气	排水系统	土壤、地下水
泄漏	辅料库、危废仓库废液贮存	气态	扩散	—	—
		液态	—	漫流	渗透、吸收
			—	生产废水、消防废水	渗透、吸收
火灾引发的次伴生污染	储存系统	毒物蒸发	扩散	—	—
		烟雾	扩散	—	—
		伴生毒物	扩散	—	—
环境风险防控设施失灵或非正常操作	环境风险防控设施	气态	扩散	—	—
		液态	—	生产废水、消防废水	渗透、吸收
		固态	—	—	渗透、吸收
非正常工况	生产装置储存系统	气态	扩散	—	—
		液态	—	生产废水、消防废水	渗透、吸收
污染治理设施非正常运行	废气处理设施	气态	扩散	—	—
	废水处理设施	液态	—	生产废水、消防废水	渗透、吸收
	危废仓库	固废	—	—	渗透、吸收
厂内外运输系统故障	储存系统	毒物蒸发	扩散	—	—
	输送系统	气态	扩散	—	—
		液态	—	生产废水、消防废水	—
		固态	—	—	渗透、吸收
杂菌污染	细胞生产过程	气态	扩散	—	—
		液态	—	培养液	—
		固态	—	—	渗透、吸收

4.7.5　生物安全风险识别

本项目通过培养中国仓鼠卵巢(CHO)细胞获得目的产物。CHO 细胞属于哺乳动物细胞，比较脆弱，对生存环境要求很高，只能在特定的环境内存活，如需要无菌、适宜温度、合适的酸碱度和充分的营养条件，脱离这些条件，细胞会很快死亡。

细胞培养生产需使用的细胞种子，使用前已按《中国药典》要求完成质量控制检测，检测项目主要有无菌、支原体、外源因子和内源因子等，检测结果均符合《中国药典》中"生物制品生产检定用动物细胞基质制备及检定规程"的规定，在细胞生产培养过程中的细胞液对人员和环境不会产生危害及危害隐患。

生产结束后，对含有细胞料液和接触料液的材料进行灭活处理。接触料液的材料，如移液管、一次性连接管路、一次性储液袋等，按规定收集后使用 121℃高温灭活处理，处理后的固废转运至危废仓库统一处理。

1. 生物安全风险因素

本项目的生物安全风险因素主要包括以下几方面内容。

① 项目污水处理设施事故状态下的排污。生产废水未经有效灭菌处理，污水处理过程中操作不当或处理设施故障，使废水超标排放，对污水处理产生影响。

② 危废在收集、贮存、运送过程中存在的风险，即危废的收集、预处理、运输及终处理过程以及接触人员的病毒感染事件对环境产生的危害。

③ 环境污染发生后未能及时彻底地消毒，引起人员感染和环境危害。

2. 微生物环境风险分析

微生物直接传播进入人体引发疾病的途径主要有三种：血液、体液传播，消化道传播，呼吸道传播。

生产区域内平时应做好消毒防范措施，防止病原微生物泄漏到外环境。微生物外泄到外环境的渠道主要有：培养过程产生的危废、生产废水未经有效灭菌处理；操作出现失误，导致工作人员感染；生物安全柜内过滤系统失效；等。

4.7.6 风险识别结果

本项目环境风险识别结果见表 5.17。

表 5.17 本项目环境风险识别结果

危险单元	潜在风险源	危险物质	环境风险类型	环境影响途径	可能受影响的环境敏感目标
生产厂房 1	配液罐、生物反应器、收获袋等	杂菌、乙醇、乙二醇、苯甲醇、乙酸、盐酸、硫酸铵、硫酸镍	火灾、爆炸引发次伴生危害	扩散、培养液漫流、渗透、吸收	周边居民、地表水、地下水等
			泄漏	扩散、漫流、渗透、吸收	周边居民、地表水、地下水等
辅料库	危化品	乙醇、乙二醇、苯甲醇、乙酸、盐酸、硫酸铵、硫酸镍	火灾、爆炸引发次伴生危害	扩散，消防废水漫流、渗透、吸收	周边居民、地表水、地下水等
			泄漏	扩散、漫流、渗透、吸收	周边居民、地表水、地下水等
危废仓库	废液	危险废液	泄漏	扩散、漫流、渗透、吸收	周边居民、地表水、地下水等
废水处理设施	生化池等	硫化氢、氨气	火灾、爆炸引发次伴生危害，非正常工况	扩散	周边居民
		废水	泄漏	扩散、漫流、渗透、吸收	周边居民、地表水、地下水等
废气处理设施	活性炭吸附装置	有机废气	火灾、爆炸引发次伴生危害，非正常工况	扩散	周边居民

【点评】

该案例结合项目实际和特点，给出了各化学物质、危险操作单元、转移途径、环境风险类型、环境影响途径及可能受影响的环境敏感目标等的环境风险识别内容，尤其重点描述了生物安全风险识别，包括废水、危废及微生物环境风险分析，能够突出生物医药类项目的特点及风险防范重点，可为其他同类型项目环评提供参考。

五、环境现状调查与评价(略)

六、环境影响预测与评价

6.1　大气环境影响分析

6.1.1　预测模式与参数

对照《环境影响评价技术导则 大气环境》(HJ 2.2—2018),确定本项目大气环境影响评价等级为二级,不进行进一步预测与评价,仅采用 AERSCREEN 模型进行估算。

估算模型参数见表 5.18。

表 5.18　估算模型参数表

参数		取值
城市/农村选项	城市/农村	城市
	人口数(城市选项时)	90 万
最高环境温度/℃		37.9
最低环境温度/℃		−11.7
土地利用类型		工业用地
区域湿度条件		潮湿
是否考虑地形	考虑地形	☑是□否
	地形数据分辨率/m	90
是否考虑岸线熏烟	考虑岸线熏烟	□是☑否
	岸线距离/km	—
	岸线方向/°	—

6.1.2　预测结果

本项目正常工况下大气污染物估算模式计算结果见表 5.19。

表 5.19　污染因子预测结果

污染源名称	评价因子	评价标准/(μg/m³)	C^*_{max}/(μg/m³)	P^*_{max}/%	D10%/m
DA001	PM_{10}	450.0	0.231 0	0.051 3	—
DA001	SO_2	500.0	1.587 9	0.317 6	—
DA001	NO_x	250.0	2.406 3	0.962 5	—
DA002	NH_3	200.0	0.337 1	0.168 5	—
DA002	H_2S	10.0	0.046 5	0.464 9	—
DA002	非甲烷总烃(NMHC)	2 000.0	0.255 6	0.012 8	—

续 表

污染源名称	评价因子	评价标准/($\mu g/m^3$)	C_{max}^*/($\mu g/m^3$)	P_{max}^*/%	D10%/m
DA003	NMHC	2 000.0	0.158 1	0.007 9	—
DA004	NMHC	2 000.0	0.105 4	0.005 3	—
DA004	HCL	50.0	0.022 6	0.045 2	—
生产厂房 1	NMHC	2 000.0	45.643 0	2.282 2	—
仓库	PM_{10}	450.0	0.748 9	0.166 4	—
仓库	NMHC	2 000.0	0.649 7	0.032 5	—
仓库	HCL	50.0	0.013 1	0.026 2	—
废水处理设备	NH_3	200.0	4.383 3	2.191 7	—
废水处理设备	H_2S	10.0	0.599 8	5.998 2	—
2＃危废库	NMHC	2 000.0	35.758 0	1.787 9	—
1＃危废库	NMHC	2 000.0	15.527 0	0.776 3	—

* C_{max}:下风向最大质量浓度。P_{max}:下风向最大占标率。

根据预测结果,本项目 P_{max} 最大值出现为废水处理设备无组织排放的 H_2S,P_{max} 值为 5.998 2%,C_{max} 为 0.599 8 $\mu g/m^3$。根据《环境影响评价技术导则 大气环境》(HJ 2.2—2018)中的要求,二级评价项目不进行进一步的预测与评价,只对污染物排放量进行核算。

表 5.20 大气污染物年排放量核算表(有组织+无组织)* 单位:t/a

序号	污染物	排放量
1	颗粒物	0.110 33
2	二氧化硫	0.56
3	氮氧化物	0.848 7
4	氨	0.076 45
5	硫化氢	0.010 285
6	HCl	0.004 82
7	VOCs(以非甲烷总烃计)	0.498 05

* 为确保研究数据的精度,不做小数点后位数的统一处理。

6.1.3 恶臭、异味影响分析

本项目涉及的恶臭物质主要有氨、硫化氢。通过计算,本项目氨、硫化氢厂界最大浓度见表 5.21.

表 5.21 本项目排放的污染物厂界浓度最大值 单位:mg/m^3

污染物	厂界最大预测浓度值	嗅阈值	达标情况
氨	$3.223\ 9\times10^{-3}$	1.138	达标
硫化氢	4.414×10^{-4}	6×10^{-4}	达标

由上表可知,氨、硫化氢的厂界最大预测浓度值均小于人体对上述各异味物质的嗅阈值,正常运行工况下氨、硫化氢的异味对周边环境影响较小。臭气浓度均低于厂界标准(20,无量纲),臭气对环境影响较小,可做到达标排放。

将臭气感觉强度从“无气味”到“无法忍受的强臭味”分为五级,具体分法见表 5.22。

表 5.22　恶臭强度分级

臭气强度分级	臭气感觉强度	污染程度
0	无气味	无污染
1	轻微感觉到有气味	轻度污染
2	明显感到有气味	中毒污染
3	感到有强烈气味	重污染
4	无法忍受的强臭味	严重污染

表 5.23　恶臭影响范围及程度

范围/m	0～15	15～30	30～100
强度	1	0	0

恶臭随距离的增加影响减小，当距离大于 15 m 时对环境的影响可基本消除。为使恶臭对周围环境的影响减至最低，建议对厂区建筑物进行合理布局，使厂界和周围保护目标受到的恶臭影响降至最低。

6.2　地表水环境影响分析

6.2.1　废水排放的地表水环境影响评价

本项目生产过程中产生的含氮、磷的废水（工艺废水、CIP 系统清洗废水、化冻水、初期雨水、废气处理废水和生活污水），共计 78 345.951 m^3/a(261.15 m^3/d)，全部收集后经新建废水处理设施预处理达标后与不含氮、磷的废水（循环冷却废水、西林瓶清洗水、锅炉排水、纯水制备浓水）一并接管至园区集中污水处理厂集中处理。本项目废水排放在满足接管标准的情形下对园区集中污水处理厂的影响较小，处理后尾水排放对××江的影响较小。

6.2.2　清下水排放的地表水环境影响评价

本项目清下水（间接蒸汽冷凝水）排放量为 33 600 m^3/a(112 m^3/d)，排入西侧雨水管网，最终排入××泾。

1. 预测模型

根据《环境影响评价技术导则 地表水环境》(HJ 2.3—2018)，采用解析法连续稳定排放预测模型。模型基本方程如下：

$$a=\frac{kE_x}{u^2} \tag{5.1}$$

$$Pe=\frac{uB}{E_x} \tag{5.2}$$

当 $0.027<\alpha\leqslant 380$ 时，适用对流扩散降解模型（本次 $\alpha=0.5$）：

$$C(x)=C_0\exp\left[\frac{ux}{2E_x}\left(1-\sqrt{1+4a}\right)\right]x\geqslant 0 \tag{5.3}$$

2. 预测范围及预测因子

(1) 预测范围：综合考虑项目所在地附近水域水文情势及污染物迁移趋势，本次预测范围为清下水排放点下游的××泾水域。

(2) 预测因子:COD。

3. 水文特征

本项目清下水排放点位于××泾,××泾位于项目所在地东侧,河宽大约 45 m,水深约 1.8 m。排放点距离下游××江约 1.3 km。

与××泾下游相连的河流为××江,××江为 5 级航道,通航能力 300 t。是太湖与黄浦江的主要联系水道之一,源于××市×泾口,汇入黄浦江,全长 125 km,河口多年平均泄流量约 10 m/s。××江河面宽阔,一般在 100～200 m,最宽处可达 500 m 以上。××江下游段受黄浦江潮汐影响,水文条件复杂。河口处潮差在 2 m 左右,沿河向上游潮差逐渐减小,涨潮历时渐短,落潮历时渐长,至××段仅稍有水位的涨落,基本无涨潮流的存在。××江水流速度很小,一般仅为 0.1 m/s 左右或更小。同时,××江为公司现有项目生活污水的纳污河道,××江水质执行《地表水环境质量标准》(GB 3838—2002)中的Ⅳ类标准。

下游河段断面参数见下表:

表 5.24 河道水文参数取值

河流名称	河宽/m	水深/m	流向	流速/(m/s)	流量/(m^3/h)
××泾	45	1.8	自北向南	0.14	40 824.0

4. 预测工况

本项目清下水排入市政雨水管网,最终流入附近的××泾。清下水流量为 112 m^3/d,水中 COD 浓度约为 30 mg/L。

表 5.25 源强参数取值

参数	COD
浓度 C_P/(mg/L)	30
流量 Q_p/(m^3/s)	1.3×10^{-3}
系数 K/(1/d)	0.08

5. 终点浓度值的选取

本次论证涉及的水域主要是××泾,根据《江苏省地表水(环境)功能区划(2021—2030 年)》,水功能区执行《地表水环境质量标准》(GB 3838—2002)中的Ⅳ类水质标准(COD≤30 mg/L)。

6. 预测影响结果分析

根据上文建立的解析法连续稳定排放预测模型、设计水文条件以及选取的各项计算参数,计算清下水对××泾下游的 COD 浓度贡献情况,预测结果见表 5.26。

表 5.26 清下水对××泾 COD 浓度的影响情况 单位:mg/L

河流沿程坐标	COD 浓度	河流沿程坐标	COD 浓度
1	27.000	20	26.997
2	27.000	25	26.996
3	27.000	30	26.995
4	27.000	35	26.994
5	26.999	40	26.993
10	26.999	45	26.992
15	26.998	50	26.991

根据现状监测数据，××泾监测断面COD的背景浓度取值为27 mg/L，由预测结果可知，清下水以0.001 3 m^3/s的流量流入××泾中，经过自然衰减，对地表水的影响可以忽略不计。叠加后排口水质满足《地表水环境质量标准》(GB 3838—2002)中的Ⅳ类水标准(COD≤30 mg/L)，清下水排放不会降低区域水环境功能。

6.3　声环境影响预测与评价

6.3.1　主要噪声源

本项目设备噪声源有超声波清洗机、真空灭菌柜、离心机、风机、空压机等设备，噪声源强有65～90 dB(A)。

6.3.2　预测方法

根据导则要求，采用噪声数学模式进行预测，本次不再详细列出。

6.3.3　预测结果

本次评价选择厂界噪声监测点作为噪声预测评价点，根据噪声预测模式和设备的声功率预测计算各评价点处的噪声增量(即总影响值)，并叠加测点的本底值，预测各评价点噪声叠加值，预测结果见表5.27。

表5.27　本项目厂界噪声预测结果　　单位：dB(A)

时段	项目	厂界			
		N1	N2	N3	N4
昼间	贡献值	40.8	39.4	36.9	45.0
	背景值	58.3	59.2	59.7	58.2
	叠加值	58.4	59.2	59.7	58.4
	标准值	65			
	达标情况	达标	达标	达标	达标
夜间	贡献值	40.8	39.4	36.9	45.0
	背景值	49.8	49.5	48.6	48.5
	叠加值	50.3	49.9	48.9	50.1
	标准值	55			
	达标情况	达标	达标	达标	达标

6.3.4　评价结论

预测结果表明，本项目建成后主要噪声设备对厂界的贡献值较小，叠加现有厂界背景值后，厂界环境噪声满足《工业企业厂界环境噪声排放标准》(GB 12348—2008)3类标准要求。

6.4　固体废物环境影响分析

6.4.1　固体废物产生及处置情况

本项目运营期产生的固废主要有以下几种。① 一般工业固废：废包装纸箱、纯水制备废RO膜、软水制备废滤芯、生活垃圾。② 危险废物:废层析柱、层析保存废液、废耗材压缩废液、冲洗废液、消毒废液、废产品、废硫酸镍缓冲液、中检废液、废原料包装材料、废水处理废 MBR 膜、洁净系统中效滤芯、废机油、废耗材(包括手套、消毒擦拭巾、废物料袋、废培养摇瓶、培养袋、储液袋、细胞计数管、废注射器、过滤膜包、主过滤器、冗余过滤器、预过滤器、西林瓶、胶塞、硅胶管、沾染药剂的废铝盖、铝屑及仓库称量间高效滤芯等)。其中,生化污泥的危险特性待鉴别,鉴别前按危险废物管理。

液体危险废物暂存于 1#危废仓库,固体危险废物暂存于 2#危废仓库,统一委托有资质单位处置;废包装纸箱、纯水制备废 RO 膜、软水制备废滤芯作为一般固废处置;生活垃圾由环卫清运。其中废耗材、废产品、中检废液暂存前先灭活,灭活使用灭菌柜,通过蒸汽直接加热,温度为 121℃,持续 30 min 以上。

6.4.2 一般固废环境影响分析

本项目废包装纸箱、纯水制备废 RO 膜、软水制备废滤芯暂存于自建的一般固废仓库,定期外售或委托环卫处置,无外排,对周边环境无影响。

6.4.3 危险废物环境影响分析

1. 产生及收集过程环境影响分析

本项目各类危废产生后,立即转移至危废仓库分类分区贮存,其中废耗材、废产品、中检废液暂存前先灭活,灭活使用灭菌柜,通过蒸汽直接加热,温度为 121℃,持续 30 min 以上。暂存过程严格执行《危险废物贮存污染控制标准》(GB 18597—2001)及其修改单、《危险废物收集 贮存 运输技术规范》(HJ 2025—2012)等文件的要求。

危险废物在收集时,根据废物的类别及主要成分,采用不同大小和不同材质的容器进行包装。所有包装容器均采购质量合格的产品,保障足够安全,并经过周密检查,严防在装载、搬移或运输途中出现渗漏、溢出、抛洒或挥发等情况,因此发生散落和泄漏的概率很低。若发生散落或泄漏,散落或泄漏量也较小,操作人员立刻清理收集,对环境的影响较小。

2. 贮存过程环境影响分析

(1) 大气环境影响。

本项目产生的危废采用吨袋/桶包装后分区暂存于危废仓库,危废仓库按照《工业危险废物产生单位规范化管理实施指南》(苏环办〔2014〕232 号)的要求做到"防扬散、防流失、防渗漏",可有效避免危废扬散,因此项目固废贮存期间对大气环境影响较小。

(2) 地表水环境影响。

本项目设有环保管理机构,有专人对危废贮存设施进行规范管理,危废贮存做到防雨、防风、防晒,危废进入地表水可能性较小,不会对周边水体环境造成显著影响。

(3) 地下水、土壤环境影响。

厂区危废仓库按照《危险废物贮存污染控制标准》(GB 18597—2001)及其修改单的要求进行建设,地面均采用耐腐蚀的硬化地面,表面无裂隙,可有效防止危废贮存过程中物料渗漏对土壤和地下水产生显著影响。

(4) 对环境敏感目标的影响。

本项目周边大气环境敏感目标主要为项目西北侧的美丰苑等居民点,地表水环境敏感目标为××泾、××江等地表水体,生态环境保护目标有××市省级生态公益林等生态红线区域。

危废仓库按照《省生态环境厅关于进一步加强危险废物污染防治工作的实施意见》(苏环办〔2019〕327 号)的要求做到"防扬散、防流失、防渗漏",可有效避免危废扬散,因此项目固废贮存期间对大气环境影响较小。

危废贮存做到防雨、防风、防晒，危废进入地表水可能性较小，不会对地表水环境敏感目标造成显著影响。

本项目危废贮存设施均采用防渗措施，对地下水影响较小。

本项目对土壤环境敏感目标的影响主要通过排放的废气污染物沉降造成，项目危废贮存期间采用防风等措施，避免危废扬散，对土壤环境敏感目标的影响较小。

3. 运输过程环境影响分析

本项目产生的危险废物装入吨袋/桶内暂存于危废仓库，委托有资质单位处置。

危险废物的运输由处置单位委托具备危险品运输资质的车队负责。本次评价要求企业强化管理制度、加强输送管理要求、重视运输过程中危废密闭性，尽量避免危废运输发生污染事件。在采取密闭措施，防范运输事故的基础上，固废运输过程对环境影响总体较小。

(1) 噪声影响。

固体废物在运输过程中，运输车辆将对环境造成一定的噪声影响。一方面，项目固体废物和生活垃圾是不定期地进行运输，不会对环境造成持续频发的噪声污染；另一方面，项目生活垃圾运输过程中车辆产生的噪声较小，对环境造成的影响也很小。

(2) 气味影响。

危险废物在运输的过程中，可能对环境造成一定的气味影响，因此，危险废物和生活垃圾在运输过程中需采用符合规范的车辆，在采取上述措施后，运输过程中基本可以控制运输车辆的气味泄漏问题。

(3) 废水影响。

在车辆密封良好的情况下，运输过程中可有效控制运输车的废液/渗滤液泄漏，对车辆所经过的道路两旁的水体水质影响不大。但若运输车辆出现沿路洒漏，则会因雨水冲刷路面而对附近水体造成污染。因此，企业和废物运输单位要严格按照要求进行包装和运输过程管理，确保运输过程中不发生洒漏。

4. 处置过程环境影响分析

本项目危险废物不在企业内处置利用，委托有资质单位进行安全处置。

6.5　地下水环境影响分析

6.5.1　水文地质现场测试及参数确定

1. 渗透系数

根据区域最近的岩土工程勘察报告，场地包气带岩(土)层垂向渗透系数为 4.07×10^{-6} cm/s，同时参照导则附录表 B.1 渗透系数取值，保守取 0.1 m/d。

2. 孔隙度的确定

根据区域最近的岩土工程勘察报告和土壤现状监测数据，场地包气带岩(土)层孔隙度取值为 0.3。

3. 弥散系数的确定

D. S. Makuch(2005)综合了其他人的研究成果，对不同岩性和不同尺度条件下介质弥散度的大小进行了统计，获得了污染物在不同岩性中迁移的纵向弥散度，发现存在尺度效应现象。根据室内弥散试验以及在其他地区的现场试验结果，对本次评价范围潜水含水层纵向弥散度取 50 m，横向弥散度取 5 m。

4. 水力坡度的确定

根据两钻孔的水位高差可计算出钻孔间的水力坡度，评价区域水文地质单元的水力坡度为 0～0.000 6，平均值约 0.000 31。

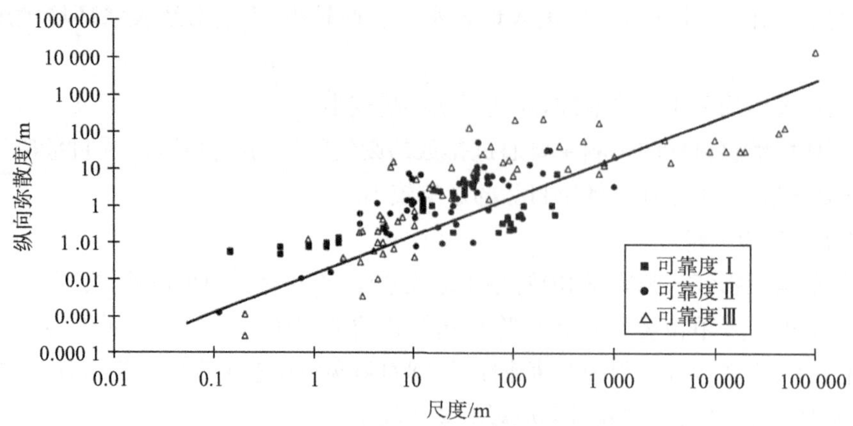

图 5.10　松散沉积物的弥散度确定

表 5.28　水力坡度计算结果表

孔号	水位/m	距 D1 孔间距离/m	两钻孔间水利坡度	水力坡度平均值
D1	1.1	—	—	3.1×10^{-4}
D2	1.2	400	2.5×10^{-4}	
D3	0.8	500	6×10^{-4}	
D12	1.2	1 350	7.41×10^{-5}	

6.5.2　地下水环境影响预测

本次预测将考虑非正常情况，以废水处理设施发生泄漏为例，概化为点源污染，预测污染物在地下水中的迁移距离。

1. 预测因子

企业废水处理设施废水渗漏是地下水的主要污染来源，本次预测因子主要选择 COD、NH_3-N。

下渗废水的 COD 计为 2 400 mg/L，对于同一种水样，COD 与高锰酸盐指数之间存在一定的线性比例关系：$COD_{Cr}=k\times$高锰酸盐指数，一般来说，$1.5<k<4.0$。为保守起见，本次 k 取 1.5，则工业废水池中折算后的高锰酸盐指数约为 1 600 mg/L，下渗废水的氨氮计为 230 mg/L。

如果裂缝太多，出现大量渗水，污水池的计量仪器会有所反应，生产单位将会修复。一般情况下，当裂缝面积小于总面积的 0.3%～0.4%时不易发觉。因此，污水站注入的质量，保守按污水站收集池破裂了 0.4%的池底面积(长 13.2 m，宽 8.2 m，底面积 108.24 m^2)计算：

$$Q=Ka*(H+D)/D*A_{裂缝}$$

式中：Q 为渗入到地下的污水量，m^3/d；

Ka 为地面垂向渗透系数，m/d；

H 为池内水深，m；

D 为地下水埋深，m；

A 裂缝为污水池池底裂缝总面积，m^2；

泄漏量 $=108.24\ m^2\times0.4\%\times0.1\ m/d\times2.8=0.12\ m^3/d$；

按最长检修间隔 300 d 计算，则泄漏水量 $=0.12\ m^3/d\times300\ d=36\ m^3$；

则 $m_{Mn}=36\ m^3\times1\ 600\ mg/L=57.6\ kg$；

$m_{氨氮}=36\ m^3\times230\ mg/L=8.28\ kg$。

本次预测采用《地下水质量标准》Ⅳ类水标准，并将标准的十分之一作为其影响范围。各预测因子超标范围和影响范围的贡献浓度设定见表 5.29：

表 5.29　预测因子超标范围和影响范围贡献浓度值　　单位：mg/L

污染源所在位置	污染源	预测因子	超标范围贡献浓度值	影响范围贡献浓度值
废水收集池	工业废水	COD_{Mn}	10.0	1.0
		氨氮	1.5	0.15

2. 预测模型概化

保守计算，本次模拟计算忽略污染物在包气带的运移过程。区域地下水整体自北向南方向呈一维流动。评价区为地下水位动态稳定，因此可概化为“持续注入示踪剂的一维稳定流动二维水动力弥散模型”。

本次预测所用模型需要的参数有：含水层厚度 M，外泄污染物质量 m，岩层的有效孔隙度 n，水流速度 u，污染物纵向弥散系数 D_L，污染物横向弥散系数 D_T。

需用到的参数根据现有资料以及现场水文地质调查结果获取，具体如表 5.30 所示：

表 5.30　场地水文地质参数表

指标	参数	说明
含水层厚度 M	10 m	根据工程勘察资料
水流速度 u	1.38×10^{-3} m/d	根据经验公式计算
有效孔隙度 n	0.30	根据工程勘察资料
纵向弥散系数 D_L	0.05 m^2/d	根据经验公式计算
横向弥散系数 D_T	0.005 m^2/d	根据经验公式计算

3. 预测结果及分析

从预测结果可以看出，因点源污染渗漏，高锰酸盐指数在地下水中运移 100 d、1 000 d 和 5 000 d 后的达标扩散距离分别达到 7 m、23 m 和 53 m，氨氮在地下水中运移 100 d、1 000 d 和 5 000 d 后的达标扩散距离分别达到 7 m、23 m 和 54 m。

根据厂区地下水流向可知，地下水自南向北，可见地下水影响范围仍主要在厂区范围内，可见，本项目对地下水环境的影响可接受。

4. 地下水环境影响评价结论

(1) 本项目在施工质量较好保证、运营过程中各项措施充分落实、污染防渗措施有效的情况下(正常工况下)，对区域地下水水质不产生影响。在非正常工况下，会在厂区及周边较小范围内污染地下水。污染物模拟预测结果显示：废水池持续性泄漏时，5 000 d 后项目所在地高锰酸盐指数和氨氮污染物在水平方向最大超标迁移距离分别约为 53 m 和 54 m。总体来说污染物在地下水中迁移速度缓慢，项目场地污染物的渗漏/泄漏对地下水影响范围很小，高浓度的污染物主要出现在项目所在地废水排放处范围内的地下水中，而不会影响到区域地下水水质。

(2) 污染物扩散范围主要与地层结构及其渗透性、水文地质条件、废水下渗量以及某种污染物浓度的背景值等因素有关。其中地层结构及其渗透性、水文地质条件为主要因素，从水文地质单元来看，项目所在地水力梯度小，水流速度慢，污染物不容易随水流迁移；项目所在地地层以黏土和粉质黏土为主，透水性较小，污染物在其中迁移距离较小。

(3) 本项目周边无地下水饮用水源，环境保护目标在污染物最大迁移距离之外，不会受本项目的影响。实现有效监测、防治措施的运行后，项目对地下水环境的影响基本可控。

综上所述，本项目实现有效监测、防治措施的运行后，对地下水环境的影响比较小。

6.6 土壤环境影响预测与分析

6.6.1 土壤环境影响途径识别

项目主要的大气污染物为 VOCs、氯化氢。废气中的污染物会因大气沉降的作用迁移至土壤中，废水处理设施、生产装置、仓库的物料泄漏时，部分泄漏的物料会通过地面漫流及垂直入渗进入土壤，本项目土壤环境影响途径识别情况见表 5.31—5.32：

表 5.31 建设项目土壤环境影响类型与影响途径表

不同时段	污染影响型				生态影响型			
	大气沉降	地面漫流	垂直入渗	其他	盐化	碱化	酸化	其他
建设期	—	—	—	—	—	—	—	—
运营期	√	√	√	—	—	—	—	—
服务期满后	—	—	—	—	—	—	—	—

表 5.32 土壤环境影响源及影响因子识别一览表

污染源	工艺流程/节点	污染途径	全部污染物指标	特征因子	备注
生产装置区	废气排放	大气沉降	VOCs、HCl	VOCs、HCl	连续、正常
生产装置区	各生产各工序	地面漫流 垂直入渗	COD	COD	事故
废水装置	废水处理	垂直入渗	COD、SS、氨氮	COD	事故

6.6.2 土壤环境评价

1. 预测与评价情景设置

根据工程分析，排放的大气污染物为少量 HCl、VOCs 废气，根据大气环境影响估算结果，其最大落地浓度均较小，大气沉降方式对土壤的污染影响较小。

项目地面均采取钢筋混凝土硬化和防腐防渗措施，正常情况下污染物基本不会泄漏至土壤。

新建废水处理设施位于厂区南侧，故本次土壤预测分析选取非正常状况下生产废水调节池高浓度废水泄漏导致污染物进入土壤的情景。

2. 预测评价方法

(1) 预测模型筛选。

本项目土壤环境影响预测采用导则推荐的一维非饱和溶质运移模型。

(2) 预测方案。

(a) 预测时间：考虑废水处理设施调节池发生不易发现的小面积渗漏，假设半年检修一次，维修时发现渗漏，故将预测时间取整，设定为 180 d。

输出时间分别为 10 d、20 d、40 d、80 d、150 d、200 d、300 d。

(b) 预测因子：综合考虑项目废水处理设施及废水的特性以及场地所在区域的土壤特征，本次评价中非正常状况的泄漏点设定为废水调节池。COD_{Mn} 浓度取 1 600 mg/L。

(c) 土壤含水率 θ。

土壤含水率根据地勘报告取值为 32.1%。

（d）预测深度。

根据地下水现状调查结果和地勘报告，项目所在地块地下水埋深为 1.5～2.4 m，因此，本项目模型选择自地表向下 2 m 范围内进行模拟预测。

土壤质地：根据厂区资料，自地表向下至 2 m 处主要为素填土，物质成分以粉质黏土为主，因此按照 1 种土壤质地预测。

观测点设置：在预测目标层布置 5 个观测点，从上到下依次为 N1～N5，距模型顶端距离分别为 20 cm、50 cm、100 cm、150 cm 和 200 cm。

（3）预测结果。

表 5.33　土壤环境影响预测参数　　单位：mg/m^3

观测点	T1(20 d)	T2(40 d)	T3(80 d)	T4(150 d)	T5(200 d)	T6(300 d)
N1(20 cm)	84.230	351.500	820.900	1 252	1 397	1 527
N2(50 cm)	1.543×10^{-2}	4.807	123.100	592.600	901.600	1 289
N3(100 cm)	0	3.107×10^{-6}	1.393×10^{-1}	29.890	135	541.400
N4(150 cm)	0	0	3.107×10^{-6}	1.201×10^{-1}	3.260	78.290
N5(200 cm)	0	0	0	7.158×10^{-5}	1.995×10^{-2}	5.025

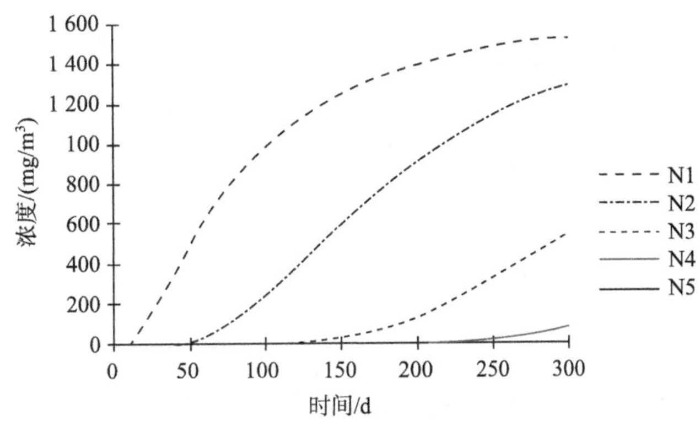

图 5.11　土壤环境影响预测结果图

由土壤模拟结果可知，污染物 COD_{Mn} 在土壤中随时间不断向下迁移，综合废水处理设施调节池泄漏会对土壤环境造成影响。建设单位应采取加强防渗、跟踪监测等措施防止非正常工况的发生。

6.6.3　土壤环境影响评价结论

本项目严格按照《危险废物贮存污染控制标准》(GB 18597—2001)的要求设置和管理危废仓库以及废水处理设施，本项目对危险废物及废水的贮存所采取的防范措施是可行的，正常运营工况下，对土壤的影响降至最低，确保土壤环境质量不会恶化。同时，建设单位应采取加强防渗、跟踪监测等措施防止非正常工况的发生。

6.7　环境风险评价

6.7.1　风险事故情形设定

本项目选取可能发生的风险事故情形如下：

1. 废气事故情形设定

(1) 盐酸、乙酸泄漏挥发后通过大气沉降对周围环境产生影响。

(2) 火灾爆炸事故,硫酸铵受热分解产生氨气等次/伴生污染物对周围环境产生影响。

2. 地表水风险事故情形设定

物料泄漏以及火灾、爆炸事故发生时产生的事故废水处理不当,将对周边地表水环境产生影响。

3. 地下水风险事故情形设定

辅料库、污水处理站、危废仓库等发生防渗层损坏开裂等现象时,物料将对地下水造成点源污染,污染物可能下渗至孔隙潜水及承压层中,从而在含水层中运移,对周边地下水环境产生影响。

6.7.2 源项分析

1. 化学品泄漏事故

考虑盐酸、乙酸的储存方式、易挥发性及毒性,选取储存组包(塑料膜缠绕打包,500 mL 盐酸 4 瓶为一组,1 L 醋酸 4 个为一组)全破裂进行预测,泄漏时间 10 min。10 min 的泄漏过程中采取倒罐等措施进行收容,未收容的由于表面气流的运动发生质量蒸发。

表 5.34 盐酸泄漏事故源项分析表

泄漏设备类型	包装瓶	操作温度	常温	操作压力	常压
泄漏危险物质	盐酸	最大存在量	2 kg	泄漏孔径	/(10 min 内储罐泄漏完)
泄漏时间	10 min	泄漏量	2 kg	泄漏频率	5.00×10^{-6}/a

表 5.35 乙酸泄漏事故源项分析表

泄漏设备类型	包装瓶	操作温度	常温	操作压力	常压
泄漏危险物质	乙酸	最大存在量	4 kg	泄漏孔径	/(10 min 内储罐泄漏完)
泄漏时间	10 min	泄漏量	4 kg	泄漏频率	5.00×10^{-6}/a

2. 火灾爆炸次伴生事故

(1) 考虑硫酸铵受热分解产生次伴生氨气。硫酸铵最大存在量约 8 t,相对较少,保守计算,事故情况下可按照全部分解考虑。

(2) 发生火灾时,消防废水产生量较多,则有可能通过雨水管网流入东侧的××泾。

消防用水流量为 25 L/s,以消防历时 3 h 计,事故废水总水量为 270 t,保守计算全部流入××泾。类比同类型项目事故废水,COD 浓度约为 800 mg/L。

由上述分析可知,本项目风险事故情形源强一览详见表 5.36。

表 5.36 本项目风险事故情形源强一览表

<table>
<tr><th>序号</th><th colspan="2">风险事故情形描述</th><th>危险单元</th><th>危险物质</th><th>影响途径</th><th>释放或泄漏速率/(kg/s)</th><th>释放或泄漏时间/min</th><th>最大释放或泄漏量/kg</th></tr>
<tr><td>1</td><td rowspan="2">化学品泄漏事故</td><td>盐酸泄漏</td><td rowspan="2">辅料库</td><td>HCl</td><td>扩散</td><td>0.000 4</td><td>10</td><td>0.12*</td></tr>
<tr><td>2</td><td>乙酸泄漏</td><td>乙酸</td><td>扩散</td><td>0.006 7</td><td>10</td><td>4</td></tr>
<tr><td>3</td><td colspan="2" rowspan="2">火灾爆炸次伴生事故</td><td rowspan="2">辅料库</td><td>氨气</td><td>扩散</td><td>0.095 4</td><td>180</td><td>1 030</td></tr>
<tr><td>4</td><td>COD</td><td>消防废水</td><td>0.020 0</td><td>180</td><td>216</td></tr>
</table>

注:* 以纯物质计。

6.7.3　风险预测与评价

根据本项目风险评价等级，本项目大气环境风险等级为二级，地表水环境风险评价为三级，地下水环境风险评价为简单分析。

根据导则要求，大气环境风险二级评价需选取最不利气象条件，选择适用的数值方法进行分析预测，给出风险事故情形下危险物质释放可能造成的大气环境影响范围与程度。本次评价选取盐酸、乙酸泄漏事故，硫酸铵次生事故进行影响预测。

地表水环境风险三级评价应定性分析说明地表水环境影响后果，本次评价分析预测了地表水环境影响后果。

本次评价定性分析说明了地下水环境影响后果，引用地下水预测结果进行分析。

1. 大气环境风险事故

(1) 预测模型筛选。

项目中盐酸、乙酸、氨气烟团初始密度未大于空气密度，不计算理查德森数，扩散计算建议采用AFTOX模型。

预测模型主要参数详见表5.37。

表5.37　预测模型主要参数表

参数类型	选项	参数
基本情况	事故源经度/°	120.891
	事故源纬度/°	31.331
	事故源类型	盐酸、乙酸泄漏；次生氨气
气象参数	气象条件类型	最不利气象
	风速/(m/s)	1.5
	环境温度/℃	25
	相对湿度/%	50
	稳定度	F
其他参数	地面粗糙度/m	0.5
	是否考虑地形	否
	地形数据精度/m	90

(2) 预测计算。

项目预测的各物质终点浓度详见表5.38。

表5.38　化学品泄漏事故中预测的各有毒有害物质的终点浓度

物质名称	毒性终点浓度-1/(mg/m^3)	毒性终点浓度-2/(mg/m^3)
氨	770	110
氯化氢	150	33
乙酸	610	86

由预测结果可知，盐酸泄漏，HCl扩散后，在最不利气象条件下到达毒性终点浓度-1的最远影响距离为2.48 m，到达毒性终点浓度-2的最远影响距离为4.90 m。

计算结果表明乙酸扩散的最小毒性浓度为0 mg/m^3，最大毒性浓度为28.14 mg/m^3。排放物的大气终点浓度-1为86 mg/m³，大气终点浓度-2为610 mg/m³，最大毒性浓度小于大气毒性终点浓度-2)，无须绘制预测浓度达到毒性终点浓度的最大影响范围图。

由预测结果可知，硫酸铵次生氨气扩散，在最不利气象条件下小于毒性终点浓度-1，到达毒性终点浓度-2的最远影响距离为46.20 m。

由预测结果可知，最不利气象条件下，事故废气扩散后各污染物最大浓度均未超过相应的毒性终点浓度-1和毒性终点浓度-2，对敏感目标影响较小。若事故持续时间为10 min，经计算此时大气伤害概率$PE(\%)=0$，对敏感目标影响较小。

2. 地表水污染事故

火灾爆炸事故消防废水若处置不当，可能进入地表水污染环境。本项目已设置三级应急防范体系，设置事故应急池，用于事故废水暂存，但项目东侧紧临××泾，故本项目水环境风险考虑极端情况下处置不当，少量未截留部分物料随消防废水进入地表水对环境的影响，本报告预测对模型简化，保守按最不利情况，直接泄漏至××泾。

(1) 预测模型。

根据《环境影响评价技术导则　地表水环境》(HJ 2.3—2018)，本次采用有限时段排放一维对流扩散方程进行预测。

(2) 水文特征。

××泾位于项目所在地东侧，本项目事故排放点设置为雨水排口，××泾河宽大约45 m，水深约1.8 m。排放点距离下游××江约为1.3 km。

下游河段断面参数见表5.39。

表5.39　河道水文参数取值

河流名称	河宽/m	水深/m	流向	流速/(m/s)	流量/(m³/h)
××泾	45	1.8	自北向南	0.14	40 824

(3) 终点浓度值的选取。

本次预测涉及的水域主要是××泾，按《地表水环境质量标准》(GB 3838—2002)Ⅳ类执行(COD≤30 mg/L)。

(4) 预测影响结果分析。

根据上文建立的解析法连续稳定排放预测模型、设计的水文条件以及选取的各项计算参数，计算事故对××泾下游的COD浓度贡献情况。由预测结果可知，事故废水对地表水有一定的影响，但COD随水流迁移稀释，自然衰减，到下游已经可以忽略不计，水质仍然可以满足《地表水环境质量标准》(GB 3838—2002)中的Ⅳ类水标准(COD≤30 mg/L)，不会降低区域水环境功能。

3. 地下水渗漏事故

若废水收集池体因防渗层破损发生废液泄漏事故，废水经包气带土壤入渗，将污染地下水。根据地下水预测结果，因点源污染渗漏，高锰酸盐指数在地下水中运移100 d、1 000 d和5 000 d后的达标扩散距离分别达到6 m、20 m和48 m，氨氮在地下水中运移100 d、1 000 d和5 000 d后的达标扩散距离分别达到6 m、26 m和51 m。根据厂区地下水流向自南向北可知，地下水影响主要在厂区范围内，按照监测计划对厂区下游地下水进行监控，可将地下水污染的风险降到最低。

6.8　生态影响分析

6.8.1　生态环境现状调查与评价

项目地位于江苏省某高新区，所在地为工业用地，占地面积为 62 093.1 m^2，所占工程用地范围小于 2 km^2，项目所在地内不涉及国家公园、自然保护区、世界自然遗产、重要生境，不涉及自然公园、生态保护红线；本项目地表水评价等级为三级 A，不高于二级评价等级；本项目地下水水位或土壤影响范围内无天然林、公益林、湿地等生态保护目标。根据《环境影响评价技术导则 生态影响》(HJ 19—2022)"6.1.8 位于已批准规划环评的产业园区内且符合规划环评要求、不涉及生态敏感区的污染影响类建设项目，可不确定评价等级，直接进行生态环境影响简单分析"，拟建项目生态环境影响评价等级为生态影响简单分析。

6.8.2　生态影响评价

1. 建设期生态影响评价

本项目建设期对生态环境的影响主要表现为用地形态发生了改变，区域由空地变为厂区车间和装置区，地面硬化，生物量减少，同时由于施工道路和临时用地的建设和占用，周边一定范围内植被亦会消失。

本项目占地(包括项目用地和临时用地)范围内无珍稀濒危物种。本项目建设过程将造成植被破坏，建议后续加强绿化，进行生态补偿。

2. 营运期生态影响评价

本项目营运期间的生态环境影响主要是生产装置运行期间产生的污染物对周边生态环境、景观的影响，主要表现为以下几方面：

(1) 废水对生态环境的影响。

本项目废水经过厂区内废水处理设施处理达标后排入××江污水处理厂，经污水处理厂集中处理后达标排放，对周围水体环境、鱼类及其他水生生物影响较小。

(2) 废气对生态环境的影响。

本项目产生的工艺废气主要为乙醇、乙酸、乙二醇、苯甲醇等 VOCs，烟粉尘，氨，硫化氢，氯化氢，二氧化硫，氮氧化物等，采取合理的治理措施后，均满足达标排放的要求，结合大气环境质量影响预测结果，项目废气对生态系统影响较小。

(3) 噪声对生态环境影响。

本项目对主要高噪声源采取了有效的隔音降噪措施，确保其达标排放，噪声不会对周围生态环境产生影响。

(4) 固体废物对生态环境的影响。

本项目对产生的固体废物采取规范有效的处理、处置措施，其外排量为零，对周围生态环境无影响。

综上所述，本项目各项污染物经治理后可达标排放，对周围生态的影响在可接受范围内。

【点评】

该案例根据各要素环境影响评价技术导则的要求，采用科学、合理的预测方法和模型，谨慎、科学选取预测过程中所需的各参数数值，分别给出了大气、地表水、地下水、噪声、固废、风险等各要素可能造成的影响，并给出定量预测分析，能够准确体现项目对周边环境的影响，明确了项目影响评价的结论。

七、环境保护措施及其可行性论证

7.1 大气环境保护措施及其可行性论证

7.1.1 废气污染防治措施

1. 有组织废气防治措施

锅炉天然气燃烧废气通过 1 根 20 m 高排气筒(DA001)排放。

废水处理设施和 2#危废仓库废气经收集后,采用“碱喷淋+除雾+两级活性炭吸附处理”,尾气通过 1 根 20 m 高排气筒(DA002)排放。

1#危废仓库废气经收集后,采用“水喷淋+除雾+两级活性炭吸附处理”,尾气通过 1 根 15 m 高排气筒(DA003)排放。

仓库有机废气经二级活性炭吸附处理后由楼顶 1 根 25 m 高排气筒(DA004)排放。具体见表 5.40。

表 5.40 有组织废气收集、处理情况

车间	污染源	污染物	收集方式	收集效率	处理措施	处理效率	排气筒
锅炉	天然气燃烧	烟尘、二氧化硫、氮氧化物	管道收集	100%	低氮燃烧	—	20 m 高排气筒(DA001)
废水处理设施、2#危废仓库	废水处理	氨、硫化氢、VOCs(乙醇、苯甲醇、乙二醇、醋酸,以 NMHC 计)	废水设施池体加盖,管道收集;危废仓库整体负压换风收集	90%	碱喷淋+除雾+二级活性炭吸附处理	VOCs 90%;氨、硫化氢 50%	20 m 高排气筒(DA002)
1#危废仓库	危废暂存	VOCs(乙醇、苯甲醇、乙二醇、醋酸,以 NMHC 计)	整体负压换风收集	90%	水喷淋+除雾+二级活性炭吸附处理	VOCs 90%	15 m 高排气筒(DA003)
仓库	液体称量	VOCs(乙醇、苯甲醇、乙二醇、醋酸,以 NMHC 计)、HCl	称量罩负压收集	90%	二级活性炭吸附处理	VOCs 90%	25 m 高排气筒(DA004)

废气收集处理工艺流程见图 5.12。

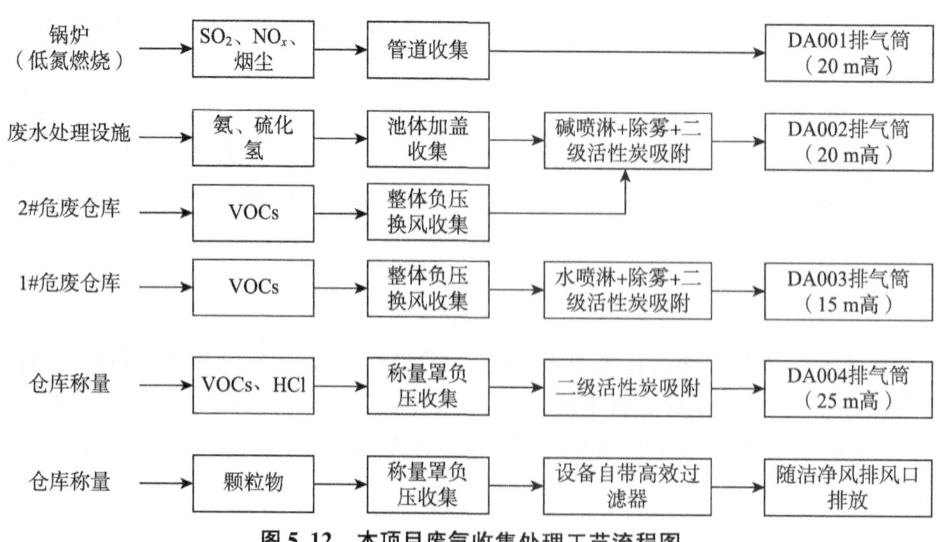

图 5.12 本项目废气收集处理工艺流程图

2. 无组织废气防治措施

本项目无组织废气主要是生产厂房 1 在生产、消毒过程中产生的废气及未捕集的废气。主要处理措施具体见表 5.41。

表 5.41　无组织废气收集、处理情况

车间	污染源	污染物	收集方式	收集效率	处理措施	处理效率	排放方式
生产厂房 1	消毒废气	乙醇	洁净系统排风收集	>99.99%	排风机内置活性炭	75%	屋顶洁净系统排风口排放
	层析废气	乙醇、乙二醇	洁净系统排风收集	>99.99%	排风机内置活性炭	/(微量,浓度极低,保守不考虑处理效率)	屋顶洁净系统排风口排放
	生物安全柜废气	培养废气	负压收集	>99.99%	自带高效过滤器	99.99%	车间内排放后随屋顶洁净系统排风口排放
	细胞呼吸废气	二氧化碳、水	生物反应器出口设置除菌过滤器	>99.99%	配套 0.2 μm 无菌过滤器(优于高效过滤器)	99.99%	车间内排放后随屋顶洁净系统排风口排放

为减少无组织废气排放量,企业同时拟采取以下处理措施:

(1) 生产厂房 1 液体料转移采用一次性管路,采用专业卡口密闭连接,确认正常连接后方开启阀门,采用蠕动泵泵入,减少废气量产生。

(2) 挥发性物料称量均在仓库内集中进行,减少排放。

(3) 生产过程严格按照操作规范进行,如有泄漏,需立即采取措施。

(4) 本项目细胞扩增培养过程中,细胞培养的呼吸尾气主要为二氧化碳和水,可能会携带涉及生物安全的微生物,细胞培养废气通过 0.2 μm 无菌过滤器(优于高效过滤器)过滤后排出,最终通过洁净车间的排风系统排至外环境。粉料称量过程中通过称量罩自带的高效过滤器过滤后排放,最终通过洁净车间的排风系统排至外环境,符合《制药建设项目环境影响评价文件审批原则》中"通过高效过滤器控制颗粒物排放,减少生物气溶胶可能带来的风险"的要求。

(5) 本项目设备表面采用 75%乙醇溶液进行擦洗消毒,擦洗过程产生的乙醇废气,通过洁净车间通风系统的密闭管道输送至排风机。排风机内置活性炭吸附装置处理后经屋顶排风口排放,可有效降低无组织排放量。

(6) VOCs 无组织排放控制要求。

根据《挥发性有机物无组织排放控制标准》(GB 37822—2019)要求,对本项目 VOCs 无组织排放进一步提出如下要求:

(a) VOCs 物料储存无组织排放控制要求。

VOCs 物料应储存于密闭的容器、包装袋、储库、料仓中。盛装 VOCs 物料的容器或包装袋应存放于室内专用场地。盛装 VOCs 物料的容器或包装袋在非取用状态时应加盖、封口,保持密闭。

(b) VOCs 物料转移和输送无组织排放控制要求。

液态 VOCs 物料应采用密闭管道输送。采用非管道输送方式转移液态 VOCs 物料时,应采用密闭容器。

(c) 其他要求。

企业应建立台账,记录含 VOCs 原辅材料和含 VOCs 产品的名称、使用量、回收量、废弃量、去向以及 VOCs 含量等信息。台账保存期限不小于 3 年。通风生产设备、操作工位、车间厂房等应在符合安全生产、职业卫生相关规定的前提下,根据行业作业规程与标准、工业建筑及洁净厂房通风设计规范等的要求,采用合理的通风量。工艺过程产生的含 VOCs 的废料应按照(a)(b)的要求进行储存、转移和输送。盛装过 VOCs 物料的废包装容器应加盖密闭。

通过采取以上无组织排放控制措施,各污染物质的周围外界最高浓度能够达到《大气污染物综合排放标准》(DB 32/4041—2021)、《制药工业大气污染物排放标准》(DB 32/4042—2021)、《恶臭污染物排放标准》(GB 14554—93)无组织排放限值的要求,无组织废气能够达标排放。

3. 生物安全废气的收集及治理措施

本项目涉及微生物暴露的环节在洁净区内的生物安全柜中操作。生物安全柜是一种负压的净化工作台,能够保护工作人员、受试样品并防止交叉污染的发生,配有高效过滤器,过滤效率可以达到 99.995%,废气经过滤器过滤后排放,符合《制药工业大气污染物排放标准》(DB 32/4042—2021)要求。

7.1.2 技术可行性分析

根据《排污许可证申请与核发技术规范 制药工业—生物药品制品制造》(HJ 1062—2019),生物药品制品制造的废气处理可行技术见表 5.42:

表 5.42 废气处理可行技术参考表

生产单元	废气产污环节	污染物项目	可行技术	本项目
公用单元	仓库	非甲烷总烃、HCl	吸收、吸附、其他	两级活性炭吸附处理措施,为技术规范内的可行技术
公用单元	废水、固废处理处置	非甲烷总烃、氨、硫化氢	吸收、吸附、其他	喷淋塔+除雾+两级活性炭吸附处理措施,为技术规范内的可行技术

工程实例:

类比武汉某生物科技有限公司生物研发实验室建设项目。该项目为生物研发实验室竣工验收报告,1#研发实验室有机废气采用二级活性炭吸附处理,根据 2020 年 6 月 1 日—2 日的验收监测数据,二级活性炭吸附对有机废气的处理效率达到 92.5%。本项目仓库有机废气采用二级活性炭吸附处理,与案例处理措施相同;1#危废仓库有机废气采用“水喷淋+二级活性炭装置”处理有机废气,2#危废库有机废气采用“碱喷淋+二级活性炭吸附”处理有机废气,在同类型企业案例基础上增加了喷淋系统,故有机废气去除率保守取 90%可行。

类比常州某化学有限公司甲类仓库二和乙类仓库一,有机废气采用一级活性炭吸附处理,根据 2019 年 7 月 1 日—2 日的验收监测数据,一级活性炭吸附对有机废气的处理效率达到 83.2%。本项目生产厂房 1 消毒有机废气(乙醇)采用洁净系统排风机内置活性炭装置吸附处理后从屋顶无组织排放,该装置与案例一样均为一级活性炭吸附装置,故有机废气去除率保守取 75%可行。

类比常州某药业有限公司现有已建项目的验收监测数据(报告编号:SCT—HJ 验[2020]第 053 号、SCT—HJ 验[2020]第 054 号),采用“酸喷淋+碱喷淋”处理氨气和硫化氢,验收监测到实际去除效率分别大于 54%、56%。本项目采用“碱喷淋+二级活性炭吸附”处理氨气和硫化氢废气去除率保守取 50%可行。

7.1.3 排气筒设置合理性

本项目涉及 4 根排气筒,正常工况下,本项目有组织废气排放浓度均能达到《制药工业大气污染物排放标准》(DB 32/4042—2021)、《锅炉大气污染物排放标准》(GB 13271—2014)和《苏州市打赢蓝天保卫战三年行动计划实施方案》(苏府办〔2019〕67 号)的限值要求。

根据《制药工业大气污染物排放标准》(DB 32/4042—2021)中“4.14 排放光气、氰化氢和氯气的排气筒高度不低于 25 m,其他排气筒高度不低于 15 m(因安全考虑或有特殊工艺要求的除外),具体高度及与周围建筑物的高度关系根据环境影响评价文件确定；确因安全考虑或其他特殊工艺要求，排气筒低于15 m时，排放要求需要加严的，根据环境影响评价文件确定”，本项目排气筒高度均大于15 m。

同时，项目所在地地势平坦，无大型水体及山坡，污染物能够很好扩散，对周围环境影响较小。经预测计算，有组织排放的各污染物浓度贡献值较小。因此该项目排气筒设置是合理的。

7.1.4　废气治理措施经济可行性分析

废气污染防治装置合计为200万元。废气处理措施占项目总投资100 000万元的0.2%，所占比例较低。

经建设单位估算，本项目废气处理系统年运行费用约40万元，包括电费23万元、人工费12万元、药剂费5万元。运行费用占净利润200 000万元的0.02%，占总利润的比例较低。

因此，从经济效益的角度分析，建设项目废气治理措施经济可行。

7.2　地表水环境保护措施及其可行性论证

7.2.1　废水产生情况

根据工程分析结果，本项目废水主要为工艺废水、循环冷却废水、CIP系统清洗废水、化冻水、蒸汽灭活废水、废气处理系统废水、初期雨水、西林瓶清洗废水、纯水制备浓水、锅炉排水、间接蒸汽冷凝水和生活污水等。

7.2.2　厂内废水处理设施预处理废水情况分析

本项目生产过程中产生的含氮、磷的废水(工艺废水、CIP系统清洗废水、化冻水、初期雨水、废气处理废水和生活污水)，共计78 345.951 m^3/a(261.15 m^3/d)，全部收集后经新建的废水处理设施预处理达标后与不含氮、磷的废水(循环冷却废水、西林瓶清洗水、锅炉排水、纯水制备浓水)一并接管至园区集中污水处理厂集中处理。

1. 废水处理设施设计处理能力

本项目含氮、磷的废水(工艺废水、CIP系统清洗废水、化冻水、初期雨水、废气处理废水和生活污水)主要含C、H、O类有机污染物，污染因子为COD、SS、氨氮、总氮和总磷等。

废水处理设施处理能力按480 m^3/d设计，本项目建成后，废水处理设施处理废水量为78 345.951 m^3/a(261.15 m^3/d)，在废水处理设施设计指标可承受范围内。

因此，从水量上分析，本项目产生的废水经废水处理设施处理是可行的。

2. 处理工艺流程

废水处理设施处理工艺流程见图5.13：

3. 技术可行性分析

(1) 处理工艺可行性分析。

《排污许可证申请与核发技术规范 制药工业—生物药品制品制造》(HJ 1062—2019)给出的综合废水处理系统废水处理可行技术包括预处理、生化处理和深度处理。其中，预处理可行技术包括灭活、混凝、沉淀、中和调节、氧化、吸附等，生化处理可行技术包括水解酸化、厌氧生物、好氧生物、曝气生物滤池等，深度处理可行技术包括活性炭吸附、高级氧化、臭氧、芬顿氧化、离子交换、树脂过滤、膜分离等。

本项目采用的预处理技术主要包括灭活、调节、MAP+混凝沉淀等。本项目含活性废水，在进废水处理设施之前需先进行灭活处理(121℃蒸汽加热，高温持续时间为20 min左右)。本项目废水处理设施设有调节池调节水量，设有反应池进行MAP+混凝沉淀预处理，生化处理技术主要包括厌氧生物、缺氧生

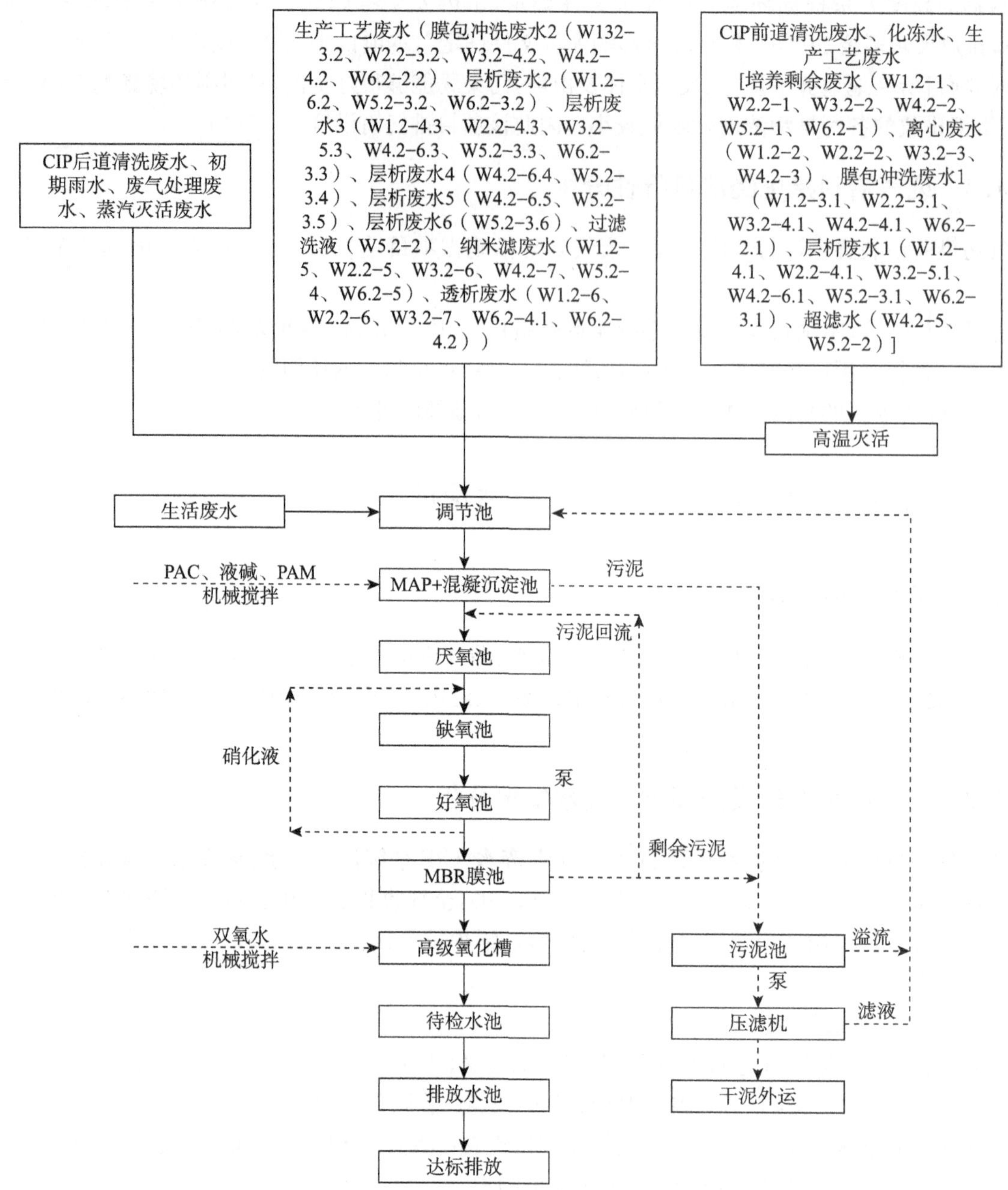

图 5.13　本项目废水处理设施工艺流程图

物、好氧生物、MBR 膜等，属于《排污许可证申请与核发技术规范 制药工业—生物药品制品制造》（HJ 1062—2019）中的可行技术。

（2）工程实例。

参考规模相当、工艺相近的常州某药业高端制剂智能制造产业化项目（一期）（处理工艺为“调节＋缺氧＋好氧＋MBR”）环境保护验收监测报告可知，该工艺对化学需氧量的去除率为 94.8%～98.0%、氨氮的去除率为 99.8%～99.9%、总氮的去除率为 96.1%～96.3%。本项目废水处理工艺在案例基础上增加了“MAP 除磷脱氮、厌氧和氧化”环节，去除率进一步提升。

同时，本项目废水采用高温灭菌预处理，末端采用双氧水氧化消毒，粪大肠菌群数可得到有效控制；参考《某制药废水对发光细菌急性毒性的评价研究》（《环境科学》，2014 年第 1 期），采用发光细菌法测试某抗生素制药厂废水，经过“调节＋好氧＋沉淀＋A/O＋二次沉淀＋絮凝沉淀”处理站处理后，总排放出口的废水半数有效浓度（EC_{50}）均大于 100%，且 LID 均为 1，无毒性。结果表明，现有处理工艺流程有效降低了制药废水对发光细菌的急性毒性，总排出口废水对发光细菌已经没有可见的生物毒性，达到相关制药废水排放标准。发光细菌的相对发光度与水样 lg(COD)值之间线性相关性较好，对同一生产阶段制药废水 COD 的变化具有一定的指示作用，本项目急性毒性主要来自原辅料有毒有害物质如苯甲醇等，相对于化学制药和发酵类制药，不涉及《优先控制化学品名录(第一批、第二批)》中的物质，相对来说废水浓度低、毒性低，在 COD 和 TOC 控制达标的情况下，急性毒性可以有效控制。因此，本项目废水处理工艺具有可行性。

4. 水污染防治措施经济可行性

本项目设置废水处理设施 1 座，同时配套在线监测系统及管线等，总投资约 400 万元，废水处理措施占项目总投资 100 000 万元的 0.4%，所占比例较低。项目废水处理装置运行成本为 54.8 万元/年，占净利润 200 000 万元的 0.027%，占其利润比例较低。因此，可认为本项目的废水处理工艺在经济上是可行的。

7.2.3　废水接入集中污水处理厂处理可行性分析

园区集中污水处理厂设计总规模 14 万 m^3/d，一期、二期、三期均已建设完成。一期、二期工程共 5 万 m^3/d 采用，“改良型氧化沟＋高密沉淀池＋气水反冲洗 V 型滤池＋紫外消毒”处理工艺；三期工程再增加 2.5 万 m^3/d(达到 7.5 万 m^3/d)，采用“改良 A/A/O＋高效沉淀池＋反硝化滤池”处理工艺；污泥采用机械浓缩板框压滤后外运焚烧，尾水排入××江。

1. 接管时间可行性

污水处理厂目前一期、二期、三期工程已经正常投入运营，厂区西侧污水管网已铺设，可接入园区集中污水处理厂。

2. 污水处理厂服务范围

污水处理厂主要收集服务区域内的工业废水和生活污水，本项目所在地属于该污水处理厂的服务范围内。

3. 污水处理厂污水处理工艺

污水处理厂一期、二期工程共 5 万 m^3/d，采用“改良型氧化沟＋高密沉淀池＋气水反冲洗 V 型滤池＋紫外消毒”处理工艺；三期工程增加 2.5 万 m^3/d(达到 7.5 万 m^3/d)，采用“改良 A/A/O＋高效沉淀池＋反硝化滤池”处理工艺。

4. 接管水量、水质可行性

(1) 水量。

污水处理厂现有污水处理能力为 7.5 万 m^3/d，2022 年 4 月—6 月日平均处理污水量约 5.63 万 m^3/d。最大按 6.34 万 m^3/d 计，尚余约 1.16 万 m^3/d 的接管量。本项目建成后，废水接管量为 472.48 m^3/d，占污水处理厂剩余接管量的 4.07%，因此污水处理厂有能力接纳本项目新增接管的废水。

(2) 水质。

本项目生产废水、设备及器具清洗废水等经废水处理设施处理后达到《生物制药行业水和大气污染物排放限值》(DB 32/3560—2019)表 2 中的直接排放标准，满足污水处理厂接管要求。

综上所述，本项目废水接入污水处理厂处理是可行的。

7.3　固体废弃物污染防治措施评述

7.3.1　贮存过程污染防治措施

本项目危废仓库严格按照《危险废物贮存污染控制标准》(GB 18597—2001)及其修改单的要求设置：

(1) 贮存场所必须有符合《环境保护图形标志 固体废物贮存(处置)场》(GB 15562.2—1995)的专用标志。

(2) 按照危险废物的种类和特性进行分区贮存,每个贮存区域之间宜设置挡墙间隔,并设置防雨、防火、防雷、防扬尘装置。

(3) 必须有泄漏液体收集装置及气体收集装置,贮存易燃危险废物应配置有机气体报警、火灾报警装置和导出静电的接地装置。

(4) 应建有堵截泄漏的裙角,地面与裙角要用兼顾防渗的材料建造,建筑材料必须与危险废物相容。

(5) 基础必须防渗,防渗层为至少 1 m 厚的黏土层(渗透系数$\leqslant 10^{-7}$ cm/s),或 2 mm 厚的高密度聚乙烯,或至少 2 mm 厚的其他人工材料,渗透系数$\leqslant 10^{-10}$ cm/s。

(6) 墙面、棚面应防吸附,用于存放装载液体、半固体危险废物容器的地方,必须有耐腐蚀的硬化地面,且表面无裂隙。

(7) 应设置备用通风系统和电视监视装置,并与生态环境主管部门联网。

(8) 危废仓库应按照《省生态环境厅关于进一步加强危险废物污染防治工作的实施意见》(苏环办〔2019〕327 号)、《关于进一步加强危险废物污染防治工作的实施意见》(苏环办字〔2019〕222 号)和《省生态环境厅关于印发江苏省危险废物贮存规范化管理专项整治行动方案的通知》(苏环办〔2019〕149 号)、《关于进一步加强危险废物环境管理工作的通知》(苏环办〔2021〕207 号)进行规范化,包括规范设置危险废物识别标识、危险废物贮存设施布设视频监控等。

7.3.2 运输过程污染防治措施

1. 厂内运输

① 危险废物内部转运应综合考虑厂区的实际情况确定转运路线,尽量避开办公区和生活区;

② 危险废物内部转运作业应采用专用的工具,危险废物内部转运应参照按照 HJ 2025—2012 填写《危险废物厂内转运记录表》;

③ 危险废物内部转运结束后,应对转运路线进行检查和清理,确保无危险废物遗失在转运路线上,并对转运工具进行清洗。

2. 厂外运输

本项目的危险废物运输工作由接收单位负责。各接收单位结合《道路危险货物运输管理规定》《危险废物收集贮存运输技术规范》(HJ 2025—2012)等要求制订运输路线。

本项目涉及的固体废物采用公路运输,根据接收单位制订运输路线,总体而言,项目选定的路线均为当地交通运输主要线路,避开了敏感点分部集中的居住混合区、文教区、商贸混合区等敏感区域。同时,接收单位针对每辆固废运输车辆配备北斗导航定位系统,准确观察其运输路线。在运输车辆随意改变运输路线或者运输车辆发生故障的情况下,能够第一时间发现,并启动应急预案。

7.3.3 日常管控措施

(1) 固废仓库运行管理人员应参加岗位培训,合格后上岗。

(2) 建立各种固废的全部档案,有关废物特性、数量、倾倒位置、来源、去向等的一切文件资料,必须按国家档案管理条例进行整理与管理,保证完整无缺。

(3) 贮存期限不得超过 1 年,确需延长期限的,必须报经当地或原批准经营许可证的生态环境主管部门批准。

(4) 企业应及时准确进行危险废物网上动态申报,建立危险废物产生、贮存、利用、处置与转移台账,如实记录危险废物产生、贮存、利用、处置与转移情况,并依据《工业危险废物产生单位规范化管理指标》和《危险废物经营单位规范化管理指标》中的相关要求进行危险废物环境管理。

(5) 企业危险废物的转移应根据《关于规范固体废物转移管理工作的通知》(苏环控〔2008〕72 号)、《危险废物转移联单管理办法》及《关于开展危险废物转移网上报告制试点工作的通知》(苏环办〔2013〕284 号)中的规定执行,禁止在转移过程中将危险废物排放至外环境中。

7.3.4 贮存可行性分析

本项目新建 2 座危废仓库,1#危废仓库(液体)65 m^2,位于厂区的东南角辅料库内;2#危废仓库(固体)112.5 m^2,位于厂区南面的动力站 1 楼。考虑分类堆放的危废之间设置间距 30 cm,另外危废仓库内需设置一定的人行通道,有效贮存面积按 80%计算。企业产生的危废采用桶装或袋装,每平方储存危废量按 1 t 核算,则 1#危废仓库最多可以储存危废约 52 t,2#危废仓库最多可以储存危废约 90 t。

液体危废年产生量 224.944 8 t,1#危废仓库可以满足企业至少 90 天的固废暂存需要。固体危废和污泥年产生量分别为 259.415 2 t 及 416 t,2#危废仓库可以满足企业至少 45 天的固废暂存需要。正常情况下,企业 15 天转移 1 次危废,因此,危废仓库面积可以满足本项目的暂存要求,依托可行。

7.3.5 委托处置可行性分析

本项目需处置编号为(HW02)276—002—02、(HW02)276—004—02、(HW02)276—005—02、(HW08)900—249—08、(HW49)772—006—49、(HW49)900—039—49、(HW49)900—041—49、(HW49)900—047—49 的危废,以上类别的危废均可在江苏省范围内找到对应的危废处置单位,委外处置具备可行性。

7.3.6 固废委外处置经济可行性分析

本项目危险废物产生量共计 900.36 t/a,均委托有资质单位处理,按照 3 000 元/t 的处置费进行估算,年产生处置费约 270.1 万元,相比项目达产后可取得的年净利润(200 000 万元),占比很小(0.135%),处置方案经济上可行。

7.4 噪声污染防治措施评述(略)

7.5 地下水污染防治措施及可行性分析

7.5.1 源头控制措施

为保护地下水环境,采取防控措施从源头控制对地下水的污染,主要包括:

(1) 严格按照国家相关规范要求,对废水处理设施等采取相应措施,以防止和减少污染物的跑、冒、滴、漏,将污染物泄漏的环境风险事故降到最低程度。

(2) 设备和管线的设置尽量采用"可视化"原则,即尽可能地上敷设和放置,做到污染物"早发现、早处理",以减少埋地泄漏而可能造成的地下水污染。对地下管道,管道内外均进行防腐处理,另安装排污阀、流量在线监测设备等。

(3) 危废仓库按照国家相关规范要求,采取防泄漏措施。

(4) 严格固体废物管理,使其不接触外界降水,不产生淋滤液,严防污染物泄漏到地下水中。

7.5.2 分区防控措施

根据《环境影响评价技术导则 地下水环境》(HJ 610—2016)、《危险废物贮存污染控制标准》(GB

18597—2001,2013 年修订),厂区分区防控分为重点污染防治区、一般污染防治区和非污染防治区。

表 5.43　本项目防腐、防渗等预防措施

序号	防渗分区	名称	措施
1	重点防渗区	生产厂房 1、仓库、危废仓库、废水处理设施、事故应急池区域	① 地面与裙脚采用坚固、防渗的材料建造,使用混凝土地面和环氧树脂防渗处理,并设有排水沟,渗滤液纳入污水处理系统处理。 ② 四周设置围堰,围堰底部、四周砌壁砖并用水泥硬化,涂树脂防水、防渗(围堰内设截流槽,将事故泄漏废液泵入废水处理站)。
2		管道防渗漏	管道采用耐腐蚀型材料,管道与管道的连接采用柔性的橡胶圈接口。
3	一般防渗区	车间/仓库内部非生产区,厂区道路	自上而下采用人工水泥防渗及环氧树脂结构。 路面全部进行黏土夯实、混凝硬化

1. 重点污染防渗区

重点污染防渗区主要包括生产厂房 1、仓库、危废仓库、废水处理设施、事故应急池区域。

防治措施建设内容主要包括:严格按照建筑防渗设计规范,采用高标号的防水钢筋混凝土,集中做防渗地坪;接触酸碱的部分使用防腐树脂等进行防腐防渗漏处理。废水处理设施的所有废水处理池体用防水钢筋混凝土浇筑,内壁铺设防腐层,污泥压滤区地面用防水钢筋混凝土浇筑,并设置滤液收集装置。事故应急池体用防水钢筋混凝土浇筑。危废仓库用防水钢筋混凝土浇筑,地面做环氧树脂防腐层。

2. 一般污染防渗区

一般污染防渗区主要包括车间/仓库内部非生产区。

一般污染防渗区采用水泥防渗及环氧树脂结构。

3. 简单防渗区

简单防渗区指一般和重点污染防渗区以外的区域或部位,如生产厂房 1、动力站内的配电室、控制室、楼梯间、厂区道路等。

7.5.3　地下水环境监测管理

企业需完善地下水环境监控体系,包括建立地下水监控制度和环境管理体系、制订监测计划、配备必要的检测仪器和设备,以便及时发现问题,及时采取措施。根据《环境影响评价技术导则 地下水环境》(HJ 610—2016)的要求,本项目厂区及上下游共布设 3 个地下水监测井,监测井布设需符合《地下水环境监测技术规范》(HJ 164—2020)的要求,具体见“9.3.2 环境质量监测 (3)地下水环境质量监测”。

7.5.4　结论

由污染途径及对应措施分析可知,本项目对可能产生地下水影响的各项途径均进行了有效预防,在确保各项防渗措施得以落实,并加强环境管理的前提下,可有效控制废水污染物下渗现象,避免污染地下水,因此项目不会对区域地下水环境产生明显影响。

7.6　土壤污染防治措施及可行性分析

厂内针对土壤污染采取了相关防治措施,具体如下:

7.6.1　源头控制措施

选择先进、成熟、可靠的工艺技术和较清洁的原辅材料,并对产生的废物进行合理的回用和治理,以尽可能从源头上减少污染物排放;严格按照国家相关规范要求,对工艺、管道、设备、原辅材料储存及处理采取相应的措施,以防止和减少污染物的跑、冒、滴、漏,将污染物泄漏的环境风险事故的影响降低到最低程度；管线敷设尽量采用“可视化”原则，即管道尽可能地上敷设，做到污染物“早发现、早处理”，以减少由于埋地管道泄漏而可能造成的土壤污染。

7.6.2　过程防控措施

(1) 对于物料、废水等可能造成的垂直入渗影响，按分区防控的原则进行了有效防渗。

(2) 对重点区域，如废水处理设施、污水管道、辅料库、危废仓库，至少半年检修1次，重点关注渗漏现象，发现问题及时处理。

7.7　环境风险防范措施及管理

7.7.1　风险防范措施

1. 生物安全风险防范措施

(1) 生物安全设备和个体防护措施。

具体的生物安全防护设备和个体防护措施如下：

① 本项目在可能产生气溶胶的区域，均配备了带高效空气过滤器(HEPA)的Ⅱ级生物安全柜，HEPA对小于0.3 μm的气溶胶的截留率不低于99.999%；

② 有独立的废物贮存间，并满足消防安全的要求；

③ 在工作区域外有足够的存放个人衣物的空间；

④ 为工作人员配备的个体防护设备(PPE)包括抛弃型防护服、安全眼镜、乳胶和丁腈橡胶手套等，要求所有进入工作区域的人员着工作服和带防护眼镜，在实验时佩戴手套以防止接触感染性物质。

⑤ 用过的一次性实验服和手套，将在实验楼内高压灭菌后作为危险废物委外处置。

(2) 生物安全柜风险防范措施。

本项目配置的Ⅱ级生物安全柜将从专门的供应商处购买，购置的生物安全柜配备有自动联锁装置和声光报警装置。声光报警装置可对硬件错误或不正确的前窗高度等不安全运行状态给予声光警报。送排风和生物安全柜的自动联锁装置可确保不出现正压和生物安全柜内气流不倒流。同时，为了防止工作人员暴露在紫外线辐射下，所有安全柜都拥有紫外灯联锁功能，只有完全将玻璃前窗关闭紫外灯才能激活；如果紫外灭活灭菌过程中前窗意外升起，紫外灯将自动关闭。这些设计可有效保护实验人员不受生物感染和紫外辐射。

(3) 高压灭菌锅。

高温灭菌作为特种操作具有一定风险性。由于其使用为经常性的，故将对所有使用者进行专门的培训，以避免人身伤害和财产损失。这种培训将每年进行一次。拟执行的操作要点如下：

① 使用前检查密封性、座和垫圈；

② 不允许在高温灭菌锅内使用漂白剂；

③ 所有待高温灭菌的包装容器不许密封(要有漏气口，使用非密封包装袋)，且进行双层包装；

④ 根据蒸汽灭菌器的灭菌方式和类型确定高温维持时间；

⑤ 试剂瓶中液体不能过半，未溶解的琼脂或固体会导致液体溢出；

⑥ 条件允许的话提供围堤保护；

⑦ 要求必须佩戴个人防护用品，包括防护面罩、防护服和隔热手套；

⑧ 可选择的个人防护用品包括防护镜和塑料围裙；

⑨ 紧盖锅盖，注意双铰，待压力稳定后才离开；

⑩ 若发生漏气，双节重启按钮；若从盖缝出冒气，重新检查密封圈，盖好后重启；

⑪ 灭菌结束后，打开锅盖约 1 英寸进行自然冷却；取出物品，不能停留在锅内；

⑫ 按照要求对已灭活的物品进行储存；

⑬ 具有生物活性的物品绝不能隔夜盛放于高温灭菌锅内。

(4) 废弃物转移过程中的生物交叉污染风险控制措施。

为防止废弃物在产生区转移过程中发生生物交叉污染，采取的风险控制措施如下：

① 对含活性物质的废弃物如废培养基，尽量在产生区就地进行高温灭活，可避免转移过程中的生物交叉污染；

② 确实需要转移后灭活处置的，用专用密闭容器进行转移。为确保生物安全性，对于接触到培养基或细胞的废弃容器、包装袋/桶/瓶、管路、手套、纸巾、废培养袋和一次性过滤器等，经高温灭活(高压蒸汽灭菌锅 121 ℃，103 kPa，30 min)后存放于危废仓库，由此可避免危险废弃物转移时微生物污染环境。

(5) 生产过程风险防范措施。

本项目细胞扩增培养过程中，细胞培养的呼吸尾气主要为二氧化碳和水，可能会携带涉及生物安全的微生物，细胞培养废气通过 0.2 μm 无菌过滤器(优于高效过滤器)过滤后排出，最终通过洁净车间的排风系统，排至外环境。粉料称量过程中称量罩自带高效过滤器，废气过滤后，最终通过洁净车间的排风系统排至外环境，符合《制药建设项目环境影响评价文件审批原则》中“通过高效过滤器控制颗粒物排放，减少生物气溶胶可能带来的风险”的要求。

(6) 种子细胞风险防范措施。

公司目前在研的重组蛋白项药物均通过带有目标蛋白基因的哺乳动物细胞(CHO 细胞)培养获得。

CHO 宿主细胞从 ATCC 或 ECACC 等国际知名的菌种收藏中心购得，然后将构建好的带有目的蛋白基因的载体转染至 CHO 宿主细胞，经筛选、克隆，选出符合要求的稳定表达的细胞株，称为原始细胞株。然后以此原始细胞株为基础进行复苏、扩增和冻存，建立主细胞库。在主细胞库的基础上，进一步复苏、扩增和冻存，建立工作细胞库。主细胞库和工作细胞库均需要按照中国药典(国际申报项目需要按照美国药典和欧洲药典)的要求进行细胞库鉴定。原始细胞库、主细胞库和工作细胞库均长期存储于液氮罐的气相环境中，储存温度不超过−140℃。存储过程中需持续监测存储温度并及时补充液氮以维持低温环境，细胞存储需要有详细的台账以追踪其数量和存放位置。种子细胞出液氮罐后需冷链运输至生产厂房 1 使用。全过程低温密闭保存，由此可避免微生物污染环境风险。

2. 大气风险防范措施

(1) 平面布置措施。

在总图布置上，本项目厂房设计符合规范中的相应防火等级和建筑防火间距。

厂区道路实行人、货流分开(划分人行区域和车辆行驶区域，不重叠)，划出专用车辆行驶路线、限速标志等并严格执行；在厂区总平面布置中配套建设应急救援设施、救援通道、应急疏散避难所等防护设施。按安全标志的规定设置有关的安全标志。

(2) 工艺监控、控制措施。

根据工艺特点和安全要求，在设备的各关键部位设置必要的报警、自动控制及自动联锁停车的控制设施。

生产厂房 1 内设置各种必要的灾害、火灾监测仪表及报警系统。主要仪表包括：氧气报警仪、自动感烟火灾监测探头及火灾报警设施等。

(3) 应急疏散措施。

应根据内部道路规划完善人员疏散路线的建议，现场紧急撤离时，应按照事故现场风向、周边居民分布及公众对毒物应急剂量控制的规定，确定安全疏散路线，同时需要在高点设立明显的风向标。事故发生后，应根据化学品泄漏后的扩散情况及时通知政府相关部门，并通过高音喇叭通知周边人群及时疏散。紧急疏散时应注意：

① 必要时佩戴呼吸器具、个人防护用品或采用其他简易有效的防护措施(采取戴防护眼镜或用浸湿

的毛巾捂住口鼻、减少皮肤外露等各种措施进行自身防护）；

② 应向上风向、高地势转移，迅速撤出危险区域可能受到危害的人员（在上风向无撤离通道时，也应避免沿下风向撤离），并由专人引导和护送疏散人员到安全区域，在疏散或撤离的路线上设立哨位，指明疏散、撤离的方向；

③ 按照设定的危险区域，设立警戒线，并在通往事故现场的主要干道上实行交通管制；

④ 在污染区域和可能的污染区域立即进行布点监测，根据监测数据及时调整疏散范围；

⑤ 根据事故发生地点和风向，可至厂区规划的临时避难疏散场地紧急避难，并为受灾群众提供必要的基本生活保障，配合政府部门进行受灾群众的医疗救助、疾病控制、生活救助。

表 5.44　涉气代表性事故的风险防范措施

序号	风险物质	是否为有毒有害气体	泄漏监控预警措施	应急监测能力
1	乙醇	否	项目风险物质均为液体，不涉及有毒有害气体	企业与第三方监测单位形成应急监测协议，在事故阶段委托第三方监测
2	乙二醇	否		
3	苯甲醇	否		
4	乙酸	否		
5	盐酸	否		

3. 事故废水环境风险防范措施

根据《事故状态下水体污染的预防和控制规范》(Q/SY 08190—2019)，本项目针对废水排放采取三级防控措施来杜绝环境风险事故对环境造成的污染事件，将环境风险事故排水及污染物控制在厂区排水系统事故应急池内。

(1) 第一级防控措施。

为防止设备破裂造成储存的液体泄漏至外环境，设置拦截，收集泄漏的物料，防止泄漏的物料进入附近水体，污染环境。

(2) 第二级防控措施、第三级防控措施。

本项目设置一座 450 m^3 事故应急池，依托相应的雨、污管道和切换阀收集事故废水。正常情况不下雨时，阀门 1、2 关闭，阀门 3、4 打开。正常情况下雨时，下雨初期阀门 1、3 关闭，阀门 2、4 打开；下雨 15 min 后，阀门 1、2 关闭，阀门 3、4 打开，初期雨水池中雨水分批次通过泵 3 泵入废水处理系统调节池，再经废水处理设施处理达标后排放。当发生事故时，阀门 1、2、4 关闭，阀门 3 打开，消防废水等通过雨水管道自流进入事故应急池中；生产废水或泄漏的物料通过污水管网进入调节池，根据浓度监测数据，低于废水设计处理浓度时直接处理，高浓度废水则通过泵 2 泵入事故应急池进行有效收集。风险事故处理后，根据事故应急池内废水监测的浓度，将事故废水按照“多批少量”的原则通过泵 1 泵入调节池，确保混合废水的水质不会影响废水处理系统，避免对废水处理系统造成冲击。若浓度较高或水量较大，厂内无法及时有效处理该废水时，应按危废委托有资质单位处理。

本项目事故废水控制和封堵措施见图 5.14：

参照《水体污染防控紧急措施设计导则》(中国石化建标〔2006〕43 号)和《事故状态下水体污染的预防和控制规范》(Q/SY 08190—2019)，事故应急池总有效容积计算公式如下：

$$V_{总}=(V_1+V_2-V_3)+V_4+V_5$$

式中：V_1——收集系统范围内发生事故的一个罐组或一套装置的物料量；

V_2——发生事故的储罐或装置的消防水量；

V_3——发生事故时可以转输到其他储存或处理设施的物料量；

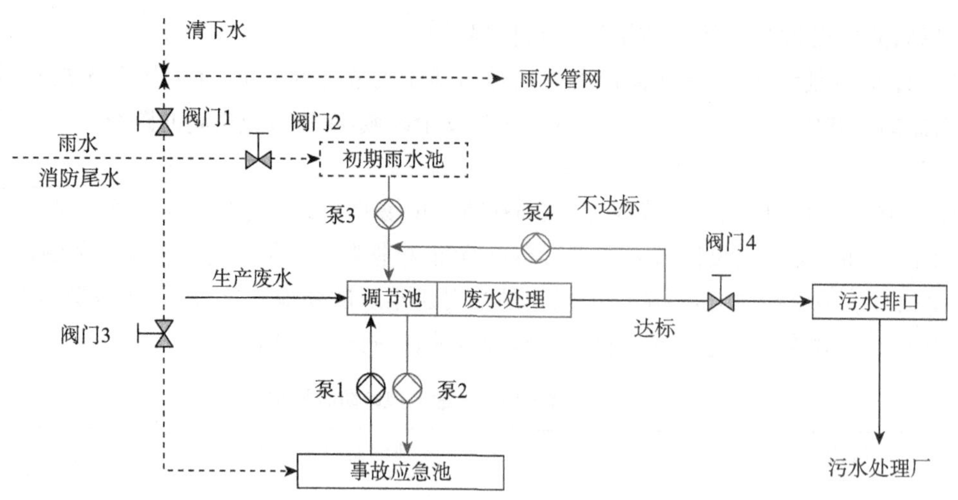

图 5.14 事故排水控制和封堵示意图

V_4——发生事故时必须进入该收集系统的生产废水量；

V_5——发生事故时可能进入该收集系统的降雨量。

事故应急池具体容积大小计算如下：

厂区内最大容器为 3 000 L 的生物反应器，$V_1=3\ m^3$。

厂区消防水泵流量为 25 L/s，供给时间 3 h，$V_2=270\ m^3$。

不考虑可以转输到其他储存或处理设施的物料量，$V_3=0\ m^3$。

综合考虑全厂需要预处理的含氮、磷的废水的产生情况，按事故 3 h 计算，则事故情况下必须进入该收集系统的生产废水量 $V_4=32.64\ m^3$。

$$V_5=10qF$$

式中：q——降雨强度，mm(按平均日降雨量计)；

F——必须进入事故废水收集系统的雨水汇水面积，ha。

$$q=q_a/n$$

q_a——年平均降雨量，mm；

n——年平均降雨日数。

$$V_5=10q_a/n\cdot F=10\times 1\ 094\ mm/120\ d\times 1.5\ ha=136.75\ m^3。$$

事故应急池容量：

$$V_{总}=(V_1+V_2-V_3)+V_4+V_5=(3+270-0)+32.64+136.75(m^3)=442.39\ (m^3)。$$

综上，本项目设置的一座 450 m^3 事故应急池能够满足事故应急要求。

表 5.45 涉水类代表性事故环境风险防范措施

序号	类别	环境风险防范措施内容	备注
1	围堰	围堰及导流设施的设置情况	—
2	截流	正常生产运行时，关闭雨水管道阀门。下雨初期，打开切换阀，收集的初期雨水先进入初期雨水池，再通过管道泵入调节池，经废水处理设施处理达标后排放；下雨后期，打开切换阀，雨水直接排放。事故状态下，打开切换装置，收集的消防废水通过雨水管道排入事故应急池；生产废水和泄漏的物料，通过污水管道进入调节池，低浓度废水直接处理，高浓度废水泵入事故应急池，根据废水浓度分批次混入废水处理设施处理，将污染物控制在厂区内。	—

续　表

序号	类别	环境风险防范措施内容	备注
		事故时关闭污水排口，待事故应急池废水经厂区污水站处理达标后打开污水排口，接管至××江污水处理厂。	—
3	事故应急池	厂区内设置 450 m^3 事故应集池	—
4	封堵设施	截流阀及其他封堵设施等	—
5	外部互联互通	与园区设施衔接情况	—

4. 地下水环境风险防范措施

企业运营过程中地下水环境风险管理要求如下：

① 对操作人员进行系统教育，严格按操作规程进行操作，严禁违章作业。

② 经常对各类包装物进行检查维护。

③ 物料运输时应防雨淋和烈日曝晒，不得撞击和倒置，装卸时要轻拿轻放，防止包装破损，不得与氧化剂、易燃易爆物品共贮混运。

④ 在本项目投产后，加强现场巡查，特别是在卫生清理时，重点检查有无渗漏情况（如地面有无气泡现象），若发现问题，及时分析原因，找到泄漏点，制订整改措施，尽快修补，确保防腐防渗层的完整性。

5. 风险监控及应急监测系统

(1) 风险监控系统。

① 在厂房内设置火灾自动报警系统用于火灾情况监控，系统选用总线地址编码系统，主要设备均为编码型设备，系统主机设置在门卫处。

② 在辅料库、生产厂房 1 设置可燃气体检测器和氧气探测器，废水接管口设置在线监测设备，按要求监测所排废水中的污染因子。

(2) 风险监控管理制度。

对重点危险源进行辨识，制订管理方案，组织制订有针对性的控制措施，认真做好措施落实工作，建立日常监视和测量制度并予以实施，使重大危险源始终处于受控状态。

企业设安全巡视员，24 h 轮流值班，每 2 h 巡回检查。

强化制度执行，利用各种形式、各种途径开展员工安全教育培训，提高员工作业风险意识。

6. 化学品泄漏防范措施

泄漏是本项目环境风险的主要事故源，预防物料泄漏的主要措施为：

① 严格按照相关设计规范和要求落实防护设施，制订安全操作规章制度，加强安全意识教育，加强监督管理，消除事故隐患。

② 尽量减少化学试剂的储存量，加强流通，以降低事故发生的强度，减少事故排放源强。

③ 涉及化学试剂储存的房间或防爆柜必须通过消防、安全验收，配备专业技术人员负责管理，同时配备必要的个人防护用品。物质分类存放，禁止混合存放。易燃物与毒害物应分隔储存，有不同的消防措施。

④ 在化学试剂储存房间内，除安装防爆的电气照明设备外，不准安装电气设备。如亮度不够或安装防爆灯有困难，可以在房间外面安装与窗户相对的投光照明灯，或在墙身内设壁龛。

⑤ 各类液体危险化学品应包装完好无损，不同化学品之间应隔开存放。

⑥ 涉及化学试剂储存的房间地面采取防滑防渗硬化处理，防止液体泄漏后对土壤和地下水造成污染影响。

⑦ 配备大容量的桶槽或置换桶，以备液体化学品发生泄漏时可以安全转移。

⑧ 化学危险品的养护：化学危险品储存到试剂柜时，应严格检验物品质量、数量、包装情况、有无泄

漏；化学危险品储存到试剂柜后应采取适当的养护措施，在贮存期内定期检查，发现其品质变化、包装破损、渗漏、稳定剂短缺等，应及时处理；储存化学品的房间温度、湿度应严格控制、经常检查，发现变化及时调整。

⑨ 加强作业时的巡视检查。实行系统规范的评估、审批、作业、监护、救援。

7. 其他风险防范措施(略)

7.7.2 突发环境事件应急预案编制要求

建设单位应按照《突发环境事件应急预案管理暂行办法》(环发〔2010〕113 号)、《关于进一步加强环境影响评价管理防范环境风险的通知》(环发〔2012〕77 号)、《企事业单位和工业园区突发环境事件应急预案编制导则》(DB 32/T3795—2020)、《企业事业单位突发环境事件应急预案备案管理办法(试行)》(环发〔2015〕4 号)、《江苏省突发环境事件应急预案管理办法》(苏政办发〔2012〕153 号)等的要求，制订突发环境事件应急预案。制订的突发环境事件应急预案应向苏州市昆山生态环境综合行政执法局备案，并定期组织开展培训和演练。

公司按照以下步骤制订环境应急预案：① 成立环境应急预案编制组，明确编制组组长和成员组成、工作任务、编制计划和经费预算；② 开展环境风险评估和应急资源调查；③ 编制环境应急预案；④ 评审环境应急预案；⑤ 签署发布环境应急预案。应急预案应与昆山市突发环境事件应急预案相衔接，形成分级响应和区域联动。

建设单位按照国家相关导则和技术规范要求，结合实际生产，制订公司突发环境事件应急预案。

7.7.3 小结

风险评价结果表明，在落实各项环保措施和本评价所列出的各项环境风险防范措施、有效的应急预案，加强风险管理的条件下，本项目的环境风险可防可控。

企业应按要求在项目验收前进行应急预案编制和备案，建立突发环境事件隐患排查治理制度和提出开展隐患排查治理工作的要求。

【点评】

该案例结合生物医药实际及特点，详细给出了各要素污染防治措施，具体内容如下：

1. 废气方面尤其考虑生物安全废气的收集及治理措施，采用高效过滤器、喷淋、活性炭吸附等多种处理措施，避免交叉污染；

2. 废水方面进行分质分类处理，并采用高温灭活工艺，同时考虑太湖流域氮磷排放的限制，项目废水采取“混凝沉淀＋缺氧＋好氧＋MBR 膜池＋高级氧化”等多种复核处理措施，确保废水排放能够满足《生物制药行业水和大气污染物排放限值》(DB 32/3560—2019)表 2 中直接排放标准的要求，属于《排污许可证申请与核发技术规范 制药工业—生物药品制品制造》(HJ 1062—2019)中的可行技术；

3. 固废方面明确哪些物质涉及生物活性，采用高温灭活后作为危废暂存并按要求进行处置。

案例各要素污染防治措施阐述清楚，为项目审批提供了科学、有效的依据。

八、环境影响经济损益分析(略)

九、环境管理与环境监测计划

9.1　环境管理要求(略)

9.2　污染物排放清单(略)

9.3　环境监测计划

9.3.1　污染源监测计划

本项目污染源常规监测内容包括废水、废气和噪声等，监测方式包括在线监测和取样监测两种，监测工作包括厂内自行监测和委托环境监测站例行监测两种方式。

1. 废气污染源监测

按相关环保规定，根据《排污单位自行监测技术指南总则》(HJ 819—2017)、《排污许可证申请与核发技术规范 制药工业—生物药品制品制造》(HJ 1062—2019)、《制药工业大气污染物排放标准》(DB 32/4042—2021)等规定的监测分析方法对废气污染源进行例行监测，监测因子为 NMHC、氨、硫化氢、氯化氢、臭气浓度等，在本项目废气处理装置出口根据要求进行监测，并于厂房外及厂区下风向边界进行无组织监测。

表 5.46　废气监测因子及频次表

监测点位	监测指标	监测频次	执行排放标准
DA001 排气筒	颗粒物、二氧化硫、氮氧化物	1 次/年	《制药工业大气污染物排放标准》(DB 32/4042—2021)中表 1、表 2、表 3 的限值要求； 《锅炉大气污染物排放标准》(GB 13271—2014)表 3 的标准； 《苏州市打赢蓝天保卫战三年行动计划实施方案》(苏府办〔2019〕67 号)要求的限值； 《恶臭污染物排放标准》(GB 14554—93)表 1 中的二级标准
DA002 排气筒	氨、硫化氢、臭气浓度、NMHC	1 次/年	
DA003 排气筒	NMHC	1 次/年	
DA004 排气筒	NMHC、HCl	1 次/年	
厂界无组织	NMHC、氨、硫化氢、HCl、臭气浓度	1 次/半年	
厂内无组织	NMHC	1 次/年	《制药工业大气污染物排放标准》(DB 324042—2021)

2. 废水污染源监测

本项目设置废水排放口 1 个、雨水排放口 2 个，根据《排污许可证申请与核发技术规范 制药工业—生物药品制品制造》(HJ 1062—2019)及《排污单位自行监测技术指南 中药、生物药品制品、化学药品制剂制造业》(HJ 1256—2022)，企业废水总排口应安装流量计、pH 计以及 COD、氨氮自动监测设备，对排放的废水水质情况进行监控。

3. 噪声源监测

监测项目：连续等效 A 声级。

监测地点:厂界四周。

监测频率:每季度监测 1 天,昼间监测一次。

9.3.2 环境质量监测

1. 大气环境质量监测

根据《环境影响评价技术导则 大气环境》(HJ 2.2—2018)的要求,选取 $Pi \geqslant 1\%$ 的其他环境污染物作为环境质量监测因子,根据预测结果,$Pi \geqslant 1\%$ 的因子为 NO_2、NMHC、氨气、硫化氢,故本项目运行期间需针对周边居民点(姜巷村)开展大气环境质量监测。

监测点位:厂界上风向 1 个点位,下风向 3 个点位。

监测因子:NMHC、氨气、硫化氢。

监测频次:1 次/年。

2. 地表水环境质量监测

本项目生产废水、生活污水接管后经园区集中污水处理厂处理达标后排放至××江,清下水经雨水口排放至××泾,排放口附近无重要水环境功能区,故本次评价不对地表水环境质量提出监测要求。

3. 地下水环境质量监测

项目地下水环境影响评价等级为二级,根据《环境影响评价技术导则 地下水环境》(HJ 610—2016)的要求,需制订地下水环境影响跟踪监测计划,具体监测内容如下。

监测点位:项目废水处理设施、上游、下游各 1 个点位。

监测因子:K^+、Na^+、Ca^{2+}、Mg^{2+}、CO_3^{2-}、HCO_3^-、Cl^-、SO_4^{2-}、pH、氨氮(以 N 计)、硝酸盐(以 N 计)、亚硝酸盐(以 N 计)、挥发性酚类、氰化物、砷、汞、六价铬、总硬度、铅、氟、镉、铁、锰、溶解性总固体、耗氧量、硫酸盐、氯化物、总大肠菌群、菌落总数、水位。

监测频次:1 次/年。

4. 土壤环境质量监测

项目土壤环境评价等级为二级,根据《环境影响评价技术导则 土壤环境(试行)》(HJ 964—2018),需对土壤环境进行跟踪监测,具体监测要求如下。

监测点位:厂区废水处理设施。

监测项目:砷、镉、铬(六价)、铜、铅、汞、镍、四氯化碳、氯仿、氯甲烷、1,1-二氯乙烷、1,2-二氯乙烷、1,1-二氯乙烯、顺-1,2-二氯乙烯、反-1,2-二氯乙烯、二氯甲烷、1,2-二氯丙烷、1,1,1,2-四氯乙烷、1,1,2,2,-四氯乙烷、四氯乙烯、1,1,1-三氯乙烷、1,1,2-三氯乙烷、三氯乙烯、1,2,3-三氯丙烷、氯乙烯、苯、氯苯、1,2-二氯苯、1,4-二氯苯、乙苯、苯乙烯、甲苯、间二甲苯+对二甲苯、邻二甲苯、硝基苯、苯胺、2-氯酚、苯并[a]蒽、苯并[a]芘、苯并[b]荧蒽、苯并[k]荧蒽、䓛、二苯并[a,h]蒽、茚并[1,2,3-cd]芘、萘、土壤理化性质。

监测频次:1 次/5 年。

十、环境影响评价结论(略)

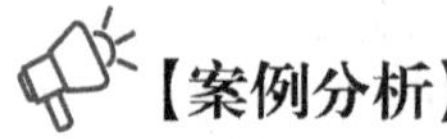

【案例分析】

该案例主要为重组蛋白质药物生产项目的环评,项目位于太湖流域,行业类别为 C[2761]生物药品制造,属于战略性新兴产业,审批部门为省级生态环境部门,具有审批级别高、氮磷限制因素大等特点。

该案例评价重点主要有以下几个方面:

(1) 项目与国家及地方产业政策和园区规划的相符性问题；

(2) 项目排放的废气、废水、固废、噪声等对环境的影响及治理问题；

(3) 项目属于C[2761] 生物药品制造行业,“三废”中涉及生物活性物质,需关注项目生物安全防护措施是否合理,项目的环境风险防范措施是否符合要求；

(4) 项目建设地点位于××高新区,该地属于太湖流域三级保护区,重点关注项目生产性含氮、磷的废水的接管排放可行性；

(5) 关注建设项目主要污染物排放总量平衡途径。

该案例的编制符合相关导则、技术规范的要求,章节设置规范,内容分析全面,计算过程合理,预测结果科学,措施论证有效,评价结果总体可信。